Jörg Bensch

Praktische Fälle aus der Betriebswirtschaftslehre

W0075996

umweltfreundlich

...weil auf chlor- und säurefrei
gefertigtem Papier gedruckt

Besuchen sie uns auch im Internet:

www.kiehl.de

Mit ständig aktuellem Verlagsverzeichnis und allen Kiehl-Fachzeitschriften.

Bensch

Praktische Fälle aus der Betriebswirtschaftslehre

Von Diplom-Handelslehrer Jörg Bensch

7., aktualisierte Auflage

ISBN 978-3-470-**49637**-5 · 7., aktualisierte Auflage 2010

© Verlag Neue Wirtschaftsbriefe GmbH & Co. KG, Herne, 1998
Kiehl ist eine Marke des NWB Verlags

Gesamtherstellung: NINO Druck GmbH, Neustadt/Weinstraße

Vorwort zur 7. Auflage

Lernen soll in der beruflichen Bildung immer zu einer Verbesserung der Handlungsfähigkeit führen. Kaufmännische Sachbearbeiter und Sachbearbeiterinnen müssen sich heute immer neuen Anforderungen stellen. Die zunehmende Komplexität betrieblicher Abläufe erfordert einen entsprechenden Über- und Durchblick, die Abkehr von der Funktions- zur Prozessorientierung erfordert ein vernetztes, fächer- und disziplinenübergreifendes Verständnis usw. Gerade für den kaufmännischen Auszubildenden stellen diese Anforderungen quasi unüberwindbare Hürden dar. Mithilfe der vorliegenden praktischen Fälle soll diesem Personenkreis der „Einstieg" in betriebswirtschaftliche Zusammenhänge erleichtert werden. Trotz gelegentlicher didaktischer Reduktionen wird versucht, die rechtlichen Bedingungen so gut wie möglich abzubilden. In diesem Sinne wünsche ich Ihnen viel Spaß beim Lernen und der Anwendung Ihres Wissens. Über Anregungen und konstruktive Kritik freue ich mich auch in Zukunft.

Solingen, im Januar 2010   *Jörg Bensch*

Inhaltsverzeichnis

8. Zur Stabilisierung und Entwicklung des Unternehmens finanzieren und investieren

1. Ein Betrieb stellt sich vor

Ausgangssituation

Die Heinz Schlau OHG ist ein Industriebetrieb, der sich auf die kundenindividuelle Herstellung von Büromöbeln spezialisiert hat. Wichtige unternehmerische Rahmendaten lassen sich aus folgender Übersicht entnehmen:

Firma	Geschäftssitz	Unternehmenszweck	Geschäftsführer	Mitarbeiter
Heinz Schlau OHG Büromöbelfabrik	Suitbertusstr. 130, 40213 Düsseldorf	Herstellung von Büromöbeln	Heinz Schlau (Tischlermeister)	25 kaufm. Angestellte 62 gewerbl. Arbeiter

Seit September sind Sie als kaufmännische/r Auszubildende/r bei der Heinz Schlau OHG eingestellt. Um sich in „Ihrem" Ausbildungsbetrieb besser zurechtzufinden, sollen Sie im Folgenden selbstständig Aufgaben und Arbeitsaufträge lösen.

Um die Aufgaben zu lösen, können Sie weitere Informationsquellen (z. B. das Schulbuch) zu Rate ziehen. Bei den Arbeitsaufträgen handelt es sich in erster Linie um Anwendungsbeispiele für die zuvor erarbeiteten Lerninhalte, wobei häufig unterschiedliche Lösungsansätze richtig sein können.

✍ *Aufgaben und Arbeitsaufträge*

1. In einem Industriebetrieb müssen viele unterschiedliche Tätigkeiten ausgeführt werden. Ähnliche bzw. gleichartige Tätigkeiten werden zu so genannten Abteilungen zusammengefasst. Überlegen Sie, welche Tätigkeiten bzw. Tätigkeitsfelder Sie bereits kennen und bilden Sie sodann sinnvolle Gruppen.

2. Die Heinz Schlau OHG hat ihren Geschäftssitz im Süden von Düsseldorf. Als der Tischlermeister Heinz Schlau sich selbstständig machte, suchte er für seine Werkstatt ein Betriebsgebäude, das zum einen verhältnismäßig günstig zu mieten war, zum anderen sollte es in einem gehobenen städtebaulichen Ambiente liegen. Für alle Industriebetriebe sind derartige Standortfaktoren bedeutsam. Überlegen Sie, welche Standortfaktoren für ihren Ausbildungsbetrieb ausschlaggebend für die Ansiedlung gewesen sein könnten. Nutzen Sie hierzu auch die in der Anlage vorgegebenen Informationen.

3. Eine grundsätzliche Aufgabe des Industriebetriebes ist es, so genannte Produktionsfaktoren zu beschaffen. Erstellen Sie eine Übersicht, aus der detailliert erkennbar ist, welche Produktionsfaktoren im Einzelnen beschafft werden müssen und nennen Sie jeweils bezogen auf das Fallunternehmen zutreffende Beispiele.

4. In der vorherigen Aufgabe wurden die Werkstoffe in die Beschaffung der Produktionsfaktoren eingebettet. Der Teil der Beschaffungswirtschaft, der sich mit der Beschaffung von Roh-, Hilfs- und Betriebsstoffen beschäftigt, wird „*Materialwirtschaft*" genannt. Überlegen Sie einmal: Welche Fragen sind aus der Sicht einer Unternehmung zu klären, wenn für die Produktion Werkstoffe benötigt werden?

5. Um Werkstoffe in ausreichender Menge und Qualität und zum richtigen Zeitpunkt zu beschaffen, benötigt der Einkauf entsprechende Informationen. Grundlage der Mengenplanung ist häufig die feststehende bzw. geplante Absatzmenge. Auskunft über den Ablauf der Festlegung der zu beschaffenden Werkstoffmengen gibt Anlage 2. Klären Sie die Bedeutung der Begriffe „Primärbedarf", „Sekundärbedarf", „Tertiärbedarf" „Zusatzbedarf", „Bruttobedarf" sowie „Nettobedarf".

Schülerarbeitsmaterial

Fallbeispiele zur Standortwahl: Zeitungsausschnitte und Meldungen aus Funk und Fernsehen

Der Stuttgarter Automobilhersteller Daimler AG hat beschlossen, ganze Modellreihen im Ausland produzieren zu lassen. So wird das All Activity Vehicle (AAV) in den USA/ Alabama, die Großraumlimousine Viano in Spanien und das Micro Compact Car MCC („Smart", früher auch „Swatch-Mobile") in Frankreich hergestellt. In Mexiko, Südafrika, Thailand, Vietnam, Malaysia, Indien (E-Klasse) und Indonesien liegen weitere Produktionsstandorte; weitere Fabriken sind in Südkorea und Osteuropa geplant. Das Qualitätssiegel „Made in Germany" hat Mercedes durch das Qualitätssiegel „Made by Mercedes" ersetzt.

Auch der bayerische Automobilbauer BMW eröffnete ein Werk im amerikanischen Spartanburg, um Autos „vor Ort" für den amerikanischen Markt zu produzieren.

Viele Unternehmen sind nach dem Fall der Mauer in den „Osten" gegangen. Unter anderem wurde ihnen die Entscheidung durch niedrige Gewerbesteuern erleichtert.

Die Bremer Brauerei Becks vermeidet im Auslandsgeschäft die Produktion vor Ort. So wird beispielsweise der amerikanische Markt ausschließlich mit Bier bedient, welches in Deutschland gebraut wurde.

Neugründungen von Industrieunternehmen finden oft in reinen Industriegebieten statt. Dies sind spezielle Regionen im Außenbezirk großer Städte. Trotz der Nähe zu den Arbeitskräften kann hier die Produktion unter optimalen Bedingungen stattfinden.

Nokia schloss seine Produktion in Bochum unter anderem, weil Fördermittelprojekte des deutschen Staates ausliefen.

In Solingen finden sich viele Produzenten von Stahlwaren (z. B. Dovo), im Schwarzwald traditionell viele Uhrenhersteller (z. B. Junghans).

Arbeitsmaterial: Übersicht über die Bedarfsplanung

Absatzplanung
Planung des Produktionsprogramms, Festlegung der Absatzmenge (Lager- oder Auftragsfertigung)

Primär-bedarf
Wie viele Stück eines Fertigerzeugnisses sollen hergestellt werden?

Bedarfsplanung (Schritt 1)
Auflösung der Erzeugnisstruktur durch Stücklistenauflösung, Festlegung der Beschaffungsmengen

(Brutto-) Sekundärbedarf
Aus welchen Teilen besteht das Endprodukt und welche Mengen werden insgesamt benötigt?

Rohstoffe

Bezugsstoff Polsterkunststoff Spanplatten Stahl

Vor-produkte Laufrollen

Vorratsabgleich
Anpassung des Brutto-Sekundärbedarfs an die Lager- und Bestellbestände

Lager- und Bestellbestand
Wie viele Stück liegen schon auf Lager oder wurden bereits bestellt?

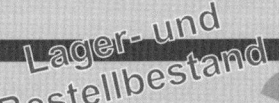

(Netto-) Sekundärbedarf

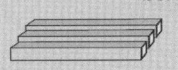

Entscheidung
Eigen- oder Fremdfertigung

Eigenfertigung
Baugruppen werden selbst erstellt

Fremdbezug
Baugruppen werden von außen bezogen

Fertigungsplanung und - steuerung
Planung des Fertigungsablaufs, Maschinenbelegung und Termindisposition

Bedarfsplanung (Schritt 2)
Feststellung des Tertiär- und Zusatzbedarfs (verbrauchsgesteuert durch Lagerbestandsanalyse)

Tertiärbedarf **Zusatzbedarf**

Betriebsstoffe Maschinenöl Farbe

Verschnitt Ausschuss Schwund

Maschinenschrauben Kleber

Hilfsstoffe Verderb

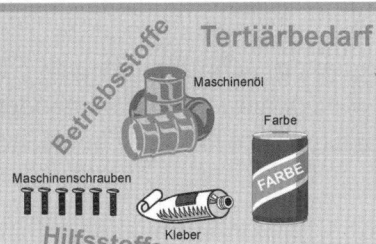
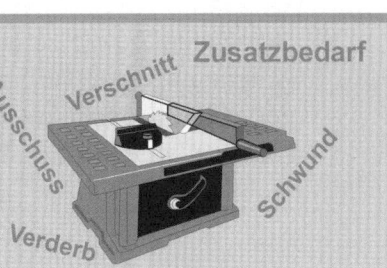

2. Beschaffungsplanung

Ausgangssituation

Die Heinz Schlau OHG, Düsseldorf, hat sich auf die Herstellung von Büromöbeln spezialisiert. Die hohe Produktqualität sowie die spezielle Ausrichtung auf Kundenwünsche führte dazu, dass sich das Unternehmen von der preiswerten Massenware der Konkurrenz absetzen konnte und nun ein begrenztes Marktsegment besetzt. Die Geschäftsräume (Büros, Produktions- und Lagerhalle) befinden sich in einem zusammenhängenden angemieteten Gebäudekomplex. Zum Produktionsprogramm gehört unter anderem das Regal „Elegance", welches zurzeit hohe Absatzzahlen verzeichnet. In der Einkaufsabteilung werden die unterschiedlichen Materialien, die zur Produktion der Büromöbel benötigt werden (Abt. 1: Holzbeschaffung, Abt. 2: Beschaffung von Kleinteilen aus Plastik, Abt. 3: Beschaffung von Metallteilen), gesondert von verschiedenen Einkäufern beschafft.

✍ *Aufgaben*

1. Organisation des Materialeinkaufs

   1.1 Wie nennt man das bisher angewandte Organisationsprinzip der Einkaufsabteilung der Heinz Schlau OHG?

   1.2 Nennen Sie Vorteile dieser Art der Einkaufsorganisation.

   1.3 Welche Nachteile kann diese Art der Einkaufsorganisation haben?

2. Materialwirtschaft

   2.1 Welche Teilbereiche umfasst die Materialwirtschaft in einem Industriebetrieb?

   2.2 Auf die Beschaffung welcher Materialien bezieht sich der Teilbereich Materialwirtschaft? Nehmen Sie eine Kategorisierung vor.

   2.3 Im Rahmen des Beschaffungswesens müssen zahlreiche Produktionsfaktoren beschafft werden. Welche sind dies neben den unter 2.2 genannten?

↳ Arbeitsaufträge

1. Stellen Sie sich vor, Sie wären als kaufm. Sachbearbeiter in der Abteilung Einkauf der Heinz Schlau OHG beschäftigt. Versuchen Sie, die zu erledigenden Aufgaben Ihrer Abteilung bezogen auf die Bedarfsinformationen zu gliedern. Was müsste geplant werden? In welcher Reihenfolge müsste diese Planung ablaufen? (Stellen Sie die Ergebnisse der Klasse vor.)

2. Benutzen Sie zur Lösung dieser Aufgaben die neben abgebildete Konstruktionszeichnung sowie die Stückliste. Aufgrund der Absatzzahlen des vergangenen Geschäftsjahres wird die zu produzierende Menge an Regalen „Elegance" für das aktuelle Geschäftsjahr auf 8.160 Stück festgelegt.

   2.1 Berechnen Sie die zu beschaffenden Mengen an Werkstoffen, wenn folgende Voraussetzungen gelten: Lagervorräte Spanplatten, schwarz furniert: 510 m^2, Produktionsverschnitt: 5 %; Lagervorräte Dünnholz (für Rückwand, Schubladenboden): 230 m^2, Produktionsverschnitt: 5 %; sonstige Lagervorräte: Plastikgriffe 439 St., Schubleiste 960 St., Holzschrauben 4.852 Stück.

2.2 Betrachten Sie noch einmal die Lösung der Aufgabe 1. und vergleichen Sie es mit der Lösung aus Aufgabe 2.1. Was müsste im Anschluss an die abgeschlossene Mengenplanung festgelegt werden?

2.3 Auf welche Art und Weise haben Sie unter Punkt 2.1 die zu beschaffenden Bedarfsmengen ermittelt? Wäre auch eine andere Art der Bedarfsplanung möglich gewesen? Welche Vor- bzw. Nachteile sehen Sie bei den unterschiedlichen Möglichkeiten der Bedarfsmengenplanung? Für welche Art von Materialien ist welche Art der Mengenplanung am besten geeignet?

2.4 Angenommen, bei der Beschaffung der Tertiärbedarfsteile würde die verbrauchsgesteuerte Bedarfsermittlung angewandt. Welche Art von Beleg müsste dann für diese Materialien angelegt werden (Skizze)? An welchen Kriterien müsste sich der Beschaffungszeitpunkt neuer Mengen ausrichten?

2.5 Betrachten Sie noch einmal die Lösungen aus den Aufgaben 2.3 und 2.4. Zu welchem Zeitpunkt wird bei den unterschiedlichen Werkstoffen die Neubestellung ausgelöst?

2.6 Stellen Sie sich vor, die Plastikschubladenleisten würden auf der Grundlage der verbrauchsgesteuerten Bedarfsermittlung beschafft. Es sollen folgende Angaben gelten: Tagesverbrauch: 60 St. je Arbeitstag, Bestellzeit: 3 Arbeitstage, Lieferzeit: 5 Arbeitstage, Mindestbestand: 300 St., Bestellmenge: 1.200 Stück, Arbeitstage: Mon.-Fr. (5-Tage-Woche).

    2.6.1 Stellen Sie die Entwicklung des Lagerbestandes ausgehend vom aktuellen Bestand (Montag) grafisch dar.

    2.6.2 Ab welcher Bestandsmenge muss die Bestellung der Schubleiste ausgelöst werden („Meldebestand")? Bilden Sie eine allgemein gültige Formel.

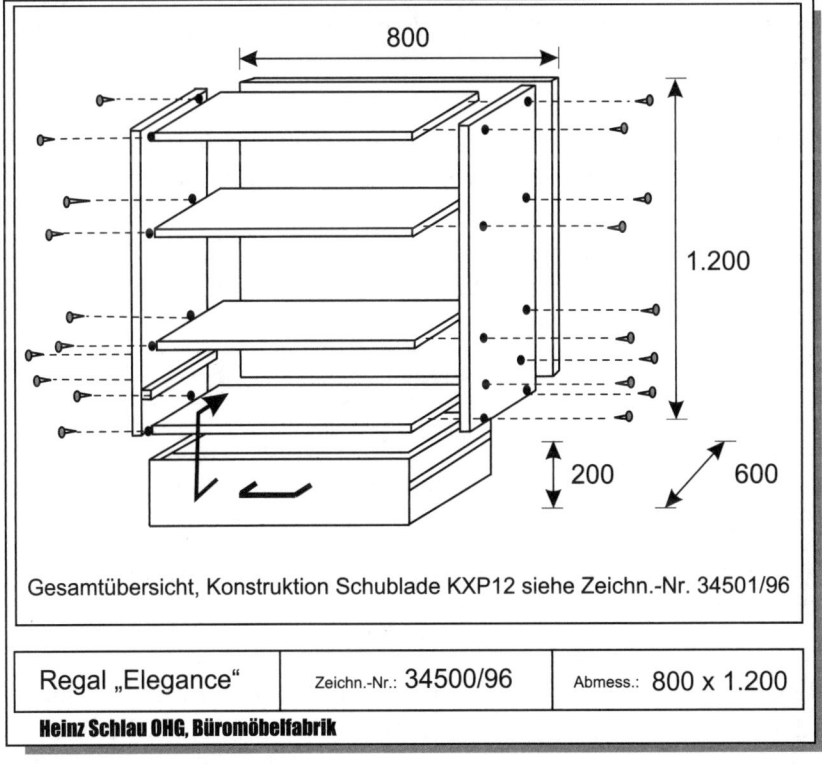

Gesamtübersicht, Konstruktion Schublade KXP12 siehe Zeichn.-Nr. 34501/96

Regal „Elegance"	Zeichn.-Nr.: 34500/96	Abmess.: 800 x 1.200

Heinz Schlau OHG, Büromöbelfabrik

Konstruktionsstückliste			Nr. 01
Regal „Elegance"			Zeichn.Nr.: 34600/95

Lfd. Nr.	St. je Einheit	Beschrei-bung	Werkstoff
1	2	Außenwände	Spanpl. sw. furn.
2	1	Rückwand	Spanpl. nat. furn.
3	4	Böden	Spanpl. sw. furn.
4	2	Schubleiste	Plastik
5	1	Schublade	Spanpl. sw. furn.
6	1	Schubladenboden	natur, Dünnholz
7	1	Schubladengriff	Plastik
8	20	Schrauben P1	St 37, 600 mm

Fertigungsteile:	1, 2, 3, 5
Bezugsteile:	4, 6, 7
Normteile:	7

bearbeitet: Schneider, Helge	Datum: 15.01.2010
geprüft: Klein, Harry	Datum 15.01.2010

Heinz Schlau OHG, Büromöbelfabrik

3. Materialbeschaffung - Bestellverfahren

Ausgangssituation

Die Büromöbelfabrik Heinz Schlau OHG plant ab dem kommenden Monat ihr Produktprogramm um den Arbeitstisch „Standard" zu erweitern. In der Konstruktionsabteilung wurde die Zusammensetzung des Tisches bereits geplant und eine Konstruktionszeichnung erstellt. Da die benötigten Werkstoffe und Zukaufteile bisher bei der Erstellung anderer Produkte noch nicht benötigt wurden, sollen Sie als Mitarbeiter/in in der Einkaufsabteilung die Beschaffung planen und durchführen. Die zu beschaffenden Einzelteile können detailliert aus der Stückliste entnommen werden.

In Absprache mit Ihrem Vorgesetzten wurde beschlossen, dass die Holzteile sowie die Montierwinkel abhängig vom geplanten Bedarf bestellt werden sollen (programmabhängige Bedarfsplanung). Alle übrigen Einzelteile sollen im Lager bevorratet werden (verbrauchsabhängige Bedarfsplanung).

✍ *Arbeitsauftrag*

1. Erstellen Sie eine Skizze, aus der die Zusammensetzung des Arbeitstisches schematisch deutlich wird (Überblick über die Erzeugnisstruktur).

2. **Programmabhängige Bedarfsplanung:** Ab dem kommenden Monat soll mit der Produktion des Arbeitstisches begonnen werden. Da zunächst keine Kundenaufträge vorliegen, soll zunächst eine Produktion auf Lager stattfinden. Aufgrund von Absatzstatistiken vergleichbarer Tische wird eine Produktion von 50 Tischen pro Tag angestrebt (zu beachten: es wird eine Produktion ohne Unterbrechung - z. B. durch Wochenenden - unterstellt). In der Arbeitsvorbereitung wird für die Herstellung eines Tisches folgender Produktionsablauf geplant:

Arbeitsschritt	1(a) Tischplatte sägen	1(b) Tischbeine sägen	2 Tischbeine montieren	3 Tischbeinpolster einsetzen
Bearbeitungszeit	5 Min./Platte	1 Min./Tischbein	6 Min./Tischbein	1. Min./Tischbein

Pro Tag stehen für die Fertigung der Tische folgende Kapazitäten (maximal mögliche Personal- und Maschineneinsatzzeiten) zur Verfügung:

Arbeitsschritt	1(a) Tischplatte sägen	1(b) Tischbeine sägen	2 Tischbeine montieren	3 Tischbeinpolster einsetzen
Bearbeitungszeit	250 Min.	240 Min.	600 Min.	252 Min.

Zu beachten ist, dass die geplanten Bearbeitungsschritte aufeinander aufbauen (1a und 1b, dann 2, dann 3). Des Weiteren wird von der Arbeitsvorbereitung vorgegeben, dass mit dem Arbeitsschritt 2 erst dann begonnen werden soll, wenn bereits 100 Tischplatten sowie 400 Tischbeine für die Montage bereitstehen.

2.1 Erstellen Sie eine Skizze über den geplanten Produktionsablauf unter Beachtung der vorhandenen Produktionskapazitäten. Füllen Sie sodann anhand dieser Vorgaben den Produktionsablauf in das Ablaufschema (Anlage S. 18) ein.

2.2 Ermitteln Sie die Bestellmengen und die Bestellzeitpunkte für die zu beschaffenden Werkstoffe. Berechnen Sie zuvor die Durchlaufzeit für einen Tisch. Beachten Sie, dass die Beschaffungszeit (Bestellungsbearbeitung und -ausführung) mit ca. drei Tagen veranschlagt wird.

2.3 Welche Probleme ergeben sich bei dieser Art der Bedarfsplanung? Nennen Sie die auftretenden Probleme und zeigen Sie mögliche Lösungsansätze auf. Welche Probleme könnten wiederum bei Ihren Lösungsansätzen auftreten?

3. **Verbrauchsabhängige Bedarfsplanung:** Für die Montierwinkel soll ein ausreichender Lagervorrat angelegt werden. Im Lager wurde Raum für die Lagerung von maximal 6.200 Winkeln geschaffen. Als Beschaffungszeit, die sich als Zeitraum zwischen Bedarfsmeldung bis zum Eingang der Ware ergibt, wurden 4 Tage eingeplant. Der Einstandspreis pro Stück beträgt 0,52 €.

3.1 Erstellen Sie eine Bedarfsplanung für die Montierwinkel, indem Sie die Bestellmengen und die Bestellzeitpunkte festlegen. Beachten Sie bei Ihrer Planung, dass im Lager eine eiserne Reserve vorhanden sein sollte. Die Höhe dieser Reserve kann von Ihnen beliebig festgelegt werden.

3.2 Übertragen Sie Ihre Ergebnisse in das in der Anlage abgebildete Koordinatensystem (Anlage S. 19).

3.3 Welche Probleme bzw. Nachteile im Vergleich zur programmabhängigen Bedarfsplanung könnten sich durch die von Ihnen durchgeführte Lagerbestandsplanung ergeben? Nennen Sie Probleme bzw. Nachteile und zeigen Sie Lösungsmöglichkeiten auf.

3.4 Berechnen Sie für den von Ihnen geplanten Lagerbestandsverlauf folgende Lagerkennzahlen: Durchschnittlicher Lagerbestand, Umschlagshäufigkeit, durchschnittliche Lagerdauer, Lagerzinssatz (Marktzinssatz: 2,5 %), Kapitalbindungskosten.

3.5 Angenommen, die Beschaffungszeit der Montierwinkel könnte auf 3 Tage gesenkt werden. Welche Folgen ergäben sich für Ihre Lagerbestandsplanung? Zeigen Sie des Weiteren Veränderungen der Lagerkennzahlen auf.

3.6 Wie würden sich (im Vergleich zum Ausgangsbeispiel) die Ergebnisse der Lagerkennzahlen verändern, wenn der Sicherheitsbestand um die Hälfte reduziert würde? Welche Probleme könnte diese Maßnahme nach sich ziehen?

Arbeitsmaterial

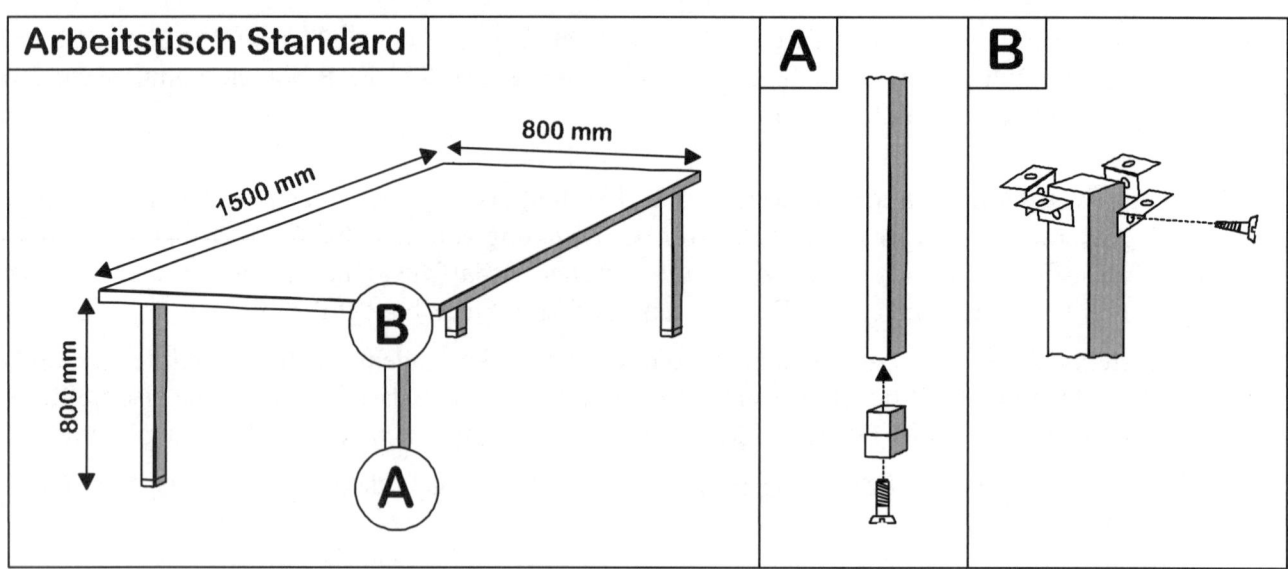

Arbeitstisch Standard

A

B

```
Stueckliste Arbeitstisch „Standard"
```

Anzahl	Bezeichnung	Abmessung (mm)
1	Tischplatte, Eiche poliert	800 x 1.500 x 30
4	Tischbeine, Eiche poliert	800 x 50 x 50
4	Tischbeinpolster, Plastik schwarz	50 x 50 x 5
4	Holzschrauben, Rundkopf, Schlitz	30
16	Montierwinkel	---
32	Holzschrauben, Flachkopf, Kreuz	25

Produktionsablaufschema für die programmabhängige Bedarfsplanung

Arbeitsschritt	1. Tag	2. Tag	3. Tag	4. Tag	5. Tag	6. Tag	7. Tag
1(a) in Min.							
1(b) in Min.							
2 in Min.							
3 in Min.							

8. Tag	9. Tag	10. Tag	11. Tag	12. Tag	13. Tag	14. Tag

Koordinatensystem für die verbrauchsabhängige Bedarfsplanung

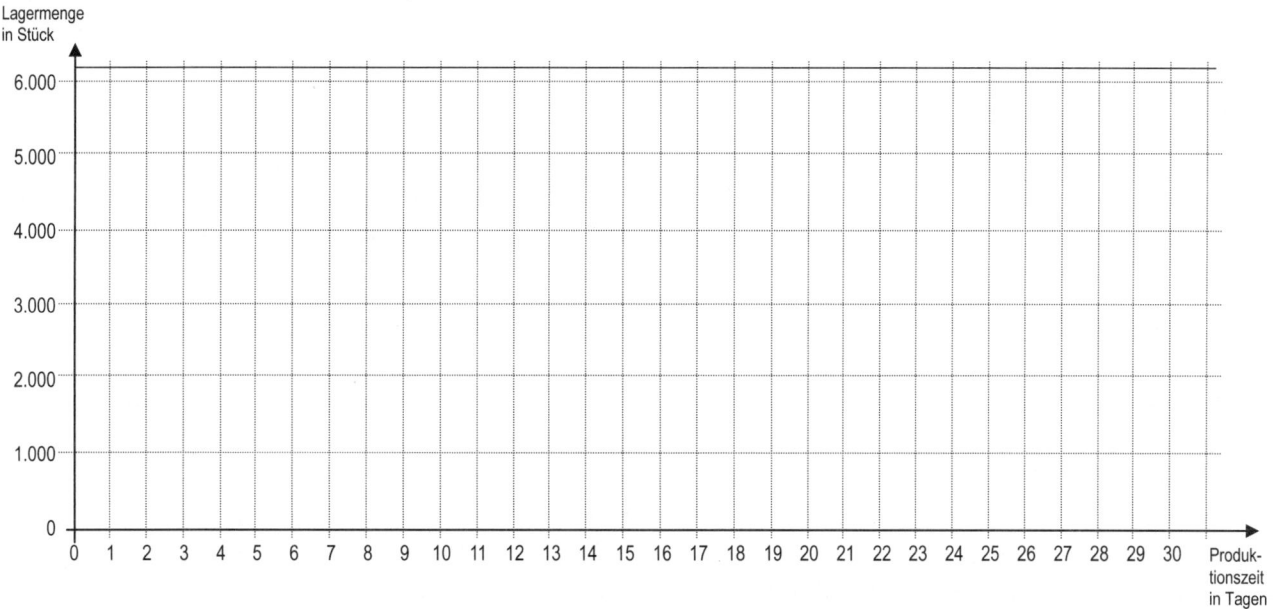

4. Lieferantenauswahl

Ausgangssituation

Die Heinz Schlau OHG, Düsseldorf, benötigt für die Herstellung des Büroregals „Elegance" unter anderem furniertes Holz. Um sich einen Überblick über die aktuellen Angebotsbedingungen zu verschaffen, holt die Einkäuferin, Frau Schmitt, bei drei verschiedenen Holzanbietern Angebote ein (Belege 1 bis 3). Über die Anbieter liegen ihr bereits folgende Informationen vor:

A) Mayer & Sohn OHG: Bei dieser Firma wurden bereits früher diverse Hölzer in größerem Umfang bestellt. Die Materialien waren qualitativ einwandfrei. Bei vereinbarten Zuschnitten wurden jedoch manchmal Normabweichungen festgestellt. Die mangelhafte Ware wurde jedoch anstandsfrei umgetauscht. Der Lieferant zeichnete sich durch eine besondere Liefertreue aus. **B) Martin Berger e. K.:** Auf einer Messe wurde Herr Schmitt auf diesen Anbieter aufmerksam. In einem Gespräch mit einem Geschäftsfreund wurde er jedoch darauf hingewiesen, dass diese Firma Probleme mit der Liefertreue habe. Ansonsten zeichnet sich der Lieferant offensichtlich durch gute Qualität aus. **C) Ökotop GmbH:** Bei dieser Firma handelt es sich um ein relativ neu gegründetes Unternehmen mit wenigen Mitarbeitern. Bei der Verarbeitung wird besonders auf umweltschonende Produktionsweisen Wert gelegt. Da das Unternehmen nur über geringe Kapazitäten verfügt, sind relativ lange Lieferzeiten üblich. Die Qualität der Produkte ist jedoch sehr hochwertig.

✍ Aufgaben

1. Bestimmen Sie anhand der Angebote den preislich günstigsten Anbieter, wenn die Firma Heinz Schlau OHG 2.750 m² Spanplatten als optimale Bestellmenge festgelegt hat (siehe Seite 22 bis 24).

2. Erstellen Sie eine Liste mit wichtigen Kriterien für den Angebotsvergleich. Achten Sie dabei auf preisliche und nicht-preisliche Kriterien.

3. Neben den preislichen Argumenten zeichnen sich die Lieferanten noch durch weitere Faktoren aus. Um auch nicht-preisliche Elemente in den Angebotsvergleich mitaufzunehmen, erstellen Sie bitte eine **Nutzwertanalyse** nach folgenden Angaben:

   ❶ Als Vergleichsmerkmale sollen folgende Faktoren in die Analyse eingehen: Einstandspreise, Liefertreue, Umweltbewusstsein und Materialqualität.

   ❷ Nehmen Sie eine Gewichtung dieser vier Faktoren vor, abhängig davon, welche Bedeutung die einzelnen Elemente für Ihre persönliche Lieferantenauswahl haben sollen. Achten Sie darauf, dass diese Gewichtungsfaktoren sich zu Eins addieren lassen (*z. B.: 0,4 + 0,3 + 0,2 + 0,1 = 1*).

   ❸ Gehen Sie nun jedes einzelne Bewertungskriterium durch und nehmen Sie für jeden Lieferanten eine Bewertung vor (zunächst ohne Einbeziehung der Gewichtungsfaktoren). Geben Sie dem Lieferanten, der das entsprechende Kriterium ihrer Meinung nach am besten erfüllt den Teilnutzenwert 8, dem Lieferanten, der das Kriterium am nächstbesten erfüllt den Teilnutzenwert 5 und dem Lieferanten, der das Kriterium am wenigsten erfüllt den Teilnutzenwert 2.

   ❹ Nun multiplizieren Sie die einzelnen Teilnutzenwerte mit den Gewichtungsfaktoren für das jeweilige Bewertungskriterium und addieren Sie die so gewonnenen gewichteten Teilnutzenwerte zu einem Gesamtnutzen.

   ❺ Der Lieferant mit dem höchsten Gesamtnutzenwert entspricht dem günstigsten Anbieter.

Verwenden Sie zur Durchführung der Nutzwertanalyse folgende Tabelle:

Gewichtungskriterien	Faktor-gewichtung	Lieferanten					
		Mayer & Sohn		M. Berger		Ökotop GmbH	
		Teilnutzen-wert	Gewichtet	Teilnutzen-wert	Gewichtet	Teilnutzen-wert	Gewichtet
(1)							
(2)							
(3)							
(4)							
Gesamtnutzwert							

☝ *Arbeitsaufträge*

1. Nennen Sie mögliche Bezugsquellen des Einkaufs. Unterscheiden Sie dabei zwischen internen und externen Quellen mit Informationen über mögliche Lieferanten und erläutern Sie Ihre Antworten.

2. Frau Schmitt hatte zur Einholung der abgebildeten Angebote Anfragen an mögliche Lieferanten versandt. Welche Verpflichtungen gegenüber den Lieferanten ist Frau Schmitt durch ihr Handeln eingegangen? Begründen Sie Ihre Antwort.

3. Welche Angaben sollte ein ausführliches Angebot enthalten?

4. Welche Verpflichtungen sind die drei Lieferanten durch die Abgabe der Angebote eingegangen? Wie lange gelten die angegebenen Konditionen?

5. In den abgebildeten Angeboten sind einige Preisnachlässe genannt. Erläutern Sie die Bedeutung der Preisnachlässe und führen Sie weitere Möglichkeiten einschließlich Begründung an.

6. Neben den Preisnachlässen werden in den Angeboten Zahlungsbedingungen angeführt. Bitte erläutern Sie diese und geben Sie weitere Beispiele.

7. Welche Zahlungs- und Lieferungsbedingungen würden gelten, wenn weder das Angebot des Lieferanten noch die darauf folgende Bestellung des Kunden genaue Angaben enthalten?

8. Angenommen, Frau Schmitt würde sich für eine Bestellung bei der Firma Mayer & Sohn entschließen. In ihrer Bestellung gibt Sie jedoch an: „... Spanplatte, Güteklasse A1, beidseitig schwarz, Ecolac-Furnier, ...". Welche Folgen hätte die Bestellung der hochwertigeren Spanplatten?

Mayer & Sohn OHG ● Hauptstr. 12 ● 40556 Düsseldorf

Heinz Schlau OHG
z. H. Frau Schmitt
Suitbertusstr. 12
40216 Düsseldorf

Ihr Zeichen, Ihre Nachricht	Unser Zeichen, unsere Nachricht	☎ 0211 7895-0	Düsseldorf
sm-be, 13.08.2010	hä-th	379	20.08.2010

Angebot 3456

Sehr geehrte Frau Schmitt,

für Ihre Anfrage bedanken wir uns sehr. Wir bieten Ihnen anhand unseres aktuellen Kataloges und der zzt. gültigen Preisliste an:

> Spanplatte, Gütekl. A3, beidseitig schwarz, Ecolac-Furnier,
> 2,50 € pro qm

Die Preise verstehen sich als Nettoeinzelpreise ab Werk Düsseldorf. Die Transportkosten betragen 0,20 €/qm. Ab einer Bestellmenge von 1.000 qm bieten wir 5 % Rabatt, ab 2.000 qm 10 % Rabatt auf den Nettowarenwert. Darüber hinaus gewähren wir bei Zahlung innerhalb 2 Wochen 2 % Skonto, sonst bitten wir um Zahlungsausgleich innerhalb 60 Tagen netto. Da wir das Holz ständig auf Lager haben, können wir eine kurzfristige Lieferung in Aussicht stellen.

Über einen Auftrag von Ihnen freuen wir uns.

Mit freundlichen Grüßen

Mayer & Sohn

ppa. *Hänsdieke*

Geschäftsräume
Völklinger Str. 12   Telefon: (0211) 37677
40215 Düsseldorf   Telefax: (0211) 37675
Registergericht Düsseldorf, HRA 7689

Kontoverbindung:
Stadtsparkasse Düsseldorf   Postgiroamt Essen
BLZ 405 300 20   BLZ 300 502 50
Konto-Nr.: 752 609   Konto-Nr.: 1805 789

Angebot 1

Berger Holz- und Naturprodukte
Sägewerk mit 100 Jahren Tradition

Martin Berger e. K. ● Zum Wald 17 ● 40668 Meerbusch

Heinz Schlau OHG
z. H. Frau Schmitt
Suitbertusstr. 12
40216 Düsseldorf

Ihr Zeichen, Ihre Nachricht	Unser Zeichen, unsere Nachricht	☎ 02150 2117-	Meerbusch
sm-be, 13.08.2010	vo-bl	113	20.08.2010

Angebot 1800/HS

Sehr geehrte Frau Schmitt,

bezüglich Ihrer Anfrage vom 13.08.2010 können wir Ihnen folgendes Angebot unterbreiten:

    Spanplatte, Gütekl. A3, beidseitig furniert, schwarz,
    2,72 € pro qm netto

Bei den angebotenen Spanplatten handelt es sich um Spezialzuschnitt bester Verarbeitung. Für Passgenauigkeit garantieren wir.

Ab einer Absatzmenge von 1.000 qm können wir Ihnen einen Sonderrabatt von 10 % des Nettopreises gewähren. Sollten Sie bei uns bestellen, so liefern wir Ihnen das Material gerne zum vereinbarten Zeitpunkt frei Haus an. Unsere Zahlungsbedingungen lauten:
10 Tage 3 % Skonto oder 60 Tage netto.

Über einen Auftrag von Ihnen freuen wir uns.

Mit freundlichen Grüßen

Martin Berger

i. V. Gisela Schmitt
Gisela Schmitt

Angebot 2

Ökotop
Der Mensch im Einklang mit der Natur

Ökotop GmbH ● Babelweg 188 ● 40215 Düsseldorf

Heinz Schlau OHG
z. H. Frau Schmitt
Suitbertusstr. 12
40216 Düsseldorf

Ihr Zeichen, Ihre Nachricht	Unser Zeichen, unsere Nachricht	☎ 0211 380576-	Düsseldorf
sm-be, 13.08.2010	pe-le	120	20.08.2010

Angebot Nr. 2340

Sehr geehrte Frau Schmitt,

für Ihre Anfrage bedanken wir uns sehr und bieten Ihnen folgendes Angebot:

Spanplatte, Gütekl. A3, Schwarzfurnier beidseitig, Feinkantenschliff, 2,40 € pro m^2

Die angebotene Spanplatte wird durch uns garantiert ohne unnötige Umweltbelastung herge-stellt. Die Verleimung entspricht höchsten Ansprüchen und wurde mit dem grünen Umwelt-zeichen sowie der CCI-Plakette ausgezeichnet.
Die Preise verstehen sich als Nettoeinzelpreise ab Werk Düsseldorf. Gegen einen Aufpreis von 6% auf den Listenpreis liefern wir Ihnen die Ware gerne frei Haus. Ab einer Bestell-menge von 1.000 qm bieten wir 2% Rabatt auf den Nettowarenwert. Unsere Zahlungsbedin-gungen lauten: 14 Tage 3% Skonto oder 30 Tage netto. Bei Bestellung bitten wir um Anzah-lung von 10% der Rechnungssumme.

Über einen Auftrag von Ihnen freuen wir uns.

Mit freundlichen Grüßen

Ökotop GmbH

ppa. *Angela Lessenig*

Geschäftsräume		Kontoverbindung:	
Babelweg 188	Telefon: (0211) 380576	Norisbank Düsseldorf	Postbank Essen
40215 Düsseldorf	Telefax: (0211) 380576	BLZ 360 250 20	BLZ 300 502 50
HRB 3341 Düsseldorf		Konto-Nr.: 300 789 456	Konto-Nr.: 320 7788 111

Angebot 3

Vertiefungsaufgabe

Die Heinz Schlau OHG benötigt einige Soft- und Hardwareteile. Aus diesem Grund wurden von der Sachbearbeiterin im Einkauf, Frau Weller, zwei Angebote eingeholt. Da in der letzten Zeit häufiger der Lieferservice von GPS (General Parcel Service) in Anspruch genommen wurde, liegt auch das aktuelle Angebot dieses Unternehmens vor. Da Frau Weller die Anbieter bekannt sind, hat sie bereits einige wichtige zusätzliche Informationen auf den Angeboten vermerkt. Frau Weller bittet Sie, den günstigsten Anbieter zu bestimmen.

1. Betrachten Sie die Angebote und ermitteln Sie den preislich günstigsten Anbieter. Gehen Sie bei der Lieferbedingung „ab Werk" davon aus, dass die Ware durch Einschaltung der Firma GPS bezogen wird.

2. Neben den preislichen Gesichtspunkten müssen bei der Lieferantenauswahl auch nicht-preisliche Kriterien miteinbezogen werden. Für welchen Anbieter entschließen Sie sich nun letztendlich. Begründen Sie Ihre Entscheidung. Gehen Sie dabei auch auf die Besonderheiten, die in den Angeboten genannt werden, ein.

Geschäftsführer: Thomas Theissen

Starkstrom GmbH · Pestalozzistr. 235 · 40227 Düsseldorf

Heinz Schlau OHG	**Ihr Zeichen:** ku-we
Fr. Weller	**Ihre Nachricht vom:** 23.08.2010
Suitbertusstr. 130	**Unser Zeichen:** ir-sa
40213 Düsseldorf	**Unsere Nachricht vom:**

Name: Wenzel
Telefon: 0211 / 455678 - 25
Telefax: 0211 / 455679 - 10
Datum: 26.08.2010

Angebot

Sehr geehrte Frau Weller,

wir danken für Ihre Anfrage und bieten Ihnen unter Beachtung unserer umseitig abgebildeten Allgemeinen Geschäftsbedingungen folgende Artikel an:

100 Stück CD-Rohlinge 650 MB Medial, 10er-Pack	5,55 €/Pack
10 Stück Dat Streamer Tape, 90 m, bis 4 GB, 2er-Pack	7,97 €/Pack
10 Stück Druckerpatronen HP-6L	49,43 €/Stück
150 Pakete Druckerpapier á 1.000 Seiten, DIN A4, holzfrei	9,99 €/Paket
1 Paket Windows NT OEM zzgl. Office-Paket	483,17 €/Stück

Die genannten Preise enthalten 19 % Umsatzsteuer und gelten bis Ende 09/2010. Bei Bestellung gewähren wir Ihnen

ab einem Bestellwert von	500,00 € netto	0,5 %
ab einem Bestellwert von	1.000,00 € netto	1,5 %
ab einem Bestellwert von	3.000,00 € netto	2,0 %
ab einem Bestellwert von	10.000,00 € netto	3,0 % Sonderrabatt.

Die Lieferung erfolgt innerhalb von einer Woche nach Auftragseingang ab Werk. Der Rechnungsbetrag ist zahlbar innerhalb von 10 Tagen nach Rechnungsdatum mit 3 % Skonto oder innerhalb von 30 Tagen netto Kasse.

Gern erwarten wir Ihre Bestellung, die wir sorgfältig ausführen werden.

Mit freundlichem Gruß

Starkstrom GmbH

i.V. *Antonia Wenzel*

A. Wenzel

HAFT IT®

- *die Starkstrom GmbH ist ein neuer Anbieter in Düsseldorf*
- *in den Allgemeinen Geschäftsbedingungen wird dem Kunden das Recht auf mehrmalige Nachbesserung angeboten, das Recht auf Neulieferung wird ausgeschlossen; darüber hinaus gilt bei Vertragsabschluss als Erfüllungsort und Gerichtsstand Düsseldorf*
- *bisher durchgeführte Bestellungen wurden unverzüglich und einwandfrei ausgeführt*
- *kein fester Ansprechpartner bekannt, die Verkaufspersonen wechseln ständig*

Starkstrom GmbH
Geschäftsräume:
Hildegundisstr. 45
40227 Düsseldorf

Amtsgericht Düsseldorf B / 23 340
Geschäftsführer: Thomas Theissen

MEDIALAND

50 Jahre kompetenter Partner

Medialand KG · Postfach 73 05 40 · 42655 Solingen

➤ Planung, Installation und Wartung von EDV-Anlagen

➤ Software

➤ Zubehör

Heinz Schlau OHG
Frau Weller
Suitbertusstr. 130
40213 Düsseldorf

Vorbestellservice
0130 - 252525
freecall

Angebot Nr. 776/5600/2010

Ihr Zeichen, Ihre Nachricht	Unser Zeichen, unsere Nachricht vom	☎ 0212 785564- Name	Datum
ku-we, 778-5023	ri-tp	145 Herr Tophoven	25.09.2010

Sehr geehrte Frau Weller,

vielen Dank für Ihre Anfrage. Wir bieten Ihren freibleibend an:

1 Paket Windows 7 OEM zzgl. Office-Paket	488,90 € / Stück
10 Stück Druckerpatronen HP 6L	42,90 € / Stück
10 Stück Dat Streamer Tape, 90 m, bis 4 GB, 2er-Pack	7,09 € / Pack
100 Stück CD-ROM-Rohlinge Medial 650 MB, 10er-Pack	4,89 € / Pack
150 Pakete Druckerpapier á 1.000 Seiten, DIN A4, holzfrei	8,60 € / Paket

zuzüglich Umsatzsteuer. Aufgrund unseres 50-jährigen Unternehmensjubiläums können wir Ihnen darüber hinaus einen Sonderrabatt in Höhe von 5 % des Warenwerts anbieten. Die Jubiläumsaktion ist befristet bis zum 31. Oktober 2010.

Die genannten Preise stellen Konditionen ab Werk dar. Sollten Sie an einer Belieferung durch eine von uns eingesetzte Spedition interessiert sein, würden für die ca. 1,5 kg schwere Lieferung 2 % des Warenwerts als Frachtkosten aufgeschlagen.

Nach Bestellungseingang werden wir eine kurzfristige Lieferung in die Wege leiten. Die Rechnung ist zahlbar innerhalb von 14 Tagen nach Rechnungsdatum mit 2 % Skonto bzw. innerhalb von 40 Tagen netto Kasse.

Über einen Auftrag freuen wir uns.

Mit freundlichen Grüßen

Medialand GmbH

Klaus Tophoven

Tophoven

MEDIALAND KG
Amtsgericht Solingen HRB 1140556
Komplementär: Dipl.Ing. Volker Bergheim

Unternehmenssitz:
Düsseldorfer Landstraße 165 - 167
42655 Solingen
Tel.: 0212 / 969696
Fax: 0212 / 969697
T-Online: 0212 / 9602-275

HAFT IT®

- bei Herrn Tophoven wude bereits häufiger Ware bestellt und er zeigte sich bei Mängeln immer sehr kulant
- von Medialand wurde die gesamte Hardware für die Verwaltung beschafft
- die Angebotspreise unterliegen leider ständigen Schwankungen und ändern sich häufig
- in letzter Zeit kam es häufig zu Lieferverzögerungen (teilweise stellte sich heraus, dass Bestellungen einfach „verschlampt" wurden)

General Parcel Service
Division Deutschland

Weltweiter Transportservice
Mindener Straße 34
40566 Düsseldorf
☎ 0211 / 340147

GPS Deutschland AG · Mindener Str. 34 · 40566 Düsseldorf

Heinz Schlau OHG
Fr. Weller
Suitbertusstr. 130
40213 Düsseldorf

Transportleistungsangebot

Ihr Zeichen, Ihre Nachricht	Unser Zeichen, unsere Nachricht vom	☎ 0212 785564- Name	Datum
ku-we, 778-5023	ri-tp	145 Frau Bruns	25.09.2010

Sehr geehrte Frau Weller,

wie telefonisch mit Ihnen besprochen übersende ich Ihnen als Anlage zu
diesem Schreiben die aktuelle Leistungstabelle unseres Unternehmens. Die
genannten Preise sind Nettopreise.

Wir bieten einen 24-Std.-Service, sodass Lieferungen bis zu zwei Std. vor
dem Abtransport in Auftrag genommen werden. Bitte nutzen Sie hierzu unsere
Hot-Line mit der Nummer 0211/777888.

Über Ihren Auftrag freuen wir uns sehr.

Mit freundlichem Gruß

GPS Devision Deutschland

i. A. *Herbert Knebel*

Herbert Knebel

General Parcel Service
Division Deutschland AG
- Filiale Düsseldorf-Mitte -
Mindener Straße 34
40566 Düsseldorf

Hot-Line für den 24-Std.-Service
0180/535364
HRB Düsseldorf 29290

Bankverbindungen:
Commerz Bank AG, Düsseldorf
BLZ 350 400 40 Kto. 454545
Postbank Essen
BLZ 360 100 43 Kto. 5584547441

Preisübersicht*⁾

Lieferungen 500 kg bis 10.000 kg

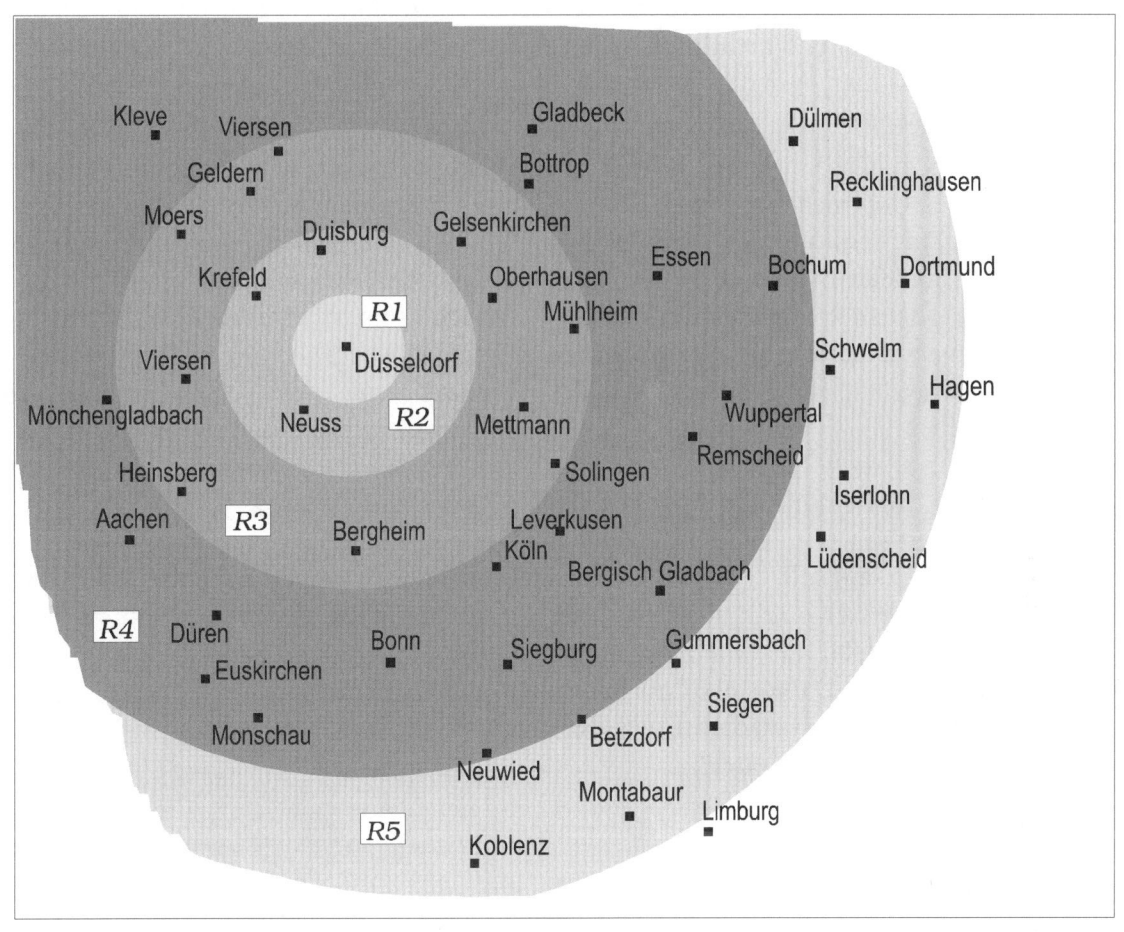

Regionalbereich R1:

bis	500 kg	150,00 €
bis	1.000 kg	294,00 €
bis	5.000 kg	1.425,00 €
bis	10.000 kg	2.700,00 €

Regionalbereich R2:

bis	500 kg	180,00 €
bis	1.000 kg	882,00 €
bis	5.000 kg	1.710,00 €
bis	10.000 kg	3.240,00 €

Regionalbereich R3:

bis	500 kg	216,00 €
bis	1.000 kg	1.058,00 €
bis	5.000 kg	2.052,00 €
bis	10.000 kg	3.887,00 €

Regionalbereich R4:

bis	500 kg	280,00 €
bis	1.000 kg	1.372,00 €
bis	5.000 kg	2.667,00 €
bis	10.000 kg	5.054,00 €

Regionalbereich R5:

bis	500 kg	365,00 €
bis	1.000 kg	1.788,00 €
bis	5.000 kg	3.398,00 €
bis	10.000 kg	6.117,00 €

*⁾ Preisangaben zzg. USt.

GPS Division Deutschland

5. Preiskalkulation bei Handelswaren

Ausgangssituation

Der Auszubildende Jürgen Gerks ist zurzeit in der Einkaufsabteilung der Heinz Schlau OHG eingesetzt. Von der Sachbearbeiterin Frau Wenzel hat er bereits gelernt, wie eine Lieferantenauswahl unter Beachtung von preislichen und nicht-preislichen Faktoren durchgeführt wird. Am heutigen Tag erklärt ihm Frau Wenzel, dass man in der Absatzabteilung beschlossen habe, ein neues Produkt in das Absatzsortiment aufzunehmen.

Wenzel: Sie haben ja sicher gestern mitbekommen, dass unser Unternehmen einen Computertisch mit einem Stahlrohrrahmen in das Absatzprogramm aufnehmen möchte.

Gerks: Ja, Herr Klausner von der Verkaufsabteilung hat Ihnen ja gestern genaue Vorgaben über das Aussehen und die Funktionalität des Tisches übergeben.

Wenzel: Genau, ... [*sucht die entsprechende Hausmitteilung*], hier sind ja die Angaben. Es soll ein Computertisch sein, der für besondere Funktionen nutzbar sein soll.

Gerks: Aber eins verstehe ich nicht, ..., der Computertisch soll doch aus Stahlrohrrahmen zusammengesetzt sein. Da wir aber nur Holzmöbel herstellen, ist doch an eine Eigenfertigung gar nicht zu denken, ..., oder?

Wenzel: Das ist schon richtig, stellt aber doch kein Problem dar. Wir müssen schließlich nur einen geeigneten Anbieter finden, der einen solchen Tisch anbietet.

Gerks: Aha, wir stellen den Tisch also gar nicht selbst her ...!

Wenzel: Nein, der Verkauf möchte auf diese Weise unsere Angebotspalette erweitern und neue Kunden gewinnen. Der Tisch ist sozusagen Handelsware.

Gerks: Aha ...!

Wenzel: Im Übrigen habe ich schon einen Anbieter gefunden, der infrage kommt. Sein Angebot müsste sehr bald eintreffen.

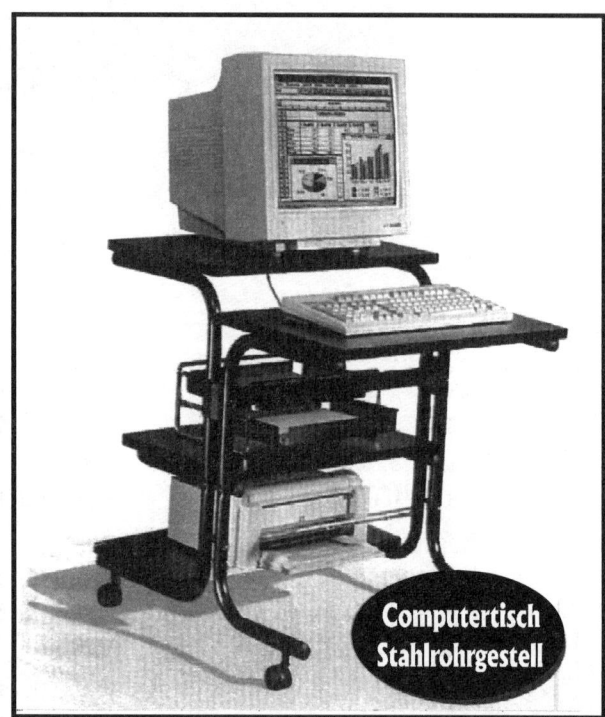

✍ Aufgaben

1. Betrachten Sie das Angebot der Firma Sebastian Gerrit (Anlage). Wie hoch ist der Einstandspreis für den angebotenen Computertisch, wenn die geplante Beschaffungsmenge zunächst 60 Stück monatlich betragen soll? Sollte es zum Vertragsabschluss kommen, so wird Frau Wenzel vom Lieferangebot Gebrauch machen. Geben Sie den gewählten Rechenweg an.

2. Wie hoch wäre der Einstandspreis, wenn man statt der geplanten 60 Stück monatlich die geplanten Bedarfsmengen für vier Monate bündeln und auf einmal bestellen würde?

3. Nennen Sie Argumente, die gegen eine Bündelung der Beschaffungsmengen sprechen.

4. Frau Wenzel erhält von der Verkaufsabteilung den Auftrag, den Listenverkaufspreis für den von der Firma Sebastian Gerrit bezogenen Computertisch zu kalkulieren. Welche Faktoren müssen in diese Verkaufskalkulation einfließen? Nennen Sie mögliche Faktoren und stellen Sie ein entsprechendes Kalkulationsschema auf.

5. Frau Wenzel möchte nun konkret den Listenverkaufspreis ermitteln. Sie geht dabei von einer Beschaffungsmenge von 50 Stück pro Bestellung aus. Den Handlungskostenzuschlagssatz setzt sie mit 80 %, den Gewinnzuschlag mit 60 % an. Des Weiteren kalkuliert sie einen Verkaufsrabatt in Höhe von 5 % und einen Verkaufsskonto in Höhe von 3 % ein. Wie hoch ist der Listenverkaufspreis netto?

6. Als Frau Wenzel dem Verkäufer Herrn Gutmann ihren kalkulierten Listenverkaufspreis unterbreitet, ist dieser mit dem Ergebnis gar nicht zufrieden. Aufgrund der Konkurrenzsituation könne man den Computertisch höchstens zu einem Preis von 99,00 € netto anbieten. Welche Folgen hätte dieser Verkaufspreis auf die Preiskalkulation?

7. Angenommen, Frau Wenzel muss den von Herrn Gutmann genannten Listenverkaufspreis akzeptieren. Welchen Angebotspreis müsste sie dann vom Lieferanten fordern, wenn alle Bedingungen gleich blieben und der Computertisch einen Gewinn in Höhe von 10 % erbringen soll?

8. Betrachten Sie das Ergebnis aus Arbeitsauftrag 6. Welche Möglichkeiten hätte Frau Wenzel, um Einfluss auf die Erfolgssituation des Computertisches zu nehmen? Nennen Sie Lösungsmöglichkeiten und zeigen Sie Nachteile auf, die sich durch die Lösungsansätze möglicherweise ergeben könnten.

9. Angenommen, der Verkäufer der Firma Sebastian Gerrit würde nach einer erneuten Verhandlung mit Frau Wenzel einer weiteren Preissenkung zustimmen. In einem neuen Angebot soll die Heinz Schlau OHG bereits bei einer Abnahmemenge von 50 Stück einen Rabatt von 10 % erhalten. Kann der Computertisch nun mit Gewinn verkauft werden? Begründen Sie Ihre Antwort.

10. Der Computertisch kann in den folgenden Monaten erfolgreich abgesetzt werden. Bereits nach fünf Monaten werden monatlich 250 Stück bestellt. Durch die Erhöhung der Absatzmenge kann der Handlungskostenzuschlagssatz auf 62 % gesenkt werden. Wie hoch ist nun der Gewinn, wenn die Firma Sebastian Gerrit in der Zwischenzeit den Listenpreis auf 52,00 € angehoben hat. Alle übrigen Angaben bleiben unverändert.

Sebastian Gerrit — Der Büromöbelprofi

!! Super-Leistung !!
Auf alle unsere
Artikel gewähren wir
12 Monate Garantie

Sebastian Gerrit e. K. • Merkatorstr. 65 • 47850 Duisburg

Heinz Schlau OHG
Büromöbelfabrik
Frau Wenzel
Suitbertusstr. 130
40213 Düsseldorf

Angebot Nr. 47850

Ihr Zeichen Ihre Nachricht	Unser Zeichen unsere Nachricht vom	☎ 0203 4502- Name	Datum
ku-we, 778-5023	pp-mi	65 Herr Michels	05.09.2010

Sehr geehrte Frau Wenzel,

vielen Dank für Ihre Anfrage. Wir bieten Ihnen entsprechend unseren Angebotsbedingungen des aktuellen Hauptkataloges an:

Stahlrohrrahmen-Computertisch „Systematic"
Art.-Nr. 451225   58,31 €/Stück inkl. USt.

Es gilt folgende Mengenrabattstaffelung: Bei Abnahme
von mehr als 100 Stück   10 %,
von mehr als 200 Stück   12 %,
von mehr als 500 Stück   14 % Abschlag vom Warenwert.

Bei Anlieferung durch eine von uns beauftragte Spedition berechnen wir pro Stück 6,20 € zzgl. USt. Transportkosten. Die Lieferung erfolgt schnellstmöglich. Eine Rechnungsbegleichung erbitten wir innerhalb von 30 Tagen ab Rechnungsdatum oder innerhalb von 14 Tagen mit 3 % Skonto. Die gelieferte Ware bleibt bis zur vollständigen Bezahlung unser Eigentum. Weitere Angebote entnehmen Sie bitte unserem derzeit gültigen Katalog.

Über Ihren Auftrag würden wir uns sehr freuen.

Mit freundlichem Gruß

Sebastian Gerrit

Werner Michels
W. Michels

Sebastian Gerrit e.K.   Telefon   0203/4502-12   Stadtsparkasse Duisburg   Postbank Essen
Büromöbelhersteller   Telefax   0203/4502-30   (BLZ 750 300 45)   (BLZ 360 100 43)
Merkatorstraße 65   Kto.-Nr. 5448500   Kto.-Nr. 78785541
47850 Duisburg   Geschäftszeiten:
                             Mo.-Fr.   8.00 - 17.00 Uhr   HRA Duisburg 124032

6. Die optimale Bestellmenge

Ausgangslage

Der Auszubildende Jörg Lindenschmitt ist zurzeit in der Einkaufsabteilung der Heinz Schlau OHG eingesetzt. Heute beobachtet er Frau Hamacher bei ihrer Arbeit und plötzlich ergibt sich folgendes Gespräch:

Jörg: Mein Gott, Frau Hamacher, Sie haben aber ganz schön viel zu tun in ihrem Job. Kommen Sie eigentlich auch einmal zur Ruhe?

Frau Hamacher: Tja, Herr Lindenschmitt, heute ist es tatsächlich ein bisschen viel, aber weil Frau Kaiser einen Urlaubstag genommen hat, muss ich eben ihre Arbeit einfach auch noch erledigen. Aber glauben Sie mir, sonst geht es hier auch ganz schön lebhaft zu.

Das Telefon klingelt und Frau Hamacher spricht mit dem Lagerleiter.

Frau Hamacher: Ja, die Lieferung Scharniere der Firma Klingeberg kommt morgen, ja, ... dann müssen sie eben Platz schaffen, ... ja, ... aber es geht nun mal nicht anders, bis dann.

Frau Hamacher schreibt eine Bestellung am PC.

Frau Hamacher: Schauen Sie mal hier: In diese Maske müssen sämtliche Daten der Materialanforderung eingetragen werden, ..., später suchen wir dann den günstigsten Lieferanten aus.

Jörg: So, so, ich sehe das also richtig: Für jede Materialart muss der komplette Bestellvorgang durchgeführt werden. Und das Tag für Tag.

Frau Hamacher: Richtig!

Jörg überlegt eine Weile.

Jörg: Aber, Moment mal, das ist dann aber ein ganz schöner Arbeitsaufwand. Eigentlich kennen Sie den jährlichen Materialbedarf sämtlicher Werkstoffe doch bereits heute. ... Grob überschlagen kann man ihn ja.

Frau Hamacher: Ja, und ...?

Jörg: Na, dann wäre es doch eine enorme Arbeitserleichterung, wenn wir für alle Werkstoffe den Jahresbedarf auf einmal bestellen würden. Dann müssten die lästigen Bestellungen nur einmal erledigt werden.

⇨ Arbeitsaufträge

1. Beschreiben Sie mit eigenen Worten das Problem, das im Dialog angesprochen wird.

2. Welche Tätigkeiten müssen im Rahmen eines Bestellvorganges durchgeführt werden und welche Kosten werden dadurch verursacht?

3. Die bestellten und gelieferten Waren müssen im Lager gelagert werden. Welche Lagerkosten fallen dabei an?

4. Jörg Lindenschmitt schlägt vor, den gesamten Jahresbedarf an Werkstoffen auf einmal bei den Lieferanten zu beschaffen. Welche Auswirkungen auf die Bestell- und auf die Lagerkosten hätte dieser Vorschlag?

5. Zurzeit werden in der Heinz Schlau OHG Werkstoffe bei Bedarf bestellt. Welche Folgen hat dieses Bestellverhalten auf die Lager- und die Bestellkosten?

6. Aus den Lösungen der Arbeitsaufträge wird deutlich, dass es eine so genannte „Optimale Bestellmenge" geben muss. Welches Ziel wird mit der Bestimmung dieser Bestellmenge angestrebt?

7. Für die Herstellung von Schubfächern werden jährlich 16.000 Handgriffe benötigt, deren Einstandspreis 6,00 €/Stück beträgt. Kostenrechnerische Auswertungen haben ergeben, dass für jede Bestellung 120,00 € anfallen. Im Lager wird mit einem Lagerkostensatz in Höhe von 8 % gerechnet. Vervollständigen Sie untenstehende Tabelle und begründen Sie, bei welcher Menge von der „optimalen Bestellmenge" gesprochen werden kann.

Anzahl der Bestellungen	Menge je Bestellung (St.)	Fixe Bestell-Kosten (EUR)	Durchschnittlicher Lagerbestand (St.)	Durchschnittlicher Lagerbestand (EUR)	Lagerkosten (EUR)	Beschaffungs-kosten (EUR)
1						
2						
3						
4						
5						
6						
7						
8						
9						
10						
11						
12						

8. Bestimmen Sie die optimale Bestellmenge mithilfe der unten angeführten Andler'schen Formel:

9. Halten Sie die Voraussetzungen, die für die Ermittlung der optimalen Bestellmenge angenommen wurden, für realistisch?

10. Erläutern Sie Gründe, die eine Unternehmung veranlassen könnte, von der optimalen Bestellmenge abzuweichen.

$$\text{Andler'sche Formel:} \quad \text{Optimale Bestellmenge} = \sqrt[2]{\frac{200 \cdot \text{Jahresbedarf} \cdot \text{fixe Bestellkosten}}{\text{Einstandspreis} \cdot (\text{Lagerzinssatz} + \text{Lagerkostensatz})}}$$

7. Bestellverfahren

Ausgangslage

In der Heinz Schlau OHG werden die Handgriffe für sämtliche Schubladen im Lager bevorratet. Um einen Überblick über die Lagerbestandsveränderungen zu erhalten, ist an jedem Lagerfach eine Lagerkarte angebracht, auf der Zugänge und Abgänge minutiös verzeichnet werden. Eine Obergrenze für die Lagermenge stellt der für die Lagerung der Griffe zur Verfügung stehende Lagerplatz dar. Werden Handgriffe für die Produktion benötigt, schreiben die Mitarbeiter in der Produktion Materialanforderungskarten aus und reichen diese im Lager ein. Im Gegenzug erhalten sie sodann das benötigte Material ausgehändigt. Diese Lagerabgänge werden auf der Lagerkarte verzeichnet und die Materialanforderungskarten werden an die Abteilung „Materialdisposition" weitergeleitet. Hier werden ebenfalls die Bestandsveränderungen erfasst. Über ein Computerprogramm lässt sich jederzeit der aktuelle Lagerbestand abrufen. Sobald ein bestimmter Bestand erreicht ist, meldet der Computer, dass eine Neubestellung notwendig wird. Der Materialdisponent leitet sodann den Beschaffungsvorgang ein. Auf diese Weise wird erreicht, dass immer das notwendige Material im Lager vorhanden ist.

✍ Aufgaben

1. Erstellen Sie eine Skizze, aus der der in der Ausgangssituation geschilderte Ablauf der Materialdisposition deutlich wird.

2. Welche Probleme könnten sich bei der geschilderten Art der Lagerdisposition ergeben? Erläutern Sie Ihre Antwort.

⇨ Arbeitsaufträge

1. Erarbeiten Sie Möglichkeiten, wie das in Aufgabe 2 erarbeitete Problem gelöst werden könnte. Welche Folgen würden sich durch Ihren Lösungsansatz ergeben?

2. Erstellen Sie eine Übersicht, in der Sie das Bestellpunkt- und das Bestellrhythmusverfahren gegenüberstellen. Stellen Sie dabei sämtliche Vorteile und Nachteile der Verfahren gegenüber.

3. Betrachten Sie den Verlauf folgender Lagerbestände (Seite 36). Im Fall 1 wird das Bestellpunkt-, im Fall 2 das Bestellrhythmusverfahren angewandt.

   Erklären Sie für den Fall 1 ...

   3.1 wann die Bestellungen ausgelöst werden,

   3.2 welche Bedeutung der eisernen Reserve zukommt,

   3.3 welche Besonderheiten bezogen auf die betriebspraktische Wirklichkeit bei der dargestellten Entwicklung des Lagerbestands unterstellt wird.

   Erklären Sie für den Fall 2 ...

   3.4 wann die Bestellung in diesem Fall ausgelöst wird,

   3.5 warum dieses Bestellverfahren bei der dargestellten Bestandsentwicklung wenig geeignet ist.

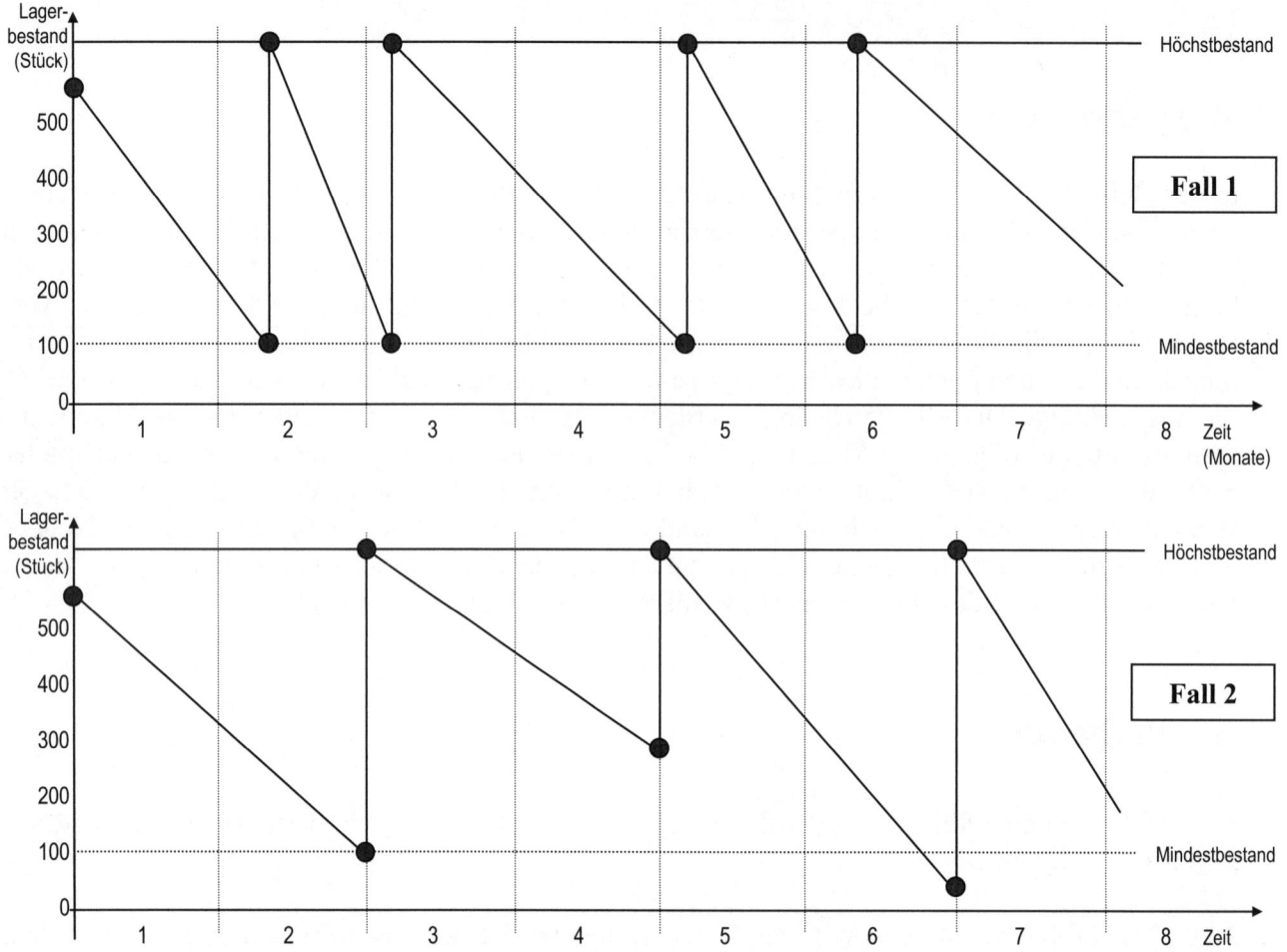

8. Die ABC-Analyse

Ausgangslage

Der Auszubildende Jörg Lindenschmitt ist am Ende seines Arbeitstages sehr erschöpft, schließlich hat er heute viel gelernt.

Jörg: So, gleich ist Feierabend. Mensch, heute habe ich aber wirklich Einiges über die Lagerhaltung gelernt. Aber eins müssen Sie schon zugeben, Frau Hamacher...

Frau Hamacher: Was denn...?.

Jörg: Mit den einzelnen Werkstoffen haben wir schon ganz schön viel Arbeit. Zunächst habe ich gelernt, dass man eine Nutzwertanalyse erstellen sollte, dann haben wir die opti-male Bestellmenge berechnet... Ach ja, und dann müssen wir ja auch noch den Jahresbedarf programmgesteuert festle-gen. Das ist wirklich ein sehr arbeitsaufwändiges Unterfangen.

Frau Hamacher: Das sieht vielleicht auf den ersten Blick so aus, aber so funktioniert das dann ja nun doch nicht. Pass einmal auf, ich zeige dir mal was ...

Frau Hamacher lässt folgende Tabelle ausdrucken:

Lagerübersicht: Verbrauch-Wert-Gegenüberstellung

Werkstoffbestandteile Regel „Standard ST 2300"

Artikel-nummer	Verbrauch pro Jahr (in Stück)	Einstandspreis pro Stück (in EUR)
140	103.500	1,30
141	14.780	24,90
142	452.100	0,20
143	4.640	156,40
144	362	895,50
145	780	1.890,00
146	890.400	0,26
147	6.840	3,90
148	6.870	1,10
149	85.740	5,50
150	590	27,00
151	67.400	22,80
152	990.500	0,05
153	7.940	2,50
154	990	38,90
155	22.900	148,00

✍ Aufgaben

1. Welche Besonderheiten fallen Ihnen in der oben dargestellten Tabelle auf?

2. Vervollständigen Sie nachstehende Tabelle und überprüfen Sie das Ergebnis aus Aufgabe 1.

3. Notieren Sie nun die Artikel auf einem gesonderten Blatt in der Reihenfolge ihres Anteils am wertmäßigen Gesamtverbrauch in Prozent. Welche Folgerung bezogen auf den für die Beschaffung der einzelnen Artikel aufzuwendenden Arbeitsaufwand ziehen Sie aus diesem Ergebnis?

4. Berechnen Sie nun den mengenmäßigen Anteil der A-, B- und C-Güter an der Gesamtmenge der für das Regal benötigten Werkstoffe.

Tabelle zur Lagerbestandsanalyse

Artikel-nummer	Verbrauch pro Jahr (in Stück)	Einstandspreis pro Stück (in EUR)	Verbrauchswert in Jahr (in EUR)	Anteil in % am Gesamtverbrauchswert	ABC-Bewertung
140	103.500	1,30			
141	14.780	24,90			
142	452.100	0,20			
143	4.640	156,40			
144	362	895,50			
145	780	1.890,00			
146	890.400	0,26			
147	6.840	3,90			
148	6.870	1,10			
149	85.740	5,50			
150	590	27,00			
151	67.400	22,80			
152	990.500	0,05			
153	7.940	2,50			
154	990	38,90			
155	22.900	148,00			
Summe					

9. Ein Entscheidungsproblem: Make or buy

Ausgangslage

Die Heinz Schlau OHG stellt bereits seit vielen Jahren das Regalsystem „Standard ST" her. Es handelt sich um ein Regal, dass auf elegante Art und Weise Holz- und Stahlkomponenten miteinander verbindet. Durch die individuelle Zusammensetzung der einzelnen Systembausteine können Kundenwünsche individuell befriedigt werden. Für die Montage der jeweiligen Regalbauteile werden verchromte Stahlrohre benötigt. Obwohl die Heinz Schlau OHG eigentlich auf die Herstellung von Holzelementen spezialisiert war, entschloss man sich vor geraumer Zeit, die Stahlelemente ebenfalls selbst herzustellen. In letzter Zeit sind jedoch die Herstell- und Absatzkosten für die Stahlrohre drastisch angestiegen. Insgesamt fielen im vergangenen Jahr folgende Kosten an:

Werkstoffkosten	20.000,00 €	Abschreibungen für Maschinen	7.500,00 €
Verpackungskosten (die Stahlrohre werden für den Transport einzeln in Packpapier gewickelt)	1.300,00 €	Maschineninstandhaltungskosten	960,00 €
		Mietkosten (anteilige Raumkosten)	1.390,00 €
Arbeitslöhne (dies ist das Entgelt für die Mitarbeiter in der Produktion, die nach Leistung bezahlt werden)	45.000,00 €	Heizkosten (anteilige Raumkosten)	630,00 €
		Werbekosten (anteilig)	3.600,00 €
Energiekosten für Maschinen (variabel)	3.900,00 €	Lagerkosten (fix)	3.520,00 €

Im letzten Jahr wurden durchschnittlich 9.000 Stück der Stahlträger produziert und als Bestandteil der Regale abgesetzt. In den letzten Monaten zeichnet sich nun ein Rückgang in der Nachfrage nach dem Regalsystem ab. Durch eine Absatzprognose wurde ermittelt, dass wahrscheinlich nur noch 6.500 Stück jährlich produziert und abgesetzt werden können. Wegen der prekären Lage wurden daher Angebote von Lieferanten eingeholt, die sich auf die Produktion von Metallelementen spezialisiert haben. Der günstigste Anbieter kann ein Stahlrohr in der benötigten Güte für 10,00 € anbieten.

✍ Aufgaben

1. Beschreiben Sie mit eigenen Worten das Problem, das in der Ausgangslage umrissen wird.

2. Berechnen Sie die Kosten, die für die Herstellung und den Absatz der Stahlrohre im letzten Jahr angefallen sind.

3. Wie hoch werden voraussichtlich die Kosten für die prognostizierte Produktion der Stahlrohre in diesem Jahr sein?

4. Würden Sie die Eigenfertigung der Stahlrohre beenden und auf das Angebot des Lieferanten eingehen? Ziehen Sie dabei lediglich die Ergebnisse aus den Aufgaben 2 und 3 für Ihre Begründung heran.

5. Zeichnen Sie die Entwicklung der Herstell- und Absatzkosten in Abhängigkeit von der Absatzmenge bei Eigenfertigung in ein Koordinatensystem ein (Ordinate = Kostenachse: Länge 20 cm, 2 cm = 10.000,00 €; Abszisse = Mengenachse: Länge 10 cm, 2 cm = 2.000 St.).

6. Zeichnen Sie nun die Entwicklung der Kosten bei Fremdbezug in das Koordinatensystem aus Aufgabe 5 ein. Welche Aussage bezüglich des Schnittpunkts der beiden Kostenkurven können Sie treffen?

➘ *Arbeitsaufträge*

1. Entwickeln Sie eine mathematische Formel zur Berechnung der so genannten kritischen Menge, also derjenigen Stückzahl bei der die Kosten für die Eigenfertigung denen des Fremdbezugs gleichen.

2. Betrachten Sie noch einmal die Lösungen der zuvor bearbeiteten Aufgaben. Fallen Ihnen noch andere Bestimmungsgründe ein, die für die Entscheidung zwischen Eigenfertigung und Fremdbezug eine Rolle spielen könnten? Nennen und erläutern Sie diese.

3. Welche Möglichkeiten hätte die Heinz Schlau OHG, um die Herstell- und Absatzkosten zu senken und somit die Situation der Eigenfertigung im Vergleich zum Fremdbezug zu verbessern? Nennen Sie Ansatzpunkte und leiten Sie daraus mögliche Folgen ab.

10. Das Produkthaftungsgesetz

Ausgangslage

Schon früh am Morgen herrscht emsige Betriebsamkeit in der Verkaufsabteilung der Heinz Schlau OHG. Die beiden Sachbearbeiterinnen Sandra Kamann und Bettina Behrens verschaffen sich einen Überblick über die Eingangspost. Plötzlich durchbricht Frau Kamann das Schweigen: „Du, Bettina, hör 'mal was uns die Firma Klauser Büromöbelhandel hier schreibt: 'Sehr geehrte Damen und Herren, heute wende ich mich mit einer ganz besonderen Art von Reklamation an Sie. Wie Sie beiliegender Kopie entnehmen können, hat einer unserer Kunden durch ein Möbel Ihres Unterneh-

mens einen körperlichen Schaden erlitten. Bitte klären Sie die Angelegenheit. Mit freundlichen Grüßen.' Na, das ist ja wohl 'n Hammer." „Wieso, was ist denn da passiert?" reagiert Frau Behrens gelassen. „Ja, das ist wirklich ein Hammer; hör mal, was der Kunde an das Möbelhaus schreibt: '... kaufte ich mir in Ihrem Haus ein Regal. Das Mitnahmemöbel, das bereits komplett zusammengesetzt war, stellte ich sodann in mein Wohnzimmer neben meine Couch. Zwei Tage später - ich saß gerade gemütlich vor dem Fernseher - bricht das Regal von sich aus zusammen. Ein Seitenteil fiel so ungünstig, dass es mich am Kopf traf und ich mir eine Platzwunde zuzog. Da ich das Regal weder überlastet noch falsch aufgestellt habe, verlange ich nun von Ihnen Schadenersatz ...." liest Frau Kamann vor. „Und jetzt?" fragt Frau Behrens: „Jetzt sollen wir wohl den Schaden ersetzen. Das kann ja wohl nicht möglich sein. Wenn überhaupt, dann soll sich der Möbelhändler damit auseinander setzen. Wir haben damit doch nichts zu tun." „Hm, ich glaube, ich übergebe die Sache mal lieber unserer Rechtsabteilung, sicher ist sicher...", antwortet Frau Kamann.

✍ Aufgaben

Lösungshinweis: Ziehen Sie zur Beantwortung der Fragen den abgedruckten Gesetzestext zurate und begründen Sie Ihre Antworten durch Nennung entsprechender Gesetzesaussagen.

1. Fassen Sie das Problem der Ausgangssituation mit eigenen Worten zusammen.

2. In welchen Fällen wird gemäß Produkthaftungsgesetz eine Haftung durch den Hersteller verlangt?

3. Auf welche Produkte bezieht sich das Produkthaftungsgesetz? Welche Produkte sind ausgeschlossen?

4. Im Produkthaftungsgesetz werden verschiedene Kriterien aufgezählt, die vorliegen müssen, damit man überhaupt von einem fehlerhaften Produkt sprechen kann. Welche Kriterien sind dies? Nennen Sie jeweils ein zutreffendes und ein nicht zutreffendes Beispiel für jedes Kriterium.

5. Wer gilt gemäß § 4 ProdHaftG als Hersteller?

6. Bis zu welcher Höhe haftet der Hersteller für Schäden? Welche Besonderheiten sind dabei zu beachten?

7. Wie lange gilt generell eine Verjährungsfrist?

↳ *Arbeitsauftrag*

Entscheiden Sie in folgenden Fällen über die Rechtslage. Gehen Sie dabei konkret auf die möglichen Haftungsansprüche ein.

1. Frau Fuhrmann kauft im Getränkemarkt „Müller e. K." einen Kasten Mineralwasser der Marke „Sauerländer Mineralbrunnen KG". Zu Hause angekommen öffnet ihr Mann eine Flasche und wegen des Überdrucks fliegt ihm der Deckel so ungünstig ins Gesicht, dass er sich eine Verletzung des linken Auges zuzieht. Als Frau Fuhrmann den Schaden beim Getränkemarkt moniert, antwortet ihr der Verkäufer: „Also erstens können wir nichts für die Produkte des Herstellers und außerdem kann sowas ja wohl mal passieren, da haben sie eben Pech gehabt. Die anderen Flaschen sind ja schließlich in Ordnung."

2. Herr Daller kauft im Kaufhaus „Kaufstadt" einen Heizlüfter der Marke „Domus". Zu Hause angekommen nutzt er das Gerät zur Beheizung eines Kellerraums. Drei Monate funktioniert das Gerät auch einwandfrei, doch dann passiert's. Wegen Überhitzung beginnt das Gerät zu glühen, das Plastikgehäuse deformiert sich, ein Glühfaden fällt zu Boden und entzündet diesen. Nur durch einen glücklichen Zufall kann Herr Daller einen Schwelbrand verhindern. Nach dem Löschen stellt er fest, dass das Heizgerät unbrauchbar ist. Darüber hinaus ist ein Sachschaden in Höhe von circa 9.000,00 € entstanden. Als sich Herr Daller an das Kaufhaus wendet, nennt diese ihm bereitwillig die Adresse der Firma „Domus". Darüber hinaus weist man jeden Schadenersatz von sich, auch das Heizgerät solle Herr Daller beim Hersteller umtauschen. Nachdem sich Herr Daller schriftlich an die Firma „Domus" gewandt hatte, antwortet diese ihm: „Bei dem Gerät handelt es sich lediglich um Handelsware unseres Hauses. Der Hersteller ist in Korea ansässig. Die Adresse finden Sie auf der Rückseite dieses Schreibens."

Auszug aus dem Produkthaftungsgesetz (ProdHaftG)

§ 1 Haftung. (1) Wird durch den Fehler eines Produkts jemand getötet, sein Körper oder seine Gesundheit verletzt oder eine Sache beschädigt, so ist der Hersteller des Produkts verpflichtet, dem Geschädigten den daraus entstehenden Schaden zu ersetzen. Im Falle der Sachbeschädigung gilt dies nur, wenn eine andere Sache als das fehlerhafte Produkt beschädigt wird und diese andere Sache ihrer Art nach gewöhnlich für den privaten Ge- oder Verbrauch bestimmt und hierzu von dem Geschädigten hauptsächlich verwendet worden ist.

(2) Die Ersatzpflicht des Herstellers ist ausgeschlossen, wenn
1. er das Produkt nicht in den Verkehr gebracht hat,
2. nach den Umständen davon auszugehen ist, daß das Produkt den Fehler, der den Schaden verursacht hat, noch nicht hatte, als der Hersteller es in den Verkehr brachte,
3. er das Produkt weder für den Verkauf oder eine andere Form des Vertriebs mit wirtschaftlichem Zweck hergestellt noch im Rahmen seiner beruflichen Tätigkeit hergestellt oder vertrieben hat,
4. der Fehler darauf beruht, daß das Produkt in dem Zeitpunkt, in dem der Hersteller es in den Verkehr brachte, dazu zwingenden Rechtsvorschriften entsprochen hat, oder
5. der Fehler nach dem Stand der Wissenschaft und Technik in dem Zeitpunkt, in dem der Hersteller das Produkt in den Verkehr brachte, nicht erkannt werden konnte.

(3) Die Ersatzpflicht des Herstellers eines Teilprodukts ist ferner ausgeschlossen, wenn der Fehler durch die Konstruktion des Produkts, in welches das Teilprodukt eingearbeitet wurde, oder durch die Anleitungen des Herstellers des Produkts verursacht worden ist. Satz 1 ist auf den Hersteller eines Grundstoffs entsprechend anzuwenden.

(4) Für den Fehler, den Schaden und den ursächlichen Zusammenhang zwischen Fehler und Schaden trägt der Geschädigte die Beweislast. Ist streitig, ob die Ersatzpflicht gemäß Absatz 2 oder 3 ausgeschlossen ist, so trägt der Hersteller die Beweislast.

§ 2 Produkt. Produkt im Sinne dieses Gesetzes ist jede bewegliche Sache, auch wenn sie einen Teil einer anderen beweglichen Sache oder einer unbeweglichen Sache bildet, sowie Elektrizität. Ausgenommen sind landwirtschaftliche Erzeugnisse des Bodens, der Tierhaltung, der Imkerei und der Fischerei (landwirtschaftliche Naturprodukte), die nicht einer ersten Verarbeitung unterzogen worden sind; gleiches gilt für Jagderzeugnisse.

§ 3 Fehler. (1) Ein Produkt hat einen Fehler, wenn es nicht die Sicherheit bietet, die unter Berücksichtigung aller Umstände, insbesondere
a) seiner Darbietung,
b) des Gebrauchs, mit dem billigerweise gerechnet werden kann,
c) des Zeitpunkts, in dem es in den Verkehr gebracht wurde, berechtigterweise erwartet werden kann.

(2) Ein Produkt hat nicht allein deshalb einen Fehler, weil später ein verbessertes Produkt in den Verkehr gebracht wurde.

§ 4 Hersteller. (1) Hersteller im Sinne dieses Gesetzes ist, wer das Endprodukt, einen Grundstoff oder ein Teilprodukt hergestellt hat. Als Hersteller gilt auch jeder, der sich durch das Anbringen seines Namens, seiner Marke oder eines anderen unterscheidungskräftigen Kennzeichens als Hersteller ausgibt.

(2) Als Hersteller gilt ferner, wer ein Produkt zum Zweck des Verkaufs, der Vermietung, des Mietkaufs oder einer anderen Form des Vertriebs mit wirtschaftlichem Zweck im Rahmen seiner geschäftlichen Tätigkeit in den Geltungsbereich des Abkommens über den Europäischen Wirtschaftsraum einführt oder verbringt.

(3) Kann der Hersteller des Produkts nicht festgestellt werden, so gilt jeder Lieferant als dessen Hersteller; es sei denn, daß er dem Geschädigten innerhalb eines Monats, nachdem ihm dessen diesbezügliche Aufforderung zugegangen ist, den Hersteller oder diejenige Person benennt, die ihm das Produkt geliefert hat. Dies gilt auch für ein eingeführtes Produkt, wenn sich bei diesem die in Absatz 2 genannte Person nicht feststellen läßt, selbst wenn der Name des Herstellers bekannt ist.

§ 5 Mehrere Ersatzpflichtige. Sind für denselben Schaden mehrere Hersteller nebeneinander zum Schadensersatz verpflichtet, so haften sie als Gesamtschuldner. [...]

§ 6 Haftungsminderung. (1) Hat bei der Entstehung des Schadens ein Verschulden des Geschädigten mitgewirkt, so gilt § 254 des Bürgerlichen Gesetzbuchs; im Falle der Sachbeschädigung steht das Verschulden desjenigen, der die tatsächliche Gewalt über die Sache ausübt, dem Verschulden des Geschädigten gleich.

(2) Die Haftung des Herstellers wird nicht gemindert, wenn der Schaden durch einen Fehler des Produkts und zugleich durch die Handlung eines Dritten verursacht worden ist. § 5 Satz 2 gilt entsprechend.

§ 10 Haftungshöchstbetrag. (1) Sind Personenschäden durch ein Produkt oder gleiche Produkte mit demselben Fehler verursacht worden, so haftet der Ersatzpflichtige nur bis zu einem Höchstbetrag von 85 Millionen Euro.

(2) Übersteigen die den mehreren Geschädigten zu leistenden Entschädigungen den in Absatz 1 vorgesehenen Höchstbetrag, so verringern sich die einzelnen Entschädigungen in dem Verhältnis, in dem ihr Gesamtbetrag zu dem Höchstbetrag steht.

§ 11 Selbstbeteiligung bei Sachbeschädigung. Im Falle der Sachbeschädigung hat der Geschädigte einen Schaden bis zu einer Höhe von 500 Euro selbst zu tragen.

§ 12 Verjährung. (1) Der Anspruch nach § 1 verjährt in drei Jahren von dem Zeitpunkt an, in dem der Ersatzberechtigte von dem Schaden, dem Fehler und von der Person des Ersatzpflichtigen Kenntnis erlangt hat oder hätte erlangen müssen.

(2) Schweben zwischen dem Ersatzpflichtigen und dem Ersatzberechtigten Verhandlungen über den zu leistenden Schadensersatz, so ist die Verjährung gehemmt, bis die Fortsetzung der Verhandlungen verweigert wird.

(3) Im übrigen sind die Vorschriften des Bürgerlichen Gesetzbuchs über die Verjährung anzuwenden.

§ 13 Erlöschen von Ansprüchen. (1) Der Anspruch nach § 1 erlischt zehn Jahre nach dem Zeitpunkt, in dem der Hersteller das Produkt, das den Schaden verursacht hat, in den Verkehr gebracht hat. Dies gilt nicht, wenn über den Anspruch ein Rechtsstreit oder ein Mahnverfahren anhängig ist.

(2) [...]

§ 14 Unabdingbarkeit. Die Ersatzpflicht des Herstellers nach diesem Gesetz darf im voraus weder ausgeschlossen noch beschränkt werden. Entgegenstehende Vereinbarungen sind nichtig.

Produkthaftung lässt Firmen zittern

Neues BGH-Urteil gegen Hipp – Industrie befürchtet amerikanische Verhältnisse

Frankfurt/Berlin - Das Dauernuckeln von Kleinkindern an Plastikflaschen wird in den Chefetagen vieler Unternehmen für manche Zahnschmerzen sorgen. Das Urteil des Bundesgerichtshofs sei ein „Fortschritt in der Verantwortung der Firmen für ehrliche Informationen", sagte der Sprecher der Arbeitsgemeinschaft der Verbraucherverbände (AGV), Thomas Schlier.

Der BGH hatte am Vorabend den Kindernahrungshersteller Hipp wegen fehlender Warnhinweise für kindliche Zahnschäden verantwortlich gemacht, die durch Dauernuckeln an einem Karotten-Früchte-Trunk entstanden waren.

Damit ist die Verantwortung der Firmen für ihre Produkte in Deutschland ein weiteres Stück hinausgeschoben worden. Das Haftungsrisiko der Unternehmen erstreckt sich nicht nur auf Konstruktions- und Fabrikations-, sondern in zunehmendem Maße auch auf Instruktionsfehler. So muss der Kunde darüber aufgeklärt werden, wie er das Produkt richtig zu benutzen hat. Gleichzeitig muss er vor Gefahren gewarnt werden, die bei sachgemäßem, aber auch vorhersehbar unsachgemäßem Gebrauch entstehen können.

Aber auch danach sind die Firmen noch nicht aus dem Schneider. Sollten mehrere Kunden beispielsweise ihre Wäsche in der Mikrowelle trocknen, muss der Hersteller so schnell wie möglich auf diesen Fehlgebrauch hinweisen. Rund die Hälfte aller Haftungsfälle resultiert nach Experteneinschätzung inzwischen aus fehlenden oder unvollständigen Warnhinweisen.

Die deutsche Industrie befürchtet indes „amerikanische Verhältnisse": Dort ist etwa die heimische Sportflugzeug-Industrie im Laufe der Jahre unter zahlreichen Multi-Millionen-Klagen schlichtweg zusammengebrochen. Das sehr verbraucherfreundliche US-Produkthaftungsgesetz hat etliche Stilblüten getrieben. So klebt etwa auf Sektflaschen die Aufschrift: „Zielen Sie mit der Flasche nicht auf Ihr Auge. Der herausfliegende Korken könnte Sie verletzen." In den USA versuchen Anwälte angesichts der rapide wachsenden Konkurrenz in der Branche immer häufiger, Unfallopfer zu Klagen gegen Unternehmen zu überreden – und finanzieren den Gang vor Gericht meist aus eigener Tasche vor. Das Honorar wird im Erfolgsfall als Prozentsatz der Entschädigung gezahlt – daher die hohen Forderungen, die leicht über 50 Mio. Euro liegen können. Ärzte in den USA haben Schwierigkeiten, noch Versicherungen gegen Kunstfehler-Klagen zu finden.

In Deutschland fordern die Verbraucherverbände bislang vor allem eine verbesserte Informationspflicht der Firmen. „Große Teile der Industrie leben geistig noch in den 1920er Jahren", erklärte AGV-Sprecher Schlier. Vielfach herrsche noch die Meinung vor: „Das versteht der Verbraucher sowieso nicht." Dabei könne Verbraucherschutz nur funktionieren, wenn es die entsprechenden Hinweise zur Vermeidung von Missbrauch gebe.

Welche Probleme auf betroffene Firmen zukommen, bekam der Kindernahrungshersteller Milupa schmerzlich zu spüren. Der BGH hatte das Unternehmen im ersten „Kindertee-Urteil" für Zahnschäden durch das Dauernuckeln verantwortlich gemacht und die von der Firma auf dem Tee angegebenen Warnhinweise als nicht ausreichend qualifiziert. Wenig später war mit Nestle-Alete ein weiterer Hersteller von Kindertee mit der gleichen Begründung für das „baby bottle syndrom" höchstrichterlich haftbar gemacht worden.

Inzwischen haben die Unternehmen ihre Warnhinweise verstärkt, Milupa bietet die gefährlichen Dauernuckelfläschchen aus Plastik nun nicht mehr an. Auch die Teeproduktion sei drastisch eingeschränkt worden, erklärte Milupa-Sprecher Wilhelm Scior. Die Umsatzverluste beliefen sich auf mehrere Millionen. Rund 250 Ansprüche betroffener Familien auf Schadenersatz seien inzwischen eingegangen. Laut Milupa-Anwalt Friedrich Klinkert ist dabei eine Reihe von Vergleichen geschlossen worden, die Durchschnittsentschädigung lag bei rund 6.250,00 Euro. Dazu gesellt sich noch der Imageschaden, der oftmals noch schwerer wiegt als Entschädigungen, die häufig noch von der Unternehmens-Versicherung abgedeckt werden.

Quelle: Rheinische Post

STICHWORT

Produkthaftungsgesetz

Das Gesetz über die Haftung für fehlerhafte Produkte (kurz: Produkthaftungsgesetz oder ProdHaftG) ist ein Verbraucherschutzgesetz, das bestimmte Schadenersatzansprüche gegenüber dem Hersteller regelt. Die Grundidee des bereits 1990 in Kraft getretenen Gesetzes: Erleidet ein Verbraucher durch ein fehlerhaftes Produkt Schaden an Leben, Leib, Gesundheit oder Eigentum, dann haftet der Produzent für den Schaden an diesen Rechtsgütern – und zwar unabhängig davon, ob er die Schuld an dem Schaden trägt.

So neu ist die verschuldensunabhängige Haftung aber nicht: Nach dem Bürgerlichen Gesetzbuch (BGB) war zwar im Sinne der deliktischen oder Verschuldenshaftung ursprünglich vom Verbraucher gefordert worden, einen schadenverursachenden Fehler am Produkt nachzuweisen. Allerdings hatte die Rechtsprechung des Bundesgerichtshofes bereits in den achtziger Jahren eine Umkehr der Beweislast bewirkt. Ergebnis: Im Streitfall muss sich der Hersteller entlasten, also nachweisen, dass er den Schaden nicht verschuldet hat. Das Produkthaftungsgesetz ergänzt die geltenden BGB-Vorschriften.

Für Hersteller und Verbraucher bedeutet dies: Der Hersteller muss nachweisen, dass das Produkt fehlerfrei war, als es in den Verkehr gebracht wurde. Für Ausreißer, die trotz sorgfältiger Konzeption und Produktion auftreten, wie etwa eine einzige defekte Sprudelflasche unter hunderttausenden, haftet der Hersteller ebenfalls.

Die Vertreiber von Fremdprodukten unter einem Handelsnamen haften wie Hersteller. Bei Waren, die außerhalb der Europäischen Union hergestellt wurden, haftet der Importeur, wenn der Hersteller nicht identifiziert werden kann. Auch der Händler kann unter bestimmten Umständen schadenersatzpflichtig sein. Doch ist das Produkthaftungsgesetz kein Freifahrtschein für unbegrenzte Haftung.

- Die Haftungsobergrenze für Personenschäden liegt bei 85 Millionen Euro.
- Schmerzensgeld ist nicht vorgesehen.
- Bei Sachschäden ist eine Selbstbeteiligung von 500,00 Euro zu tragen.
- Eine Haftung für landwirtschaftliche Naturerzeugnisse ist ausgenommen.
- Die Haftung kann längstens zehn Jahre, nachdem ein Produkt in den Verkehr gebracht wurde, gefordert werden.

Das Produkthaftungsgesetz ist kein Gesetz, das zur Tagesordnung gerichtlicher Auseinandersetzungen zählt. Grund: Die verschärfte Haftung des Herstellers hat die unternehmerische Prävention erhöht – mit Produktverbesserung und Qualitätssicherung.

Quelle: IWD Nr. 36

11. Kennzahlen der Lagerhaltung

Ausgangslage

Bei einer Besprechung zwischen den Abteilungsleitern des Beschaffungs-, Produktions- und Absatzwesens der Heinz Schlau OHG wird unter anderem festgestellt, dass sich die Kosten in den vergangenen Abrechnungsperioden ständig erhöht haben. Der Unternehmensleiter, Herr Schlau, bittet daher die Abteilungsleiter Vorschläge zur Kostensenkung zu unterbreiten. Herr Lessing, Abteilungsleiter des Beschaffungswesens, regt an, die Kosten für die Lagerhaltung zu senken. Mit zahlreichen Wirtschaftlichkeitskennziffern untermauert er seine Anregungen.

✍ Aufgaben

1. Über welche Lagerarten kann ein Industrieunternehmen verfügen? Nennen und erläutern Sie diese Lagerarten entsprechend den drei grundlegenden Betriebsfunktionen Beschaffung, Produktion und Absatz.
2. Warum werden von Industrieunternehmen Lager eingerichtet? Welche Funktionen hat das Lager?
3. Welche Lagerkennzahlen kennen Sie? Nennen Sie die Lagerkennzahlen und erklären Sie ihre Bedeutung.

⇨ Arbeitsaufträge

1. Herr Lessing hatte bei der Abteilungsleiterbesprechung zahlreiche Daten über das Materiallager der Heinz Schlau OHG vorbereitet. Einige dieser Informationen können aus der als Anlage beigefügten Lagerkarte entnommen werden.
   Berechnen Sie

   1.1 den durchschnittlichen Lagerbestand,

   1.2 die Umschlagshäufigkeit,

   1.3 die durchschnittliche Lagerdauer,

   1.4 die Lagerzinsen unter Berücksichtigung des Lagerzinssatzes (angenommener Kapitalzinssatz 4 %, Einstandspreis pro Stück 0,52 €).

2. Um die Lagerkosten zu senken, schlägt Herr Lessing vor, die Lagerbestände zu reduzieren.
   2.1 Welche Kosten werden durch ein Lager verursacht?
   2.2 Welche Nachteile können zu hohe bzw. zu niedrige Lagerbestände haben?

3. Welche Vorschläge zur Senkung der Lagerkosten würden Sie Herrn Lessing unterbreiten. Nennen Sie bestimmte Möglichkeiten und zeigen Sie die positiven Folgen auf die Kosten sowie die denkbaren negativen Folgen auf.

4. Bei der nächsten Abteilungsleitersitzung schlägt Herr Lessing vor, die Bestellhäufigkeit bei den Werkstoffen zu erhöhen und dafür kleinere Mengen zu bestellen. Seiner Ansicht nach sinken dadurch die Lagerkosten. Der Abteilungsleiter des Einkaufs, Herr Theissen, gibt hingegen zu bedenken, dass durch die geplante Maßnahme die Bestellkosten steigen würden. Herr Theissen beziffert die Bestellkosten mit 100,00 € pro Bestellung, die sich u.a. durch die notwendigen Personal- und Materialaufwendungen ergeben. Da es sich bei dem genannten Wert um einen Durchschnittswert

handelt, sei er unabhängig von der mengenmäßigen Höhe der Bestellung. Nach Aussage von Herrn Lessing ergeben sich für die Plastikschubleisten durchschnittliche Lagerkosten von 1,00 € pro Stück.

4.1 In einem Jahr müssen ca. 10.000 Plastikschubleisten beschafft werden. Erstellen Sie eine Tabelle, aus der die Entwicklung der Lager- und Bestellkosten ersichtlich wird, wenn die Beschaffungsmenge durch eine Bestellung, zwei Bestellungen, drei Bestellungen, ... 20 Bestellungen pro Jahr bezogen wird.

4.2 Welche Schlüsse ziehen Sie aus den Ergebnissen der Aufgabe 4.1?

4.3 Stellen Sie den Verlauf der Bestell-, Lager- und Gesamtkosten grafisch dar.

LAGERKARTE

Gegenstand	Plastikschubleiste PX-16	Feld-Nr.	4
		Fach-Nr.	223
Stoffgruppe	09	Lfd. Karten-Nr.	3
Untergruppe	01	Mindestbestand (MB)	300 St.
Warennummer	425520	MB ausreichend für	5 Tage
DIN	- - -	Normal-Anforderungsmenge	1.200 St.
Einheit	Stück		

Datum	Zu-/Abgang*)	Stück	Bestand	Datum	Zu-/Abgang	Stück	Bestand
01.01.	Übertrag		1.550	25.05.	MES 3412	- 590	900
25.01.	MES 2541	- 500	1.050	02.07.	MES 4528	- 680	220
01.02.	MES 2558	- 650	400	03.07	ER 4058	1.300	1.520
04.02.	ER 1455	1.200	1.600	23.07.	MES 4851	- 770	750
24.02.	MES 3002	- 550	1.050	02.08.	MES 5289	- 520	230
01.03.	MES 3011	- 600	450	15.08.	ER 5412	1.200	1.430
18.03.	ER 2588	1.200	1.650	30.08.	MES 5897	- 500	930
22.03.	MES 3085	- 750	900	16.09.	MES 6004	- 480	450
06.04.	MES 3152	- 600	300	05.10.	ER 5890	1.200	1.650
26.04.	ER 3025	1.200	1.500	15.10.	MES 6541	- 770	880
28.04.	MES 3220	- 530	970	01.11	MES 7800	- 520	360
11.05.	MES 3362	- 680	290	20.11.	ER 6010	1.200	1.560
15.05.	ER 3966	1.200	1.490	05.12.	MES 8522	- 670	890

Angeford. Menge	1.200	1.200	1.200	1.200	1.300	1.200	1.200	1.200
Datum	04.02.	18.03.	26.04.	15.05.	03.07.	15.08.	05.10.	20.11.
Anford.-Nr.	0025	0145	0258	0588	0963	1025	1450	1988
Angemahnt am	- - -	- - -	- - -	- - -	- - -	- - -	- - -	- - -
Lieferant	A&R OHG	dto.	dto.	dto.	dto.	dto.	dto.	dto.

*) Abkürzungen: ES = Materialentnahmeschein   ER = Eingangsrechnung
Vom 01. bis 30. Juni Betriebsferien. Lagerkarte bitte in Blockbuchstaben bzw. maschinell ausfüllen.

12. Rationalisierungsmaßnahmen im Lager

Ausgangslage

Als Mitarbeiter/in der Abteilung „Lagerdisposition" werden Sie damit beauftragt, Maßnahmen zur Optimierung der Lagerbestände einzuleiten. Grundlage für Ihre Arbeit sind Dispositionslisten, die Sie für jede Materialart in der Lagerdatei der EDV-gestützten Lagerverwaltung entnehmen können.

Zunächst verschaffen Sie sich einen Überblick über den Bestandsverlauf bei den Elektromotoren (Auszug siehe unten). Die Motoren werden von verschiedenen Lieferanten bezogen und im Hauptlager zwischengelagert. Sobald der Bestand in den Handlagern an den einzelnen Produktionsstellen des Betriebs eine bestimmte Höhe erreicht hat, wird ein Lagermitarbeiter damit beauftragt, diese wieder aufzufüllen. Hierzu entnimmt dieser Mitarbeiter in der Regel eine gleichbleibende Menge und verteilt Sie bedarfsdeckend auf die Handlager.

✎ Aufgaben

1. Erstellen Sie anhand der Informationen der Lagerdatei für die Elektromotoren eine Grafik, aus der die Bestandsveränderungen im Laufe der Zeit erkennbar werden.

2. Welche Bedeutung hat der Mindestbestand?

3. Beschreiben Sie mit eigenen Worten das Beschaffungsverhalten des Unternehmens.

4. Berechnen Sie für die Elektromotoren

   4.1 den durchschnittlichen Lagerbestand,

   4.2 die Umschlagshäufigkeit,

   4.3 die durchschnittliche Lagerdauer und interpretieren Sie die Ergebnisse.

5. Welchen Wert hat ein gelagerter Elektromotor? Zeigen Sie verschiedene Bewertungsmethoden auf und stellen Sie den für die Bewertung eines Motors zu Grunde zu legenden Einstandspreis fest.

6. Angenommen, die Anfrage bei einem Lieferanten ergibt, dass ein Elektromotor am 31.12.2007 für 3,61 € zu beschaffen ist. Mit welchem Wert müsste der Endbestand des Lagers bilanziert werden? Begründen Sie Ihre Antwort.

7. Beim durchschnittlichen Lagerbestand soll unterstellt werden, dass ein Elektromotor mit einem durchschnittlichen Anschaffungswert von 3,60 € bewertet wird. Der Habenzinssatz für eine Kapitalanlage wird mit 6 % fiktiv festgelegt. Berechnen Sie das durchschnittlich im Lager gebundene Kapital. Geben Sie dabei die angewandte Formel an.

8. Berechnen Sie den Meldebestand und zeigen Sie seine Bedeutung für die Beschaffung auf. Die Bestellzeit wird auf 5 Tage geschätzt.

9. Erarbeiten Sie Vorschläge zur Verbesserung der Lagerkennziffern. Zeigen Sie bei jedem Lösungsvorschlag auf
   - wie sich der Vorschlag auf die Lagerkennziffer auswirkt,
   - welche Folgen sich für die Lagerdisposition ergeben,
   - welche weiteren Auswirkungen (z. B. bezogen auf den Produktionsablauf) sich ergeben können.

LAGERDATEI

Materialart	Elektromotor	Mindestbestand	1200 St.
Lagerort	Zentrallager	Lieferzeit	5 Tage
Lagerfach	PQ - 5600	Lieferant	div.

Datum	Vorgang	Belegnummer	Menge (St.)	Wert (EUR/St.)	Bestand (St.)	Bestand (EUR)
01.01.	Anfangsbestand	Übertrag		3,60	3.000	10.800,00
20.01.	Entnahme	MES 2011	-600		2.400	
10.02.	Entnahme	MES 2079	-600		1.800	
28.02.	Entnahme	MES 2110	-600		1.200	
02.03.	Zugang	LS 8900	1.800	3,70	3.000	11.100,00
20.03.	Entnahme	MES 2204	-600		2.400	
10.04.	Entnahme	MES 2259	-600		1.800	
30.04.	Entnahme	MES 2312	-600		1.200	
01.05.	Zugang	LS 10205	1.800	3,65	3.000	10.950,00
20.05.	Entnahme	MES 2598	-600		2.400	
10.06.	Entnahme	MES 2674	-600		1.800	
29.06.	Entnahme	MES 2688	-600		1.200	
03.07.	Zugang	LS 11005	1.800	3,60	3.000	10.800,00
19.07.	Entnahme	MES 2805	-600		2.400	
09.08.	Entnahme	MES 2945	-600		1.800	
29.08.	Entnahme	MES 3004	-600		1.200	
01.09.	Zugang	LS 11877	1.800	3,55	3.000	10.650,00
20.09.	Entnahme	MES 3055	-600		2.400	
10.10.	Entnahme	MES 3147	-600		1.800	
30.10.	Entnahme	MES 3209	-600		1.200	
02.11.	Zugang	LS 12560	1.800	3,70	3.000	11.100,00
20.11.	Entnahme	MES 3369	-600		2.400	
11.12.	Entnahme	MES 3487	-600		1.800	
30.12.	Entnahme	MES 3510	-600		1.200	
31.12.	Zugang	LS 12593	1.800	3,60	3.000	10.800,00

13. Rechts- und Geschäftsfähigkeit

Ausgangslage

Der Auszubildende Gregor Sandmann ist gerade 17 Jahre alt geworden. Zum Geburtstag hat er von seiner Oma 100,00 € in bar geschenkt bekommen. Seine Mutter hat das nicht gerne gesehen; nach ihrer Meinung sollte man kein Bargeld verschenken. Die Oma war jedoch der Meinung, dass Gregor besser wisse, was er braucht. Und so sieht dies Gregor auch. Mit dem Geld der Oma und einigem weiteren Gesparten in der Tasche betritt er bereits am nächsten Tag das Kaufhaus „Kaufstadt AG" und geht zielgerichtet in die Sportabteilung. Er möchte sich unbedingt Inline-Skater kaufen, obwohl ihn schon ein bisschen sein schlechtes Gewissen quält, denn schließlich sind seine Eltern gegen die Anschaffung. Schnell hat er ein technisch hochwertiges Modell gefunden,

und selbst der sehr hohe Preis von 299,00 € schreckt ihn nicht ab. An der Kasse schaut der Verkäufer zunächst etwas komisch, dann fragt er Gregor, ob er denn überhaupt schon geschäftsfähig sei. Für Gregor keine Frage: Natürlich ist er geschäftsfähig, schließlich will er die Skater haben. Er bezahlt und der Spaß geht los. Ein paar Tage später jedoch stellt Gregor fest, dass an den neuen Skatern eine Achse defekt ist; die Rolle am rechten Schuh schleift und das Fahrvergnügen ist getrübt. Gregor entschließt sich, die Skater umzutauschen.

✎ Aufgaben

1. Wie wird in unserer Rechtsordnung der Begriff „Person" definiert?

2. Was versteht man unter der Rechtsfähigkeit von Personen?

3. Wie wird die Geschäftsfähigkeit einer Person definiert?

4. Was versteht man im Zusammenhang mit dem Abschluss von Verträgen unter einer Willenserklärung? Wie können Willenserklärungen abgegeben werden?

5. In Deutschland besteht beim Abschluss von Verträgen grundsätzlich eine Formfreiheit. Dies bedeutet, dass der Vertrag an keine besondere Form (z. B. Schriftform) gebunden ist. Bei einigen Verträgen wird jedoch von dieser Formfreiheit abgerückt. Welche Vertragsarten sind dies?

6. In der Rechtslehre unterscheidet man zwischen einseitigen und zweiseitigen Rechtsgeschäften. Was stellen Sie sich hierunter vor? Nennen Sie ggf. zutreffende Beispiele.

7. In der Situation werden mehrere natürliche Personen und eine juristische Person angesprochen. Welche sind dies? Nennen Sie weitere Beispiele für juristische Personen, die Ihnen bekannt sind.

8. Ist Gregor Sandmann rechts- und geschäftsfähig?

9. Durfte Gregor gegen den Willen seiner Mutter das Geldgeschenk der Oma annehmen?

10. Ist der Kauf der Inline-Skater rechtsgültig?

11. Wie würden sich Ihre Eltern im vorliegenden Fall verhalten?

12. Wie sähe die Rechtslage aus, wenn Gregor sich die Skater mit dem Geld gekauft hätte, dass er im Rahmen seiner Berufsausbildung als Vergütung selbst verdient hat?

13. Angenommen, Gregors volljähriger Bruder Klaus hätte ihn dazu beauftragt, die Skater in seinem Namen zu kaufen. Wäre dann ein rechtskräftiger Kaufvertrag zu Stande gekommen?

Arbeitsmaterial: Informationstexte zu den Grundlagen des Vertragsrechts

Auch ein Unternehmen kann eine Person sein

Wie die Juristen Personen definieren

Man hört es oft: „Nimm's doch nicht persönlich", „Das ist aber eine schlimme Person" oder „Ihren Personalausweis bitte." Doch was steckt eigentlich hinter dem Begriff Person?

Juristen haben hier ihre ganz eigene Meinung. Zunächst einmal gehören alle Menschen zu den Personen, genauer gesagt, zu den natürlichen Personen. Doch wenn es natürliche Personen gibt, dann muss es logischerweise auch „unnatürliche" Personen geben. Das ist natürlich Unsinn. Doch eins ist wahr: die Juristen kennen tatsächlich auch noch andere Personen, nämlich die so genannten juristischen Personen. Notwendig ist die Unterteilung in natürliche und juristische Personen, weil in unserer Rechtsordnung Rechte und Pflichten immer ein Rechtssubjekt voraussetzen, d. h. eine Person als Träger dieser Rechte und Pflichten. Doch wer ist denn nun genau eine juristische Person?

Hierzu gehören alle durch natürliche Personen ins Leben gerufenen Vereinigungen und Organisationen. Zu den juristischen Personen des öffentlichen Rechts zählen beispielsweise Gebietskörperschaften (Bund, Länder, Gemeinden etc.), Anstalten (Fernsehanstalten, Deutsche Bundesbank etc.), Stiftungen (Stiftung Warentest etc.). Bekannter sind sicher die juristischen Personen des Privatrechts, z. B. eingetragene Vereine, Gesellschaften mit beschränkter Haftung (GmbH), Versicherungsverein auf Gegenseitigkeit (VVaG) oder Aktiengesellschaften (AG). Anders als bei Menschen erlangen juristische Personen ihre Rechtsfähigkeit erst nach Erfüllung bestimmter Auflagen (z. B. Eintragung der Gründung in das Handelsregister).

Informationstext 1 (aus: Finanztest)

Die Jugend wird zur lohnenden Zielgruppe

Geschäfte mit Jugendlichen bleiben rechtlich nicht immer ohne Folgen.

Ob Markenpullover, teure Motorräder, hochwertige HiFi-Anlagen oder kostspielige Fernreisen - die Jugend ist ins Visier vieler Unternehmen geraten. Gerade in dieser Zielgruppe liegt ein großes Marktpotenzial, schließlich steht den Jugendlichen ein immer stärker wachsendes Taschengeld zur Verfügung.

Doch auch wenn die jungen Erwachsenen auch noch so souverän und selbstständig mit „Ihrem" Geld umgehen, so sind doch gerade bei Geschäften mit Minderjährigen einige rechtliche Bedingungen zu beachten.

Im Bürgerlichen Gesetzbuch (kurz: BGB) werden Personen zwischen dem vollendeten siebten und dem vollendeten achtzehnten Lebensjahr als so genannte „beschränkt geschäftsfähige Personen" bezeichnet, d. h. sie verfügen noch nicht in jedem Fall über die umfassende Fähigkeit, Rechtsgeschäfte wirksam abzuschließen. So bedürfen beispielsweise Kaufhandlungen von Jugendlichen der Zustimmung ihrer gesetzlichen Vertreter. Ob diese Zustimmung vor dem Kauf (Einwilligung) bzw. nach dem Kauf (Genehmigung) erfolgt, ist dabei zunächst unerheblich. Im BGB lassen sich jedoch auch einige Ausnahmen von diesem Grundsatz finden. So können Jugendliche im Rahmen des ihnen zur Verfügung gestellten Taschengeldes sehr wohl rechtskräftige Geschäfte abschließen. Voraussetzung ist allerdings, dass sie das Taschengeld allein von ihren gesetzlichen Vertretern zur Verfügung gestellt bekommen haben. Geldgeschenke von Verwandten fallen somit ebenso nicht unter diesen Passus wie selbst verdientes Geld. Verkauft also ein Einzelhändler beispielsweise eine CD für 15,00 € an einen jungen Käufer, so wähnt er sich auf der (rechts-)sicheren Seite. Oft ist es jedoch problematisch zu entscheiden, bis zu welchem Betrag man noch von Taschengeld sprechen kann. In jedem Fall sind jedoch Ratengeschäfte, die Jugendliche zu einer langfristigen Bindung des erhaltenen Taschengeldes binden, ohne Zustimmung der gesetzlichen Vertreter nichtig.

Natürlich sind Käufe im Rahmen des so genannten Taschengeldparagrafen auch dann nicht rechtswirksam, wenn eine Ablehnung der Eltern von vornherein unterstellt werden kann (z. B. Kauf von Alkohol oder Zigaretten).

Hat ein Jugendlicher die Genehmigung zur Eingehung eines Arbeitsvertrages (auch Ausbildungsvertrages) erhalten, so darf er sämtliche damit zusammenhängende Rechtshandlungen rechtsgültig vornehmen. Ebenso können Jugendliche unabhängig vom Grad ihrer Geschäftsfähigkeit immer von voll geschäftsfähigen Personen als Bote zur Ausführung von Rechtsgeschäften eingesetzt werden; treu nach dem Grundsatz „und ist das Kind auch noch so klein, so kann es dennoch Bote sein".

Informationstext 2 (aus: Das Handwerk)

⤷ *Arbeitsaufträge*

Lesen Sie sich noch einmal den oben geschilderten Sachverhalt durch und beantworten Sie sodann folgende Fragen.[*]

1. In der Ausgangssituation werden mehrere natürliche Personen und eine juristische Person angesprochen. Welche sind dies? Nennen Sie weitere Beispiel für juristische Personen, die Ihnen bekannt sind.

2. Ist Gregor Sandmann rechts- und geschäftsfähig?

3. Durfte Gregor gegen den Willen seiner Mutter das Geldgeschenk der Oma annehmen?

4. Ist der Kauf der Inline-Skater rechtsgültig?

5. Wie würden sich Ihre Eltern im vorliegenden Fall verhalten?

6. Wie sähe die Rechtslage aus, wenn Gregor sich die Skater mit dem Geld gekauft hätte, dass er im Rahmen seiner Berufsausbildung als Vergütung selbst verdient hat?

7. Angenommen, Gregors volljähriger Bruder Klaus hätte ihn dazu beauftragt, die Skater in seinem Namen zu kaufen. Wäre dann ein rechtskräftiger Kaufvertrag zu Stande gekommen?

---

[*] Diese Fragen sind als Gruppenarbeitsaufträge anzusehen. Sie sind zum größten Teil in den gestellten Aufgaben enthalten. Im Lösungsbuch werden sie deshalb nicht behandelt.

Grundlagen des Vertragsrechts: Übungsaufgaben

Entscheiden Sie bei folgenden Fällen über die Rechtslage.

1. Der achtjährige Marc ist unsterblich in die siebenjährige Sandra verliebt. Um ihr seine Liebe zu beweisen verschenkt er ihr sein nagelneues Mountainbike, welches er erst vor drei Tagen von seinen Eltern zum Geburtstag geschenkt bekommen hatte. Als die Eltern von der Schenkung erfahren, verlangen sie von Sandra sofort die Rückgabe des Fahrrades.

2. Bernd Langer besucht seit langer Zeit einmal wieder die Düsseldorfer Altstadt. Ausgelassen genehmigt er sich in einer urigen Kneipe ein Bier nach dem anderen. Als sein Alkoholpegel bereits erheblich angestiegen ist, macht Bernd die Bekanntschaft von Sabine. Mit dieser trinkt er freudig weiter. In völlig betrunkenem Zustand kommt Bernd auf die Idee, dass er nun wirklich nicht mehr Auto fahren können und er verschenkt es an Sabine. Ist Sabine nun rechtmäßige Eigentümerin des Pkw?

3. Der 17-jährige Jürgen Behrend hat mit 16 Jahren bereits den Führerschein Klasse A gemacht und nun möchte er endlich in den Genuss einer richtigen „Maschine" kommen. Bei einem Motorrad-Händler entschließt er sich schnell zum Kauf eines gebrauchten Motorrollers. Da man Jürgen äußerlich aufgrund seiner Statur seine Minderjährigkeit nicht ansehen kann, hinterfragt der Verkäufer erst gar nicht seine Geschäftsfähigkeit. Jürgen unterschreibt den Vertrag und startet zur Jungfernfahrt. Aufgrund seines Leichtsinns findet diese jedoch bereits auf einer Ausfallstraße ein jähes Ende; Jürgen verliert die Kontrolle über den Motorroller und kommt von der Straße ab. Als Jürgens Vater von dem Vorfall erfährt, ist er außer sich. Mit dem Motorroller, welcher einen Totalschaden erlitten hat, wendet er sich an den Verkäufer und drängt auf Herausgabe des Kaufpreises. Der Verkäufer winkt jedoch ab, schließlich könne er den Motorroller in diesem Zustand nicht zurücknehmen.

4. Frau Kowalski verfügt als Millionärsgattin über ein nicht unbeträchtliches Vermögen. Leider hat sie keine Kinder und so setzt sie in ihrem Testament als Erbe ihre treue Weggefährtin Sophie von Hohenstein ein, eine Perserkatze. Nach dem Tod von Frau Kowlaski sind die Erben ratlos; ist die Katze wirklich Erbe über dass gesamte Vermögen geworden?

5. Die Geschwister Gietmann sind seit Jahren zerstritten; Doris Gietmann misstraut ihren Bruder Hermann seit Jahren, da dieser über sehr viel Geld verfügt, obwohl er arbeitslos ist. Sie vermutet unlautere Machenschaften. Zu der Tochter von Doris hat Hermann jedoch immer noch ein gutes Verhältnis. Als Hermann auf einem Familientreffen guter Laune ist, schenkt er der Tochter von Doris 500,00 €. Doris Gietmann ist natürlich außer sich; sie verlangt, von ihrer Tochter, dass sie das Geld unverzüglich zurückgibt. Da die Tochter minderjährig sei, könne sie der Schenkung widersprechen. Die Tochter jedoch möchte das Geld zu gern behalten.

6. Frank Fastner wird in drei Wochen seine Ausbildung zum Industriekaufmann beginnen. Der zukünftige Ausbildungsbetrieb möchte wissen, bei welchem Kreditinstitut Frank sein Girokonto unterhält. Da Frank jedoch über noch kein Girokonto verfügt, macht er sich gleich nach der Schule auf und betritt die Kredit- und Genossenschaftsbank. Hier werden potenziellen Kunden tolle Werbegeschenke versprochen, wenn diese ein Girokonto eröffnen. Obwohl Frank noch minderjährig ist, unterschreibt er den Vertrag mit dem Hinweis, dass er das Konto für die Überweisung der Ausbildungsvergütung benötigt. Als er am Abend seinen Eltern über sein eigenmächtiges Verhalten berichtet, ist der Vater sehr böse. Er verlangt, dass Frank den Vertrag wegen der fragwürdigen Geschäftspraktiken der Kredit- und Genossenschaftsbank rückgängig macht. Der Sachbearbeiter in der Bank ist hingegen anderer Meinung; er besteht auf Erfüllung der vertraglichen Kündigungsfrist.

7. Der 17-jährige Jens Suhlbach jobbt während der Schulferien in der Boutique seiner Mutter. Als diese eines Nachmittags nicht im Laden ist, verkauft er an eine Kundin eine Bluse. Kurze Zeit später möchte die Kundin die mangelfreie Bluse umtauschen, da sie diese angeblich nicht brauche. Natürlich ist Frau Suhlbach aus Kulanz gerne bereit die Bluse umzutauschen, doch als sie freundlich antworten möchte, wird die Kundin bereits sehr aggressiv. Sie habe ein Recht auf Rückgabe des Kleidungsstücks, schließlich sei gar kein Vertrag zu Stande gekommen, denn der Sohn sei noch nicht voll geschäftsfähig.

8. Die 16-jährige Gundula träumt schon seit Jahren von einem Aufenthalt in den USA. Um sich diesen Traum zu verwirklichen, spart sie jeden Cent. Da sie nun seit gut einem viertel Jahr eine Ausbildung macht und eine Vergütung erhält, ist ihr Guthaben beachtlich angestiegen. Heute ist es soweit. Ohne ihre Eltern um Erlaubnis zu fragen, bucht sie für die kommenden Sommerferien eine Rundreise durch Nordamerika. Durch die Angestellte des Reisebüros wird Gundula hingewiesen, das sie als beschränkt Geschäftsfähige jedoch die Zustimmung der Eltern bedürfe. Gundula weist darauf hin, dass ihr ihre Eltern sowohl für das Taschengeld als auch für die Ausbildungsvergütung freie Verfügungsgewalt eingeräumt haben. Dies entspricht der Tatsache.

Grundlagen des Vertragsrechts: Auszug aus dem BGB

Auszug aus dem BGB

§ 1 Beginn der Rechtsfähigkeit. Die Rechtsfähigkeit des Menschen beginnt mit der Vollendung der Geburt.

§ 2 Eintritt der Volljährigkeit. Die Volljährigkeit tritt mit der Vollendung des achtzehnten Lebensjahres ein.

§ 26 Vorstand. (1) Der Verein muss einen Vorstand haben. Der Vorstand kann aus mehreren Personen bestehen. (2) Der Vorstand vertritt den Verein gerichtlich und außergerichtlich; er hat die Stellung eines gesetzlichen Vertreters. Der Umfang seiner Vertretungsmacht kann durch die Satzung mit Wirkung gegen Dritte beschränkt werden.

§ 104 Geschäftsunfähigkeit. Geschäftsunfähig ist:
1. wer nicht das siebente Lebensjahr vollendet hat;
2. wer sich in einem die freie Willensbestimmung ausschließenden Zustande krankhafter Störung der Geistestätigkeit befindet, sofern nicht der Zustand seiner Natur nach ein vorübergehender ist.

§ 105 Nichtigkeit der Willenserklärung. (1) Die Willenserklärung eines Geschäftsunfähigen ist nichtig. (2) Nichtig ist auch eine Willenserklärung, die im Zustande der Bewusstlosigkeit oder vorübergehender Störung der Geistestätigkeit abgegeben wird.

§ 106 Beschränkte Geschäftsfähigkeit. Ein Minderjähriger, der das siebente Lebensjahr vollendet hat, ist nach Maßgabe der §§ 107 bis 113 in der Geschäftsfähigkeit beschränkt.

§ 107 Einwilligung des gesetzlichen Vertreters. Der Minderjährige bedarf zu einer Willenserklärung, durch die er nicht lediglich einen rechtlichen Vorteil erlangt, der Einwilligung seines gesetzlichen Vertreters.

§ 108 Vertragsabschluss ohne Einwilligung. (1) Schließt der Minderjährige einen Vertrag ohne die erforderliche Einwilligung des gesetzlichen Vertreters, so hängt die Wirksamkeit des Vertrages von der Genehmigung des Vertreters ab. (2) [...] (3) Ist der Minderjährige unbeschränkt geschäftsfähig geworden, so tritt seine Genehmigung an die Stelle der Genehmigung des Vertreters.

§ 109 Widerrufsrecht des anderen Teils. (1) Bis zur Genehmigung des Vertrages ist der andere Teil zum Widerrufe berechtigt. Der Widerruf kann auch dem Minderjährigen gegenüber erklärt werden. (2) Hat der andere Teil die Minderjährigkeit erkannt, so kann er nur widerrufen, wenn der Minderjährige der Wahrheit zuwider die Einwilligung des Vertreters behauptet hat; er kann auch in diesem Falle nicht widerrufen, wenn ihm das Fehlen der Einwilligung bei dem Abschlusse des Vertrages bekannt war.

§ 110 „Taschengeldparagraph". Ein von dem Minderjährigen ohne Zustimmung des gesetzlichen Vertreters geschlossener Vertrag gilt als von Anfang an wirksam, wenn der Minderjährige die vertragsmäßige Leistung mit Mitteln bewirkt, die ihm zu diesem Zwecke oder zu freier Verfügung von dem Vertreter oder mit dessen Zustimmung von einem Dritten überlassen worden sind.

§ 112 Selbständiger Betrieb eines Erwerbsgeschäfts. (1) Ermächtigt der gesetzliche Vertreter mit Genehmigung des Vormundschaftsgerichts den Minderjährigen zum selbständigen Betrieb eines Erwerbsgeschäfts, so ist der Minderjährige für solche Rechtsgeschäfte unbeschränkt geschäftsfähig, welche der Geschäftsbetrieb mit sich bringt. Ausgenommen sind Rechtsgeschäfte, zu denen der Vertreter der Genehmigung des Vormundschaftsgerichts bedarf. (2) Die Ermächtigung kann von dem Vertreter nur mit Genehmigung des Vormundschaftsgerichts zurückgenommen werden.

§ 113 Dienst- oder Arbeitsverhältnis. (1) Ermächtigt der gesetzliche Vertreter den Minderjährigen, in Dienst oder in Arbeit zu treten, so ist der Minderjährige für solche Rechtsgeschäfte unbeschränkt geschäftsfähig, welche die Eingehung oder Aufhebung eines Dienst- oder Arbeitsverhältnisses der gestatteten Art oder die Erfüllung der sich aus einem solchen Verhältnis ergebenden Verpflichtungen betreffen. Ausgenommen sind Verträge, zu denen der Vertreter der Genehmigung des Vormundschaftsgerichts bedarf. (2) Die Ermächtigung kann von dem Vertreter zurückgenommen oder eingeschränkt werden.

§ 126 Gesetzliche Schriftform. (1) Ist durch Gesetz schriftliche Form vorgeschrieben, so muss die Urkunde von dem Aussteller eigenhändig durch Namensunterschrift oder mittels notariell beglaubigten Handzeichens unterzeichnet werden. (2) Bei einem Vertrage muss die Unterzeichnung der Parteien auf derselben Urkunde erfolgen. [...] (3) Die schriftliche Form kann durch die elektronische Form ersetzt werden, wenn sich nicht aus dem Gesetz ein anderes ergibt. (4) Die schriftliche Form wird durch die notarielle Beurkundung ersetzt.

§ 128 Notarielle Beurkundung. Ist durch Gesetz notarielle Beurkundung eines Vertrages vorgeschrieben, so genügt es, wenn zunächst der Antrag und sodann die Annahme des Antrags von einem Notar beurkundet wird.

§ 129 Öffentliche Beglaubigung. (1) Ist durch Gesetz für eine Erklärung öffentliche Beglaubigung vorgeschrieben, so muss die Erklärung schriftlich abgefasst und die Unterschrift des Erklärenden von einem Notar beglaubigt werden. Wird die Erklärung von dem Aussteller mittels Handzeichen unterzeichnet, so ist die im § 126 Abs. 1 vorgeschriebene Beglaubigung des Handzeichens erforderlich und genügend. (2) Die öffentliche Beglaubigung wird durch die notarielle Beurkundung der Erklärung ersetzt.

§ 130 Wirksamwerden der Willenserklärung. (1) Eine Willenserklärung, die einem anderen gegenüber abzugeben ist, wird, wenn sie in dessen Abwesenheit abgegeben wird, in dem Zeitpunkt wirksam, in welchem sie ihm zugeht. Sie wird nicht wirksam, wenn dem anderen vorher oder gleichzeitig ein Widerruf zugeht. [...]

§ 133 Auslegung der Willenserklärung. Bei der Auslegung einer Willenserklärung ist der wirkliche Wille zu erforschen und nicht an dem buchstäblichen Sinne des Ausdrucks zu haften.

14. Nichtigkeit und Anfechtbarkeit

Situationen

✍ Aufgaben

1. Betrachten Sie die beiden dargestellten Situationen. Inwieweit treffen in beiden Fällen Willenserklärungen aufeinander? Kommt es zu einem Vertragsabschluss? Begründen Sie Ihre Meinung.

2. Erstellen Sie mithilfe des Gesetzestextes eine Übersicht, aus der erkennbar wird, wann ein Rechtsgeschäft schwebend unwirksam, nichtig bzw. anfechtbar ist. Achten Sie dabei auf Vollständigkeit, d. h. es sollten sämtliche denkbaren Rechtsfälle abgedeckt sein.

↳ Übungsaufgaben

Entscheiden Sie bei folgenden Fällen über die Rechtslage.

1. Jürgen Kullmann liest in der Zeitung das Angebot des Elektroartikelfachmarktes „MediaPark". In einer ganzseitigen Anzeige wird geworben: „Dieser PC ist unschlagbar - unschlagbar günstig. Bei diesem Preis kann sich die Konkurrenz warm anziehen. Hier stimmt das Preis-Leistungs-Verhältnis". Jürgen entschließt sich daraufhin, den Computer zu kaufen. Wenige Tage später entdeckt er jedoch bei einem Konkurrenten den selben Computer rund 3 % günstiger.

2. Petra Gommern nimmt heute an einer Versteigerung teil. In einem Raum sitzen circa 50 kaufinteressierte Personen und ein Auktionator bietet verschiedene Kunstgegenstände an. Nach einer kurzen Beschreibung des Kunstgegenstandes nennt der Auktionator einen Mindestpreis und bittet die Anwesenden um ein Gebot. Gesteigert wird in Schritten von 500,00 €. Den Willen zur Preissteigerung deuten die Kaufwilligen durch kurzes Handzeichen an. Petra ist sehr erstaunt über die hohen Preisgebote. Gerade wurde ein Ölgemälde für 100.000,00 € versteigert. Nun ist eine Statue dran. Als der Preis gerade 6.000,00 € erreicht hat, bemerkt Petra, dass sich unter den Anwesenden ihr ehemaliger Schulfreund Till befindet und sie begrüßt ihn mit eine dezenten Winken. Der Auktionator interpretiert dies als Gebot und Sie erhält den Zuschlag beim Preis von 6.500,00 €. Herzlichen Glückwunsch.

3. Die Baumarktkette „Ubi" wirbt für verschiedene Schlagbohrmaschinen mit dem Werbeslogan: „Die Maschine bekommen Sie für 'nen Appel und 'n Ei". Als Herr Jensen dies liest beschließt er, das Angebot anzunehmen. Im nächstgelegenen Baumarkt der Kette sucht er sich eine hochwertige Bohrmaschine aus und will an der Kasse mit einem Apfel und einem Ei „bezahlen".

4. Ingo Wegener möchte sich sein Bad renovieren lassen. Er ist gewillt, bis zu 1.000,00 € zu zahlen. Ein Handwerker legt ihm einen Kostenvoranschlag über 880,00 € zuzüglich Umsatzsteuer vor. Ingo vereinbart daraufhin mit dem Handwerker, dass er diesem nach der Renovierung 968,00 € zahlen wird. In einer Rechnung soll der Handwerker jedoch lediglich eine geringwertige Reparatur über 200,00 € zuzüglich Umsatzsteuer ausweisen. Die Umsatzsteuer in Höhe von 32,00 € würde er diesem dann ebenfalls noch zahlen. Gesagt getan: Nach erbrachter Leistung zahlt Ingo 1.000,00 € an den Handwerker.

5. Günter Voigt möchte seinem Sohn sein Haus bereits zu Lebzeiten „vererben". Er soll nicht erst nach dem Tod des Vaters Eigentümer werden. Insbesondere soll dem Sohn durch dieses „Geschenk zu Lebzeiten" die Erbschaftssteuer erspart werden. Damit alles seine Richtigkeit hat, setzt der Vater ein Schriftstück auf und unterschreibt den Schenkungsvertrag. Diesen übergibt er feierlich seinem Sohn mit den Worten: „Nun bist du der Eigentümer dieses Hauses".

6. Matthias Klein ist seit Beginn des Jahres Versicherungsvertreter. Zusätzlich zu einem festen Gehalt erhält er für jede vermittelte Versicherung eine Prämie. Beim Rentner Gerd Färber erkennt er sogleich seine Chance: Der Rentner kennt sich offensichtlich überhaupt nicht mit Versicherungen aus. Obwohl er lediglich Mieter einer Drei-Zimmer-Wohnung ist, überredet er ihn zum Abschluss einer Gebäudeversicherung. Darüber hinaus verfügt der Rentner bereits über eine Hausratversicherung, mit der der Diebstahl seines Fahrrades abgesichert ist. Matthias überredet ihn trotzdem zum Abschluss einer teuren Fahrraddiebstahlversicherung.

7. Jeanine Dellmer ist seit gut drei Monaten Auszubildende für den Beruf der Industriekauffrau. Zurzeit arbeitet sie in der Verkaufsabteilung. Ihr Ausbilder überlässt ihr dabei zahlreiche Arbeiten, die sie eigenständig erledigen darf. So erhält sie beispielsweise die Anfrage eines Großkunden über den aktuellen Preis eines bestimmten Artikels im Sortiment. Jeanine findet den Artikel in der Artikelstammdatei, der ausgewiesene Preis beträgt 16,99 €/St. Jeanine unterbreitet dem Unternehmen ein schriftliches Angebot, dabei unterläuft ihr jedoch ein Fehler: Sie bietet den Artikel für 16,00 €/St. an. Wenige Tage später geht die Bestellung des Kunden ein: Er bestellt 1.000 St. zum Gesamtwert von 16.000,00 €.

8. Stefan Zierl soll im Auftrag seiner Frau bei einem Getränkemarkt unter anderem einen Kasten „Hellberger Urpils" kaufen. Als Herr Zierl am Nachmittag einen neu eröffneten Getränkemarkt betritt, ist er von der Breite des Angebots überwältigt. So viele verschiedene Biersorten hat er noch nie gesehen. Sein Erstaunen führt dazu, dass er den falschen Kasten greift und an der Kasse bezahlt. Zu Hause angekommen ist Frau Zierl sehr böse, als sie feststellt, dass ihr Mann einen Kasten „Hellberger Urkölsch" gekauft hat. Sie beauftragt ihren Mann, den Kauf am nächsten Tag rückgängig zu machen, da weder in der Familie noch im Bekanntenkreis Kölsch getrunken wird.

9. Rainer und Veronika Öllers planen den Bau eines Eigenheims. Während eines Spazierganges finden sie ein ihrer Meinung nach geeignetes Plätzchen. Sie finden den Eigentümer des bisher als Weide genutzten Grundstücks heraus und bitten um ein persönliches Gespräch. Die beiden Großstädter unterbreiten dem Landwirt Frank Möller daraufhin ihre Pläne und fragen an, ob dieser zum Verkauf des Grundstücks bereit wäre. In Anbetracht des hohen Kaufpreises, den Familie Öllers bietet, überlegt dieser nicht lange und beide einigen sich auf eine Eigentumsübertragung. Wenige Tage später treffen sich die Vertragspartner bei einem Notar wieder und lassen den Kaufvertrag notariell beurkunden. Als ein halbes Jahr später mit der Bebauung des Grundstücks begonnen werden soll stellt sich heraus, dass auf dem Grundstück wegen eines fehlenden Bebauungsplanes kein Haus errichtet werden darf.

10. Tanja Bergmanns sieht im Schaufenster des Gebrauchtwarenhändlers „Top-Occasion" eine offensichtlich gut erhaltene Computerspiel-Konsole. Als sie sich im Geschäft danach erkundigt klärt der Verkäufer sie auf, dass es sich nicht um ein Gebrauchtgerät handele und dass der Preis daher nur 3 % unterhalb des gewöhnlichen Ladenpreises eines Neugerätes liege. Tanja kauft die Konsole trotzdem, da sie sich immerhin ein paar Euro dadurch sparen kann. Zu Hause angekommen frönt sie ihrer Spielleidenschaft. Sechs Wochen später ist ihr Bekannter Dieter Werger zu Besuch. Dieser sieht die Konsole und erkennt sie sofort wieder: Es ist sein gebrauchter Spielcomputer. Der erstaunten Tanja erklärt er, dass er diese vor gut zwei Monaten an den Gebrauchtwarenhändler zu einem besonders günstigen Preis verkauft habe.

11. Lothar Kunert lässt sich am heutigen Tage vier Weisheitszähne ambulant ziehen. Damit die Schmerzen erträglich bleiben erhält er eine lokale Betäubung. Nachdem die Zähne gezogen wurden, lässt er sich von einem Taxi nach Hause fahren. Der Taxifahrer spricht Lothar sofort auf dessen hochwertige Armbanduhr an. Als er merkt, dass Lothar kaum auf seine Worte reagiert, versucht der Taxifahrer ihn zu einer Verkauf zu überreden. Lothar lehnt ab. Der Taxifahrer lässt jedoch nicht locker. Obwohl Lothar auch offensichtlich sehr benommen ist, redet der Taxifahrer unentwegt auf ihn ein und macht ihm ein Angebot nach dem Nächsten. Lothar reagiert genervt und willigt letztendlich in den Kaufvertrag ein. Der Taxifahrer bekommt die Uhr für einen Preis, der weit unter dem tatsächlichen Wert liegt.

12. Udo Karkossa erhält Besuch von seinem Schwager Alexander. Dieser ist für seine „krummen" Geschäfte bekannt. Dennoch lässt sich Udo von ihm einige Uhren zeigen, mit denen dieser auf dem Trödelmarkt handeln möchte. Alexander klärt Udo auf, dass er die Uhren in einem Kaufhaus aus einer nicht verschlossenen Vitrine gestohlen habe. Dennoch entschließt sich Udo zum Kauf einer Uhr, die ihm besonders gut gefällt.

13. Dirk Gerling möchte von seinem Ersparten Aktien kaufen. Im Werbefernsehen erfährt er von der Aktienemission eines Telekommunikationsunternehmens. Die Aktien sollen zu einem Wert von 32,00 € ausgegeben werden. Da Dirk über 4.800,00 € verfügt errechnet er, dass er 150 der Aktien zeichnen kann. Bei seiner Bank angekommen wird er von einer Kundenberaterin zunächst über die Chancen und Risiken des Aktienerwerbs aufgeklärt. Im Anschluss an diese Beratung nimmt die Angestellte die Kauforder von Dirk schriftlich auf. Dieser gibt daraufhin den Kauf von 155 Aktien in Auftrag; er ist sich sicher, dass er diese Stückzahl errechnet hat. Als er die Orderbestätigung der Bank erhält, fällt ihm sein Fehler jedoch sofort auf.

14. Sonja Schneider ist auf der Suche nach einem Eigenheim. Eines Tages wird sie fündig: Herr Bertrams sucht eine Käuferin für das Einfamilienhaus seiner gerade verstorbenen Mutter. Bei der Kaufsumme in Höhe von 160.000,00 € wittert Frau Schneider ein besonderes Schnäppchen. Nach einer Ortsbesichtigung werden sich Frau Schneider und Herr Bertrams einig: Das gut vierzig Jahre alte Haus scheint in Ordnung zu sein und beide vereinbaren einen Termin beim Notar. Wenige Tage später ist Frau Schneider Eigentümerin des Hauses, den Kaufpreis bezahlt sie in bar. Sie beauftragt ein Renovierungsunternehmen mit der Innensanierung. Dabei fällt den Arbeitern auf, dass mehrere Außenwände derart marode sind, dass das komplette Haus im Grunde abgerissen werden müsste. Eine Sanierung ist nicht möglich. Frau Schneider ist empört. Sie schaut im BGB nach und findet in § 138 den passenden Paragrafen: Ihrer Meinung nach ist der mit Herrn Bertrams geschlossene Vertrag nichtig, weil der Verkäufer ihre Unerfahrenheit ausgenutzt hat. Darüber hinaus steht ihrer Meinung nach der gezahlte Kaufpreis in einem deutlichen Missverhältnis zu der erbrachten Leistung. Ist der Kaufvertrag tatsächlich nichtig?

Grundlagen des Vertragsrechts: Auszug aus dem BGB

Auszug aus dem BGB

§ 104 Geschäftsunfähigkeit. Geschäftsunfähig ist;
1. wer nicht das siebente Lebensjahr vollendet hat;
2. wer sich in einem die freie Willensbestimmung ausschließenden Zustande krankhafter Störung der Geistestätigkeit befindet, sofern nicht der Zustand seiner Natur nach ein vorübergehender ist.

§ 105 Nichtigkeit der Willenserklärung. (1) Die Willenserklärung eines Geschäftsunfähigen ist nichtig. (2) Nichtig ist auch eine Willenserklärung, die im Zustande der Bewusstlosigkeit oder vorübergehender Störung der Geistestätigkeit abgegeben wird.

§ 116 Geheimer Vorbehalt. Eine Willenserklärung ist nicht deshalb nichtig, weil sich der Erklärende insgeheim vorbehält, das Erklärte nicht zu wollen. Die Erklärung ist nichtig, wenn sie einem anderen gegenüber abzugeben ist und dieser den Vorbehalt kennt.

§ 117 Scheingeschäft. (1) Wird eine Willenserklärung, die einem anderen gegenüber abzugeben ist, mit dessen Einverständnis nur zum Schein abgegeben, so ist sie nichtig. [...]

§ 118 Mangel der Ernstlichkeit. Eine nicht ernstlich gemeinte Willenserklärung, die in der Erwartung abgegeben wird, der Mangel der Ernstlichkeit werde nicht verkannt werden, ist nichtig.

§ 119 Anfechtbarkeit wegen Irrtums. (1) Wer bei der Abgabe der Willenserklärung über den Inhalt im Irrtum war oder eine Erklärung dieses Inhalts überhaupt nicht abgeben wollte, kann die Erklärung anfechten, wenn anzunehmen ist, dass er sie bei Kenntnis der Sachlage und bei verständiger Würdigung des Falles nicht abgegeben haben würde. (2) Als Irrtum über den Inhalt der Erklärung gilt auch der Irrtum über solche Eigenschaften der Person oder Sache, die im Verkehr als wesentlich angesehen werden.

§ 120 Anfechtung wegen falscher Übermittlung. Eine Willenserklärung, welche durch die zur Übermittlung verwendete Person oder Anstalt unrichtig übermittelt worden ist, kann unter den gleichen Voraussetzungen angefochten werden wie nach § 119 eine irrtümlich abgegebene Willenserklärung.

§ 121 Anfechtungsfrist. Die Anfechtung muss in den Fällen der §§ 119, 120 ohne schuldhaftes Zögern (unverzüglich) erfolgen, nachdem der Anfechtungsberechtigte von dem Anfechtungsgrund Kenntnis erlangt hat. Die einem Abwesenden gegenüber erfolgte Anfechtung gilt als rechtzeitig erfolgt, wenn die Anfechtungserklärung unverzüglich abgesendet worden ist. (2) Die Anfechtung ist ausgeschlossen, wenn seit der Abgabe der Willenserklärung zehn Jahre verstrichen sind.

§ 123 Anfechtbarkeit wegen Täuschung oder Drohung. (1) Wer zur Abgabe einer Willenserklärung durch arglistige Täuschung oder widerrechtliche Drohung bestimmt worden ist, kann die Erklärung anfechten. [...]

§ 124 Anfechtungsfrist. (1) Die Anfechtung einer nach § 123 anfechtbaren Willenserklärung kann nur binnen Jahresfrist erfolgen. (2) Die Frist beginnt im Falle der arglistigen Täuschung mit dem Zeitpunkt, in welchem der Anfechtungsberechtigte die Täuschung entdeckt, im Falle der Drohung mit dem Zeitpunkt, in welchem die Zwangslage aufhört. Auf den Lauf der Frist finden die für die Verjährung geltenden Vorschriften der §§ 205, 206 und 211 entsprechende Anwendung. (3) Die Anfechtung ist ausgeschlossen, wenn seit der Abgabe der Willenserklärung zehn Jahre verstrichen sind.

§ 125 Nichtigkeit wegen Formmangels. Ein Rechtsgeschäft, welches der durch Gesetz vorgeschriebenen Form ermangelt, ist nichtig. Der Mangel der durch Rechtsgeschäft bestimmten Form hat im Zweifel gleichfalls Nichtigkeit zur Folge.

§ 126 Gesetzliche Schriftform. (1) Ist durch Gesetz schriftliche Form vorgeschrieben, so muss die Urkunde von dem Aussteller eigenhändig durch Namensunterschrift oder mittels notariell beglaubigten Handzeichens unterzeichnet werden. (2) Bei einem Vertrag muss die Unterzeichnung der Parteien auf derselben Urkunde erfolgen. [...] (4) Die schriftliche Form wird durch die notarielle Beurkundung ersetzt.

§ 128 Notarielle Beurkundung. Ist durch Gesetz notarielle Beurkundung eines Vertrages vorgeschrieben, so genügt es, wenn zunächst der Antrag und sodann die Annahme des Antrags von einem Notar beurkundet wird.

§ 129 Öffentliche Beglaubigung. (1) Ist durch Gesetz für eine Erklärung öffentliche Beglaubigung vorgeschrieben, so muss die Erklärung schriftlich abgefasst und die Unterschrift des Erklärenden von einem Notar beglaubigt werden. Wird die Erklärung von dem Aussteller mittels Handzeichen unterzeichnet, so ist die im § 126 Abs. 1 vorgeschriebene Beglaubigung des Handzeichens erforderlich und genügend. (2) Die öffentliche Beglaubigung wird durch die notarielle Beurkundung der Erklärung ersetzt. [...]

§ 134 Gesetzliches Verbot. Ein Rechtsgeschäft, das gegen ein gesetzliches Verbot verstößt, ist nichtig, wenn sich nicht aus dem Gesetz ein anderes ergibt.

§ 138 Sittenwidrigkeit. (1) Ein Rechtsgeschäft, das gegen die guten Sitten verstößt, ist nichtig. (2) Nichtig ist insbesondere ein Rechtsgeschäft, durch das jemand unter Ausbeutung der Zwangslage, der Unerfahrenheit, des Mangels an Urteilsvermögen oder der erheblichen Willensschwäche eines anderen sich oder einem Dritten für eine Leistung Vermögensvorteile versprechen oder gewähren lässt, die in einem auffälligen Missverhältnis zu der Leistung stehen.

15. Eigentumsvorbehalt

Ausgangslage

Der Jurastudent Rolf Ebentreich betritt am 27. Januar das Kaufhaus „Kaufstadt AG" und schaut sich in der Elektroabteilung einige Waschmaschinen an. Ein Verkäufer bietet seine Beratung an und schon bald hat sich Rolf für ein geeignetes Modell entschieden. Nachdem der Verkäufer sich in der Lagerdatei über den Bestand im Zentrallager informiert hat, bietet er Rolf die Lieferung innerhalb einer Woche frei Haus an. Rolf bestätigt sein Kaufinteresse durch Kopfnicken. Der Verkäufer druckt sodann den Kaufvertrag aus und Rolf unterschreibt. Am 29. Januar erhält Rolf die schriftliche Mitteilung, dass die

Maschine am 02. Februar geliefert werde. Und tatsächlich: Um 9:12 Uhr wird die Maschine geliefert und durch die beiden Mitarbeiter der „Kaufstadt AG" installiert. Rolf bestätigt mit seiner Unterschrift den ordnungsgemäßen Zustand der Maschine auf dem Lieferschein und erhält im Gegenzug die Rechnung. Zwei Tage später überweist er den Rechnungsbetrag auf das in der Rechnung angegebene Konto der „Kaufstadt AG".

Aufgaben

1. Ab welchem Zeitpunkt wird Rolf Ebentreich Eigentümer an der Waschmaschine? Begründen Sie Ihre Antwort.

2. Welche Rechte hätte die „Kaufstadt AG", wenn Rolf Ebentreich die Rechnung auch nach mehrmaliger schriftlicher Mahnung nicht begleichen würde?

3. Angenommen, im Vertrag der „Kaufstadt AG" wäre folgender Passus zu finden gewesen: „Die Ware bleibt bis zur vollständigen Bezahlung Eigentum der Kaufstadt AG." Wie nennt man einen derartigen Vertragsbestandteil und welche Folgen ergeben sich hieraus für den Eigentumserwerb?

4. Angenommen, im oben dargestellten Fall wäre ein einfacher Eigentumsvorbehalt vereinbart worden. In welchen Fällen würde die „Kaufstadt AG" das Eigentum an der Waschmaschine verlieren, obwohl Herr Ebentreich seiner Zahlungsverpflichtung nicht nachgekommen wäre?

5. Welche Sonderformen des Eigentumsvorbehalts sind möglich und welche Vorteile haben diese für den ehemaligen Eigentümer einer Sache? Nennen Sie mögliche Beispiele, aus denen die Vorteile erkennbar werden.

Auszug aus dem BGB

§ 398 Abtretung. Eine Forderung kann von dem Gläubiger durch Vertrag mit einem anderen auf diesen übertragen werden (Abtretung). Mit dem Abschluss des Vertrages tritt der neue Gläubiger an die Stelle des bisherigen Gläubigers.

§ 433 Vertragstypische Pflichten beim Kaufvertrag.
(1) Durch den Kaufvertrag wird der Verkäufer einer Sache verpflichtet, dem Käufer die Sache zu übergeben und das Eigentum an der Sache zu verschaffen. Der Verkäufer hat dem Käufer die Sache frei von Sach- und Rechtsmängeln zu verschaffen. (2) Der Käufer ist verpflichtet, dem Käufer den vereinbarten Kaufpreis zu zahlen und die gekaufte Sache abzunehmen.

§ 449 Eigentumsvorbehalt. (1) Hat sich der Verkäufer einer beweglichen Sache das Eigentum bis zur Zahlung des Kaufpreises vorbehalten, so ist im Zweifel anzunehmen, dass das Eigentum unter der aufschiebenden Bedingung vollständiger Zahlung des Kaufpreises übertragen wird (Eigentumsvorbehalt). (2) Auf Grund des Eigentumsvorhalts kann der Verkäufer die Sache nur herausverlangen, wenn er vom Vertrag zurückgetreten ist. (3) Die Vereinbarung eines Eigentumsverbehalts ist nichtig, soweit der Eigentumsübertragung davon abhängig gemacht wird, dass der Käufer Forderungen eines Dritten, insbesondere eines mit dem Verkäufer verbundenen Unternehmens, erfüllt.

§ 903 Befugnisse des Eigentümers. Der Eigentümer einer Sache kann, soweit nicht das Gesetz oder Rechte Dritter entgegenstehen, mit der Sache nach Belieben verfahren und andere von jeder Einwirkung ausschließen. [...]

§ 929 Einigung und Übergabe. Zur Übertragung des Eigentums an einer beweglichen Sache ist erforderlich, dass der Eigentümer die Sache dem Erwerber übergibt und beide darüber einig sind, dass das Eigentum übergehen soll. Ist der Erwerber im Besitze der Sache, so genügt die Einigung über den Übergang des Eigentums.

§ 932 Gutgläubiger Erwerb vom Nichtberechtigten.
(1) Durch eine nach § 929 erfolgte Veräußerung wird der Erwerber auch dann Eigentümer, wenn die Sache dem Veräußerer nicht gehört, es sei denn, dass er zu der Zeit, zu der er nach diesen Vorschriften das Eigentum erwerben würde, nicht in gutem Glauben ist. In dem Falle des § 929 Satz 2 gilt dies jedoch nur dann, wenn der Erwerber den Besitz von dem Veräußerer erlangt hatte.

(2) Der Erwerber ist nicht in gutem Glauben, wenn ihm bekannt oder infolge grober Fahrlässigkeit unbekannt ist, dass die Sache nicht dem Veräußerer gehört.

§ 935 Abhanden gekommene Sachen. (1) Der Erwerb des Eigentums auf Grund der §§ 932 bis 934 tritt nicht ein, wenn die Sache dem Eigentümer gestohlen worden, verloren gegangen oder sonst abhanden gekommen war. Das Gleiche gilt, falls der Eigentümer nur mittelbarer Besitzer war, dann, wenn die Sache dem Besitzer abhanden gekommen war. [...]

§ 946 Verbindung mit einem Grundstück. Wird eine bewegliche Sache mit einem Grundstück dergestalt verbunden, dass sie wesentlicher Bestandteil des Grundstücks wird, so erstreckt sich das Eigentum an dem Grundstück auf diese Sache.

§ 947 Verbindung mit beweglichen Sachen. (1) Werden bewegliche Sachen miteinander dergestalt verbunden, dass sie wesentliche Bestandteile einer einheitlichen Sache werden, so werden die bisherigen Eigentümer Miteigentümer dieser Sache; die Anteile bestimmen sich nach dem Verhältnisse des Wertes, den die Sachen zur Zeit der Verbindung haben.
(2) Ist eine Sache als die Hauptsache anzusehen, so erwirbt ihr Eigentümer das Alleineigentum.

§ 948 Vermischung. (1) Werden bewegliche Sachen miteinander untrennbar vermischt oder vermengt, so finden die Vorschriften des § 947 entsprechende Anwendung. [...]

§ 950 Verarbeitung. (1) Wer durch Verarbeitung oder Umbildung eines oder mehrerer Stoffe eine neue bewegliche Sache herstellt, erwirbt das Eigentum an der neuen Sache, sofern nicht der Wert der Verarbeitung oder Umbildung erheblich geringer ist als der Wert des Stoffes. [...]

Übersichten zur Information

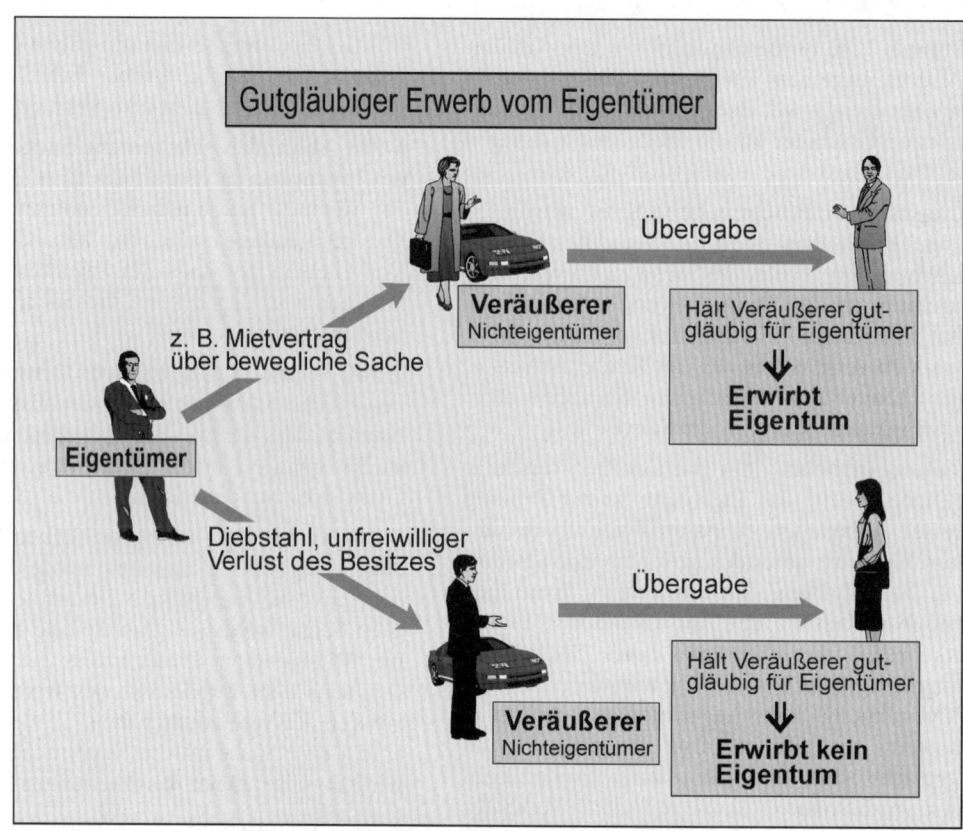

Gutgläubiger Erwerb vom Eigentümer

Eigentümer

z. B. Mietvertrag über bewegliche Sache

Veräußerer Nichteigentümer

Übergabe

Hält Veräußerer gutgläubig für Eigentümer
⇓
Erwirbt Eigentum

Diebstahl, unfreiwilliger Verlust des Besitzes

Veräußerer Nichteigentümer

Übergabe

Hält Veräußerer gutgläubig für Eigentümer
⇓
Erwirbt kein Eigentum

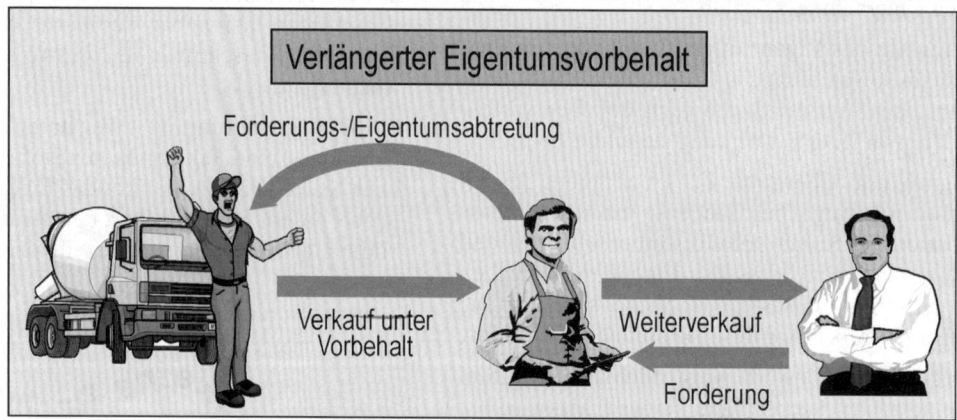

Verlängerter Eigentumsvorbehalt

Forderungs-/Eigentumsabtretung

Verkauf unter Vorbehalt

Weiterverkauf

Forderung

Erweiterter Eigentumsvorbehalt

Verkäufe unter Vorbehalt

Durch Zahlung aller Verbindlichkeiten Eigentumserwerb.

16. Vertragsarten

Lesen Sie sich zunächst die nachfolgend dargestellten Situationen gut durch und beantworten Sie sodann die nachstehenden Aufgaben

✍ Aufgaben

1. Entscheiden Sie bei den folgenden Fällen, um welche Vertragsart es sich handelt. Nehmen Sie den Gesetzestext in der Anlage zu Hilfe.

2. Stellen Sie im Einzelnen Unterschiede und Gemeinsamkeiten der jeweiligen Fälle gegenüber.

Situationen

Fall 1	Die Auszubildende Karola Jensen möchte von ihrer Mitschülerin Leonie Sanders deren gebrauchten tragbaren Mini-Disk-Player erwerben. Man einigt sich, dass Leonie das Gerät nächste Woche zum Preis von 30,00 € an Karola übergeben wird, wenn diese den Kaufpreis bar entrichten kann.
Fall 2	Die beste Freundin von Karola hat zum Geburtstag die CD ihrer Lieblingsband zweimal geschenkt bekommen. Da es sich auch um die Lieblingsband von Karola handelt, überlässt die Freundin ihr die CD ohne eine Gegenleistung zu fordern.
Fall 3	Da Karola nicht über einen eigenen CD-Player verfügt, überlässt ihr Freund Thilo ihr sein Gerät zunächst für unbestimmte Zeit, da er zurzeit bei der Bundeswehr seinen Wehrdienst ableistet und den CD-Player sowieso nur selten nutzen könnte. Auch er fordert hierfür keine Gegenleistung.
Fall 4	Am Nachmittag möchte Karola einen Kuchen backen, da sie ihre Großmutter zum Kaffee erwartet. Bedauerlicherweise fehlt ihr zur Zubereitung das notwendige Mehl. Schnell eilt sie zur Nachbarin und bittet diese, ihr mit einem Paket Mehl auszuhelfen. Diese überlässt ihr das Mehl gerne. Karola verspricht der Nachbarin, morgen das Mehl zurückzugeben.
Fall 5	Karola möchte ihren 18. Geburtstag groß feiern. Da sie zu Hause nicht über die entsprechenden Räumlichkeiten verfügt, erhält sie vom Pfadfinderverein die Möglichkeit, in dessen Vereinsräumen die Party zu feiern. Für die Nutzung soll sie 100,00 € zahlen.
Fall 6	Bernd Zimmermann, ein Bekannter von Karola, ist gelernter Automechaniker. Mit seinem Schwiegervater hat er einen Vertrag abgeschlossen, in dem dieser sich verpflichtet, Bernd seine Garage für gewerbliche Autoreparaturen zu überlassen. Bernd zahlt ihm hierfür monatlich 250,00 €.
Fall 7	Als Karolas Freund Thilo von den Fähigkeiten von Bernd erfährt, beauftragt dieser ihn, den Auspuff an seinem PKW zu wechseln. Da Thilo einen seltenen amerikanischen Straßenkreuzer fährt, vereinbaren beide, dass Thilo den Auspuff in den Staaten beschafft. An einem Freitag erscheint Thilo mit dem Auspuff in der Werkstatt und Bernd montiert ihn für 42,00 €.
Fall 8	Karola passiert mit ihrem Auto auf der Autobahn ein Malheur: Ein vor ihr fahrendes Auto schleudert bei hoher Geschwindigkeit einen Stein nach oben, der ihr linkes Scheinwerferglas zerstört. Karola beauftragt daher Bernd, ihr in dessen Werkstatt einen neuen Scheinwerfer einzubauen. Für das Material und seine Arbeit zahlt sie ihm 175,00 €.
Fall 9	In einer Modezeitschrift findet Karola eine Abbildung ihrer Lieblingsband. Der Sänger der Band hat offensichtlich eine neue Frisur. Karola ist begeistert und überzeugt sofort ihren Freund, dass dieser sich ebenfalls diesen Haarschnitt zulegen muss. Beide gehen zu einem Modecoiffeur und Thilo lässt sich die Haare nach dem Vorbild des Zeitungsausschnittes schneiden. Obwohl sich der Friseur sehr bemüht, ist Karola mit dem Ergebnis nicht zufrieden. Thilos Haarpracht sieht dem Vorbild nicht im Entferntesten ähnlich. Dennoch soll Thilo 27,00 € an den Friseur zahlen.

✎ *Übungsaufgaben*

Entscheiden Sie in folgenden Fällen, um welche Vertragsart es sich handelt. Begründen Sie Ihre Antwort.
Bitte beachten: Zum Teil bieten die Aufgaben die Möglichkeit, unterschiedliche Lösungsansätze zu diskutieren.

1. Gerd Kupp erhält das Recht, gegen Bezahlung im Wald des Gutsbesitzers Gerstner Holz zu holen:
   a) einmal eine genau bestimmte Menge;
   b) für einen festgelegten Zeitraum eine nicht bestimmte Menge Holz.

2. Andrea Kellner erhält von ihrem Nachbarn Knut Langer ein Paket Mehl; es wurde vereinbart, dass Frau Kellner das Mehl in einer Woche zurückgeben wird.

3. Helmut Vogel lässt sich bei einem Optiker
   a) neue Gläser in seine alte Fassung einsetzen,
   b) seine verschmutzte Brille reinigen.

4. Frank Färber ist 65 Jahre alt und möchte sich zur Ruhe setzen. Er stellt seine Bäckerei Bäckermeister Xaver Busch entgeltlich zur Verfügung. Es stehen zwei vertragliche Regelungen zur Auswahl:
   a) Zurverfügungstellung der Räume;
   b) Zurverfügungstellung der Räume einschließlich sämtlicher Arbeitsgeräte und sämtlicher Einrichtungsgegenstände (einschließlich Backofen).

5. Werner Schulze übergibt dem Computerhändler Dieter Sattmann seinen PC, da eine Betriebsstörung vorliegt. Trotz mehrmaliger Reparaturversuche gelingt es Herrn Sattmann nicht, an dem Computer die Funktionsfähigkeit wieder herzustellen. Für seine Arbeitsleistung verlangt er von Schulze 50,00 €.

6. Frau Kampen lässt sich
   a) von ihrem Zahnarzt das Loch in einem Zahn mit Kunststoff füllen;
   b) aufgrund chronischer Beschwerden von einem Chirurgen ein Magengeschwür entfernen. Ihr Hausarzt vermutete, dass das Geschwür Auslöser der Beschwerden sei.

7. Sieglinde Riebel hat in einem Kaufhaus eine Hose erstanden. Da diese zu lang ist, lässt sie sich bei einer Änderungsschneiderei die Hose kürzen.

8. Der Geschäftsmann Ralf Heuer muss von der Düsseldorfer Innenstadt zum Bahnhof. Er besteigt um 15:51 Uhr ein Taxi
   a) und sagt: „Zum Bahnhof bitte!"
   b) und fragt: „Können Sie mich bis 16:00 Uhr zum Bahnhof fahren?" Der Taxifahrer bejaht und tritt aufs Gas.

9. Der Reisende Reiner Tegel hat einen Autounfall gehabt. Sein Fahrzeug muss eine Woche in die Werkstatt. Der dringend benötigte Ersatzwagen wird zur Verfügung gestellt, und zwar
   a) unentgeltlich von einem Freund,
   b) entgeltlich von der Firma „VAG Rhenus-Prinz".

10. Der Schüler Özkan Himmet bekommt von einem Wahlhelfer der GRÜNEN, die am Bahnhof einen Stand aufgebaut haben, einen Kugelschreiber und einen Luftballon ausgehändigt.

11. Der selbstständige Kaufmann Ingo Huber erhält von einem Softwareunternehmen ein Buchhaltungsprogramm zwei Wochen kostenfrei auf Probe überlassen.

12. Frau Geiger hat in einem Warenhaus einen Stoff besonders günstig erstanden. Sie bittet nun eine Schneiderin, ihr aus diesem Stoff ein Kleid zu fertigen.

13. Herr Otto, der eine Tanzveranstaltung in der hiesigen Stadthalle besucht, gibt seinen Mantel an der Garderobe ab. Preis 0,50 €.

14. Knut Rehaag belegt einen Parkplatz in einem Parkhaus für 3 Stunden und zahlt dafür 1,50 €.

15. Daniel Stawkovicz bittet seinen Freund, ihm von seiner Jugoslawienreise zwei Flaschen Slibowitz mitzubringen.

16. Sabine Schütten wirft 50 Cent in einen Haartrocknungsautomaten im Hallenbad ein.

17. Peter Gerling beauftragt den Uhrmachermeister Callmus, an seiner Armbanduhr das Zifferblatt auszutauschen.

18. Die Rentnerin Lieselotte Walluschek genehmigt der Nachbarin Frau Daller, dass deren Kinder in ihrem Garten unter ihrer Aufsicht spielen dürfen. Im Gegenzug mäht Herr Daller freiwillig ab und zu den Rasen im Garten der Rentnerin.

19. Yvonne Bertrams ist Mitglied der Städtischen Bücherei Duisburg-Mitte. Für die Nutzung der Bücher zahlt sie eine jährlich zu entrichtende Mitgliedsgebühr. Die Mitgliedschaft berechtigt zur unentgeltlichen Entleihung einer unbeschränkten Anzahl von Büchern.

20. Ali Ilhan gibt seiner Freundin Neriman Ütchan unentgeltlich Nachhilfe in Buchführung.

Auszug aus dem BGB

§ 433 Vertragstypische Pflichten beim Kaufvertrag. (1) Durch den Kaufvertrag wird der Verkäufer einer Sache verpflichtet, dem Käufer die Sache zu übergeben und das Eigentum an der Sache zu verschaffen. Der Verkäufer hat dem Käufer die Sache frei von Sach- und Rechtsmängeln zu verschaffen. (2) Der Käufer ist verpflichtet, dem Verkäufer den vereinbarten Kaufpreis zu zahlen und die gekaufte Sache abzunehmen.

§ 442 Kenntnis des Käufers. (1) Die Rechte des Käufers wegen eines Mangels sind ausgeschlossen, wenn er bei Vertragsabschluss den Mangel kennt. Ist dem Käufer ein Mangel infolge grober Fahrlässigkeit unbekannt geblieben, kann der Käufer Rechte wegen eines Mangels nur geltend machen, wenn der Verkäufer den Mangel arglistig verschwiegen oder eine Garantie für das Vorhandensein einer Eigenschaft übernommen hat. [...]

§ 516 Begriff der Schenkung. (1) Eine Zuwendung, durch die jemand aus seinem Vermögen einen anderen bereichert, ist Schenkung, wenn beide Teile darüber einig sind, dass die Zuwendung unentgeltlich erfolgt. [...]

§ 518 Form des Schenkungsversprechens. (1) Zur Gültigkeit eines Vertrags, durch den eine Leistung schenkweise versprochen wird, ist die notarielle Beurkundung des Versprechens erforderlich. [...]

§ 530 Grober Undank. (1) Eine Schenkung kann widerrufen werden, wenn sich der Beschenkte durch eine schwere Verfehlung gegen den Schenker oder einen nahen Angehörigen des Schenkers groben Undankes schuldig macht. [...]

§ 535 Inhalt und Hauptpflichten des Mietvertrages. Durch den Mietvertrag wird der Vermieter verpflichtet, dem Mieter den Gebrauch der Mietsache während der Mietzeit zu gewähren. [...] (2) Der Mieter ist verpflichtet, dem Vermieter die vereinbarte Miete zu entrichten.

§ 581 Vertragstypische Pflichten beim Pachtvertrag. (1) Durch den Pachtvertrag wird der Verpächter verpflichtet, dem Pächter den Gebrauch des verpachteten Gegenstandes und den Genuss der Früchte, soweit sie nach den Regeln einer ordnungsgemäßen Wirtschaft als Ertrag anzusehen sind, während der Pachtzeit zu gewähren. Der Pächter ist verpflichtet, dem Verpächter die vereinbarte Pacht zu entrichten. [...]

§ 598 Vertragstypische Pflichten bei der Leihe. Durch den Leihvertrag wird der Verleiher einer Sache verpflichtet, dem Entleiher den Gebrauch der Sache unentgeltlich zu gestatten.

§ 603 Vertragsmäßiger Gebrauch. Der Entleiher darf von der geliehenen Sache keinen anderen als den vertragsmäßigen Gebrauch machen. Er ist ohne die Erlaubnis des Verleihers nicht berechtigt, den Gebrauch der Sache einem Dritten zu überlassen.

§ 604 Rückgabepflicht. (1) Der Entleiher ist verpflichtet, die geliehene Sache nach dem Ablaufe der für die Leihe bestimmten Zeit zurückzugeben [...]

§ 607 Vertragstypische Pflichten beim Sachdarlehensvertrag. (1) Durch den Sachdarlehensvertrag wird der Darlehensgeber verpflichtet, dem Darlehensnehmer eine vereinbarte vertretbare Sache zu überlassen. Der Darlehensnehmer ist zur Zahlung eines Darlehensentgelts und bei Fälligkeit zur Rückerstattung des Empfangenen in Sachen von gleicher Art, Güte und Menge verpflichtet. (2) Die Vorschriften diese Titels finden keine Anwendung auf die Überlassung von Geld.

§ 611 Vertragstypische Pflichten beim Dienstvertrag. (1) Durch den Dienstvertrag wird derjenige, welcher Dienste zusagt, zur Leistung der versprochenen Dienste, der andere Teil zur Gewährung der vereinbarten Vergütung verpflichtet. (2) Gegenstand des Dienstvertrages können Dienste jeder Art sein.

§ 631 Vertragstypische Pflichten beim Werkvertrag. (1) Durch den Werkvertrag wird der Unternehmer zur Herstellung des versprochenen Werkes, der Besteller zur Entrichtung der vereinbarten Vergütung verpflichtet. (2) Gegenstand des Werkvertrags kann sowohl die Herstellung oder Veränderung einer Sache als auch ein anderer durch Arbeit oder Dienstleistung herbeizuführender Erfolg sein.

§ 632 Vergütung. (1) Eine Vergütung gilt als stillschweigend vereinbart, wenn die Herstellung des Werkes den Umständen nach nur gegen eine Vergütung zu erwarten ist. (2) Ist die Höhe der Vergütung nicht bestimmt, so ist [...] in Ermangelung einer Taxe die übliche Vergütung als vereinbart anzusehen. (3) Ein Kostenanschlag ist im Zweifel nicht zu vergüten.

§ 651 Anwendung des Kaufrechts. Auf einen Vertrag, der die Lieferung herzustellender oder zu erzeugender beweglicher Sachen zum Gegenstand hat, finden die Vorschriften über den Kauf Anwendung. § 442 Abs.1 Satz 1 findet bei diesen Verträgen auch Anwendung, wenn der Mangel auf den vom Besteller gelieferten Stoff zurückzuführen ist. [...]

17. Inhalte des Kaufvertrags

Situation

Sie sind als Auszubildende/r in der Verkaufsabteilung der Computer 2000 Deutschland AG beschäftigt. Das Unternehmen produziert und handelt mit Computerhardware. An Ihrem ersten Beschäftigungstag bekommen Sie von einer Kollegin das Schreiben der Office GmbH überreicht. Sie sollen Sich mit dem Schreiben auseinander setzen und danach Vorschläge unterbreiten, wie Sie auf das Schreiben reagieren würden.

✍ Aufgaben

1. Um was für ein Schreiben handelt es sich? Was bezweckt die Schreiberin des Briefes?

2. Sie sollen der Office GmbH ein Angebot über zwei aktuelle Computermodelle unterbreiten. Überlegen Sie, welche Angaben in Ihrem Angebot enthalten sein sollten, damit der Kunde es mit den Angeboten anderer Lieferanten vergleichen kann.

3. Betrachten Sie noch einmal Ihr Ergebnis aus Aufgabe 2. Welche Bedingungen würden für den Kunden gelten, wenn entsprechende Angaben in Ihrem Angebot fehlen würden und er dennoch aufgrund Ihres Angebots bestellt. Nennen Sie die dazugehörigen Paragrafen.

4. Durch den Abschluss eines Kaufvertrages übernehmen sowohl der Käufer als auch der Verkäufer bestimmte Pflichten. Welche Pflichten sind dies? Stellen Sie die Pflichten von Käufer und Verkäufer gegenüber.

5. Durch das abgeschlossene Verpflichtungsgeschäft werden die Vertragspartner zur Erfüllung bestimmter Leistungen verpflichtet. Wo befinden sich nach der gesetzlichen Regelung die so genannten Erfüllungsorte für Käufer und Verkäufer und wann sind die Leistungen zu erbringen?

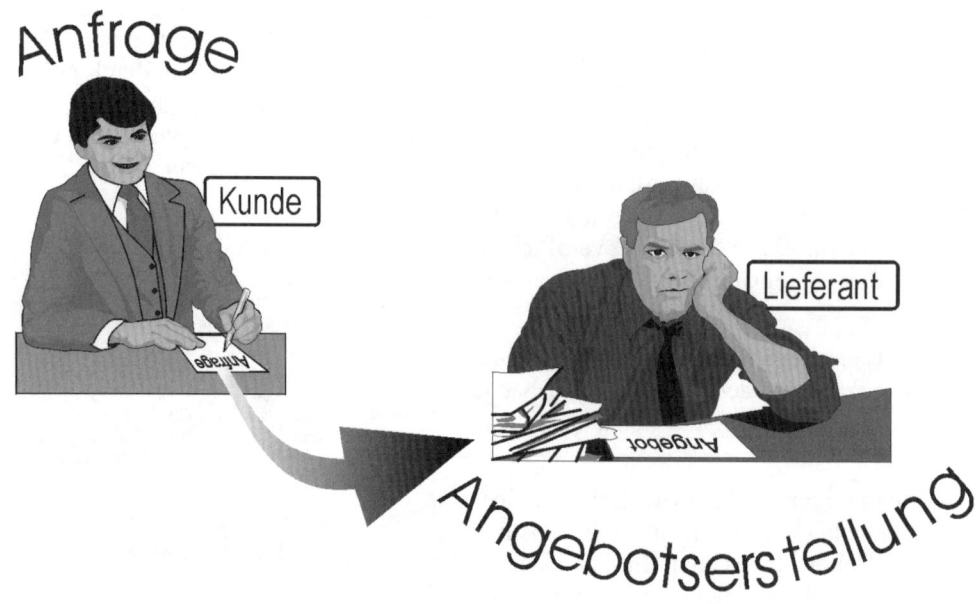

Office BüroMegaMarkt

Office GmbH • Oberkassler Straße 130 • 40545 Düsseldorf

Computer 2000 AG
Verkaufsabteilung
Helmut-Berns-Str. 37
47441 Moers

Ihr Zeichen, Ihre Nachricht vom	Unser Zeichen, unsere Nachricht vom	☎ 0211 / 570-, Name	Datum
	gh-sü	122, Fr. Schüfer	04.04.2010

Anfrage

Sehr geehrte Damen und Herren,

wir sind ein mittelständisches Einzelhandelsunternehmen, das sich auf den Handel mit Büroartikeln spezialisiert hat. Neben unserem Standort in Düsseldorf unterhalten wir Filialen in Neuss, Mönchengladbach und Köln. Zu unseren Kunden gehören zum Großteil Unternehmen, die im Versandgeschäft bedient werden. Der Verkauf an Privatkunden wird über den Direktverkauf vor Ort vorgenommen

Bisher gehörten Verbrauchsmaterialien im Büroartikelbereich zu unserem Kernsortiment. Im vergangenen Frühling haben wir uns zur Aufnahme von Büromöbeln entschlossen. Es hat sich bereits sehr schnell gezeigt, dass diese Sortimentsausweitung von den Kunden gut angenommen wurde. Aus diesem Grund möchten wir unser Angebot noch weiter ausdehnen und zwar um Computerartikel.

Durch Ihre Werbung in Fachzeitschriften sind wir auf Sie aufmerksam geworden. Da sie eines der wenigen Unternehmen im Hardwarebereich sind, die noch in Deutschland fertigen bzw. montieren, spricht uns Ihr Produktangebot besonders an. Da der Markt für Computer stark umkämpft ist, beabsichtigen wir zunächst lediglich die Aufnahme von zwei leistungsstarken PC's mit entsprechender Konfiguration zu einem besonders guten Preis-Leistungsverhältnis. Bitte unterbreiten Sie uns ein entsprechendes Angebot unter Angabe sämtlicher Konditionen.

Mit freundlichen Grüßen

Office GmbH

Claudia Schüfer

Claudia Schüfer

Office BüroMegaMarkt GmbH	Eintragung im Handelsregister	Bankverbindung:
Oberkasseler Straße 130 • 40545 Düsseldorf	Amtsgericht Düsseldorf HRB 2022	Postbank Essen, BLZ 360 100 43, Kto.-Nr. 67952141
Geschäftsführer: Klaus-Dieter Herrmanns	Gründungsjahr: 1962	Dresdner Bank, BLZ 300 800 00, Kto.-Nr. 522454112

§ INFO-BOX zum Thema KAUFVERTAGSRECHT

Die Anfrage

Der Versender einer Anfrage ist an den Inhalt nicht gebunden. Die Anfrage erfolgt somit ohne jede rechtliche Bindung. Sie verpflichtet in keinem Fall zu einem Kauf. Die Anfrage ist rechtlich kein Antrag. Da Anfragen der Natur nach an diverse Lieferanten gerichtet werden, stellen sie lediglich eine Aufforderung zur Abgabe eines Antrages dar.

Ausgehend vom Inhalt kann man Anfragen in allgemeine oder bestimmte Anfragen aufteilen. Bei allgemeinen Anfragen stellt der Anfragende sein Problem dar und bitte um einen fachkundigen Vorschlag zur Lösung. Bei der bestimmten Anfrage hat der Anfragende bereit ein bestimmtes Produkt bzw. eine bestimmte Leistung vor Augen und er fordert den Lieferanten auf, Angaben über die Leistung (z. B. Qualität, Preis etc.) zu machen und ein konkretes Angebot zu unterbreiten.

Auszug aus dem BGB

§ 243 Gattungsschuld. (1) Wer eine nur der Gattung nach bestimmte Sache schuldet, hat eine Sache von mittlerer Art und Güte zu leisten. [...]

§ 269 Leistungsort (1) Ist ein Ort für die Leistung weder bestimmt noch aus den Umständen, insbesondere aus der Natur des Schuldverhältnisses, zu entnehmen, so hat die Leistung an dem Orte zu erfolgen, an welchem der Schuldner zur Zeit der Entstehung des Schuldverhältnisses seinen Wohnsitz hatte. (2) Ist die Verbindlichkeit im Gewerbebetrieb des Schuldners entstanden, so tritt, wenn der Schuldner seine gewerbliche Niederlassung an einem anderen Orte hatte, der Ort der Niederlassung an die Stelle des Wohnsitzes. (3) Aus dem Umstand allein, dass der Schuldner die Kosten der Versendung übernommen hat, ist nicht zu entnehmen, dass der Ort, nach welchem die Versendung zu erfolgen hat, der Leistungsort sein soll.

§ 270 Zahlungsort. (1) Geld hat der Schuldner im Zweifel auf seine Gefahr und seine Kosten dem Gläubiger an dessen Wohnsitz zu übermitteln. (2) Ist die Forderung im Gewerbebetrieb des Gläubigers entstanden, so tritt, wenn der Gläubiger seine gewerbliche Niederlassung an einem anderen Orte hat, der Ort der Niederlassung an die Stelle des Wohnsitzes. [...] (4) Die Vorschriften über den Leistungsort bleiben unberührt.

§ 271 Leistungszeit. (1) Ist eine Zeit für die Leistung weder bestimmt noch aus den Umständen zu entnehmen, so kann der Gläubiger die Leistung sofort verlangen, der Schuldner sie sofort bewirken. (2) Ist eine Zeit bestimmt, so ist im Zweifel anzunehmen, dass der Gläubiger die Leistung nicht vor dieser Zeit verlangen, der Schuldner sie aber vorher bewirken kann.

§ 323 Rücktritt wegen nicht oder nicht vertragsgemäß erbrachter Leistung. (1) Erbringt bei einem gegenseitigen Vertrag der Schuldner eine fällige Leistung nicht oder nicht vertragsgemäß, so kann der Gläubiger, wenn er dem Schuldner eine angemessene Frist zur Leistung oder Nacherfüllung bestimmt hat, vom Vertrag zurücktreten. (2) Die Fristsetzung ist entbehrlich, wenn

1. der Schuldner die Leistung ernsthaft und endgültig verweigert,
2. der Schuldner die Leistung zu einem im Vertrag bestimmten Termin oder innerhalb einer bestimmten

Frist nicht bewirkt und der Gläubiger im Vertrag den Fortbestand seines Leistungsinteresses an die Rechtzeitigkeit der Leistung gebunden hat oder

3. besondere Umstände vorliegen, die unter Abwägung der beiderseitigen Interessen den sofortigen Rücktritt rechtfertigen. [...]

(4) Der Gläubiger kann bereits vor Eintritt der Fälligkeit der Leistung zurücktreten, wenn offensichtlich ist, dass die Voraussetzungen des Rücktritts eintreten werden. (5) Hat der Schuldner eine Teilleistung bewirkt, so kann der Gläubiger vom ganzen Vertrag nur zurücktreten, wenn er an der Teilleistung kein Interesse hat. Hat der Schuldner die Leistung nicht vertragsgemäß bewirkt, so kann der Gläubiger vom vertrag nicht zurücktreten, wenn die Pflichtverletzung unerheblich ist. (6) Der Rücktritt ist ausgeschlossen, wenn der Gläubiger für den Umstand, der ihn zum Rücktritt berechtigen würde, allein oder weit überwiegend verantwortlich ist oder wenn der vom Schuldner nicht zu vertretende Umstand zu einer Zeit eintritt, zu welcher der Gläubiger im Verzug der Annahme ist.

§ 446 Gefahr- und Lastenübergang. Mit der Übergabe der verkauften Sache geht die Gefahr des zufälligen Untergangs und der zufälligen Verschlechterung auf den Käufer über. [...] Der Übergabe steht es gleich, wenn der Käufer im Verzug der Annahme ist.

§ 448 Kosten der Übergabe und vergleichbare Kosten. (1) Der Verkäufer trägt die Kosten der Übergabe der Sache, der Käufer die Kosten der Abnahme und der Versendung der Sache nach einem anderen Ort als dem Erfüllungsort. [...]

§ 454 Zustandekommen des Kaufvertrages. (1) Bei einem Kauf auf Probe oder auf Besichtigung steht die Billigung des gekauften Gegenstandes im Belieben des Käufers. Der Kauf ist im Zweifel unter der aufschiebenden Bedingung der Billigung geschlossen. [...]

Auszug aus dem HGB

§ 376 Fixgeschäft. (1) Ist bedungen, dass die Leistung des einen Teiles genau zu einer festbestimmten Zeit oder innerhalb einer festbestimmten Frist bewirkt werden soll, so kann der andere Teil, wenn die Leistung nicht zu einer bestimmten Zeit oder nicht innerhalb einer bestimmten Frist erfolgt, von dem Vertrage zurücktreten oder, falls der Schuldner im Verzug ist, statt der Erfüllung Schadenersatz wegen Nichterfüllung verlangen. [...]

18. Zustandekommen eines Kaufvertrags

Situation

Nachdem die Sachbearbeiterin in der Einkaufsabteilung, Frau Schüfer, die Angebote verschiedener Lieferanten miteinander verglichen hat, entschließt sie sich, die Computer bei der Computer 2000 AG zu beschaffen. Sie schreibt daher eine Bestellung. Kurze Zeit später erhält sie daraufhin eine schriftliche Antwort. Sie verstehen nicht so genau, welche kaufmännische Bedeutung dieser Vorgang hat. Um dies zu klären, übergibt Frau Schüfer Ihnen die beiden Schreiben sowie einen Auszug aus dem Bürgerlichen Gesetzbuch (BGB). Versuchen Sie, nur mithilfe dieser Informationen die folgenden Aufgaben zu lösen.

Aufgaben

1. Um ein Rechtsgeschäft abschließen zu können, müssen Personen Willenserklärungen abgeben. Was versteht man unter einer solchen Willenserklärung? Lesen Sie zur Information auch den Zeitungsausdruck in der Anlage.
2. Abhängig von der Anzahl der an einem Rechtsgeschäft beteiligten Personen unterscheidet man zwischen einseitigen und zweiseitigen Rechtsgeschäften. Erstellen Sie eine Übersicht, aus der die Unterschiede deutlich werden.
3. Ist zwischen der Office GmbH und der Computer 2000 AG ein Kaufvertrag zu Stande gekommen? Begründen Sie Ihre Antwort.
4. Nennen Sie mögliche Beispiele für Anträge und Annahmen, auf deren Grundlage ein Kaufvertrag zu Stande kommt.
5. Im Folgenden werden unterschiedliche Angebote dargestellt, die sich inhaltlich unterscheiden und Reaktionsmöglichkeiten des Kunden aufzeigen. Entscheiden Sie, welche rechtlichen Folgen sich in diesen Fällen für den Anbieter und den Kunden ergeben.

	Art des unterbreiteten Angebots	Art der Kundenreaktion
a)	Schriftliches **unverbindliches/verbindliches** und/oder **befristetes/unbefristetes** Angebot	Keine Reaktion
b)	Schriftliches **unverbindliches** und **unbefristetes/befristetes** Angebot	Schriftliche/mündliche/ fernmündliche Bestellung
c)	Schriftliches **verbindliches** und **unbefristetes** Angebot	Schriftliche/mündliche/fernmündliche Bestellung
d)	Schriftliches **verbindliches** und **befristetes** Angebot	Schriftliche/mündliche/fernmündliche Bestellung
e)	Schriftliches **verbindliches** und **unbefristetes/befristetes** Angebot	Schriftliche/mündliche/ fernmündliche Bestellung mit abgeändertem Inhalt (z. B. andere Preise, Bestellmenge weicht von angebotenen Menge ab)

6. Inwieweit ist die Office GmbH an ihre Bestellung gebunden und kann sie die Bestellung auch widerrufen?
7. Ist die Computer 2000 AG an ihre Auftragsbestätigung gebunden?
8. Trennen Sie im vorliegenden Fall zwischen Verpflichtungs- und Erfüllungsgeschäft.
9. Die Computer 2000 AG verpflichtet sich im Kaufvertrag, dem Käufer das Eigentum an der Ware zu übereignen. An welchem Ort (Erfüllungsort) gilt diese Verpflichtung als erbracht? Weicht der vertraglich vereinbarte Erfüllungsort von der gesetzlichen Regelung ab?
10. Auch die Office GmbH ist ein Verpflichtungsgeschäft eingegangen. Sie muss nach erfolgter Lieferung den Kaufpreis zahlen. Wo liegt im geschilderten Fall der Leistungsort für den Geldschuldner?
11. Wann wird die Office GmbH Eigentümer der bestellten Computer?
12. Angenommen, die Computer 2000 AG hätte sofort nach Zugang der Anfrage der Office GmbH 150 Stück AMD- und 300 Stück Intel-Computer zu den genannten Bedingungen geliefert.
    12.1 Welche rechtlichen Folgen ergäben sich für die Office GmbH? Beachten Sie dabei, dass es sich bei der Computer 2000 AG um einen Lieferanten handelt, mit dem noch keine Geschäftsbeziehung bestand. Wie würden Sie reagieren?

12.2 Welche rechtliche Lage würde sich ergeben, wenn die Computer 2000 AG ohne vorherige Anfrage oder Bestellung durch die Office GmbH 150 AMD-Computer geliefert hätte, weil diese Ware bereits seit mehreren Monaten auf vorherige Bestellung geliefert wurden. Wie sollte die Office GmbH in diesem Fall reagieren?

Auszug aus dem BGB

§ 130 Wirksamwerden der Willenserklärung. (1) Eine Willenserklärung, die einem anderen gegenüber abzugeben ist, wird, wenn sie in dessen Abwesenheit abgegeben wird, in dem Zeitpunkt wirksam, in welchem sie ihm zugeht. Sie wird nicht wirksam, wenn dem anderen vorher oder gleichzeitig ein Widerruf zugeht. [...]

§ 145 Bindung an den Antrag. Wer einem anderen die Schließung eines Vertrages anträgt, ist an den Antrag gebunden, es sei denn, dass er die Gebundenheit ausgeschlossen hat.

§ 146 Erlöschen. Der Antrag erlischt, wenn er dem Antragenden gegenüber abgelehnt oder wenn er nicht diesem gegenüber nach dem §§ 147 bis 149 rechtzeitig angenommen wird.

§ 147 Annahmefrist. (1) Der einem Anwesenden gemachte Antrag kann nur sofort angenommen werden. Dies gilt auch von einem mittels Fernsprechers oder einer sonstigen technischen Einrichtung von Person zu Person gemachten Antrage. (2) Der einem Abwesenden gemachte Antrag kann nur bis zu dem Zeitpunkt angenommen werden, in welchem der Antragende den Eingang der Antwort unter regelmäßigen Umständen erwarten darf.

§ 148 Bestimmung einer Annahmefrist. Hat der Antragende für die Annahme des Antrages eine Frist bestimmt, so kann die Annahme nur innerhalb der Frist erfolgen.

§ 149 Verspätete Annahme. (1) Ist eine dem Antragenden verspätet zugegangene Annahmeerklärung dergestalt abgesendet worden, dass sie bei regelmäßiger Beförderung ihm rechtzeitig zugegangen sein würde, und musste der Antragende dies erkennen, so hat er die Verspätung dem Annahmenden unverzüglich nach dem Empfange der Erklärung anzuzeigen, sofern dies nicht schon vorher geschehen ist. (2) verzögert er die Absendung der Anzeige, so gilt die Annahme als nicht verspätet.

§ 150 Verspätung. (1) Die verspätete Annahme eines Antrags gilt als neuer Antrag. (2) Eine Annahme unter Erweiterung, Einschränkung oder sonstiger Änderung gilt als Ablehnung mit einem neuen Antrage.

§ 151 Vertragsabschluss. Der Vertrag kommt durch die Annahme des Vertrages zustande, ohne dass die Annahme dem Antragenden gegenüber erklärt zu werden braucht, wenn eine solche Erklärung nach der Verkehrssitte nicht zu erwarten ist oder der Antragende auf sie verzichtet hat. Der Zeitpunkt, in welchem der Antrag erlischt, bestimmt sich nach dem aus dem Antrag oder den Umständen zu entnehmenden Willen des Antragenden.

§ 269 Leistungsort. (1) Ist ein Ort für die Leistung weder bestimmt noch aus den Umständen, insbesondere aus der Natur des Schuldverhältnisses, zu entnehmen, so hat die Leistung an dem Orte zu erfolgen, an welchem der Schuldner zur Zeit der Entstehung des Schuldverhältnisses seinen Wohnsitz hatte. (2) Ist die Verbindlichkeit im Gewerbebetrieb des Schuldners entstanden, so tritt, wenn der Schuldner seine gewerbliche Niederlassung an einem anderen Orte hatte, der Ort der Niederlassung an die Stelle des Wohnsitzes. (3) Aus dem Umstand allein, dass der Schuldner die Kosten der Versendung übernommen hat, ist nicht zu entnehmen, dass der Ort, nach welchem die Versendung zu erfolgen hat, der Leistungsort sein soll.

§ 270 Zahlungsort. (1) Geld hat der Schuldner im Zweifel auf seine Gefahr und seine Kosten dem Gläubiger an dessen Wohnsitz zu übermitteln. [...]

§ 271 Leistungszeit. (1) Ist eine Zeit für die Leistung weder bestimmt noch aus den Umständen zu entnehmen, so kann der Gläubiger die Leistung sofort verlangen, der Schuldner sie sofort bewirken. (2) Ist eine Zeit bestimmt, so ist im Zweifel anzunehmen, dass der Gläubiger die Leistung nicht vor dieser Zeit verlangen, der Schuldner aber sie vorher bewirken kann.

§ 433 Vertragstypische Pflichten beim Kaufvertrag. (1) Durch den Kaufvertrag wird der Verkäufer einer Sache verpflichtet, dem Käufer die Sache zu übergeben und das Eigentum an der Sache zu verschaffen. Der Verkäufer hat dem Käufer die Sache frei von Sach- und Rechtsmängeln zu verschaffen. (2) Der Käufer ist verpflichtet, dem Käufer den vereinbarten Kaufpreis zu zahlen und die gekaufte Sache abzunehmen.

§ 446 Gefahr- und Lastenübergang. Mit der Übergabe der verkauften Sache geht die Gefahr des zufälligen Untergangs und der zufälligen Verschlechterung auf den Käufer über. Von der Übergabe an gebühren dem Käufer die Nutzung und trägt er die Lasten der Sache. Der Übergabe steht es gleich, wenn der Käufer im Verzug der Annahme ist.

§ 447 Gefahrübergang beim Versendungskauf. (1) Versendet der Verkäufer auf Verlangen des Käufers die verkaufte Sache nach einem anderen Ort als dem Erfüllungsorte, so geht die Gefahr auf den Käufer über, sobald der Verkäufer die Sache dem Spediteur, dem Frachtführer oder der sonst zur Ausführung der Versendung bestimmten Person oder Anstalt ausgeliefert hat. (2) Hat der Käufer eine besondere Anweisung über die Art der Versendung erteilt und weicht der Verkäufer ohne dringenden Grund von der Anweisung ab, so ist der Verkäufer dem Käufer für den daraus entstehenden Schaden verantwortlich.

§ 448 Kosten der Übergabe und vergleichbare Kosten (1) Der Verkäufer trägt die Kosten der Übergabe der Sache, der Käufer die Kosten der Abnahme und der Versendung der Sache nach einem anderen Ort als dem Erfüllungsort. [...]

§ 474 Begriff des Verbrauchsgüterkaufs. (1) Kauft ein Verbraucher von einem Unternehmen eine bewegliche Sache (Verbrauchsgüterkauf), gelten ergänzend die folgenden Vorschriften. [...] (2) Die §§ 445 und 447 finden auf die in diesem Untertitel geregelten Kaufverträge keine Anwendung.

Unverlangt zugesandt

Wie Versandfirmen mit Überraschungspaketen, etwa voller Unterwäsche oder Nippes, Kunden überrumpeln und anschließend saftige Rechnungen schicken

VON WOLFGANG SCHUBERT

DÜSSELDORF Wieder einmal steht der Paketdienst vor der Tür. Doch der Bürger, der die Haustür öffnet, hat die Glasfigur vom österreichischen Versender, diesmal ein Bärchen im Miniformat für 66,99 Euro, nie bestellt. Vergleichbare Erfahrungen machen viele Verbraucher. Immer wieder überraschen Versandfirmen Kunden mit unverlangt zugesandter Ware: Von Büchern und CD über allerlei Nippes bis hin zu Unterwäsche stecken in diesen Überraschungspaketen. Doch Grund zur Freude bieten sie meist nicht. Denn rasch folgen dann Rechnungen und Mahnungen. Für Rückfragen sind die Versandunternehmen oftmals nicht zu erreichen.

Besonders dreiste Abzocker unter den Versandunternehmen verweisen auf teure Rufnummern. Wer dort anruft und mit Musik oder banalen Bandansagen abgespeist wird, der darf sich schon mal vorab über die nächste Telefonrechnung ärgern.

Dabei lässt sich der ganze Frust leicht vermeiden. Zu Gelassenheit bei unverlangt zugesandter Ware rät Jürgen Schröder. In der Regel könne der Empfänger Nippes wie Unterwäsche einfach behalten, sagt der Jurist der Verbraucherzentrale Nordrhein-Westfalen. „Unbestellte Ware muss weder aufbewahrt noch zurückgeschickt werden." Denn Schweigen bedeutet hier keine Annahme des Vertragsangebots.

Wer dennoch etwas retour schicke, gehe vielmehr noch das Risiko ein, letztendlich das Paketporto für die Rücksendung berappen zu müssen, warnt Schröder. Das sei immer dann der Fall, wenn der ursprüngliche Versender die Annahme der Retourkutsche verweigere.

Nur eine Ausnahme zu Gunsten des Versenders unbestellter Waren lassen Juristen gelten. Allein wenn das Unternehmen sich „erkennbar geirrt" habe, etwa durch die Angabe einer fehlerhaften Anschrift, könne es darauf bestehen, dass der Kunde das fehlgeleitete Paket zurücksende - unfrei natürlich, das heißt auf Kosten des Versenders.

Als tückisch für Verbraucher erweisen sich oftmals auch vorangegangene Bestellungen. Wer den Verlockungen einer Wurfsendung im Briefkasten oder dem Online-Shopping schon mal erlegen ist, wer Münzen, Warenkataloge oder Wer-

bebroschüren angefordert hat, der wird rasch zum Opfer für folgende Überraschungspakete.

Hintergrund: Viele Kunden übersehen bei einer gewollten Bestellung einen simplen Satz im Kleingedruckten des Versenders, wenn es dort dem Tenor nach heißt: „Gleichzeitig werde ich Kunde und erhalte weitere Waren." Verbraucherschützer empfehlen, solche Formulierungen auf jeden Fall zu streichen oder den Klauseln zu widersprechen. Kommen dann in der Folge trotzdem weitere Pakete, gelten die wiederum als unbestellte Ware.

INFO

Internetbestellung

(schu) Firmen nutzen das Internet gerne als Türöffner für Folgelieferungen. Verbraucherverbände raten: Bei jeder Online-Order sollten Besteller Produktbeschreibung und Formular ausdrucken. Ratsam sei es, die Geschäftsbedingungen des Versenders zu lesen und dort angekündigten Folgelieferungen zu widersprechen oder auf die Bestellung zu verzichten. Trudle dennoch Ware ein, gelte: Sich nicht von Drohungen nervös machen lassen, gerichtlichen Mahnbescheiden aber umgehend widersprechen.

Quelle: Rheinische Post

Office BüroMegaMarkt

Office GmbH ○ Oberkasseler Straße 130 ○ 40545 Düsseldorf

Computer 2000 AG
z. Hd. Herrn Könneke
Helmut Berns-Str. 37
47441 Moers

Ihr Zeichen, Ihre Nachricht vom	Unser Zeichen, unsere Nachricht vom	0211 / 570-, Name	Datum
fk-to, 22.04.2010	gh-sü	122, Fr. Schüfer	24.04.2010

Bestellung Kommissionsnummer 255661-02

Sehr geehrter Herr Könneke,

wir nehmen Bezug auf Ihr Angebot und bestellen hiermit zur sofortigen Lieferung, spätestens jedoch innerhalb vier Wochen ab Bestelldatum

Art.Nr. 706 695 5   AMD Phenom II X4 955 AM3 4x3,2GHz 1.699 €/st. netto 150 St.

Art.Nr. 706 677 4   Intel Quad, 4 x 3,2 GHz   1.799 €/St. netto 300 St.

zu den von Ihnen genannten Bedingungen.

Bitte teilen Sie uns in Ihrer Auftragsbestätigung auch den genauen Liefertermin mit.

Mit freundlichen Grüßen
Office GmbH

Claudia Schüfer

Claudia Schüfer

Office BüroMegaMarkt GmbH
Oberkasseler Straße 130 ○ 40545 Düsseldorf
Geschäftsführer: Klaus-Dieter Hermanns

Eintragung im Handelsregister
Amtsgericht Düsseldorf HRB 2022
Gründungsjahr: 1962

Bankverbindung:
Postbank Essen, BLZ 360 100 43, Kto.-Nr. 67952141
Dresdner Bank, BLZ 300 800 00, Kto.-Nr. 52454112

COMPUTER 2000
Part of the Computer 2000 Group int.

Computer 2000 AG ○ Helmut-Berns-Str. 37 ○ 47441 Moers

Office GmbH
z. H. Claudia Schüfer
Oberkasseler Str. 130
40545 Düsseldorf

Ihr Zeichen, Ihre Nachricht vom	Unser Zeichen, unsere Nachricht vom	02841 / 4574-, Name	Datum
gh-sü, 20.04.2010	fk-to	201, Hr. Könneke	22.04.2010

Angebot

Sehr geehrte Frau Schüfer,

vielen Dank für Ihre Anfrage vom 20. April 2010. Wir können Ihnen folgendes Angebot unterbreiten:

Pos. 1   AMD Phenom II X4 955 AM3 4x3,2GHz, 4 GB DDR3, 500 GB Harddisk, 512 MB-Geforce Grafikkarte 8800 GT, 3,5"-Diskette, Soundkarte on board, 24x/52x DVD/CD-ROM, WIN-Tastatur, 21" Fujitsu-TFT-Display, Art.Nr. 706 695 5, 1.699,00 EUR netto.

Pos. 2   Intel Quad, 4 x 3,2 GHz, 4 GB DDR3, 500 GB Harddisk, 512 MB-Geforce 8800 GT Grafikkarte, 3,5"-Diskette, Soundkarte on board, 24x/52x DVD/CD-ROM, WIN-Tastatur, 21" Fujitsu-TFT-Display, Art.Nr. 706 677 4, 1.799,00 EUR netto.

Auf beiden Systemen ist die Standardsoftware (Betriebssystem, Textverarbeitung und Tabellenkalkulation) vorinstalliert. Beide PC-Zusammenstellungen sowie die Monitore sind transportsicher in Kartons verpackt. Die genannten Preise sind Tagespreise.

Ab einer Bestellmenge von je 50 Stück erhalten Sie einen Mengenrabatt von 5 % und wir liefern Ihnen die Ware frei Haus. Ansonsten berechnen wir 17,00 EUR netto pro Artikel für die Belieferung. Eine Auslieferung kann sofort erfolgen. Unsere Zahlungsbedingungen lauten: 10 Tage 3 % oder 30 Tage netto.

Über einen Auftrag freuen wir uns.

Mit freundlichen Grüßen

Computer 2000 AG

i. A. Frank Könneke
Hardwareverkauf

Computer 2000 AG
Niederlassung NRW
Vertrieb von Hard-
und Software

Helmut-Berns-Straße 37
47441 Moers
Telefon 02841 / 4574-0
Telefax 02841/457000

Vorstandsvorsitz:
Dr. Jürgen Appel
Vorsitz des Aufsichtsrates:
Wolfgang Schöppinger

Handelsregister
München HRB 81 16
Sitz der Gesellschaft
ist München

Bankverbindungen
Hypovereinsbank München
BLZ 700 202 70, Kto. 2406240
Deutsche Bank München
BLZ 700 700 10, Kto. 11675208

Computer 2000 AG • Helmut-Berns-Str. 37 • 47441 Moers

Office GmbH
z. Hd. Claudia Schüfer
Oberkasseler Str. 130
40545 Düsseldorf

Ihr Zeichen, Ihre Nachricht vom	Unser Zeichen, unsere Nachricht vom	☎ 02841 / 4574-, Name	Datum
gh-sü, 24.04.2010	fk-to	201, Hr. Könneke	26.04.2010

Bestellung vom 20.04.2010, Auftragsbestätigung

Sehr geehrte Frau Schüfer,

gerne bestätigen wir Ihre Bestellung mit der Kommissionsnummer 255661-02. Am 29. April 2010 werden wir folgende Lieferung frei Haus ausführen:

150 St.   AMD Phenom II X4 955 AM3 4x3,2GHz, 4 GB DDR3, 500 GB Harddisk, 512 MB-Geforce Grafikkarte 8800 GT, 3,5"-Diskette, Soundkarte on board, 24x/52x DVD/CD-ROM, WIN-Tastatur, 21" Fujitsu-TFT-Display, Art.Nr. 706 695 5, 1.699,00 EUR netto abzgl. 5 % Mengenrabatt.

300 St.   Intel Quad, 4 x 3,2 GHz, 4 GB DDR3, 500 GB Harddisk, 512 MB-Geforce 8800 GT Grafikkarte, 3,5"-Diskette, Soundkarte on board, 24x/52x DVD/CD-ROM, WIN-Tastatur, 21" Fujitsu-TFT-Display, Art.Nr. 706 677 4, 1.799,00 EUR netto abzgl. 5 % Mengenrabatt.

Beide Systeme inkl. vorinstallierter Standardsoftware. Die Belieferung erfolgt kartonverpackt durch die Spedition Kleine KG, Essen.

Vielen Dank für Ihren Auftrag.

Mit freundlichen Grüßen

Computer 2000 AG

Frank Könneke

i. A. Frank Könneke
Hardwareverkauf

Computer 2000 AG	Helmut-Berns-Straße 37	Handelsregister	Vorstandsvorsitz:	Bankverbindungen
Niederlassung NRW	47441 Moers	München HRB 81 16	Dr. Jürgen Appel	Hypovereinsbank München
Vertrieb von Hard-	Telefon 02841 / 4574-0	Sitz der Gesellschaft	Vorsitz des Aufsichtsrates:	BLZ 700 202 70, Kto. 2406240
und Software	Telefax 02841 / 457000	ist München	Wolfgang Schöppinger	Deutsche Bank München
				BLZ 700 700 10, Kto. 11675208

19. Schlechtleistung / Mangelhafte Lieferung (I)

Situation

Sicher haben Sie schon oft Güter in Geschäften gekauft. Sie haben sich für eine Ware im Laden interessiert, haben Sie sich genau angeschaut und letztendlich an der Kasse bezahlt. Vielleicht haben Sie auch schon Güter über den Versandhandel bestellt und diese wurden Ihnen wenige Tage später nach Hause geliefert. Meistens waren Sie dann sicher mit der gekauften Ware zufrieden. Doch was passiert eigentlich, wenn die erhaltene Ware nicht in Ordnung ist, wenn Sie sie zu Hause auspacken? Und noch viel schlimmer: Welche Rechte haben Sie, wenn die Ware nach ein paar Tagen oder ein paar Wochen nach der ersten Nutzung kaputt geht?

Die Rechte von Käufern bei solchen mangelhaften Lieferungen werden im Bürgerlichen Gesetzbuch (BGB) geregelt. Da bei Gütern ganz unterschiedliche Mängel auftreten, muss man diese genau unterscheiden, um die rechtliche Situation beurteilen zu können.

Sie sollen sich im Folgenden mit Ihren Rechten vertraut machen. Verschaffen Sie sich zunächst einen Überblick über die Paragrafen des BGB in der Anlage und bearbeiten Sie dann die folgenden Aufgaben. Geben Sie bei der Beantwortung der Fragen immer den Paragrafen an, auf den Sie sich beziehen.

✍ Aufgaben

1. In welchen Fällen spricht man von einer so genannten Schlechtleistung / mangelhaften Lieferung?

2. Wie beurteilen Sie die beiden folgenden Fälle?

   Fall 1:
   Frau Gumbert geht allein einkaufen. In der Herrenabteilung findet sie ein in Cellophan eingeschweißtes Oberhemd, welches ihr besonders gut gefällt. „Dies wird meinem Mann sicher gut stehen", denkt sie und kauft es. Als sie am Abend ihrem Mann das Hemd zeigt, ist dieser nicht begeistert. Ihm gefällt die Farbe nicht und außerdem fällt es sehr klein aus. Es ist ihm viel zu eng. Herr Gumbert bittet seine Frau, das Hemd morgen umzutauschen.
   Hat Frau Gumbert einen Rechtsanspruch auf den Umtausch?

   Fall 2:
   Frau Gumbert geht allein einkaufen. In der Herrenabteilung findet sie ein in Cellophan eingeschweißtes Oberhemd, welches ihr besonders gut gefällt. Über dem Verkaufsständer ist ein Schild angebracht, das die Aufschrift trägt: „B-Ware mit kleinen Mängeln – Umtausch ausgeschlossen". Sie kauft es trotzdem. Als sie am Abend ihrem Mann das Hemd zeigt, ist dieser ebenso begeistert. Schnell packt er es aus. Zu seinem Bedauern muss er jedoch feststellen, dass das Hemd auf der Rückseite ein circa 2 cm großes Loch hat. Es handelt sich um einen Webfehler. Herr Gumbert bittet seine Frau, das Hemd am nächsten Tag umzutauschen.
   Hat Frau Gumbert einen Rechtsanspruch auf den Umtausch?

3. Lesen Sie sich die Fälle in der Anlage „Mangel ist nicht gleich Mangel" durch und entscheiden Sie ob eine mangelhafte Lieferung vorliegt. Begründen Sie Ihre Antwort.

4. Muss der Käufer bei jedem Mangel an der Ware haften oder existieren im Gesetz Einschränkungen? Haftet der Verkäufer auch dann für die Mängel, wenn er sie nicht verschuldet hat?

5. Inwieweit muss ein Käufer die erhaltene Ware auf Mängel hin prüfen und wie lange kann er einen Haftungsanspruch gegenüber dem Verkäufer geltend machen?

6. Angenommen, die gekaufte Ware hat einen Mangel. Welche Rechte haben Sie, wenn vertraglich nichts besonderes geregelt wurde? Inwieweit können die gesetzlichen Regelungen einzelvertraglich verändert werden?

7. Was versteht man unter einer Sachmangelhaftung? Worin besteht der Unterschied zwischen der Sachmangelhaftung und einer Garantie?

Mangel ist nicht gleich Mangel

Fall 1: Wenn die Technik versagt.

Gerd Faber ist stolz, denn er hat sein erstes eigenes Geld als Auszubildender verdient. Endlich kann er sich seinen lang ersehnten Wunsch erfüllen und sich einen CD-Player für sein Auto kaufen. In einem HiFi-Fachgeschäft wählte er das modernste Modell aus. Natürlich verliert er keine Zeit und baut das Gerät sofort in seinen Pkw ein. Zu seiner Enttäuschung muss er jedoch schnell feststellen, dass der CD-Player die silbernen Scheiben häufig gar nicht annimmt, und wenn dies doch einmal der Fall sein sollte, so sind Aussetzer beim Abspielen zu hören.

Fall 2: Alles Gute kommt von oben.

Sabine Zimmermann sucht sich in einem Schuhgeschäft ein paar passende Schuhe aus. Die Verkäuferin bestärkt ihre Wahl und weist sie darauf hin, dass das Leder dieser Schuhe durch ein besonderes Imprägnierungsverfahren absolut wasserdicht und trotzdem extrem atmungsaktiv sei. Trotz des hohen Preises entschließt sich Sabine zum Kauf. In den nächsten Tagen ist sie mit ihren Schuhen dann auch durchweg zufrieden. Die Freude ist jedoch von kurzer Dauer, denn wenig später gerät sie in einen Regenguss und die Schuhe stellen sich als alles andere als wasserfest heraus.

Fall 3: Wenn zu viel Kraft 'nen Schaden schafft.

Herr und Frau Sprenger haben sich entschlossen: sie wollen sich eine hochwertige Einbauküche anschaffen. Hier soll Herr Sprenger endlich nach Lust und Laune schalten und walten können. In einem Küchencenter lassen sie die Küche von einer Verkäuferin fachgerecht zusammenstellen. Wenige Monte später werden die Einzelteile der Küche geliefert und von Monteuren des Küchencenters zusammengesetzt. Herr Sprenger ist überwältigt und er beginnt sofort damit seine Traumküche einzuweihen. Alles in allem ist er auch sehr zufrieden mit den einzelnen Küchenelementen, bei zwei Hängeschränken sind die Türen jedoch so schlecht angebracht worden, dass sie sich nur sehr schwer öffnen lassen. Eine Tür ist sogar so schlecht eingepasst worden, dass nach mehrmaligem Öffnen die Scharniere aus der Verschraubung reißen.

Fall 4: Zu Wenig des Guten.

Hatice Kaymac wird im Prospekt eines Kosmetikartikelherstellers auf einen Lippenstift aufmerksam, der zu einem besonders günstigen Preis angeboten wird. Da es sich um ein Auslaufmodell handelt und sie mit dem Lippenstift immer sehr zufrieden war, möchte Sie sich einen Teil des Restbestandes sichern. Sie ruft daraufhin sofort bei dem Hersteller an. Eine freundliche Kundenbetreuerin nimmt Ihre Bestellung über 10 Lippenstifte entgegen. Über ihre Bestellung erhält Hatice sogar wenig später eine schriftliche Bestätigung. Als sie dann jedoch ein Paket des Kosmetikherstellers erhält muss sie feststellen, dass dieser ihr lediglich acht der bestellten zehn Lippenstifte übersendet hat.

Fall 5: In vino veritas!

Kurt Kleiber ist ein Weinliebhaber. Aus diesem Grund bestellt er bereits seit Jahren Wein bei einer Privatwinzerei in der Pfalz. Auch heute ist es wieder soweit: Er erhält ein persönlich an ihn gerichtetes Angebotsschreiben der Winzerei, in dem spezielle Jahrgangsweine angeboten werden. In großer Vorfreude füllt er eine Bestellkarte aus; er bestellt 30 Flaschen „Klosterkeller extra trocken". Zwei Wochen später erhält er durch einen Paketservice den Rebensaft geliefert, jedoch beim Auspacken fällt ihm auf, dass sich die Winzerei wohl vertan haben muss: Statt der bestellten Sorte wurden 30 Flaschen „Klosterzauber süß & lecker" eingepackt.

Fall 6: Gut gemeint ist das Gegenteil von Gut gemacht.

Herr Kaiser kauft in einem Spielwarengeschäft das Modell eines Leichtbauflugzeugs. Zu Hause angekommen packt er die Einzelteile aus Bastelholz aus und versucht sie mit Hilfe der Bauanleitung zusammenzusetzen. Diese ist jedoch gar nicht so einfach: in der Anleitung sind lediglich schematische Abbildungen des Aufbauvorgangs dargestellt. An einigen Stellen ist die Reihenfolge der Bearbeitungsschritte nicht genau zu erkennen und Herr Kaiser klebt die Bauteile zusammen. Erst einige Arbeitsschritte später stellt er fest, dass er diese Teile nicht hätte verkleben dürfen. Beim Versuch, diese wieder voneinander zu lösen, bricht der Korpus des Modells. Herr Kaiser versucht die zerbrochenen Teile mit Kleber zu flicken. Dieser Versuch führt jedoch dazu, dass das Modell seine Flugeigenschaften verliert und nicht mehr richtig fliegt.

Fall 7: Mit List und Tücke

Sabine Öllers hat ihre Führerscheinprüfung bestanden. Nachdem Sabines Vater im Anzeigenteil der Tageszeitung eine ansprechende Annonce gefunden hat, fahren sie zum Verkäufer eines gebrauchten VW Golf. Das Auto gefällt Sabine auf Anhieb. Auch bei der Probefahrt ist sie vom guten Allgemeinzustand des Pkw überzeugt. Der Verkäufer, Herr Wortmann, versichert, dass der Erstbesitzer jede Inspektion von einer Fachwerkstatt habe ausführen lassen und dass der Wagen unfallfrei sei. Sabine schließt daraufhin den Kaufvertrag ab und erhält des Wagen. Als Sabine drei Monate später ihr Fahrzeug in einer Werkstatt einem Wintercheck unterzieht, wird sie von einem Monteur darauf hingewiesen, dass der Wagen an den tragenden Teilen des Hecks völlig verzogen sei und dass dieser Mangel auf einen Auffahrunfall zurückzuführen sei.

Auszug aus dem BGB

§ 195 Regelmäßige Verjährungsfrist. Die regelmäßige Verjährungsfrist beträgt drei Jahre.

§ 281 Schadenersatz statt der Leistung wegen nicht oder nicht wie geschuldet erbrachter Leistung. (1) Soweit der Schuldner die fällige Leistung nicht oder nicht wie geschuldet erbringt, kann der Gläubiger unter den Voraussetzungen des § 280 Abs. 1 Schadenersatz statt der Leistung verlangen, wenn er dem Schuldner erfolglos eine angemessene Frist zur Leistung oder Nacherfüllung bestimmt hat. Hat der Schuldner eine Teilleistung bewirkt, so kann der Gläubiger Schadenersatz statt der ganzen Leistung nur verlangen, wenn er an der Teilleistung kein Interesse hat. hat der Schuldner die Leistung nicht wie geschuldet bewirkt, so kann der Gläubiger Schadenersatz statt der ganzen Leistung nicht verlangen, wenn die Pflichtverletzung unerheblich ist. (2) Die Fristsetzung ist entbehrlich, wenn der Schuldner die Leistung ernsthaft und endgültig verweigert oder wenn besondere Umstände vorliegen, die unter Abwägung der beiderseitigen Interessen die sofortige Geltendmachung des Schadenersatzanspruchs rechtfertigen. [...] (4) Der Anspruch auf die Leistung ist ausgeschlossen, sobald der Gläubiger statt der Leistung Schadenersatz verlangt hat. (5) Verlangt der Gläubiger Schadenersatz statt der ganzen Leistung, so ist der Schuldner zur Rückforderung des Geleisteten nach den §§ 346 bis 348 berechtigt.

§ 433 Vertragstypische Pflichten beim Kaufvertrag. (1) Durch den Kaufvertrag wird der Verkäufer einer Sache verpflichtet, dem Käufer die Sache zu übergeben und das Eigentum an der Sache zu verschaffen. Der Verkäufer hat dem Käufer die Sache frei von Sach- und Rechtsmängeln zu verschaffen. (2) Der Käufer ist verpflichtet, dem Verkäufer den vereinbarten Kaufpreis zu zahlen und die gekaufte Sache abzunehmen.

§ 434 Sachmangel. (1) Die Sache ist frei von Sachmängeln, wenn sie bei Gefahrenübergang die vereinbarte Beschaffenheit hat. Soweit die Beschaffenheit nicht vereinbart ist, ist die Sache frei von Sachmängeln,

1. wenn sie sich für die nach dem Vertrag vorausgesetzte Verwendung eignet, sonst
2. wenn sie sich für die gewöhnliche Verwendung eignet und eine Beschaffenheit aufweist, die bei Sachen der gleichen Art üblich ist und die der Käufer nach der Art der Sache erwarten kann.

Zu der Beschaffenheit nach Satz 2 Nr. 2 gehören auch Eigenschaften, die der Käufer nach den öffentlichen Äußerungen des Verkäufers, der Herstellers (§ 4 Abs. 1 und 2 des PHaftG) oder seines Gehilfen insbesondere in der Werbung oder bei der Kennzeichnung über bestimmte Eigenschaften der Sache erwarten kann, es sei denn, dass der Verkäufer die Äußerung nicht kannte und auch nicht kennen musste, dass sie im Zeitpunkt des Vertragsabschlusses in gleichwertiger Weise berechtigt war oder dass sie die Kaufentscheidung nicht beeinflussen konnte. (2) Ein Sachmangel ist auch dann gegeben, wenn die vereinbarte Montage durch den Verkäufer oder dessen Erfüllungsgehilfen unsachgemäß durchgeführt worden ist. Ein Sachmangel liegt bei einer zur Montage bestimmten Sache ferner vor, wenn die Montageanleitung mangelhaft ist, es sei denn, die Sache ist fehlerfrei montiert worden. (3) Einem Sachmangel steht es gleich, wenn der Verkäufer eine andere Sache oder eine zu geringe Menge liefert.

§ 437 Rechte des Käufers bei Mängeln. Ist die Sache mangelhaft, kann der Käufer, wenn die Voraussetzungen der folgenden Vorschriften vorliegen und soweit nicht ein anderes bestimmt ist,

1. nach § 439 Nacherfüllung verlangen,
2. nach den §§ 440, 323, 326 Abs. 5 von dem Vertrag zurücktreten oder nach § 441 den Kaufpreis mindern und
3. nach den §§ 440, 280, 281, 283, 311a Schadenersatz oder des § 284 Ersatz vergeblicher Aufwendungen verlangen.

§ 438 Verjährung der Mängelansprüche. (1) Die in § 437 Nr. 1. und 3 bezeichneten Ansprüche verjähren

1. in 30 Jahren, wenn der Mangel
   a) in einem dinglichen Recht eines Dritten, auf Grund dessen Herausgabe der Kaufsache verlangt werden kann, oder
   b) [...]
   besteht.
2. in fünf Jahren
   a) bei einem Bauwerk und
   b) bei einer Sache, die entsprechend ihrer üblichen Verwendungsweise für ein Bauwerk verwendet worden ist und dessen Mangelhaftigkeit verursacht hat, und
3. im Übrigen in zwei Jahren.

(2) Die Verjährung beginnt bei Grundstücken mit der Übergabe, im Übrigen mit der Ablieferung der Sache. (3) Abweichend von Absatz 1 Nr. 2 und 3 und Absatz 2 verjähren die Ansprüche in der regelmäßigen Verjährungsfrist, wenn der Verkäufer den Mangel arglistig verschwiegen hat. Im Fall des Absatzes 1 Nr. 2 tritt die Verjährung jedoch nicht vor Ablauf der dort bestimmten Frist. (4) Für das in § 437 bezeichnete Rücktrittsrecht gilt § 218. Der Käufer kann trotz einer Unwirksamkeit des Rücktritts nach § 218 Abs. 1 die Zahlung des Kaufpreises insoweit verweigern, als er auf Grund des Rücktritts dazu berechtigt sein würde. macht er von diesem Recht Gebrauch, kann der Verkäufer vom vertrag zurücktreten. [...]

§ 439 Nacherfüllung. (1) Der Käufer kann als Nacherfüllung nach seiner Wahl die Beseitigung des Mangels oder die Lieferung einer mangelfreien Sache verlangen. (2) Der Verkäufer hat die zum Zweck der Nacherfüllung erforderlichen Aufwendungen, insbesondere Transport-, Wege-, Arbeits- und Materialkosten zu tragen. (3) Der Verkäufer kann die vom Käufer gewählte Art der Nacherfüllung unbeschadet des § 275 Abs. 2 und 3 verweigern, wenn sie nur mit unverhältnismäßigen Kosten möglich ist. Dabei sind insbesondere der Wert der Sache in mangelfreiem Zustand, die Bedeutung des Mangels und die Frage zu berücksichtigen, ob auf die andere Art der Nacherfüllung ohne erhebliche Nachteile für den Käufer zugegriffen werden könnte.

Der Anspruch des Käufers beschränkt sich in diesem Fall auf die andere Art der Nacherfüllung; das Recht des Verkäufers, auch diese unter den Voraussetzungen des Satzes 1 zu verweigern, bleibt unberührt. (4) Liefert der Verkäufer zum Zweck der Nacherfüllung eine mangelfreie Sache, so kann er vom Käufer Rückgewähr der mangelhaften Sache nach Maßgabe der §§ 346 bis 348 verlangen.

§ 440 Besondere Bestimmungen für Rücktritt und Schadensersatz. Außer in den Fällen des § 281 Abs. 2 und des § 323 Abs. 2 bedarf es der Fristsetzung auch dann nicht, wenn der Verkäufer beide Arten der Nacherfüllung gemäß § 439 Abs. 3 verweigert oder wenn die dem Käufer zustehende Art der Nacherfüllung fehlgeschlagen oder ihm unzumutbar ist. Eine Nachbesserung gilt nach dem erfolglosen zweiten Versuch als fehlgeschlagen, wenn sich nicht insbesondere aus der Art der Sache oder des Mangels oder den sonstigen Umständen etwas anderes ergibt.

§ 441 Minderung. (1) Satt zurückzutreten kann der Käufer den Kaufpreis durch Erklärung gegenüber dem Verkäufer mindern. [...] (3) Bei der Minderung ist der Kaufpreis in dem Verhältnis herabzusetzen, in welchem zurzeit des Vertragsabschlusses der Wert der Sache in mangelhaftem Zustand zu dem wirklichen Wert gestanden haben würde. Die Minderung ist, soweit erforderlich, durch Schätzung zu ermitteln. (4) Hat der Käufer mehr als den geminderten Kaufpreis gezahlt, so ist der Mehrbetrag vom Verkäufer zu erstatten. [...]

§ 442 Kenntnis des Käufers. (1) Die Rechte des Käufers wegen eines Mangels sind ausgeschlossen, wenn er bei Vertragsabschluss den Mangel kennt. Ist dem Käufer ein Mangel infolge grober Fahrlässigkeit unbekannt geblieben, kann der Käufer Rechte wegen eines Mangels nur geltend machen, wenn der Verkäufer den Mangel arglistig Verschwiegen oder eine Garantie für das Vorhandensein einer Eigenschaft übernommen hat. [...]

§ 443 Beschaffenheits- und Haltbarkeitsgarantie. (1) Übernimmt der Verkäufer oder ein Dritter für die Beschaffenheit der Sache oder dafür, dass die Sache für eine bestimmte Dauer eine bestimmte Beschaffenheit behält (Haltbarkeitsgarantie), so steht dem Käufer im Garantiefall unbeschadet der gesetzlichen Ansprüche die Rechte aus der Garantie zu den in der Garantieerklärung und der einschlägigen Werbung angegebenen Bedingungen gegenüber demjenigen zu, der die Garantie eingeräumt hat. (2) Soweit eine Haltbarkeitsgarantie übernommen worden ist, wird vermutet, dass ein während ihrer Geltungsdauer auftretender Sachmangel die Rechte aus der Garantie begründet.

§ 444 Haftungsausschluss. Auf eine Vereinbarung, durch welche die Rechte des Käufers wegen eines Mangels ausgeschlossen oder beschränkt werden, kann sich der Verkäufer nicht berufen, wenn er den Mangel arglistig verschwiegen oder eine Garantie für die Beschaffenheit der Sache übernommen hat.

§ 474 Begriff des Verbrauchsgüterkaufs. (1) Kauft ein Verbraucher von einem Unternehmen eine bewegliche Sache (Verbrauchsgüterkauf), gelten ergänzend die folgenden Vorschriften. [...] (2) Die §§ 445 und 447 finden auf die in diesem Untertitel geregelten Kaufverträge keine Anwendung.

§ 475 Abweichende Vereinbarungen. (1) Auf eine vor Mitteilung eines Mangels an den Unternehmer getroffene Vereinbarung, die zum Nachteil des Verbrauchers von den §§ 443 bis 435, 439 bis 443, sowie von den Vorschriften dieses Untertitels abweicht, kann der Unternehmer sich nicht berufen. Die in Satz 1 bezeichneten Vorschriften finden auch Anwendung, wenn sie durch anderweitige Gestaltung umgangen werden. (2) Die Verjährung der in § 437 bezeichneten Ansprüche kann vor der Mitteilung eines Mangels an den Unternehmer nicht durch Rechtsgeschäft erleichtert werden, wenn die Vereinbarung zu einer Verjährungsfrist ab dem gesetzlichen Verjährungsbeginn von weniger als zwei Jahren, bei gebrauchten Sachen von weniger als einem Jahr führt. (3) Die Absätze 1 und 2 gelten unbeschadet der §§ 307 bis 309 nicht für den Ausschluss oder die Beschränkung des Anspruchs auf Schadensersatz.

§ 476 Beweislastumkehr. Zeigt sich innerhalb von sechs Monaten seit Gefahrenübergang ein Sachmangel, so wird vermutet, dass die Sache bereits bei Gefahrübergang mangelhaft war, es sei denn, diese Vermutung ist mit der Art der Sache oder des Mangels unvereinbar.

Auszug aus dem HGB

§ 377 Untersuchungs- und Rügepflicht. (1) Ist der Kauf für beide Teile ein Handelsgeschäft, so hat der Käufer die Ware unverzüglich nach der Ablieferung durch den Verkäufer, soweit dies nach ordnungsmäßigem Geschäftsgange tunlich ist, zu untersuchen und, wenn sich ein Mangel zeigt, dem Verkäufer unverzüglich Anzeige zu machen. (2) Unterlässt der Käufer die Anzeige, so gilt die Ware als genehmigt, es sei denn, dass es sich um einen Mangel handelt, der bei der Untersuchung nicht erkennbar war. (3) Zeigt sich später ein solcher Mangel, so muss die Anzeige unverzüglich nach der Entdeckung gemacht werden; anderen falls gilt die Ware auch in Ansehung dieses Mangels als genehmigt. (4) Zur Erhaltung der Rechte des Käufers genügt die rechtzeitige Absendung des Anzeige. (5) Hat der Verkäufer den Mangel arglistig verschwiegen, so kann er sich auf diese Vorschriften nicht berufen.

§ 378 Untersuchungs- und Rügepflicht bei Falschlieferung oder Mengenfehlern. Die Vorschriften des § 377 finden auch dann Anwendung, wenn eine andere als die bedungene Ware oder eine andere als die bedungene Menge von Ware geliefert ist, sofern die gelieferte Ware nicht offensichtlich von der Bestellung so erheblich abweicht, dass der Verkäufer die Genehmigung des Käufers als ausgeschlossen betrachten musste.

§ 379 Einstweilige Aufbewahrung. (1) Ist der Kauf für beide Teile ein Handelsgeschäft, so ist der Käufer, wenn er die ihm von einem anderen Orte übersendete Ware beanstandet, verpflichtet, für ihre einstweilige Aufbewahrung zu sorgen.

20. Schlechtleistung / Mangelhafte Lieferung (II)

Situation

Während Ihrer Ausbildung in der Heinz Schlau OHG sind Sie zurzeit in der Einkaufsabteilung eingesetzt. Vor einigen Tagen hatte Ihnen der Einkäufer, Herr Tenheinrich ein Schreiben der Kampa-Holz KG (siehe Anlage) vorgelegt. Nachdem sie beide die wichtigsten Inhalte dieses Schreibens besprochen hatten, führte Herr Tenheinrich eine schriftliche Bestellung aus (siehe Anlage). Nachdem die Kampa-Holz KG den Liefertermin kurz zuvor schriftlich mitgeteilt hatte, wird das bestellte Holz am 28. Mai 2010 durch eine Spedition an der Rampe des Eingangslagers angeliefert. Herr Kaiser, der Lagerleiter, nimmt die Ware in Empfang. Die Warenlieferung besteht aus insgesamt 1.530 Bündeln. Herr Kaiser lässt das Holz von einem Gabelstapler in das Eingangslager fahren und bestätigt den Empfang gegenüber dem LKW-Fahrer der Spedition schriftlich (siehe Anlage).

✍ Aufgaben

1. Zur Durchführung der Wareneingangskontrolle benötigt Herr Kaiser zahlreiche Belege. Nennen Sie diese und erklären Sie ihre Bedeutung für die Kontrolle.

2. Herr Kaiser untersucht die angelieferten Bündel und stellt keinen erkennbaren Schaden fest. Wie sollte er sich aber verhalten, wenn die Sendung offensichtlich beschädigt oder unvollständig ist?

3. Nachdem Herr Kaiser dem Transporteur die Annahme der Ware quittiert hat, werden die Bündel durch den Gabelstaplerfahrer sofort in das entsprechende Lagerfach geräumt, um von dort aus in die Produktion gegeben zu werden. Verhält sich Herr Kaiser richtig? Wie könnte sich Herr Kaiser verhalten, wenn er eine Lieferung als Privatperson erhalten hätte?

4. Da es sich bei der Lieferung der Firma Berger um 1.530 Bündel handelt, sieht sich Herr Kaiser außer Stande, den Inhalt sämtlicher Bündel auf Art, Menge und Beschaffenheit hin zu überprüfen. Was raten Sie ihm?

5. Nehmen Sie im konkreten Fall eine Unterscheidung zwischen offenen und versteckten Mängeln vor. Nennen Sie jeweils ein Beispiel für einen offenen und einen versteckten Mangel bezogen auf das Fallbeispiel. Was wäre in diesem Zusammenhang ein arglistig verschwiegener Mangel?

6. Im Rahmen der stichprobenartigen Prüfung der gelieferten Ware stellen Herr Kaiser und sein Mitarbeiter fest, dass die Ware mit Mängeln behaftet ist. Welche Sachmängel könnten dies im vorliegenden Fall sein? Nennen Sie alle möglichen Sachmängel.

7. Welche Rechte hätte die Heinz Schlau OHG gegenüber dem Lieferanten des Holzes nach dem BGB, wenn ein Mangel entdeckt wird? Nennen Sie ggf. Voraussetzungen, die zur Geltendmachung des Rechtes vorliegen müssen.

8. Erstellen Sie eine Übersicht, aus der erkennbar wird, bei welchem Sachmangel generell die Durchsetzung welcher Rechte sinnvoll ist.

9. Betrachten Sie das Angebot der Kampa-Holz KG sowie die Bestellung der Heinz Schlau OHG. Wie beurteilen Sie die Rechtslage in folgenden alternativen Fällen?

   9.1 Die Kampa-Holz KG liefert am 28. Mai 1.530 Pakete Fichte- und Ahornholzpanele. Die Pakete bestehen aus je 10 in Cellophan verpackte Panele. Ein Gabelstapler lädt die Pakete aus dem Lkw aus und transportiert sie in das Eingangslager. Herr Kaiser kontrolliert die Pakete auf oberflächliche Beschädigung und lässt sie dann in das Zentrallager weitertransportieren. Dem Lkw-Fahrer der Spedition bestätigt er den Empfang der auf dem Lieferschein ausgewiesenen Ware. Als man wenig später die Hölzer in der Produktion benötigt, müssen die Cellophanumhüllungen aufgerissen werden. Dabei stellt man fest, dass ein paar der Panele gesplittert und für die Produktion unbrauchbar sind. Kann der Mangel durch die Heinz Schlau OHG nun noch gerügt werden?

   9.2 Die Kampa-Holz KG liefert am 28. Mai 800 Pakete Fichtenholz (= 2.400 m^2) aber nur 700 Pakete Ahornholz (= 2.310 m^2). Die Rechnungssumme fällt entsprechend geringer aus. Bei der Eingangsprüfung fällt Herrn Kaiser die Minderlieferung zunächst nicht auf. Erst als eine Mitarbeiterin der Buchhaltung die Rechnung begleichen möchte, wird sie auf den Fehler aufmerksam. Herr Kaiser muss zugeben, dass er bei der Eingangskontrolle einen Fehler gemacht hat. Welche Rechte hat die Heinz Schlau OHG nun? Muss sie ggf. den vereinbarten höheren Rechnungsbetrag zahlen?

9.3 Die Kampa-Holz KG liefert am 28. Mai 800 Pakete Fichtenholz (= 2.400 m^2) aber nur 700 Pakete Ahornholz (= 2.310 m^2). Im Lieferschein wird wie bestellt eine Liefermenge von 2.409 m^2 ausgewiesen. Herrn Kaiser fällt zunächst gar nicht auf, dass 30 Pakete Ahornholz fehlen. Erst nachdem ein Lagerarbeiter den Zugang in das EDV-System der Lagerbuchhaltung aufgenommen hat, fällt diesem die Minderlieferung auf. Er meldet die Minderlieferung Herrn Kaiser. Bedauerlicherweise wurde die zu hohe Rechnung jedoch bereits an die Kampa-Holz KG überwiesen. Kann die Heinz Schlau OHG den Mangel nun noch rügen? Kann sie den zu viel gezahlten Rechnungsbetrag zurück verlangen?

9.4 Die Kampa-Holz KG liefert am 28. Mai 800 Pakete Fichtenholz (= 2.400 m^2) und 750 Pakete Ahornholz (= 2.475 m^2). Der Lagerleiter bemerkt den Fehler. Da in der Rechnung jedoch nur 2.409 m^2 angegeben und berechnet worden sind, rügt er den Fehler nicht. Wenig später ruft der Einkäufer Ingo Tenheinrich bei Herrn Kaiser an und teilt diesem mit, dass die Kampa-Holz KG eine Nachforderung in Höhe von 1.247,40 € netto wegen der Zuviellieferung geltend macht. Muss die Heinz Schlau OHG die Nachforderung begleichen?

Vertiefungsaufgaben

Entscheiden Sie in den folgenden Fällen

a) welche Art von Mangel bezüglich der Entdeckbarkeit (offener/versteckter Mangel) vorliegt,
b) welche Art von Mangel bezogen auf den vorliegenden Sachmangel
c) welche Gewährleistungsfrist gilt und zu welchem Zeitpunkt der Kunde/die Kundin rügen muss und
d) welche Rechte der Käufer entsprechend den Regelungen des BGB sinnvollerweise geltend machen sollte.

Bitte begründen Sie Ihre Antworten.

1. Frau Emilia Hermsen entdeckt in der Haushaltswarenabteilung eines Kaufhauses eine Tischdecke, die ihr besonders gut gefällt. Sie liegt auf einem Stapel Tischdecken, die zu einem Sonderpreis ausgezeichnet sind. Auf einem Schild ist zu lesen: „Neuware mit kleinen Fehlern, daher im Preis gesenkt." Frau Hermsen entschließt sich trotzdem zum Kauf. Zu Hause nutzt sie die Tischdecke, die äußerlich einen tadellosen Eindruck macht. Nach der ersten Wäsche muss sie jedoch feststellen, dass sich das Baumwollmischgewebe sehr schlecht bügeln lässt. Im Grunde kann man die Waschfalten überhaupt nicht herausbügeln. Sie entschließt sich, den Mangel beim Kaufhaus zu rügen.

2. Klaus Kempinski verkauft Ruth Neumann seinen vierzehn Jahre alten Opel Astra. Das Auto mit einem Kilometerstand von 152.200 km ist in einem verhältnismäßig guten Zustand. Im schriftlichen Kaufvertrag ist zu lesen „Der Pkw wurde gekauft wie gesehen, eine Haftung für Mängel ist ausgeschlossen." Frau Neumann unterschreibt den Kaufvertrag, zahlt und erhält im Gegenzug den Fahrzeugbrief. Nach vier Wochen hat Frau Neumann bereits 1.500 km mit ihrer Neuerwerbung zurückgelegt, als plötzlich der Auspuff laute Geräusche von sich gibt. In der Werkstatt wird festgestellt, dass das Auspuffendrohr durchgerostet ist und ausgetauscht werden muss. Frau Neumann ist sowieso nicht mehr so ganz mit ihrem Kauf zufrieden und möchte den Pkw wegen dieses Mangels an den Verkäufer zurückgeben.

3. Frank Wadenpohl benötigt für den kommenden Winter eine neue Daunenjacke. In einem Kaufhaus hat er schnell das Richtige gefunden. Er trägt das gute Stück zur Kasse und es wird dort in eine Einkaufstüte eingepackt. Zu Hause angekommen muss er jedoch entdecken, dass das eingenähte Innenfutter sich löst, weil einige Nähte gerissen sind.

4. Sabine Sassner hat gerade die Führerscheinprüfung bestanden. Natürlich muss sofort ein Auto her. Mit ihrem Vater wendet sie sich an Gerd Fuhrmann, der seinen gebrauchten VW Golf in der Zeitung angeboten hat. Sabine verliebt sich sofort in das Auto, sie möchte es unbedingt haben. Bevor der Vater jedoch den Kaufvertrag unterschreibt, möchte er von Herrn Fuhrmann wissen, ob er denn auch alle Inspektionen von einem autorisierten Fachhändler habe ausführen lassen. Fuhrmann bejaht, obwohl er niemals mit dem Pkw eine Werkstatt besucht hat; vielmehr hat er alle Reparaturen selbst ausgeführt, obwohl er nur Laie ist. Sein letztes „Werk" war das Auswechseln der Bremsscheiben an der Vorderachse. Schon vor Tagen hatte er jedoch bemerkt, dass es mit der Bremswirkung nicht zum besten bestellt ist. Herr Sassner unterschreibt den Kaufvertrag und Sabine startet sofort zu ersten Probefahrt. Schon zwei Wochen später versagen die Bremsen und Sabine rast in ein Straßenschild. Der Wagen erleidet Totalschaden und Sabine bricht sich ein Bein.

5. Birgit Hellmann hat in einem Warenhaus im Sommerschlussverkauf moderne Bettwäsche erstanden. Da auf der Packung der Vermerk „kochfest und farbecht bis 95 Grad" angebracht ist, entschließt sie sich, die Bettwäsche zunächst einmal im Kochwaschgang zu waschen. Bereits beim Aufhängen der Wäsche muss Sie jedoch feststellen, dass besonders die dunklen Farbtöne stark verblasst sind.

6. Die Reinigung Clean Boy hat bei der Anilin- und Sodafabrik Kerkhoff KG 23 Kanister Reinigungsflüssigkeit bestellt. Wenige Tage später erhält sie 32 Kanister frei Haus geliefert. Die Kanister sind in Pappkartons zu je 8 Stück verpackt. Da im Lieferschein lediglich die bestellten 23 Kanister aufgeführt sind, wird eine eingehende Prüfung des Kartoninhalts zunächst unterlassen.

7. Vera Berndsen hat vor 10 Monaten einen gebrauchten Ford Fiesta bei einem Ford-Vertragshändler gekauft. Eines Tages bleibt der Motor des Pkw's stehen und Frau Berndsen lässt sich in die Ford-Werkstatt abschleppen. Die Einspritzpumpe ist defekt. Da im Kaufvertrag die gesetzliche Gewährleistungsfrist von einem Jahr vereinbart wurde, repariert der Händler den Schaden und übernimmt sämtliche Kosten. Nur sechs Monate später (also 16 Monate nach dem Kauf des Pkw) versagt die Einspritzpumpe erneut. Frau Berndsen lässt die Reparatur nun in einer anderen Werkstatt durchführen. Hier stellt man fest, dass es sich bei der vor 6 Monaten eingebauten Einspritzpumpe um ein Gebrauchtteil handelte.
   Außerdem weist der Werkstattleiter Frau Berndsen darauf hin, dass die Bremsbeläge dringend gewechselt werden müssen.

8. Bernd Schneider ist Auszubildender. Wie jeden Tag, so sitzt er auch heute Nachmittag wieder an seinem PC und arbeitet an den Hausaufgaben. Erst vor sechs Wochen hat er sich einen neues Motherboard in seinen Rechner einbauen lassen. Plötzlich stürzt der PC ab und sagt ab diesem Zeitpunkt keinen Ton mehr. Im EDV-Servicegeschäft unterbreitet ihm der Verkäufer nach kurzer Überprüfung des PC das Problem: Eine Bruchstelle auf dem Motherboard hat den Rechner zum erliegen gebracht. Bernd Schneider fordert den Verkäufer im EDV-Geschäft auf, den Fehler zu beheben. Darüber hinaus möchte er seine Fahrtkosten, die ihm wegen des Schadens entstanden sind, ersetzt haben.

9. Bärbel Zimmer hat bei einem Versandhaus ein Sommerkleid (Bestellnummer 220541) bestellt. Schon wenige Tage später bekommt sie ein Päckchen übersandt. Beim Auspacken stellt sich jedoch heraus, dass dem Versandhaus offensichtlich ein Fehler unterlaufen ist; anstelle des Kleides wurde eine Bluse (Bestellnummer 220542) zugeschickt.

10. Die Maschinenfabrik Klauser & Söhne hat von der Metallwarenfabrik Metallor AG 50 Pakete Schrauben à 1.000 Stück bestellt. Bei der Anlieferung durch einen Spediteur zählt der Lagerarbeiter die übergebenen Pakete ab und stellt die Vollzähligkeit fest. Im Rahmen einer Stichprobenprüfung wird die Ordnungsmäßigkeit der Schrauben kontrolliert, Mängel konnten nicht festgestellt werden. Im Laufe der Zeit werden immer wieder Schrauben aus den Paketen entnommen. Dabei stellt sich heraus, dass in einigen Paketen bei den unten liegenden Schrauben teilweise die Gewinde nicht dem Normmaß entsprechen, sodass die Schrauben nicht verwendet werden können.

11. Petra Weller bestellt bei einem Bürogroßhändler unter anderem 12 Filzschreiber für den privaten Gebrauch. Durch einen Fehler werden ihr 21 Filzschreiber übersandt und in Rechnung gestellt. Beim Nachzählen fällt ihr der Fehler sofort auf.

12. Heinrich Gerling ist erleichtert: Bei einem Computereinzelhändler kauft er den letzten Laserdrucker, der im Rahmen einer Sonderangebotsaktion besonders preiswert angeboten wurde. Als er den Drucker zu Hause auspackt, stellt er leichte Kratzer an der linken Seite des Gehäuses fest. Er ist sehr enttäuscht.

13. Das Sportgeschäft ProFit bestellt bei dem Sportartikelhersteller Hergert 200 Tennisschläger. Der Sportartikelhersteller übersendet daraufhin dem Sportgeschäft 20 Pakete zu je 10 Schläger der bestellten Marke. Durch einen Paketdienst werden die Schläger versendet. Als der Paketbote die Kisten im Sportgeschäft anliefert, herrscht dort gerade Hochbetrieb. Eine Mitarbeiterin quittiert den Empfang und stellt die Pakete in das Lager. Erst zwei Tage später findet sie Zeit, den Inhalt zu kontrollieren. Bei 15 Schlägern ist die Bespannung defekt.

14. Der Bekleidungshersteller Chic & Edel bezieht bereits seit Jahren Stoffe bei der Tuchfabrik Willy Emsig & Co. Für die neue Frühjahrskollektion lässt sich der Einkäufer von Chic & Edel daher einige Muster zur Ansicht schicken und er entschließt sich, 30 Ballen des Stoffs mit der Artikelnummer GG3450 zu bestellen. In der Tuchfabrik ist inzwischen aufgefallen, dass man sich bei der Preiskalkulation des Stoffs verrechnet hat. Man entschließt sich daraufhin, der Firma Chic & Edel einen äußerlich vergleichbaren, jedoch qualitativ minderwertigeren Stoff zu verkaufen. Bei Chic & Edel fällt dieser Makel zunächst auch gar nicht auf. Erst nachdem bereits die Hälfte des ersten Ballens verbraucht sind, werden Verarbeitungsfehler aus der Produktion gemeldet.

15. Kurt Stolz entdeckt bei einem Antiquitätenhändler ein Bild des Malers Miró. Als er den Verkäufer darauf anspricht, unterstreicht dieser, dass es sich um ein Original handele. Da Herr Stolz der Kaufpreis äußerst günstig erscheint, kauft er das Bild sofort und verschließt es in seinem Safe. Erst vier Jahre später anlässlich einer Ausstellung übergibt er das Bild an den Kunstprofessor Dieter Kleinlich. Dieser entdeckt sofort, dass es sich um eine Fälschung handelt.

16. Ramon Keller hatte am 08. März 2008 bei einem Uhrenhändler eine Markenuhr gekauft. 22 Monate später ging die Uhr nach und blieb wenig später sogar ganz stehen. Als Ramon diesen Fehler beim Verkäufer rügt, ist dieser gerne bereit, die Uhr zu reparieren. Da es sich um einen komplizierten mechanischen Fehler handelt, muss der Händler die Uhr zum Hersteller schicken, der in der Schweiz seine Niederlassung hat. Daher dauert die Reparatur ganze drei Monate. Zunächst ist Ramon dann auch sehr zufrieden. Leider tritt der mechanische Fehler am 15. Sep. 2010 erneut auf.

17. Claudia Hamacher entdeckt in einem Möbelhaus eine Naturholzvitrine, die besonders gut in ihre neue Küche passen würde. An dem Möbel ist ein Hinweisschild mit folgendem Inhalt angebracht: „Sonderpreis: Ausstellungsstück mit leichten Schäden". Claudia entschließt sich trotzdem zum Kauf. Als Sie jedoch zu Hause die Vitrine aufstellt, entdeckt sie wegen der besonderen Beleuchtungsverhältnisse sofort einige Kratzer. Ein paar Wochen überlegt sie, was zu tun ist und schließlich bereut sie den Kauf. Sie wendet sich an das Möbelhaus und möchte das Möbelstück zurückgeben.

Mängel bei der Gewährleistung

Nach wie vor nutzen Händler die Unwissenheit ihrer Kunden aus und versuchen die gesetzliche Gewährleistung zu umgehen

VON WOLFGANG SCHUBERT

DÜSSELDORF Eigentlich sollte für Kunden vieles einfacher werden, als das neue Gewährleistungsrecht vor drei Jahren in Kraft trat. Wer feststellt, dass etwa sein neues Handy nicht funktioniert wie versprochen, dass Schlafcouch oder Schuhe Mängel aufweisen, dem muss der Händler die Ware umtauschen oder auf eigene Kosten reparieren. Bis zu zwei Jahren nach Lieferung der Ware räumt der Gesetzgeber Verbrauchern dieses Gewährleistungsrecht ein. Mangelhaft sind danach Produkte, die nicht einer mit dem Händler getroffenen Vereinbarung, die nicht der Werbung oder „der verkehrsüblichen Beschaffenheit" entsprechen. Dazu zählen beispielsweise die neuen Schnürschuhe, deren Ösen nach wenigen Wochen ausreißen, oder der Fernseher; dessen Bildröhre bereits nach einem Jahr schlapp macht.

Infolge solch früher Schwächeanfälle dürfen Kunden auf kostenlose Reparatur oder auf Ersatz pochen. Sämtliche Kosten für Transport, Material und Lohn gehen dabei zu Lasten des Verkäufers. Besteht ein Händler auf der Reparatur und scheitert er zweimal, ist ein dritter Versuch nicht mehr zumutbar. Brauche der Verbraucher das Gerät dringend, etwa einen Computer für den Beruf, könne er gar schon nach dem ersten vergeblichen Reparaturversuch ein Austauschgerät verlangen, sagt Lutz Wilde von der Stiftung Warentest in Berlin.

Höchst umstritten ist dabei die vor allem im Elektrohandel gängige Praxis, vom Kunden ein Nutzungsentgelt für das al-te Gerät zu fordern. Wenn ein solches Entgelt verlangt werde, dessen Höhe und Berechtigung er nicht überprüfen könne, bestehe die Gefahr, dass sich der Konsument statt auf einem Neugerät zu bestehen, noch auf den dritten oder vierten Reparaturversuch einlasse. Damit aber würde die Gewährleistung erheblich eingeschränkt, rügt der Bundesverband der Verbraucherzentralen.

Auch andere Regeln der Gewährleistung würden trickreich umgangen und zu Lasten der Kunden ausgelegt, monieren Verbraucherverbände. Die Praxis zeige, dass viele Kunden ihre Rechte nicht kennen und sich selbst bei berechtigten Reklamationen abwimmeln ließen.

Dabei sei für den Gewährleistungsanspruch der Kassenbon zwar hilfreich, aber keineswegs notwendig. Zeugen oder Kontoauszüge könnten ebenfalls belegen, dass ein Händler für die Reklamation zuständig sei. Auch die Originalverpackung müsse nicht mehr vorhan-

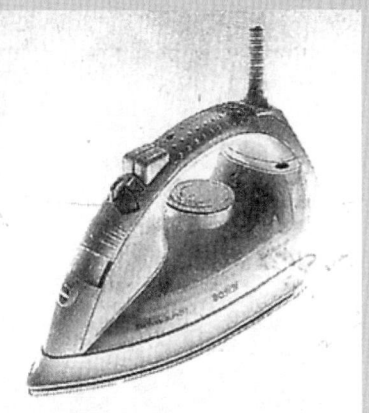

Wer denkt beim Kauf neuer Geräte schon an die Gewährleistung?

den sein, entkräften Experten der Stiftung Warentest immer wieder auftauchende Forderungen aus dem Handel. Gewährleistung gebe es auch auf reduzierte Ware. Völlig abwegig sei die Forderung eines Händlers, ein beanstandetes Sofa vorbeizubringen. Das müsse der Händler natürlich beim Kunden abholen.

Schwerwiegender sind da schon die Hürden, die der Gesetzgeber auch ins neue Gewährleistungsrecht eingebaut hat. In den ersten sechs Monaten der zweijährigen Frist, muss nun zwar der Händler belegen, dass er seine Ware ohne Mängel verkauft hat. Später muss der Kunde wie nach altem Recht den Gegenbeweis antreten. Ein solcher Nachweis aber fällt meist schwer. Zwar lässt sich über die Industrie- und Handelskammern in der Regel ein Gutachter finden, der eindeutig festzustellen vermag, ob Mängel schon beim Kauf vorhanden waren. Doch fürs Gutachten fallen mehrere 100 Euro an. Selbst bei hochpreisigen Gütern lohnt die Investition nur selten.

Garantie

Als Rettungsanker kann sich die mehrjährige Garantie erweisen. Die räumt, der Hersteller freiwillig ein, zu seinen Regeln. Wenn er zusichert, dass ein Gerät oder bestimmte Komponenten zwei Jahre funktionieren, dann kann der Verbraucher darauf bestehen - ohne Nachweispflicht. Kundenfreundlich zeigen sich hier viele Hersteller von Elektro-Kleingeräten. Die haben die Garantie der Gewährleistung angepasst. Kunden habe die Wahl zwischen Garantie und Gewähr.

Quelle: RHEINISCHE POST

KAMPA-HOLZ®
...Holz ist Leben

Kampa-Holz KG • Bachemstraße 135 • 53474 Bad-Neuenahr

KAMPA-HOLZ KG
Forstbetrieb und Sägewerk
Bachemstraße 135
53474 Bad-Neuenahr

Heinz Schlau OHG
Herr Tenheinrich
Suitbertusstr. 130
40223 Düsseldorf

Fon: 02641/2020-0
Fax: 02641/202121

Wir setzen Maßstäbe in Naturschutz und
Qualität. Unser Betrieb ist
zertifiziert gemäß EU-VO 1836/93

Ihr Zeichen, Ihre Nachricht vom	Unser Zeichen, unsere Nachricht vom	☎ 02641 / 2020-, Name	Datum
te-be 02.05.2010	fu-ko	251, Hr. Fuhrmann	09.05.2010

Angebot Nr. 25541-02

Sehr geehrter Herr Tenheinrich,

vielen Dank für Ihre Anfrage. Wir bieten Ihnen auf der Grundlage unseres Katalogs sowie der zurzeit gültigen Preisliste an:

2.400 m^2 Fichtenleimholz DIN 1052, 2000 x 150 x 10 mm, unbehandelt,
           10er-Bündelung, celophanverpackt, 14,20 €/m^2 zzgl. 19 % USt.

2.409 m^2 Ahornleimholz DIN 1055, 2200 x 150 x 10 mm, unbehandelt,
           10er-Bündelung, celophanverpackt, 18,90 €/m^2 zzgl. 19 % USt.

Bei einer Abnahmemenge von 2.400 m^2 des Fichtenleimholzes gewähren wir einen Mengenrabatt in Höhe von 5 % auf den Warenwert. Für die von Ihnen gewünschte Doppelvakuumdruckimprägnierung berechnen wir 1.592,20 € netto extra. Unsere Lieferbedingung lautet „ab Werk". Falls Sie eine Belieferung durch eine von uns beauftragte Spedition wünschen, so erhöht sich der Rechnungsbetrag um 1.620,00 € netto.

Den Rechnungsbetrag gleichen Sie bitte innerhalb von 30 Tagen aus. Bei Zahlung innerhalb von 14 Tagen gewähren wir 3 % Skonto. Da es sich bei dem Holz um Lagerware handelt, können wir Ihnen eine kurzfristige Belieferung in Aussicht stellen. Über einen Auftrag würden wir uns sehr freuen.

Mit freundlichen Grüßen

Kampa-Holz KG

i. V. Karl-Heinz Fuhrmann

I. V. Karl-Heinz Fuhrmann

KAMPA-HOLZ KG
Forstbetrieb und Sägewerk
seit 1922

Bachemstraße 135
53474 Bad-Neuenahr

Gesellschafter:
Horst Kampa (Kompl)
Bernd Klein (Komman.)

HR Bad-Neuenahr Ahrweiler
HRA 1458

Bankverbindung:
Kreissparkasse Bad Neuenahr Ahrweiler, BLZ 577 513 10,
Kontonr.: 584744891

Rechnungen zahlbar innerhalb 30 Tage netto, 10 Tage 3 % Skonto.

Heinz Schlau OHG • Suitbertusstr. 130 • 40213 Düsseldorf

Kampa-Holz KG
Herr Fuhrmann
Bachemstraße 135
53474 Bad-Neuenahr

Ihr Zeichen, Ihre Nachricht vom	Unser Zeichen, unsere Nachricht vom	☎ 0211 / 7895-, Name	Düsseldorf
fu-ko, 09.05.2010	te-be, 02.05.2010	201, Hr. Tenheinrich	17.05.2010

Bestellung

Sehr geehrter Herr Fuhrmann,

aufgrund Ihres Angebots bestellen wir zur sofortigen Lieferung, spätestens jedoch innerhalb von vier Wochen ab Bestelldatum:

2.400 m²	Fichtenleimholz DIN 1052, 2000 x 150 x 10 mm, unbehandelt, 10er-Bündelung, cellophanverpackt, 14,20 €/m² netto, abzgl. 5 % Mengenrabatt	32.376,00 €
2.409 m²	Ahornleimholz DIN 1055, 2200 x 150 x 10 mm, unbehandelt, 10er-Bündelung, cellophanverpackt, 18,90 €/m² netto	45.530,10 €

Bitte führen Sie bei beiden Hölzern eine Doppelvakuumdruckimprägnierung durch.

Bitte teilen Sie uns den genauen Anlieferungstermin schriftlich bzw. telefonisch mit.

Mit freundlichen Grüßen

Heinz Schlau OHG

i. A. *Ingo Tenheinrich*

Ingo Tenheinrich

Heinz Schlau OHG	Tel.: 0211 / 340147-0	Handelsregister	Gesellschafter:	Bankverbindungen
Büromöbelfabrik	Fax: 0211 / 340148	Düsseldorf HRA 7445622	Dipl. Kfm. Heinz Schlau	Deutsche Bank 24 Düsseldorf
Suitbertusstraße 130	Net: www.heinzschlau.de		Bernd Skibniewsky	BLZ 300 800 00, Kto. 745211233
40213 Düsseldorf	E-Mail: service@heinzschlau.de		Sabine Schlau	Stadtsparkasse Düsseldorf
				BLZ 300 501 10, Kto. 451 22678090

KAMPA-HOLZ®

...Holz ist Leben

Kampa-Holz KG • Bachemstraße 135 • 53474 Bad-Neuenahr

Heinz Schlau OHG
Herr Tenheinrich
Suitbertusstr. 130
40223 Düsseldorf

KAMPA-HOLZ KG
Forstbetrieb und Sägewerk
Bachemstraße 135
53474 Bad-Neuenahr

Fon: 02641/2020-0
Fax: 02641/202121

Wir setzen Maßstäbe in Naturschutz und
Qualität. Unser Betrieb ist
zertifiziert gemäß EU-VO 1836/93

Wir setzen Maßstäbe in Naturschutz und Qualität.
Unser Betrieb ist
zertifiziert gemäß EU-VO 1836/93

LIEFERSCHEIN/RECHNUNG

Auftragsnr.	vom	Verkäufer/in	Tel.	Rechnungsnr.	vom
A254805	17.05.2010	S. Gerks	-174	R254805	27.05.2010

Pos.	Menge	Beschreibung	Einzelwert	Gesamtwert
01	2.400 m²	Fichtenleimholz DIN 1052, 2.000 x 150 x 10 mm, unbehandelt, 10er-Bündelung, celophanverpackt	14,20 €	34.080,00 €
02	2.409 m²	Ahornleimholz DIN 1055, 2.200 x 150 x 10 mm, unbehandelt, 10er-Bündelung, celophanverpackt	18,90 €	45.530,10 €
		- Mengenrabatt 5 % auf DIN 1052		1.704,00 €
		+ Doppelvakuumdruckimprägnierung auf 01 und 02		1.592,20 €
		+ Frachtkosten		1.620,00 €
		Nettorechnungsbetrag		81.118,30 €
		+ Umsatzsteuer 19 %		15.412,48 €
		Bruttorechnungsbetrag		96.530,78 €

Lieferung erhalten
Kaiser

KAMPA-HOLZ KG
Forstbetrieb und Sägewerk
seit 1922

Bachemstraße 135
53474 Bad-Neuenahr

Gesellschafter:
Horst Kampa (Kompl.)
Bernd Klein (Komman.)

HR Bad-Neuenahr Ahrweiler
HRA 1458

Bankverbindung:
Kreissparkasse Bad Neuenahr Ahrweiler, BLZ 577 513 10,
Kontonr.: 584744891

Rechnungen zahlbar innerhalb 30 Tage netto, 10 Tage 3 % Skonto.
St.-Nr. 308/4020/34611

Auszug aus dem BGB

§ 433 Vertragstypische Pflichten beim Kaufvertrag.
(1) Durch den Kaufvertrag wird der Verkäufer einer Sache verpflichtet, dem Käufer die Sache zu übergeben und das Eigentum an der Sache zu verschaffen. Der Verkäufer hat dem Käufer die Sache frei von Sach- und Rechtsmängeln zu verschaffen. (2) Der Käufer ist verpflichtet, dem Käufer den vereinbarten Kaufpreis zu zahlen und die gekaufte Sache abzunehmen.

§ 434 Sachmangel. (1) Die Sache ist frei von Sachmängeln, wenn sie bei Gefahrenübergang die vereinbarte Beschaffenheit hat. Soweit die Beschaffenheit nicht vereinbart ist, ist die Sache frei von Sachmängeln,
1. wenn sie sich für die nach dem Vertrag vorausgesetzte Verwendung eignet, sonst
2. wenn sie sich für die gewöhnliche Verwendung eignet und eine Beschaffenheit aufweist, die bei Sachen der gleichen Art üblich ist und die der Käufer nach der Art der Sache erwarten kann.

Zu der Beschaffenheit nach Satz 2 Nr. 2 gehören auch Eigenschaften, die der Käufer nach den öffentlichen Äußerungen des Verkäufers, der Herstellers (§ 4 Abs. 1 und 2 des PHaftG) oder seines Gehilfen insbesondere in der Werbung oder bei der Kennzeichnung über bestimmte Eigenschaften der Sache erwarten kann, es sei denn, dass der Verkäufer die Äußerung nicht kannte und auch nicht kennen musste, dass sie im Zeitpunkt des Vertragsabschlusses in gleichwertiger Weise berechtigt war oder dass sie die Kaufentscheidung nicht beeinflussen konnte. (2) Ein Sachmangel ist auch dann gegeben, wenn die vereinbarte Montage durch den Verkäufer oder dessen Erfüllungsgehilfen unsachgemäß durchgeführt worden ist. Ein Sachmangel liegt bei einer zur Montage bestimmten Sache ferner vor, wenn die Montageanleitung mangelhaft ist, es sei denn, die Sache ist fehlerfrei montiert worden. (3) Einem Sachmangel steht es gleich, wenn der Verkäufer eine andere Sache oder eine zu geringe Menge liefert.

§ 437 Rechte des Käufers bei Mängeln. Ist die Sache mangelhaft, kann der Käufer, wenn die Voraussetzungen der folgenden Vorschriften vorliegen und soweit nicht ein anderes bestimmt ist,
1. nach § 439 Nacherfüllung verlangen,
2. nach den §§ 440, 323, 326 Abs. 5 von dem Vertrag zurücktreten oder nach § 441 den Kaufpreis mindern und
3. nach den §§ 440, 280, 281, 283, 311a Schadensersatz oder des § 284 Ersatz vergeblicher Aufwendungen verlangen.

§ 438 Verjährung der Mängelansprüche. (1) Die in § 437 Nr. 1. und 3 bezeichneten Ansprüche verjähren
1. in 30 Jahren, wenn der Mangel
a) in einem dinglichen Recht eines Dritten, auf Grund dessen Herausgabe der Kaufsache verlangt werden kann, oder
b) [...]
besteht.

2. in fünf Jahren
a) bei einem Bauwerk und
b) bei einer Sache, die entsprechend ihrer üblichen Verwendungsweise für ein Bauwerk verwendet worden ist und dessen Mangelhaftigkeit verursacht hat, und
3. im Übrigen in zwei Jahren.

(2) Die Verjährung beginnt bei Grundstücken mit der Übergabe, im Übrigen mit der Ablieferung der Sache. (3) Abweichend von Absatz 1 Nr. 2 und 3 und Absatz 2 verjähren die Ansprüche in der regelmäßigen Verjährungsfrist, wenn der Verkäufer den Mangel arglistig verschwiegen hat. Im Fall des Absatzes 1 Nr. 2 tritt die Verjährung jedoch nicht vor Ablauf der dort bestimmten Frist. (4) Für das in § 437 bezeichnete Rücktrittsrecht gilt § 218. Der Käufer kann trotz einer Unwirksamkeit des Rücktritts nach § 218 Abs. 1 die Zahlung des Kaufpreises insoweit verweigern, als er auf Grund des Rücktritts dazu berechtigt sein würde. macht er von diesem Recht Gebrauch, kann der Verkäufer vom vertrag zurücktreten. [...]

§ 439 Nacherfüllung. (1) Der Käufer kann als Nacherfüllung nach seiner Wahl die Beseitigung des Mangels oder die Lieferung einer mangelfreien Sache verlangen. (2) Der Verkäufer hat die zum Zweck der Nacherfüllung erforderlichen Aufwendungen, insbesondere Transport-, Wege-, Arbeits- und Materialkosten zu tragen. (3) Der Verkäufer kann die vom Käufer gewählte Art der Nacherfüllung unbeschadet des § 275 Abs. 2 und 3 verweigern, wenn sie nur mit unverhältnismäßigen Kosten möglich ist. Dabei sind insbesondere der Wert der Sache in mangelfreiem Zustand, die Bedeutung des Mangels und die Frage zu berücksichtigen, ob auf die andere Art der Nacherfüllung ohne erhebliche Nachteile für den Käufer zugegriffen werden könnte. Der Anspruch des Käufers beschränkt sich in diesem Fall auf die andere Art der Nacherfüllung; das Recht des Verkäufers, auch diese unter den Voraussetzungen des Satzes 1 zu verweigern, bleibt unberührt. (4) Liefert der Verkäufer zum Zweck der Nacherfüllung eine mangelfreie Sache, so kann er vom Käufer Rückgewähr der mangelhaften Sache nach Maßgabe der §§ 346 bis 348 verlangen.

§ 440 Besondere Bestimmungen für Rücktritt und Schadensersatz. Außer in den Fällen des § 281 Abs. 2 und des § 323 Abs. 2 bedarf es der Fristsetzung auch dann nicht, wenn der Verkäufer beide Arten der Nacherfüllung gemäß § 439 Abs. 3 verweigert oder wenn die dem Käufer zustehende Art der Nacherfüllung fehlgeschlagen oder ihm unzumutbar ist. Eine Nachbesserung gilt nach dem erfolglosen zweiten Versuch als fehlgeschlagen, wenn sich nicht insbesondere aus der Art der Sache oder des Mangels oder den sonstigen Umständen etwas anderes ergibt.

§ 441 Minderung. (1) Satt zurückzutreten kann der Käufer den Kaufpreis durch Erklärung gegenüber dem Verkäufer mindern. [...] (3) Bei der Minderung ist der Kaufpreis in dem Verhältnis herabzusetzen, in welchem zurzeit des Vertragsabschlusses der Wert der Sache in mangelhaftem Zustand zu dem wirklichen Wert gestanden haben würde. Die Minderung ist, soweit erforderlich, durch Schätzung zu ermitteln. (4) Hat der Käufer mehr als den geminderten Kaufpreis gezahlt, so ist der Mehrbetrag vom Verkäufer zu erstatten. [...]

§ 442 Kenntnis des Käufers. (1) Die Rechte des Käufers wegen eines Mangels sind ausgeschlossen, wenn er bei Vertragsabschluss den Mangel kennt. Ist dem Käufer ein Mangel infolge grober Fahrlässigkeit unbekannt geblieben, kann der Käufer Rechte wegen eines Mangels nur geltend machen, wenn der Verkäufer den Mangel arglistig Verschwiegen oder eine Garantie für das Vorhandensein einer Eigenschaft übernommen hat. [...]

§ 444 Haftungsausschluss. Auf eine Vereinbarung, durch welche die Rechte des Käufers wegen eines Mangels ausgeschlossen oder beschränkt werden, kann sich der Verkäufer nicht berufen, wenn er den Mangel arglistig verschwiegen oder eine Garantie für die Beschaffenheit der Sache übernommen hat.

§ 446 Gefahr- und Lastenübergang. Mit der Übergabe der verkauften Sache geht die Gefahr des zufälligen Untergangs und der zufälligen Verschlechterung auf den Käufer über. Von der Übergabe an gebühren dem Käufer die Nutzung und trägt er die Lasten der Sache. Der Übergabe steht es gleich, wenn der Käufer im Verzug der Annahme ist.

§ 447 Gefahrübergang beim Versendungskauf. (1) Versendet der Verkäufer auf Verlangen des Käufers die verkaufte Sache nach einem anderen Ort als dem Erfüllungsort, so geht die Gefahr auf den Käufer über, sobald der Verkäufer die Sache dem Spediteur, dem Frachtführer oder der sonst zur Ausführung der Versendung bestimmten Person oder Anstalt ausgeliefert hat. (2) Hat der Käufer eine besondere Anweisung über die Art der Versendung erteilt und weicht der Verkäufer ohne dringenden Grund von der Anweisung ab, so ist der Verkäufer dem Käufer für den daraus entstehenden Schaden verantwortlich.

§ 448 Kosten der Übergabe und vergleichbare Kosten. (1) Der Verkäufer trägt die Kosten der Übergabe der Sache, der Käufer die Kosten der Abnahme und der Versendung der Sache nach einem anderen Ort als dem Erfüllungsort. [...]

Auszug aus dem HGB

§ 377 Untersuchungs- und Rügepflicht. (1) Ist der Kauf für beide Teile ein Handelsgeschäft, so hat der Käufer die Ware unverzüglich nach der Ablieferung durch den Verkäufer, soweit dies nach ordnungsmäßigem Geschäftsgange tunlich ist, zu untersuchen und, wenn sich ein Mangel zeigt, dem Verkäufer unverzüglich Anzeige zu machen. (2) Unterlässt der Käufer die Anzeige, so gilt die Ware als genehmigt, es sei denn, dass es sich um einen Mangel handelt, der bei der Untersuchung nicht erkennbar war. (3) Zeigt sich später ein solcher Mangel, so muss die Anzeige unverzüglich nach der Entdeckung gemacht werden; anderen falls gilt die Ware auch in Ansehung dieses Mangels als genehmigt. (4) Zur Erhaltung der Rechte des Käufers genügt die rechtzeitige Absendung der Anzeige. (5) Hat der Verkäufer den Mangel arglistig verschwiegen, so kann er sich auf diese Vorschriften nicht berufen.

§ 378 Untersuchungs- und Rügepflicht bei Falschlieferung oder Mengenfehlern. Die Vorschriften des § 377 finden auch dann Anwendung, wenn eine andere als die bedungene Ware oder eine andere als die bedungene Menge von Ware geliefert ist, sofern die gelieferte Ware nicht offensichtlich von der Bestellung so erheblich abweicht, dass der Verkäufer die Genehmigung des Käufers als ausgeschlossen betrachten musste.

§ 379 Einstweilige Aufbewahrung. (1) Ist der Kauf für beide Teile ein Handelsgeschäft, so ist der Käufer, wenn er die ihm von einem anderen Orte übersendete Ware beanstandet, verpflichtet, für ihre einstweilige Aufbewahrung zu sorgen.

21. Lieferungsverzug / Nicht-Rechtzeitig-Lieferung

Situation

Die Büromöbelfabrik Heinz Schlau OHG benötigt für ihr Rohstofflager ein neues Regalsystem. Nachdem eine Lieferantenauswahl durchgeführt wurde, entschließt man sich zur Bestellung bei der Firma Constructor Lagertechnik GmbH (siehe Anlage). Es handelt sich um einen renommierten Anbieter von Stahlrohrregalen, zu dem die Heinz Schlau OHG bereits seit vielen Jahren gute Geschäftsbeziehungen unterhält. Am 15.06.2010 bestätigt die Sachbearbeiterin Frau Schneider telefonisch den Eingang der Bestellung und sagt die Lieferung zu den Vertragsbedingungen zu.

✎ Aufgaben

1. Welche Voraussetzungen müssen gegeben sein, damit der Lieferant in Verzug gerät? Zählen Sie diese auf.

2. Wann muss ein Lieferant liefern, wenn keine Lieferzeit im Kaufvertrag vereinbart wurde?

3. Wann gerät ein Lieferant auch ohne Mahnung durch den Kunden in Lieferungsverzug?

4. Welche Rechte stehen dem Käufer beim Lieferungsverzug zu?

5. Was versteht man im Zusammenhang mit einem Lieferungsverzug unter einem konkreten und einem abstrakten Schaden?

6. Die Lieferung der bestellten Regalteile erfolgt auch drei Wochen nach der Versendung der Bestellung nicht. Frau Henning wird die Verzögerung durch ihr Computersystem zwar gemeldet, sie entschließt sich zunächst jedoch dazu, noch zu warten. Am 15. Juli 2010 fällt Frau Henning die Lieferungsverzögerung erneut auf. Sie fragt sich nun, ob sich der Lieferant überhaupt im Lieferungsverzug befindet. Welche Schritte sollte Frau Henning nun einleiten? Erarbeiten Sie einen Plan, aus dem die rechtliche Vorgehensweise gegenüber der Constructor GmbH deutlich wird. Erklären Sie, auf welche rechtliche Grundlage Sie sich jeweils beziehen.

7. Angenommen, Frau Henning ruft am 16. Juli bei der Constructor GmbH an und fragt nach, warum eine Lieferung bis heute nicht erfolgt ist.

   7.1 Die Verkäuferin Frau Schneider antwortet daraufhin sehr nett: „Oh, das tut uns aber sehr leid. Bedauerlicherweise haben wir bei dem Angebot, dass wir ihnen damals geschickt haben, nicht mehr gültige Preise genannt. Als wir dann ihre Bestellung erhielten, ist uns der Fehler aufgefallen. Zu diesen Preisen können wir heute nicht mehr liefern und wir sind daher davon ausgegangen, dass sie die Regalteile auch nicht mehr haben wollen. Das ist damals wirklich dumm gelaufen. Ich bitte vielmals um Entschuldigung." Wie sollte Frau Henning nun reagieren?

   7.2 Die Verkäuferin antwortet ihr daraufhin: „Oh, tatsächlich, ich sehe gerade in meinem Computer, dass wir die Lieferung noch nicht ausgeführt haben. Das tut mir sehr leid. Da muss wohl etwas in unserer Versandabteilung schief gegangen sein. Ich werde mich um eine sofortige Auslieferung kümmern. Versprochen!"

8. Angenommen, Frau Henning hätte in ihrer Bestellung folgenden Satz aufgenommen: „Wir bitten um eine Lieferung der Regale fest am 15. Juli 2010." Obwohl die Constructor GmbH diese Bestellung durch eine Auftragsbestätigung annahm, hatte die Belieferung nicht am 15. Juli. 2010 stattgefunden. Wie sollte Frau Henning am 18. Juli 2010 reagieren?

9. Angenommen, Frau Henning bestellt die Ware wie in der beiliegenden E-Mail dargestellt. Am 30. Juni 2010 erhält die Heinz Schlau OHG bereits einige Teile per Lkw angeliefert. Am 04. Juli 2010 teilt Frau Schneider Frau Henning mit, dass die restlichen Teile leider nicht wie angeboten innerhalb von drei Wochen geliefert werden können. Frau Schneider schätzt, dass der endgültige Liefertermin nun Ende Juli sein werde.

CONSTRUCTOR GROUP
GLOBAL   STORAGE   SOLUTIONS

Constructor GmbH ✦ Postfach 50 20 ✦ 51427 Bergisch Gladbach

CONSTRUCTOR
Lagertechnik GmbH
An der Wallburg 2
Heinz Schlau OHG   Werk Bergisch Gladbach
Frau Henning   Postfach 50 20
Suitbertusstr. 130   51427 Bergisch Gladbach
40213 Düsseldorf

Ihr Zeichen, Ihre Nachricht vom	Unser Zeichen, unsere Nachricht vom	☎ 02641 / 2020-, Name	Datum
	sh-gr	051 Fr. Schneider	09.06.2010

Angebot   Nr. 2345552

Sehr geehrte Frau Henning,

vielen Dank für Ihre telefonische Anfrage. Wir bieten Ihnen an (alle Preisangaben zuzüglich 19 % USt.):

Menge	Artikelnr.	Artikelbezeichnung	Stückpreis
10	302 006	Fachbodenregal Grundfeld, 300 x 1.000 mm	119,00 EUR
10	302 026	Fachbodenregal Anbaufeld, 300 x 1.000 mm	89,00 EUR
50	302 032	Fachbodenregal Fachboden mit Träger	14,90 EUR
10	302 034	Fachbodenregal Rückenverstrebung	11,90 EUR

Sollten Sie sich zu einer Bestellung entschließen, so können wir Ihnen eine Belieferung durch eine von uns beauftragte Spedition anbieten. In diesem Fall schlagen wir 5 % auf den Warenwert auf. Für sämtliche Regalteile beträgt die Lieferzeit circa drei Wochen nach Auftragserteilung.

Eine Rechnungsbegleichung erbitten wir innerhalb von 30 Tagen ab Rechnungsdatum oder innerhalb von 14 Tagen mit 3 % Skonto vom Warenwert.

Die gelieferte Ware bleibt bis zur vollständigen Bezahlung unser Eigentum.

Über eine Auftragsvergabe freuen wir uns.

Mit freundlichem Gruß

CONSTRUCTOR GmbH

i. A. *Hildegard Schneider*

Hildegard Schneider

CONSTRUCTOR   Werk Bergisch Gladbach   Bankverbindung:
Lagertechnik GmbH   Geschäftsführer: Bensberger Bank,
An der Wallburg 2   Dr. rer. nat. Oliver Krämer   BLZ 370 621 00, Kto. 25850524
Postfach 50 20   Paffrather Raiffeisenbank,
51427 Bergisch Gladbach Bergisch Gladbach HRB 2202   BLZ 370 621 21, Kto. 501414

CONSTRUCTOR GROUP
GLOBAL   STORAGE   SOLUTIONS

Hildegard Schneider
_____

Von: <einkauf@heinzschlau.de>
An: <h.schneider@constructor.de>
Gesendet: Freitag, 14. Juni 2010, 14:08 Uhr
Betreff: Angebot Nr. 2345552

Sehr geehrte Frau Schneider,

vielen Dank für Ihr schriftliches Angebot vom 09. Juni 2010

Wir bestellen zur frühest möglichen Auslieferung:

Menge	Artikelnr.	Artikelbezeichnung	Stückpreis
10	302 006	Fachbodenregal Grundfeld, 300 x 1.000 mm	119,00 €
10	302 026	Fachbodenregal Anbaufeld, 300 x 1.000 mm	89,00 €
50	302 032	Fachbodenregal Fachboden mit Träger	14,90 €
10	302 034	Fachbodenregal Rückenverstrebung	11,90 €

Alle Preise zuzüglich 19 % Umsatzsteuer.
Bitte liefern Sie uns die Regalteile durch Ihre Spedition. Mit ihrer Lieferzeit erklären wir uns einverstanden.

Mit freundlichen Grüßen

Bärbel Henning

Auszug aus dem BGB

§ 242 Leistung nach Treu und Glauben. Der Schuldner ist verpflichtet, die Leistung so zu bewirken, wie Treu und Glauben mit Rücksicht auf die Verkehrssitte es erfordern.

§ 243 Gattungsschuld. (1) Wer eine nur der Gattung nach bestimmte Sache schuldet, hat eine Sache von mittlerer Art und Güte zu leisten. (2) Hat der Schuldner das zur Leistung einer solchen Sache seinerseits Erforderliche getan, so beschränkt sich das Schuldverhältnis auf diese Sache.

§ 249 Art und Umfang des Schadensersatzes. Wer zum Schadensersatze verpflichtet ist, hat den Zustand herzustellen, der bestehen würde, wenn der zum Ersatze verpflichtete Umstand nicht eingetreten wäre. [...]

§ 250 Schadensersatz in Geld nach Fristsetzung. Der Gläubiger kann dem Ersatzpflichtigen zur Herstellung eine angemessene Nachfrist mit der Erklärung bestimmen, dass er die Herstellung nach dem Ablaufe ablehne. Nach dem Ablaufe der Frist kann der Gläubiger den Ersatz in Geld verlangen, wenn nicht die Herstellung rechtzeitig erfolgt; der Anspruch auf die Herstellung ist ausgeschlossen.

§ 252 Entgangener Gewinn. Der zu ersetzende Schaden umfasst auch den entgangenen Gewinn. Als entgangen gilt der Gewinn, welcher nach dem gewöhnlichen Laufe der Dinge oder nach den besonderen Umständen, insbesondere nach den getroffenen Anstalten und Vorkehrungen, mit Wahrscheinlichkeit erwartet werden konnte.

§ 269 Leistungsort. (1) Ist ein Ort für die Leistung weder bestimmt noch aus den Umständen, insbesondere aus der Natur des Schuldverhältnisses, zu entnehmen, so hat die Leistung an dem Orte zu erfolgen, an welchem der Schuldner zur Zeit der Entstehung des Schuldverhältnisses seinen Wohnsitz hatte. (2) Ist die Verbindlichkeit im Gewerbebetrieb des Schuldners entstanden, so tritt, wenn der Schuldner seine gewerbliche Niederlassung an einem anderen Orte hatte, der Ort der Niederlassung an die Stelle des Wohnsitzes. (3) Aus dem Umstand allein, dass der Schuldner die Kosten der Versendung übernommen hat, ist nicht zu entnahmen, dass der Ort, nach welchem die Versendung zu erfolgen hat, der Leistungsort sein soll.

§ 270 Zahlungsort. (1) Geld hat der Schuldner im Zweifel auf seine Gefahr und seine Kosten dem Gläubiger an dessen Wohnsitz zu übermitteln. [...]

§ 271 Leistungszeit. (1) Ist eine Zeit für die Leistung weder bestimmt noch aus den Umständen zu entnehmen, so kann der Gläubiger die Leistung sofort verlangen, der Schuldner sie sofort bewirken. (2) Ist eine Zeit bestimmt, so ist im Zweifel anzunehmen, dass der Gläubiger die Leistung nicht vor dieser Zeit verlangen, der Schuldner aber sie vorher bewirken kann.

§ 275 Ausschluss der Leistungspflicht. (1) Der Anspruch auf Leistung ist ausgeschlossen, soweit und solange diese für den Schuldner oder für jedermann unmöglich ist. (2) Der Schuldner kann die Leistung verweigern, soweit und solange diese einen Aufwand erfordert, der unter Beachtung des Inhalts des Schuldverhältnisses und der Gebote von Treu und Glauben in einem groben Missverhältnis zu dem Leistungsinteresse des Gläubigers steht. [...]

§ 276 Verantwortlichkeit für eigenes Verschulden. (1) Der Schuldner hat Vorsatz und Fahrlässigkeit zu vertreten, wenn eine strengere oder mildere Haftung weder bestimmt noch aus dem sonstigen Inhalt des Schuldverhältnisses, insbesondere aus der Übernahme einer Garantie oder eines Beschaffungsrisikos, oder der Natur der Schuld zu entnehmen ist. [...] (2) Fahrlässig handelt, wer die im Verkehr erforderliche Sorgfalt außer Acht lässt. (3) Die Haftung wegen Vorsatzes kann dem Schuldner nicht im Voraus erlassen werden.

§ 280 Schadenersatz wegen Pflichtverletzung. (1) Verletzt der Schuldner eine Pflicht aus dem Schuldverhältnis, so kann der Gläubiger Ersatz des hierdurch entstehenden Schadens verlangen. Dies gilt nicht, wenn der Schuldner die Pflichtverletzung nicht zu vertreten hat. (2) Schadensersatz wegen Verzögerung der Leistung kann der Gläubiger nur unter der zusätzlichen Voraussetzung des § 286 verlangen. (3) Schadenersatz statt der Leistung kann der Gläubiger nur unter den zusätzlichen Voraussetzungen des § 281, des § 282 oder des § 283 verlangen. [...]

§ 281 Schadenersatz statt der Leistung wegen nicht oder nicht wie geschuldet erbrachter Leistung. (1) Soweit der Schuldner die fällige Leistung nicht oder nicht wie geschuldet erbringt, kann der Gläubiger unter den Voraussetzungen des § 280 Abs. 1 Schadenersatz statt der Leistung verlangen, wenn er dem Schuldner erfolglos eine angemessene Frist zur Leistung oder Nacherfüllung bestimmt hat. Hat der Schuldner eine Teilleistung bewirkt, so kann der Gläubiger Schadenersatz statt der ganzen Leistung nur verlangen, wenn er an der Teilleistung kein Interesse hat. hat der Schuldner die Leistung nicht wie geschuldet bewirkt, so kann der Gläubiger Schadenersatz statt der ganzen Leistung nicht verlangen, wenn die Pflichtverletzung unerheblich ist. (2) Die Fristsetzung ist entbehrlich, wenn der Schuldner die Leistung ernsthaft und endgültig verweigert oder wenn besondere Umstände vorliegen, die unter Abwägung der beiderseitigen Interessen die sofortige Geltendmachung des Schadenersatzanspruchs rechtfertigen. [...] (4) Der Anspruch auf die Leistung ist ausgeschlossen, sobald der Gläubiger statt der Leistung Schadenersatz verlangt hat. (5) Verlangt der Gläubiger Schadenersatz statt der ganzen Leistung, so ist der Schuldner zur Rückforderung des Geleisteten nach den §§ 346 bis 348 berechtigt.

§ 283 Schadenersatz statt der Leistung bei Ausschluss der Leistungspflicht. Braucht der Schuldner nach § 275 Abs. 1 bis 3 nicht zuleisten, kann der Gläubiger unter den Voraussetzungen des § 280 Abs. 1 Schadenersatz statt der Leistung verlangen. § 281 Abs. 1 Satz 2 und 3 und Abs. 5 finden entsprechende Anwendung.

§ 286 Verzug des Schuldners. (1) Leistet der Schuldner auf eine Mahnung des Gläubigers nicht, die nach dem Eintritt der Fälligkeit erfolgt, so kommt er durch die Mahnung in Verzug. Der Mahnung stehen die Erhebung der Klage auf die Leistung sowie die Zustellung eines Mahnbescheides im Mahnverfahren gleich.

(2) Der Mahnung bedarf es nicht, wenn

1. für die Leistung eine Zeit nach dem Kalender bestimmt ist,
2. der Leistung ein Ereignis vorauszugehen hat und eine angemessene Zeit für die Leistung in der Weise bestimmt ist, dass sie sich von dem Ereignis an nach dem Kalender berechnen lässt,
3. der Schuldner die Leistung ernsthaft und endgültig verweigert,
4. aus besonderen Gründen unter Abwägung der beiderseitigen Interessen der sofortige Eintritt des Verzugs gerechtfertigt ist. [...]

§ 323 Rücktritt wegen nicht oder nicht vertragsgemäß erbrachter Leistung. (1) Erbringt bei einem gegenseitigen Vertrag der Schuldner eine fällige Leistung nicht oder nicht vertragsgemäß, so kann der Gläubiger, wenn er dem Schuldner eine angemessene Frist zur Leistung oder Nacherfüllung bestimmt hat, vom Vertrag zurücktreten.

(2) Die Fristsetzung ist entbehrlich, wenn

1. der Schuldner die Leistung ernsthaft und endgültig verweigert,
2. der Schuldner die Leistung zu einem im Vertrag bestimmten Termin oder innerhalb einer bestimmten Frist nicht bewirkt und der Gläubiger im Vertrag den Fortbestand seines Leistungsinteresses an die Rechtzeitigkeit der Leistung gebunden hat oder

3. besondere Umstände vorliegen, die unter Abwägung der beiderseitigen Interessen den sofortigen Rücktritt rechtfertigen. [...]

(4) Der Gläubiger kann bereits vor Eintritt der Fälligkeit der Leistung zurücktreten, wenn offensichtlich ist, dass die Voraussetzungen des Rücktritts eintreten werden. (5) Hat der Schuldner eine Teilleistung bewirkt, so kann der Gläubiger vom ganzen Vertrag nur zurücktreten, wenn er an der Teilleistung kein Interesse hat. Hat der Schuldner die Leistung nicht vertragsgemäß bewirkt, so kann der Gläubiger vom vertrag nicht zurücktreten, wenn die Pflichtverletzung unerheblich ist. (6) Der Rücktritt ist ausgeschlossen, wenn der Gläubiger für den Umstand, der ihn zum Rücktritt berechtigen würde, allein oder weit überwiegend verantwortlich ist oder wenn der vom Schuldner nicht zu vertretende Umstand zu einer Zeit eintritt, zu welcher der Gläubiger im Verzug der Annahme ist.

§ 433 Vertragstypische Pflichten beim Kaufvertrag. (1) Durch den Kaufvertrag wird der Verkäufer einer Sache verpflichtet, dem Käufer die Sache zu übergeben und das Eigentum an der Sache zu verschaffen. Der Verkäufer hat dem Käufer die Sache frei von Sach- und Rechtsmängeln zu verschaffen. (2) Der Käufer ist verpflichtet, dem Käufer den vereinbarten Kaufpreis zu zahlen und die gekaufte Sache abzunehmen.

22. Annahmeverzug

Situation

Jürgen Gerks ist im Rahmen seiner kaufmännischen Ausbildung auch im Versandlager der Büromöbelfabrik Heinz Schlau OHG eingesetzt. Das Zusammenstellen bestellter und auslieferungsfertiger Waren macht ihm viel Spaß und ist eine Abwechslung von der „trockenen" Büroarbeit. Besonders aufregend sind für ihn jedoch die Warenauslieferungen. Er darf dann auf dem Beifahrersitz des Lkw mitfahren und bei der Übergabe der Ware an die Kunden dabei sein.

Am heutigen Tag ist es wieder soweit. Vollbeladen hält der Lkw um 8:00 Uhr morgens vor dem Personaleingang der Versicherungsagentur „Vereinigte Proveniat". Das Unternehmen hat diverse Büromöbel bestellt und diese sollen heute geliefert und montiert werden.

Zum Erstaunen des Frachtführers öffnet jedoch auch nach wiederholtem Klingeln niemand. Offensichtlich scheint noch kein Mitarbeiter seine Arbeit begonnen zu haben. Der Frachtführer ist ratlos, denn ein langes Warten kommt nicht infrage, schließlich steht die Belieferung noch anderer Kunden heute auf dem Plan.

✍ Aufgaben

1. In welchem Fall befindet sich ein Kunde in einem Annahmeverzug?

2. Welche Rechte hat ein Verkäufer, wenn der Kunde sich im Annahmeverzug befindet?

3. Familie Maier entschließt sich in einem Möbelhaus eine Einbauküche zu kaufen. Im Kaufvertrag, der am 22. April 2010 abgeschlossen wird, ist zu lesen: „Lieferung erfolgt spätestens bis Ende Juli 2010". Am 11. Juli 2010 sind Herr und Frau Maier zunächst entsetzt, als sie von der Arbeit nach Hause kommen und im Briefkasten eine Benachrichtigung des Möbelhauses finden. Es ist zu lesen, dass die Einbauküche gegen Mittag angeliefert worden sei, jedoch niemand anzutreffen gewesen wäre. Ein weiterer Zustellversuch solle am nächsten Tag stattfinden. Da sich die Maiers im Annahmeverzug befänden, müssten sie die zusätzlich entstehenden Transportkosten tragen.

4. Die Spedition Hellmann KG schließt mit dem Nutzfahrzeughändler Petersen GmbH einen Kaufvertrag über einen neuen Lkw ab. Es wird vereinbart, dass der Lkw am 6. Mai 2010 auf dem Werksgelände der Petersen GmbH abgeholt werden könne. Bei der Hellmann KG wird der Abholtermin verpasst; erst am 17. Mai beauftragt Herr Petersen einen Mitarbeiter, den Lkw abzuholen. Als dieser bei der Petersen GmbH eintrifft, staunt dieser nicht schlecht: Der Sturm, der in der Nacht über das Land hinweg fegte, hat einen Baum entwurzelt und dieser hat den hinteren Teil des neuen Lkw völlig demoliert. Der Verkäufer der Petersen GmbH besteht auf Abnahme des beschädigten Wagens, schließlich befände sich die Hellmann KG im Annahmeverzug.

5. Dem Junggesellen Hans-Peter Klein soll am 8. August 2010 ein neuer Farbfernseher durch die Telefunk Handelsgesellschaft mbH geliefert werden. Dies wurde schriftlich im Kaufvertrag vereinbart. Am 5. August 2010 zieht sich Hans-Peter jedoch beim Inline-Skaten einen komplizierten Beinbruch zu und er muss in stationäre Behandlung. Natürlich vergisst er vollends den Liefertermin des Fernsehers. Nach dem Krankenhausaufenthalt wird Hans-Peter von der Telefunk Handelsgesellschaft mbH in Kenntnis gesetzt, dass er sich im Annahmeverzug befände und neben dem Kaufpreis des Fernsehers nun auch noch die zusätzlichen Kosten für die Lagerung zahlen müsse.

6. Die Richter KG schließt mit der Maschinenfabrik Kowalski AG am 4. April 2010 einen Kaufvertrag über eine teure Stanzpresse ab, die speziell nach den Wünschen des Kunden gefertigt wird. Als Liefertermin wird der 23. November 2010 vereinbart. In der Zwischenzeit erhält die Richter KG von einem Konkurrenten der Maschinenfabrik ein günstigeres Angebot, sodass man sich entschließt, die Lieferung abzulehnen. Welche Schritte sollte die Maschinenfabrik Kowalski AG am 23. November 2010 nach Feststellung des Annahmeverzuges einleiten?

7. Herr Bender hat mit dem Bauunternehmen Klemens Kleine OHG einen Vertrag abgeschlossen, in dem vereinbart wurde, dass die Klemens Kleine OHG auf dem Grundstück des Bender eine Fertigbaugarage errichten soll. Das auf dem geplanten Bauplatz stehende Gartenhäuschen soll bis zum 21. April 2010 von Bender entsorgt werden, damit der Bau der Garage ordnungsgemäß durchgeführt werden kann. Als am 21. April 2010 der Bautrupp anrückt, müssen die Arbeiter der Klemens Kleine OHG feststellen, dass sich das Gartenhäuschen immer noch auf dem Baugrund befindet.

8. Zwischen der Kanttechnik J. Daniels AG und der Metallux GmbH bestehen langjährige Geschäftsbeziehungen. Turnusmäßig bestellt die J. Daniels AG bei der Metallux GmbH Stahlbleche, die am 23. September 2010 geliefert werden sollen. Am 5. September 2010 erhält die Metallux GmbH jedoch ein Schreiben, indem die Firma J. Daniels AG die Bestellung storniert. Sie begründet dies mit der schlechten Auftragslage. Es hat sich bereits herumgesprochen, dass sich die Firma J. Daniels AG zurzeit in Zahlungsschwierigkeiten befindet. Zu welchem Verhalten würden Sie der Metallux GmbH raten?

Auszug aus dem HGB

§ 373 Hinterlegung bei Annahmeverzug. (1) Ist der Käufer mit der Annahme der Ware im Verzuge, so kann der Verkäufer die Ware auf Gefahr und Kosten des Käufers in einem öffentlichen Lagerhaus oder sonst in sicherer Weise hinterlegen. (2) Er ist ferner befugt, nach vorgängiger Androhung die Ware öffentlich versteigern zu lassen; er kann, wenn die Ware einen Börsen- oder Marktpreis hat, nach vorgängiger Androhung den Verkauf auch aus freier Hand durch einen zu solchen Verkäufen öffentlich ermächtigten Handelsmakler oder durch eine zur öffentlichen Versteigerung befugte Person zum laufenden Preise bewirken. Ist die Ware dem Verderb ausgesetzt und Gefahr im Verzuge, so bedarf es der vorgängigen Androhung nicht; dasselbe gilt, wenn die Androhung aus anderen Gründen untunlich ist. (3) Der Selbsthilfeverkauf erfolgt für Rechnung des säumigen Käufers. (4) Der Verkäufer und der Käufer können bei der öffentlichen Versteigerung mitbieten. (5) Im Falle der öffentlichen Versteigerung hat der Verkäufer den Käufer von der Zeit und dem Orte der Versteigerung vorher zu benachrichtigen; von dem vollzogenen Verkaufe hat er bei jeder Art des Verkaufs den Käufer unverzüglich Nachricht zu geben. Im Falle der Unterlassung ist er zum Schadenersatze verpflichtet. Die Benachrichtigungen dürfen unterbleiben, wenn sie untunlich sind.

Auszug aus dem BGB

§ 271 Leistungszeit. (1) Ist eine Zeit für die Leistung weder bestimmt noch aus den Umständen zu entnehmen, so kann der Gläubiger die Leistung sofort verlangen, der Schuldner sie sofort bewirken. (2) Ist eine Zeit bestimmt, so ist im Zweifel anzunehmen, dass der Gläubiger die Leistung nicht vor dieser Zeit verlangen, der Schuldner sie aber vorher bewirken kann.

§ 293 Annahmeverzug. Der Gläubiger kommt in Verzug, wenn er die ihm angebotene Leistung nicht annimmt.

§ 294 Tatsächliches Angebot. Die Leistung muss dem Gläubiger so, wie sie zu bewirken ist, tatsächlich angeboten werden.

§ 295 Wörtliches Angebot. Ein wörtliches Angebot des Schuldners genügt, wenn der Gläubiger ihm erklärt hat, dass er die Leistung nicht annehmen werde, oder wenn zur Bewirkung der Leistung eine Handlung des Gläubigers erforderlich ist, insbesondere wenn der Gläubiger die geschuldete Sache abzuholen hat. Dem Angebote der Leistung steht die Aufforderung an den Gläubiger gleich, die erforderliche Handlung vorzunehmen.

§ 296 Entbehrlichkeit des Angebots. Ist für die von dem Gläubiger vorzunehmende Handlung eine Zeit nach dem Kalender bestimmt, so bedarf es des Angebotes nur, wenn der Gläubiger die Handlung rechtzeitig vornimmt. Das gleiche gilt, wenn der Handlung ein Ereignis vorauszugehen hat und sie sich von dem Ereignis an nach dem Kalender berechnen lässt.

§ 298 Zug-um-Zug-Leistungen. Ist der Schuldner nur gegen eine Leistung des Gläubigers zu leisten verpflichtet, so kommt der Gläubiger in Verzug, wenn er zwar die angebotene Leistung anzunehmen bereit ist, die verlangte Gegenleistung aber nicht anbietet.

§ 299 Vorübergehende Annahmeverhinderung. Ist die Leistungszeit nicht bestimmt oder ist der Schuldner berechtigt, vor der bestimmten Zeit zu leisten, so kommt der Gläubiger nicht dadurch in Verzug, dass er vorübergehende an der Annahme der angebotenen Leistung verhindert ist, es sei denn, dass der Schuldner ihm die Leistung eine angemessene Zeit vorher angekündigt hat.

§ 300 Wirkung des Gläubigerverzugs. (1) Der Schuldner hat während des Verzugs des Gläubigers nur Vorsatz und grobe Fahrlässigkeit zu vertreten. (2) Wird eine nur der Gattung nach bestimmte Sache geschuldet, so geht die Gefahr mit dem Zeitpunkt auf den Gläubiger über, in welcher er dadurch in Verzug kommt, dass er die angebotene Sache nicht annimmt.

§ 372 Voraussetzungen. Geld, Wertpapiere und sonstige Urkunden sowie Kostbarkeiten kann der Schuldner bei einer dazu bestimmten öffentlichen Stelle für den Gläubiger hinterlegen, wenn der Gläubiger im Verzuge der Annahme ist.

§ 374 Hinterlegungsort. (1) Die Hinterlegung hat bei der Hinterlegungsstelle des Leistungsortes zu erfolgen; hinterlegt der Schuldner bei einer anderen Stelle, so hat er dem Gläubiger den daraus entstehenden Schaden zu ersetzen. (2) Der Schuldner hat dem Gläubiger die Hinterlegung unverzüglich anzuzeigen; im Falle der Unterlassung ist er zum Schadenersatze verpflichtet. [...]

§ 381 Kosten der Hinterlegung. Die Kosten der Hinterlegung fallen dem Gläubiger zur Last, sofern nicht der Schuldner die hinterlegte Sache zurücknimmt.

§ 383 Selbsthilfeverkauf. (1) Ist die geschuldete bewegliche Sache zur Hinterlegung nicht geeignet, so kann der Schuldner sie im Falle des Verzugs des Gläubigers am Leistungsorte versteigern lassen und den Erlös hinterlegen. Das gleiche gilt [...], wenn der Verderb der Sache zu besorgen oder die Aufbewahrung mit unverhältnismäßigen Kosten verbunden ist. (2) Ist von der Versteigerung am Leistungsort ein angemessener Erfolg nicht zu erwarten, so ist die Sache an einem geeigneten anderen Orte zu versteigern. (3) Die Versteigerung hat durch einen für den Versteigerungsort bestellten Gerichtsvollzieher oder zu Versteigerungen befugten anderen Beamten oder öffentlich angestellten Versteigerer öffentlich zu erfolgen [...]. Zeit und Ort der Versteigerung sind unter allgemeiner Bezeichnung der Sache öffentlich bekanntzumachen. [...]

§ 384 Androhung der Versteigerung (1) Die Versteigerung ist erst zulässig, nachdem sie dem Gläubiger angedroht worden ist; die Androhung darf unterbleiben, wenn die Sache dem Verderb ausgesetzt und mit dem Aufschube der Versteigerung Gefahr verbunden ist. (2) Der Schuldner hat den Gläubiger von der Versteigerung unverzüglich zu benachrichtigen; im Falle der Unterlassung ist er zum Schadenersatze verpflichtet. [...]

§ 385 Freihändiger Verkauf. Hat die Sache einen Börsen- oder Marktpreis, so kann der Schuldner den Verkauf aus freier Hand durch einen zu solchen Verkäufen öffentlich ermächtigten Handelsmakler oder durch eine zur öffentlichen Versteigerung befugte Person zum laufenden Preise bewirken.

§ 386 Kosten der Versteigerung. Die Kosten der Versteigerung oder des nach § 385 erfolgten Verkaufs fallen dem Gläubiger zur Last, sofern nicht der Schuldner den hinterlegten Erlös zurücknimmt.

23. Zahlungsverzug / Nicht-Rechtzeitig-Lieferung

Situation

Der kaufmännische Auszubildende Jürgen Gerks wird ab heute (06. April 2010) in der Ausbildungsabteilung „Debitorenbuchhaltung" eingesetzt. Da er bereits Erfahrungen in der Abteilung „Verkauf" gesammelt hat, sind ihm die meisten Aufgaben dieser Abteilung bereits bekannt. So weiß er beispielsweise, dass hier die Duplikate der Ausgangsrechnungen bis zum Zahlungseingang abgeheftet werden.

Jürgen soll zunächst die kaufmännische Sachbearbeiterin Frau Henning bei ihrer Arbeit beobachten.

Nachdem Frau Henning einige Zahlungseingänge erfasst und die entsprechenden Buchungen ausgeführt hat, bittet sie Jürgen, den Ordner mit der Aufschrift „Offene Rechnungen" aus dem Regal zu holen. Aus Langeweile blättert er in diesem Ordner herum und stößt plötzlich auf zwei Rechnungen (siehe Anlage), die ihn stutzig machen.

✍ *Aufgaben und Arbeitsaufträge*

1. Betrachten Sie die beiden Ausgangsrechnungskopien in der Anlage. Wann ist in den vorliegenden Fällen mit einem Zahlungseingang zu rechnen?

2. Befinden sich die beiden Kunden im Zahlungsverzug?

3. Formulieren Sie ein Schreiben, mit dem die Firma Möbelhaus J. Montius in Zahlungsverzug gesetzt werden kann.

4. Welche Rechte hat die Heinz Schlau OHG, sobald sich die beiden Kunden im Zahlungsverzug befinden?

5. Angenommen, mit dem Möbelhaus J. Montius KG wäre kein genauer Zahlungstermin vereinbart worden. Wann würde sich in diesem Fall das Unternehmen im Zahlungsverzug befinden?

6. Angenommen, das Möbelhaus J. Montius KG übersendet der Heinz Schlau OHG am 29. März 2010 ein Schreiben, in der sie mitteilt, dass sie aufgrund von Liquiditätsschwierigkeiten die Rechnung zurzeit nicht ausgleichen kann. Welche Auswirkungen hätte dieses Schreiben auf den Zahlungsverzug?

7. Die Computech GmbH hat bis zum 10. April ihre Verbindlichkeit nicht beglichen. Auch nach einer freundlichen schriftlichen Zahlungserinnerung erfolgt kein Rechnungsausgleich. Bei der Rücksprache mit dem zuständigen Verkäufer findet Frau Henning heraus, dass sich das Unternehmen zurzeit offenbar in einem finanziellen Engpass befindet. Welche Schritte leiten Sie ein? Begründen Sie Ihre Antwort.

8. Ab Mitte März wird das Regal „Standard DT" im Rahmen einer Sonderangebotsaktion beworben und zu einem Sonderrabatt von 10 % an Möbelgroßhändler angeboten. Kurze Zeit später kommt es daher zu Produktionsengpässen, sodass anfragende Kunden zunächst vertröstet werden müssen. Als Frau Henning dies erfährt, muss sie sofort an das Möbelhaus J. Montius KG denken, die die gelieferte Ware immer noch nicht bezahlt hat. Zu welchen Schritten würden Sie Frau Henning raten?

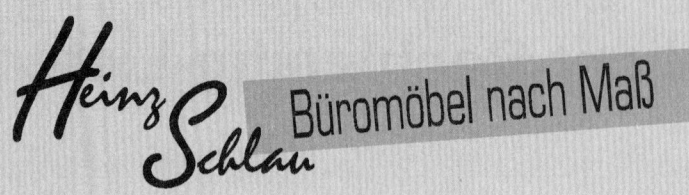

Heinz Schlau OHG · Suitbertusstr. 130 · 40213 Düsseldorf

Computech GmbH
Herrn B. Zumwinkel
Burgstr. 12 - 14
40218 Düsseldorf

Ihr Zeichen, Ihre Nachricht vom	Unser Zeichen, unsere Nachricht vom	☎ 0211 / 70012-	Datum
zu-kl, 04.03.2010	he-pt	210 Fr. Henning	06.03.2010

Rechnung/Lieferschein: R4565540   Auftrags-Nr.: A4565540

Vielen Dank für Ihre Bestellung, die wir wie folgt ausgeführt haben:

Menge	Artikel	Einzelpreis (€)	Gesamtpreis (€)
10	Bürotische „Chef Superior 45", Tischplatte Eiche furniert, schwarz, Metallbeine schwarz.	1.450,00	14.500,00
20	Unterschränke „Chef Superior 55", Deckplatten Eiche furniert, schwarz, Metallrollen schwarz	1.690,00	33.800,00
	Warenwert		48.300,00
	19 % USt.		9.177,00
	Rechnungsbetrag		**57.477,00**

Lieferbedingung: frei Haus
Zahlungsbedingung: Rechnung zahlbar bis zum 07.04.2010 netto, bis zum 21.03.2010 mit 3 % Skonto.

Heinz Schlau OHG   Tel.: 0211 / 340147-0   Handelsregister   Gesellschafter: Bankverbindungen
Büromöbelfabrik   Fax: 0211 / 340148   Düsseldorf HRA 7445622   Dipl. Kfm. Heinz Schlau   Deutsche Bank 24 Düsseldorf
Suitbertusstraße 130   Net: www.heinzschlau.de   USt.-IdNr.: DE 1377182   Bernd Skibniewsky   BLZ 300 800 00, Kto.-Nr. 745211233
40213 Düsseldorf   E-Mail: service@heinzschlau.de   Steuer-Nr.: 230/7710/0227   Sabine Schlau   Stadtsparkasse Düsseldorf
                                                                                                               BLZ 300 501 10, Kto.-Nr. 45122678090

Heinz Schlau OHG · Suitbertusstr. 130 · 40213 Düsseldorf

Möbelhaus J. Montius KG
Frau Behrends
Postfach 43 50
55033 Mainz

Ihr Zeichen, Ihre Nachricht vom	Unser Zeichen, unsere Nachricht vom	☎ 0211 / 470012-	Datum
be-hh, 25.02.2010	he-pt	210 Fr. Henning	04.03.2010

Rechnung/Lieferschein: R45420015   Auftrags-Nr.: A45420015

Vielen Dank für Ihre Bestellung, die wir wie folgt ausgeführt haben:

Menge	Artikel	Einzelpreis (€)	Gesamtpreis (€)
10	Regalwand „Standard DT", buche massiv, Grundelement 105	1.090,00	10.900,00
20	Regalwand „Standard DT", buche massiv, Anbauelement 115	890,00	17.800,00
180	Einlegeböden zur Regalwand „Standard DT", buche massiv, inkl. Montagematerial	105,00	18.900,00
	Warenwert		47.600,00
	19 % USt.		9.044,00
	Rechnungsbetrag		**56.644,00**

Lieferbedingung: frei Haus
Zahlungsbedingung: Zahlbar sofort nach Rechnungserhalt.

Heinz Schlau OHG   Tel.: 0211 / 340147-0   Handelsregister   Gesellschafter: Bankverbindungen
Büromöbelfabrik   Fax: 0211 / 340148   Düsseldorf HRA 7445622   Dipl. Kfm. Heinz Schlau   Deutsche Bank 24 Düsseldorf
Suitbertusstraße 130 Net: www.heinzschlau.de   USt.-IdNr.: DE 1377182   Bernd Skibniewsky   BLZ 300 800 00, Kto.-Nr. 745211233
40213 Düsseldorf   E-Mail: service@heinzschlau.de Steuer-Nr.: 230/7710/0227 Sabine Schlau   Stadtsparkasse Düsseldorf
                                                                                                       BLZ 300 501 10, Kto.-Nr. 451226780 90

Auszug aus dem BGB

§ 247 Basiszinssatz. (1) Der Basiszinssatz beträgt 3,62 Prozent. Er verändert sich zum 1. Januar und 1. Juli eines jeden Jahres um die Prozentpunkte, um welche die Bezugsgröße seit der letzten Veränderung de Basiszinssatzes gestiegen oder gefallen ist. Bezugsgröße ist der Zinssatz für die jüngste Hauptrefinanzierungsoperation der Europäischen Zentralbank vor dem ersten Kalendertag des betreffenden Halbjahres.[...]

§ 271 Leistungszeit. (1) Ist eine Zeit für die Leistung weder bestimmt noch aus den Umständen zu entnehmen, so kann der Gläubiger die Leistung sofort verlangen, der Schuldner sie sofort bewirken. (2) Ist eine Zeit bestimmt, so ist im Zweifel anzunehmen, dass der Gläubiger die Leistung nicht vor dieser Zeit verlangen, der Schuldner aber sie vorher bewirken kann.

§ 276 Verantwortlichkeit für eigenes Verschulden. (1) Der Schuldner hat Vorsatz und Fahrlässigkeit zu vertreten, wenn eine strengere oder mildere Haftung weder bestimmt noch aus dem sonstigen Inhalt des Schuldverhältnisses, insbesondere aus der Übernahme einer Garantie oder eines Beschaffungsrisikos zu entnehmen ist. [...] (2) Fahrlässig handelt, wer die im Verkehr erforderliche Sorgfalt außer Acht lässt. (3) Die Haftung wegen Vorsatzes kann dem Schuldner nicht im Voraus erlassen werden.

§ 280 Schadenersatz wegen Pflichtverletzung. (1) Verletzt der Schuldner eine Pflicht aus dem Schuldverhältnis, so kann der Gläubiger Ersatz des hierdurch entstehenden Schadens verlangen. Dies gilt nicht, wenn der Schuldner die Pflichtverletzung nicht zu vertreten hat. (2) Schadenersatz wegen Verzögerung der Leistung kann der Gläubiger nur unter der zusätzlichen Voraussetzung des § 286 verlangen. (3) Schadenersatz statt der Leistung kann der Gläubiger nur unter den zusätzlichen Voraussetzungen des § 281, des § 282 oder des § 283 verlangen.

§ 281 Schadenersatz statt der Leistung wegen nicht oder nicht wie geschuldet erbrachter Leistung. (1) Soweit der Schuldner die fällige Leistung nicht oder nicht wie geschuldet erbringt, kann der Gläubiger unter den Voraussetzungen des § 280 Abs. 1 Schadenersatz statt der Leistung verlangen, wenn er dem Schuldner erfolglos eine angemessene Frist zur Leistung oder Nacherfüllung bestimmt hat. Hat der Schuldner eine Teilleistung bewirkt, so kann der Gläubiger Schadenersatz statt der ganzen Leistung nur verlangen, wenn er an der Teilleistung kein Interesse hat. hat der Schuldner die Leistung nicht wie geschuldet bewirkt, so kann der Gläubiger Schadenersatz statt der ganzen Leistung nicht verlangen, wenn die Pflichtverletzung unerheblich ist. (2) Die Fristsetzung ist entbehrlich, wenn der Schuldner die Leistung ernsthaft und endgültig verweigert oder wenn besondere Umstände vorliegen, die unter Abwägung der beiderseitigen Interessen die sofortige Geltendmachung des Schadenersatzanspruchs rechtfertigen. [...] (4) Der Anspruch auf die Leistung ist ausgeschlossen, sobald der Gläubiger statt der Leistung Schadenersatz verlangt hat. (5) Verlangt der Gläubiger Schadenersatz statt der ganzen Leistung, so ist der Schuldner zur Rückforderung des Geleisteten nach den §§ 346 bis 348 berechtigt.

§ 286 Verzug des Schuldners. (1) Leistet der Schuldner auf eine Mahnung des Gläubigers nicht, die nach dem Eintritt der Fälligkeit erfolgt, so kommt er durch die Mahnung in Verzug. Der Mahnung stehen die Erhebung der Klage auf die Leistung sowie die Zustellung eines Mahnbescheides im Mahnverfahren gleich.
(2) Der Mahnung bedarf es nicht, wenn
1. für die Leistung eine Zeit nach dem Kalender bestimmt ist,
2. der Leistung ein Ereignis vorauszugehen hat und eine angemessene Zeit für die Leistung in der Weise bestimmt ist, dass sie sich von dem Ereignis an nach dem Kalender berechnen lässt,
3. der Schuldner die Leistung ernsthaft und endgültig verweigert,
4. aus besonderen Gründen unter Abwägung der beiderseitigen Interessen der sofortige Eintritt des Verzugs gerechtfertigt ist.
(3) Der Schuldner kommt spätestens in Verzug, wenn er nicht innerhalb von 30 Tagen nach Fälligkeit und Zugang einer Rechnung oder gleichwertigen Forderungsaufstellung leistet. Das gilt gegenüber einem Schuldner, der Verbraucher ist, nur, wenn auf diese Folgen in der Rechnung oder Forderungsaufstellung besonders hingewiesen worden ist. Wenn der Zeitpunkt des Zugangs der Rechnung oder Zahlungsaufstellung unsicher ist, kommt der Schuldner, der nicht Verbraucher ist, spätestens 30 Tage nach Fälligkeit und Empfang der Gegenleistung in Verzug. (4) Der Schuldner kommt nicht in Verzug, solange die Leistung infolge eines Umstandes unterbleibt, den er nicht zu vertreten hat.

§ 288 Verzugszinsen. (1) Eine Geldschuld ist während des Verzugs zu verzinsen. Der Verzugszinssatz beträgt für das Jahr fünf Prozentpunkte über dem Basiszinssatz. (2) Bei Rechtsgeschäften, an denen ein Verbraucher nicht beteiligt ist, beträgt der Zinssatz acht Prozentpunkte über dem Basiszinssatz. (3) Der Gläubiger kann aus einem anderen Rechtsgrund höhere Zinsen verlangen. (4) Die Geltendmachung eines weiteren Schadens ist nicht ausgeschlossen.

§ 323 Rücktritt wegen nicht oder nicht § 323 Rücktritt wegen nicht oder nicht vertragsgemäß erbrachter Leistung. (1) Erbringt bei einem gegenseitigen Vertrag der Schuldner eine fällige Leistung nicht oder nicht vertragsgemäß, so kann der Gläubiger, wenn er dem Schuldner eine angemessene Frist zur Leistung oder Nacherfüllung bestimmt hat, vom Vertrag zurücktreten.
(2) Die Fristsetzung ist entbehrlich, wenn
1. der Schuldner die Leistung ernsthaft und endgültig verweigert,
2. der Schuldner die Leistung zu einem im Vertrag bestimmten Termin oder innerhalb einer bestimmten Frist nicht bewirkt und der Gläubiger im Vertrag den Fortbestand seines Leistungsinteresses an die Rechtzeitigkeit der Leistung gebunden hat oder
3. besondere Umstände vorliegen, die unter Abwägung der beiderseitigen Interessen den sofortigen Rücktritt rechtfertigen. [...]

(4) Der Gläubiger kann bereits vor Eintritt der Fälligkeit der Leistung zurücktreten, wenn offensichtlich ist, dass die Voraussetzungen des Rücktritts eintreten werden. (5) Hat der Schuldner eine Teilleistung bewirkt, so kann der Gläubiger vom ganzen Vertrag nur zurücktreten, wenn er an der Teilleistung kein Interesse hat. Hat der Schuldner die Leistung nicht vertragsgemäß bewirkt, so kann der Gläubiger vom vertrag nicht zurücktreten, wenn die Pflichtverletzung unerheblich ist. (6) Der Rücktritt ist ausgeschlossen, wenn der Gläubiger für den Umstand, der ihn zum Rücktritt berechtigen würde, allein oder weit überwiegend verantwortlich ist oder wenn der vom Schuldner nicht zu vertretende Umstand zu einer Zeit eintritt, zu welcher der Gläubiger im Verzug der Annahme ist.

§ 346 Wirkung des Rücktritts. (1) Hat sich eine Vertragspartei vertraglich den Rücktritt vorbehalten oder steht ihr ein gesetzliches Rücktrittsrecht zu, so sind im Falle des Rücktritts die empfangenen Leistungen zurückzugewähren und die gezogenen Nutzungen unter Einschluss der durch den bestimmungsgemäßen Gebrauch entstandenen Abnutzung herauszugeben [...]

§ 349 Erklärung des Rücktritts. Der Rücktritt erfolgt durch Erklärung gegenüber dem anderen Teile.

§ 812 Grundsatz. (1) Wer durch die Leistung eines anderen oder in sonstiger Weise auf dessen Kosten etwas ohne rechtlichen Grund erlangt, ist ihm zur Herausgabe verpflichtet.[...]

Auszug aus dem HGB

§ 353 Fälligkeitszinsen. Kaufleute untereinander sind berechtigt, für ihre Forderungen aus beiderseitigen Handelsgeschäften vom Tage der Fälligkeit an Zinsen zu fordern. Zinsen von Zinsen können aufgrund dieser Vorschrift nicht gefordert werden.

§ 376 Fixgeschäft. (1) Ist bedungen, dass die Leistung des einen Teiles genau zu einer bestimmten Zeit oder innerhalb einer festbestimmten Frist bewirkt werden soll, so kann der andere Teil, wenn die Leistung nicht zu einer bestimmten Zeit oder nicht innerhalb des bestimmten Zeit erfolgt, von dem Vertrage zurücktreten oder, falls der Schuldner im Verzug ist, statt der Erfüllung Schadenersatz wegen Nichterfüllung verlangen. Erfüllung kann er nur beanspruchen, wenn er sofort nach dem Ablaufe der Zeit oder der Frist dem Gegner anzeigt, dass er auf Erfüllung bestehe. (2) Wird Schadenersatz wegen Nichterfüllung verlangt und hat die Ware einen Börsen- oder Marktpreis, so kann der Unterschied des Kaufpreises und des Börsenpreises zur Zeit und am Orte der geschuldeten Leistung gefordert werden.

24. Rechtliche Grundlagen der Unternehmung

Ausgangslage

Der Tischlermeister Heinz Schlau arbeitete bisher als gewerblicher Mitarbeiter in einem mittelständischen Betrieb, der sich auf die Herstellung von Holzwohnmöbeln spezialisiert hatte. Durch seine Kontakte mit Kunden weiß er, dass die Nachfrage an individuell gefertigten Büromöbeln sehr groß ist. Aus Kapazitätsgründen kann sein bisheriger Arbeitgeber diese Kundenwünsche jedoch nicht erfüllen. Heinz Schlau entschließt sich daher, sich selbstständig zu machen. Durch eine Erbschaft und zusätzlich angespartes Geld auf Sparbüchern kann er selbst ein Startkapital von ca. 65.000,00 € aufbringen. Für sein zukünftiges Unternehmen hat er sich ebenfalls bereits passende Gewerberäume angeschaut und einige in die engere Auswahl gezogen. Der Bruder von Heinz Schlau sowie ein Bekannter sind ebenfalls von der Idee einer Unternehmensgründung überzeugt und könnten zu einem vereinbarten Termin als Mitarbeiter im Betrieb von Heinz Schlau anfangen. Durch seine bisherige Tätigkeit verfügt Herr Schlau über ausreichendes Fachwissen, um die notwendigen Maschinen für die Fertigung auszuwählen und zu beschaffen.

Nachdem sich Heinz Schlau in einem Gespräch bei der Industrie- und Handelskammer Düsseldorf über die Vor- und Nachteile einer selbstständigen Unternehmertätigkeit beraten lassen hat, entschließt er sich konkret zur Gründung eines Unternehmens. Zunächst wendet er sich an seine Hausbank: Dort unterbreitet er dem Sachbearbeiter sein Unternehmenskonzept, und da die Bank von der Zukunftsträchtigkeit des unternehmerischen Vorhabens überzeugt ist, bekommt Heinz Schlau ein Darlehen über 70.000,00 €. Mit einem Vermieter von Geschäftsräumen schließt er für den 01.09.2010 einen Mietvertrag ab. Danach bestellt er die benötigten Maschinen und schließt sowohl mit seinem Bruder, Karl Schlau, als auch dem Bekannten, Gerd Krause, Arbeitsverträge für den 01.09.2010 ab. Um die kaufmännische Verwaltung in den Griff zu bekommen, lässt er sich von einem EDV-Anbieter einen leistungsfähigen PC mit entsprechenden kaufmännischen Programmen einrichten. Am 01.09.2010 ist es soweit: Die Produktion im Betrieb von Heinz Schlau kann beginnen.

✍ *Aufgaben*

Ziehen Sie zur Beantwortung der Fragen den Gesetzestext im Anhang zu Rate.

1. Was ist ein Handelsregister?

2. Was versteht man gemäß Handelsgesetzbuch unter einem Kaufmann?

3. Welche Gewerbebetriebe zählen gemäß Handelsgesetzbuch zu einem Handelsgewerbe?

4. Was versteht man unter einer Firma? Unterscheiden Sie jeweils zwischen Firmenkern und Firmenzusatz sowie zwischen Personenfirma und Sachfirma.

5. Welche Anforderungen werden an die Firmenbezeichnungen der einzelnen Unternehmensformen gestellt? (Diese Frage bitte nur beantworten, wenn die einzelnen Unternehmensformen bereits bekannt sind).

🖖 *Arbeitsaufträge*

1. Bei welchen öffentlichen Stellen muss Heinz Schlau sein neuzugründendes Unternehmen anmelden? Welche Gründe gibt es für die Anmeldungen? Verwenden Sie dabei die Anlage 1.

2. Da der Mietvertrag für die gewerblichen Geschäftsräume ab dem 01.09.2010 läuft, nimmt Heinz Schlau die unternehmerische Tätigkeit ab diesem Zeitpunkt auf. Schon vor diesem Zeitpunkt hat er sich um eine entsprechende Zahl von Aufträgen bemüht. Am 01.09. werden die Maschinen angeliefert und von den beiden Mitarbeitern in Betrieb genommen. Erst am 18.09.2010 findet Heinz Schlau Zeit, sein Unternehmen in das Handelsregister des Amtsgerichts Düsseldorf, Mühlenstr. 34, einzutragen (siehe Anlage 3). Welche Art von Kaufmann ist Heinz Schlau? Ab welchem Zeitpunkt hat er diese Kaufmannseigenschaften erhalten?

3. Betrachten Sie die Veröffentlichung der Anzeige (Anlage 2) der Rheinischen Post. Welche Schlüsse können aus dieser Anzeige über das Unternehmen gezogen werden?

4. Heinz Schlau hat sich für die Gründung einer Einzelunternehmung entschlossen. Welche Anforderungen werden auf Grund der Wahl dieser Unternehmensform an die Firma gestellt? Nennen Sie Beispiele für Firmenbezeichnungen, die möglich gewesen wären. Welche Firmenbezeichnungen würden den Grundsätzen der Firmenwahrheit und -klarheit widersprechen?

5. Betrachten Sie die Anzeige aus der Rubrik „Stellengesuche" einer Tageszeitung (Anlage 4). Handelt es sich bei dem Inserenten um einen Kaufmann gemäß Handelsgesetzbuch? Begründen Sie Ihre Antwort.

Betrieb muss ins Register

Ein Handwerksbetrieb, der nach Art und Umfang einen in kaufmännischer Art und Weise eingerichteten Geschäftsbetrieb erfordert, kann zur Eintragung ins Handelsregister gezwungen werden.

Von dieser Möglichkeit machte das Oberlandesgericht Celle bei einem Schmiedemeister Gebrauch. Er erzielt mit dem Landmaschinenhandel, mit Schlosser- und Wasserversorgungsarbeiten, mit dem Vertrieb von Garten- und Kleingeräten einen Umsatz von über einer 500.000 €. Achtzig Zulieferer geben ihm die Waren an die Hand, zwei Banken gestehen ihm einen Überziehungskredit von rund 75.000,00 € zu.

Das Oberlandesgericht Celle zog daraus folgende Schlussfolgerung (1 W 6/82 und 1 W 11/82): Ein Kapitaleinsatz von diesem Umfang erfordere eine Überwachung der Vermögensentwicklung unter Berücksichtigung der Abnutzung und des Geschäftsrisikos, um die Ertragslage des Unternehmens auch im Interesse der Geschäftspartner beurteilen zu können. Eine realistische Einschätzung der Wertentwicklung hoher Sachwerte sei nur unter Zuhilfenahme eines vollkaufmännischen Rechnungswesens möglich.

Das gleiche Gericht zwang einen Gastwirt dazu, die Eintragung ins Handelsregister anzumelden. Dieser erzielte einen Umsatz von 0,6 Millionen € und beschäftigte außer seiner Ehefrau drei Facharbeiter, sechs Angelernte, drei Ungelernte und fünf Lehrlinge. Schon allein die Abrechnung der Löhne und der damit verbundenen Abführungen von Sozialabgaben und Steuern erfordere eine Lohnbuchhaltung. Ein Betrieb mit etwa fünfzehn nicht familienangehörigen Mitarbeitern sei nicht mehr als einfach strukturiert anzusehen. (O.G.)

Anlage 1   Quelle: Hessisch-Niedersächsische Allgemeine

AMTLICHE BEKANNTMACHUNGEN
Handelsregister Amtsgericht Düsseldorf

Neueintragung:
HRA 884 - 18.09.2010: **Heinz Schlau, Büromöbelfabrik, 40216 Düsseldorf** (Suitbertusstr. 12). (Gegenstand des Unternehmens ist die Herstellung und der Vertrieb von Büromöbeln sowie der Handel mit diesen Artikeln und Industrieerzeugnissen aller Art) Persönlich haftender Gesellschafter ist Heinz Schlau, Düsseldorf. Beginn: 18.09.2010.

Anlage 2   Quelle: Rheinische Post

Nr. der Eintragung	a) Firma b) Sitz c) Gegenstand des Unternehmens	Geschäftsinhaber, persönlich haftender Gesellschafter, Abwickler	Prokura	Rechtsverhältnisse	a) Tag der Eintragung und Unterschrift b) Bemerkungen
1	2	3	4	5	6
884	a) Heinz Schlau e.K. b) Düsseldorf c) Büromöbelfabrik	Schlau, Heinz, Düsseldorf			a) 18. Sept. 2010 *K. Krüger*

Anlage 3

Erfolgsorientierter

Industriekaufmann

33 Jahre, in ungekündigter Stellung, sucht neue Herausforderung.

Die bisherige Tätigkeit umfasst die Anlagenbuchhaltung, die Kostenrechnung, den Monats- und Quartalsabschluss und die Bilanzvorbereitung.

Gute Englisch-, Deutsch- und EDV-Kenntnisse sind vorhanden.

Sollten Sie einen verantwortungsbewussten und zielstrebigen Mitarbeiter suchen, schreiben Sie bitte unter WZP 080802066 an diese Zeitung.

Anlage 4   Quelle: Handelsblatt

Auszug aus dem HGB

Erstes Buch. Handelsstand
Kaufleute

§ 1 Istkaufmann. (1) Kaufmann im Sinne dieses Gesetzbuchs ist, wer ein Handelsgewerbe betreibt. (2) Handelsgewerbe ist jeder Gewerbebetrieb, es sei denn, dass das Unternehmen nach Art und Umfang einen in kaufmännischer Art und Weise eingerichteten Geschäftsbetrieb nicht erfordert.

§ 2 Kannkaufmann. Ein gewerbliches Unternehmen, dessen Gewerbebetrieb nicht schon nach § 1 Abs. 2 Handelsgewerbe ist, gilt als Handelsgewerbe im Sinne dieses Gesetzbuchs, wenn die Firma des Unternehmens in das Handelsregister eingetragen ist. Der Unternehmer ist berechtigt, aber nicht verpflichtet, die Eintragung nach den für die Eintragung kaufmännischer Firmen geltenden Vorschriften herbeizuführen. Ist die Eintragung erfolgt, so findet eine Löschung der Firma auch auf Antrag des Unternehmers statt, sofern nicht die Voraussetzung des § 1 Abs. 2 eingetreten ist.

§ 3 Land- und Forstwirtschaft. (1) Auf den Betrieb der Land- und Forstwirtschaft finden die Vorschriften des § 1 keine Anwendung. (2) Für ein land- oder forstwirtschaftliches Unternehmen, das nach Art und Umfang einen in kaufmännischer Weise eingerichteten Geschäftsbetrieb erfordert, gilt § 2 mit der Maßgabe, dass nach Eintragung in das Handelsregister eine Löschung der Firma nur nach den allgemeinen Vorschriften stattfindet, welche für die Löschung kaufmännischer Firmen gelten.

§ 5 Kaufmann kraft Eintragung. Ist eine Firma im Handelsregister eingetragen, so kann gegenüber demjenigen, welcher sich auf die Eintragung beruft, nicht geltend gemacht werden, dass das unter der Firma betriebene Gewerbe kein Handelsgewerbe sei.

§ 6 Handelsgesellschaften. (1) Die in Betreff der Kaufleute gegebenen Vorschriften finden auch auf die Handelsgesellschaften Anwendung. (2) [...]

§ 8 Führung der Register. Das Handelsregister wird von den Gerichten geführt.

§ 10 Bekanntmachung der Eintragungen. (1) Das Gericht hat die Eintragungen in das Handelsregister durch den Bundesanzeiger und durch mindestens ein anderes Blatt bekanntzumachen. (2) Mit dem Ablaufe des Tages, an welchem das letzte der die Bekanntmachung enthaltenden Blätter erschienen ist, gilt die Bekanntmachung als erfolgt.

§ 15 Publizität des Handelsregisters. (1) Solange eine in das Handelsregister einzutragende Tatsache nicht eingetragen und bekanntgemacht ist, kann sie von demjenigen, in dessen Angelegenheiten sie einzutragen war, einem Dritten nicht entgegengesetzt werden, es sei denn, dass sie diesem bekannt war. (2) Ist die Tatsache bekanntgemacht worden, so muss ein Dritter sie gegen sich gelten lassen. Dies gilt nicht bei Rechtshandlungen, die innerhalb von fünfzehn Tagen nach der Bekanntmachung vorgenommen werden, sofern der Dritte beweist, dass er die Tatsache weder kannte noch kennen musste.

1.3 Handelsfirma

§ 17 Begriff. (1) Die Firma eines Kaufmanns ist der Name, unter dem er seine Geschäfte betreibt und die Unterschrift abgibt. (2) Ein Kaufmann kann unter seiner Firma klagen und verklagt werden.

§ 18 Firma des Einzelkaufmanns. (1) Die Firma muss zur Kennzeichnung des Kaufmanns geeignet sein und Unterscheidungskraft besitzen. (2) Die Firma darf keine Angaben enthalten, die geeignet sind, über geschäftliche Verhältnisse, die für die angesprochenen Verkehrkreise wesentlich sind, irrezuführen. Im Verfahren vor dem Registergericht wird die Eintragung zur Irreführung nur berücksichtigt, wenn sie ersichtlich ist.

§ 19 Firma einer OHG oder KG. (1) Die Firma muss, auch wenn sie nach den §§ 21, 22, 24 oder nach anderen gesetzlichen Vorschriften geführt wird, enthalten:
1. bei Einzelkaufleuten die Bezeichnung „eingetragener Kaufmann", „eingetragene Kauffrau" oder eine allgemein verständliche Abkürzung dieser Bezeichnung, insbesondere „e. K.", „e. Kfm." oder „e. Kfr.";
2. bei offenen Handelsgesellschaften die Bezeichnung „offene Handelsgesellschaft" oder eine allgemein verständliche Abkürzung dieser Bezeichnung;
3. bei Kommanditgesellschaften die Bezeichnung „Kommanditgesellschaft" oder eine allgemein verständliche Abkürzung dieser Bezeichnung.

(2) Wenn in einer offenen Handelsgesellschaft oder Kommanditgesellschaft keine natürliche Person haftet, muss die Firma, auch wenn sie nach den § 21, 22, 24 oder nach anderen gesetzlichen Vorschriften fortgeführt wird, eine Bezeichnung enthalten, welche die Haftungsbeschränkung kennzeichnet.

§ 21 Fortführung bei Namensänderung. Wird ohne Änderung der Person der in der Firma enthaltene Name des Geschäftsinhabers oder eines Gesellschafters geändert, so kann die bisherige Firma fortgeführt werden.

§ 22 Fortführung bei Erwerb des Handelsgeschäfts. (1) Wer ein bestehendes Handelsgeschäft unter Lebenden oder von Todes wegen erwirbt, darf für das Geschäft die bisherige Firma auch wenn die den Namen des bisherigen Geschäftsinhabers enthält mit oder ohne Beifügung eines das Nachfolgeverhältnis andeutenden Zusatzes fortführen, wenn der bisherige Geschäftsinhaber oder dessen Erbe in die Fortführung der Firma ausdrücklich einwilligen. (2) Wird ein Handelsgeschäft auf Grund des Nießbrauchs, eines Pachtvertrags oder eines ähnlichen Verhältnisses übernommen, so finden diese Vorschriften entsprechende Anwendung.

§ 23 Veräußerungsverbot. Die Firma kann nicht ohne das Handelsgeschäft, für welches sie geführt wird, veräußert werden.

§ 30 Unterscheidbarkeit. (1) Jede neue Firma muss sich von allen an demselben Ort oder in derselben Gemeinde bereits bestehenden und in das Handelsregister oder in das Genossenschaftsregister eingetragenen Firmen deutlich unterscheiden. (2) Hat ein Kaufmann mit einem bereits eingetragenen Kaufmanne die gleichen Vornamen und den gleichen Familiennamen und will auch er sich dieser Namen bedienen, so muss er der Firma einen Zusatz beifügen, durch den er sich von der bereits eingetragenen Firma deutlich unterscheidet. (3) Besteht an dem Orte oder in der Gemeinde, wo eine Zweigniederlassung errichtet wird, bereits eine gleiche eingetragene Firma, so muss der Firma für die Zweigniederlassung ein der Vorschrift des Absatzes 2 entsprechender Zusatz beigefügt werden.

§ 37a Angaben auf Geschäftsbriefen. (1) Auf allen Geschäftsbriefen des Kaufmanns, die an einen bestimmten Empfänger gerichtet werden, müssen seine

Firma, die Bezeichnung nach § 19 Abs. 1 Nr. 1, der Ort seiner Handelsniederlassung, das Registergericht und die Nummer, unter der die Firma in das Handelsregister eingetragen ist, angegeben werden. (2) Der Angaben nach Absatz 1 bedarf es nicht bei Mitteilungen oder Berichten, die im Rahmen einer bestehenden Geschäftsverbindung ergehen und für die üblicherweise Vordrucke verwendet werden, in denen lediglich die im Einzelfall erforderlichen besonderen Angaben beigefügt zu werden brauchen. (3) Bestellscheine gelten als Geschäftsbriefe im Sinne des Absatzes 1. Absatz 2 ist auf sie nicht anzuwenden.

Beispielhafter Auszug aus dem Handelsregister:

Amtsgericht	**Düsseldorf** HRB					
Nr. der Eintragung	a) Firma b) Sitz c) Gegenstand des Unternehmens	Grund- oder Stammkapital €	Vorstand Persönlich haftende Gesellschafter Geschäftsführer Abwickler	Prokura	Rechtsverhältnisse	a) Tag der Eintragung und Unterschrift b) Bemerkungen
1	2	3	4	5	6	7
4432	a) Natur GmbH b) 40215 Düsseldorf a) Kosmetikproduktion	25.000,00 €	Dipl.-Betriebswirt Martin Klein Dipl.-Kauffrau Annette Öllers	Ralf Unger*		a) 2. Januar 2010 *M. Klein* *A. Öllers*

* Name ist rot unterstrichen

Beispielhafter Auszug aus der Handelsregisterveröffentlichung des Amtsgerichts in der Rheinischen Post:

HRA 50011:
ASD Auto Service Düsseldorf GmbH,
Düsseldorf
(Harffstraße 64, 40442 Düsseldorf)
Gesellschaft mit beschränkter Haftung, Gesellschaftsvertrag vom 18.05.2010. Gegenstand: Der Betrieb einer Kraftfahrzeugwerkstatt, eines Abschleppdienstes sowie der Handel mit Kfz-Ersatzteilen. Stammkapital: 40.000,00 €. Ist nur ein Geschäftsführer bestellt, so vertritt er die Gesellschaft allein. Als nicht eingetragen wird bekannt gemacht: Die Bekanntmachung der Gesellschaft erfolgt im Bundsanzeiger.

HRA 49417:
Global Energy AG,
Düsseldorf
(Schadowstr. 78, 40212 Düsseldorf)
Die Hauptversammlung vom 22.03.2010 hat die Erhöhung des Grundkapitals um 680.000,00 € auf 1.000.000,00 € sowie die entsprechende Satzung in § 3 (Höhe und Einteilung des Grundkapitals) beschlossen.

HRA 15163:
FunCat GmbH & Co. KG,
Düsseldorf
(Glockenstraße 16, 40476 Düsseldorf)
Die Firma ist geändert in „FunPet GmbH & Co. KG"

HRA 5605:
H. Franz KG,
Düsseldorf
(Roßstr. 16, 40476 Düsseldorf)
Die Gesellschaft ist aufgelöst. Jeder Liquidator ist einzelvertretungsberechtigt, sofern nichts abweichendes bestimmt ist. Liquidatoren: Franz, Dagmar, Düsseldorf, *22.03.1954, Franz, Karl, Düsseldorf, * 25.08.1943

HRA 28115:
NAZAR Holiday Reisen GmbH,
Düsseldorf
(Sohl-Str. 1, 40547 Düsseldorf)
Prokuar erloschen: Elüstü, Ayfer, Düsseldorf, *14.02.1964

25. Kaufmannseigenschaften

Ausgangslage

Klaus Heuer betreibt einen Kiosk in Düsseldorf. Der gelernte Bürokaufmann war vor acht Jahren nach seiner Ausbildung nicht übernommen worden. Als er auf Anhieb keine Stelle fand, kam ihm die Idee der Selbstständigkeit. Fast durch Zufall ergab es sich, dass er den gut laufenden Kiosk vom Vorbesitzer übernehmen konnte, da dieser sich zur Ruhe setzen wollte. Er schloss mit ihm einen Kaufvertrag über das Inventar ab und übernahm den Mietvertrag. Herr Heuer war schon ganz froh, dass er mit den Aufgaben eines Kaufmanns nun nichts mehr am Hut hatte. Zwar führt er ein Kassenbuch, in dem er alle Einnahmen und Ausgaben seines „Betriebes" genau festhält, die lästige Buchhaltung blieb ihm jedoch erspart. Angestellte beschäftigt Herr Heuer nicht, lediglich seine Frau hilft ihm gelegentlich aus, wenn es einmal „hoch hergeht".

✍ Aufgaben

1. Ist Klaus Heuer Kaufmann gemäß Handelsgesetzbuch?

2. In welche Abteilung des Handelsregisters müsste Klaus Heuer sich eintragen lassen?

3. Nennen Sie drei (möglichst unterschiedliche) Firmenbezeichnungen für das Unternehmen von Klaus Heuer. Welche Bezeichnungen wären nicht möglich?

4. Welche Pflichten bzw. Nachteile würden Klaus Heuer aus der Erlangung der Kaufmannseigenschaft entstehen?

Situationserweiterung

Klaus Heuer hat sein Unternehmen in das Handelsregister eintragen lassen. Die Geschäfte laufen so gut, dass er über eine Renovierung des Kiosks nachdenkt. Der Vermieter hat ihm sogar angeboten, dass er das Ladenlokal kaufen könne. Für diese Investitionen benötigt Herr Heuer natürlich Kapital. Seine Hausbank würde ihm einen Kredit in der benötigten Höhe (ca. 370.000,00 €) zur Verfügung stellen. In einem Gespräch mit seiner Frau und deren Schwester, Frau Kaufhold, kommt plötzlich die Möglichkeit einer Unternehmensbeteiligung ins Gespräch. Die Schwester regt an, als Teilhaberin in das Unternehmen einzusteigen. Da sie selbst als kaufmännische Angestellte beschäftigt ist, möchte sie jedoch lediglich ihr Kapital (120.000,00 €) einbringen; eine Mitarbeit käme für sie nicht infrage.

✍ Aufgaben

1. Welche Unternehmensform könnte Herr Heuer für sein Unternehmen wählen, wenn er sich zur Aufnahme der Schwägerin in das Unternehmen entschließen sollte?

2. Welche Nachteile hätte eine Beteiligung von Frau Kaufhold aus Sicht von Herrn Heuer? Stellen Sie die Nachteile insbesondere den Nachteilen einer Kreditfinanzierung gegenüber.

3. Welche Vorteile hätte die Gründung einer Kommanditgesellschaft im Vergleich zu einer Offenen Handelsgesellschaft?

4. Welche Vorteile hätte die Gründung einer Kommanditgesellschaft im Vergleich zu einer Gesellschaft mit beschränkter Haftung (GmbH)?

5. Angenommen, Herr Heuer würde Frau Kaufhold an seinem Unternehmen beteiligen und seine Einzelunternehmung in eine Kommanditgesellschaft umwandeln. Er würde dann Komplementär (Kapitaleinlage 250.000,00 €), die Schwägerin Kommanditistin (Kapitaleinlage 120.000,00 €). Welche Rechte hätten beide Gesellschafter? Grenzen Sie die Rechte im Innen- und Außenverhältnis gegeneinander ab. Welche Rechte hätte die Schwägerin im Vergleich zu Herrn Heuer nicht?

6. Nennen Sie mögliche Firmenbezeichnungen für die neu gegründete Kommanditgesellschaft.

7. Am 01.09.2010 unterschreiben beide den Gesellschaftsvertrag und am 26.09.2010 lässt Herr Heuer die neue Unternehmung in das Handelsregister des Amtsgerichts in Duisburg eintragen. Welche Angaben müssen in das Handelsregister aufgenommen werden? Welche Wirkung hat die Handelsregistereintragung bezogen auf Handlungen, die Herr Heuer bereits vor dem 26.09.2010 im Namen der neuen Unternehmung vorgenommen hat?

8. Im Gesellschaftsvertrag wurde u. a. die Gewinnverteilung geregelt: „Herr Heuer ist berechtigt, während des Geschäftsjahres im Vorgriff auf einen Gewinn monatlich Privatentnahmen in Höhe von 3.500,00 € zu tätigen. Vom Gewinn erhält Herr Heuer zunächst einen Vorwegabzug in Höhe von 10.000,00 € für seine Geschäftsführertätigkeit. Jeder Gesellschafter erhält sodann 6 % seiner Kapitaleinlage (anzurechnender Betrag: Kapitalhöhe zu Beginn des Geschäftsjahres); bei einem geringeren Gewinn verringert sich dieser Prozentsatz entsprechend. Ein möglicher Restgewinn wird im Verhältnis 3:1 auf die Gesellschafter aufgeteilt."

Das Geschäftsjahr (Ende: 31.08.2010) wurde mit einem Gewinn in Höhe von 95.500,00 € abgeschlossen. Berechnen Sie die Gewinnanteile der Gesellschafter sowie die Höhe der Kapitalanteile nach durchgeführter Gewinnverteilung.

9. Angenommen, das Geschäftsjahr wäre nicht so gut ausgefallen und der Gewinn hätte lediglich 22.950,00 € betragen. Wie hoch wären dann die Gewinnanteile der Gesellschafter? Berechnen Sie auch die Höhe der sich nach der Gewinnverteilung ergebenden Kapitalanteile.

10. Nachdem die Gewinnverteilung durchgeführt wurden, besteht Frau Kaufhold auf der sofortigen Auszahlung ihres Gewinnanteils. Herr Heuer widerspricht; seiner Meinung nach müsse er das Kapital einbehalten, weil weitere Investitionen im kommenden Geschäftsjahr anstünden. Kann Frau Kaufhold die Auszahlung ihres Gewinns verlangen? Wäre eine Einbehaltung des Gewinns dennoch möglich?

26. Die Einzelunternehmung

Ausgangslage

Der ehemalige Tischlermeister Heinz Schlau hat sich entschlossen, bei seinem jetzigen Arbeitgeber zu kündigen und sich selbstständig zu machen. Seit dem 01.09.2010 ist Heinz Schlau selbstständiger Unternehmer. Seine Firma „Heinz Schlau, Büromöbelfabrik" hat er in das Handelsregister beim Amtsgericht Düsseldorf eintragen lassen. In seinem Betrieb, Suitbertusstr. 12, 40216 Düsseldorf produziert er mit seinen zwei Mitarbeitern individuelle Büromöbel auf Bestellung. Heinz Schlau ist alleiniger Eigentümer des Unternehmens.

✍ Aufgaben

1. In der Beschreibung der Ausgangslage werden Begriffe wie „Unternehmen", „Betrieb" und „Firma" genannt. Grenzen Sie diese Begriffe in ihrer Bedeutung voneinander ab.

2. Bei der Unternehmensform, die Heinz Schlau für sein Unternehmen gewählt hat, handelt es sich um ein so genanntes Einzelunternehmen. Heinz Schlau ist somit alleiniger Eigentümer des Unternehmensvermögens. Welche Folgen ergeben sich für den Einzelunternehmer? Nennen Sie sämtliche Auswirkungen z. B. bezogen auf die Geschäftsführung, die Zurverfügungstellung des Kapitals, die Verwendung des Gewinns, das Recht auf Vertretung sowie die Haftung.

3. Der Einzelunternehmer haftet gegenüber Gläubigern des Unternehmens unbeschränkt und unmittelbar. Was ist damit gemeint?

4. Was muss bei der Firmierung einer Einzelunternehmung beachtet werden? Nennen Sie Beispiele für mögliche Firmenbezeichnungen. Welche Firmenbezeichnungen wären nicht möglich?

5. Welche Anforderungen werden an die Gründung eines Einzelunternehmens gestellt?

⇩ Arbeitsaufträge

1. Welche Gründe könnten Heinz Schlau bewogen haben, den Schritt in die Selbstständigkeit zu wagen?

2. Welche Vorteile ergeben sich für Heinz Schlau durch die Wahl der Rechtsform der Einzelunternehmung konkret? Welche Nachteile stehen diesen Vorteilen gegenüber?

27. Die Offene Handelsgesellschaft (OHG)

Ausgangslage

Die Geschäfte des Einzelunternehmers Heinz Schlau, der sich auf die kundenindividuelle Fertigung von Büromöbeln spezialisiert hat, laufen gut. Die Auftragseingänge sind so groß, dass die maschinellen Produktionskapazitäten voll ausgelastet sind und die beiden gewerblichen Angestellten Überstunden machen müssen. Neben seiner Mitarbeit in der Fertigung erledigt Heinz Schlau die kaufmännischen Tätigkeiten wie Lohnbuchhaltung, Bestellwesen, Rechnungsschreibung etc., und damit hat er alle Hände voll zu tun. Mit diesem Zustand ist Heinz Schlau nicht zufrieden; er träumt davon, seinen Betrieb auszuweiten und seine Arbeitsbelastung zu reduzieren.

Aus seiner Tätigkeit als gewerblicher Arbeitnehmer in einer Wohnmöbelfabrik kennt er Bernd Skibniewsky, der dort als kaufmännischer Mitarbeiter beschäftigt ist. In einem Gespräch erzählt Herr Schlau seinem Freund über die Probleme in seinem Betrieb. Herr Skibniewsky unterbreitet sofort den Vorschlag in die Firma als Teilhaber einzusteigen: Er wäre bereit, sein Erspartes in Höhe von 170.000,00 € in das Unternehmen zu investieren und als mitarbeitender Gesellschafter die kaufmännischen Tätigkeiten zu übernehmen.

✍ Aufgaben

1. Nennen Sie allgemeine Gründe, die einen Einzelunternehmer bewegen könnten, sein Einzelunternehmen in ein Gesellschaftsunternehmen umzuwandeln.

2. Was unterscheidet die Gesellschaftsunternehmen von Einzelunternehmungen?

3. Gesellschaftsunternehmen werden unterteilt in Personengesellschaften und Kapitalgesellschaften. Wodurch unterscheiden sich diese Unternehmensformen, und nennen Sie Beispiele.

4. Welche Rechte und Pflichten haben die Gesellschafter im Innenverhältnis (Rechtsbeziehungen der Gesellschafter untereinander) bei der OHG? *Beachten Sie dabei die Paragrafen 112, 114, 115, 116, 118, 121, 122, 132 HGB.*

5. Welche Rechte und Pflichten haben die Gesellschafter im Außenverhältnis (Rechtsbeziehung der Gesellschafter gegenüber außenstehenden Dritten) bei der OHG? *Beachten Sie dabei die Paragrafen 125, 126, 128, 130, 159 HGB.*

6. Nennen Sie mögliche Gründe für die Auflösung einer Offenen Handelsgesellschaft.

⇨ Arbeitsaufträge

1. Am 01.09.2010 übersendet Heinz Schlau an das Amtsgericht die schriftliche Bitte um Eintragung der neugegründeten OHG in das Handelsregister (siehe Anlage 1). Ab welchem Datum existiert die Heinz Schlau OHG?

2. Welche Anforderungen werden an die Firmierung der neuen Personengesellschaft gestellt?

3. Betrachten Sie den zwischen den Gesellschaftern Heinz Schlau und Bernd Skibniewsky geschlossenen Gesellschaftsvertrag (Anlage 2).

   3.1 Welche Angaben halten Sie bezogen auf die Bestimmungen des HGB für nicht rechtswirksam?

   3.2 Herr Skibniewsky ist nun seit geraumer Zeit mit den kaufmännischen Aufgaben der Heinz Schlau OHG betraut. Da ihm das von Heinz Schlau in die OHG eingebrachte EDV-System für die buchhalterischen Aufgaben als nicht ausreichend erscheint, kauft er bei einem EDV-Anbieter einen neuen PC inklusive der benötigten Software. Als die Hard- und Software angeliefert wird, ist Heinz Schlau äußerst ungehalten. Er beruft sich auf den Absatz 9 des Gesellschaftsvertrages und verweigert die Annahme des EDV-Systems. Handelt Heinz Schlau rechtens?

   3.3 Wie beurteilen Sie die getroffene Vereinbarung über die Gewinnverteilung (Absatz 6 des Gesellschaftsvertrages)?

4. Am 31.12.2010 wird im Rahmen des Jahresabschlusses ein Unternehmensgewinn in Höhe von 78.400,00 € ermittelt. Wie hoch ist der Gewinnanteil für die Gesellschafter, wenn von einem unveränderten Kapitalanteil ausgegangen wird?

```
Umwandlung


Durch die Aufnahme von Herrn Bernd Skibniewsky, Indust-
riekaufmann, Aderstr. 8, 40235 Düsseldorf, als vollhaf-
tenden Gesellschafter wandeln wir mit Wirkung vom
01.09.2010 die Einzelunternehmung Heinz Schlau - Büromö-
belfabrik (bisheriger Inhaber: Heinz Schlau, Remscheider
Str. 30, 40215 Düsseldorf) in eine Offene Handelsgesell-
schaft mit der Firma

              Heinz Schlau OHG - Büromöbelfabrik

um.
Der Sitz der Gesellschaft bleibt in 40216 Düsseldorf, Suit-
bertusstr. 12. Geschäftsgegenstand ist weiterhin die Ferti-
gung von Büromöbeln.

Wir beantragen die Eintragung ins Handelsregister.
```

Anlage 1: Brief an das Amtsgericht Düsseldorf (Auszug)

Gesellschaftsvertrag

zwischen

Heinz Schlau, Tischlermeister,
Remscheider Str. 30, 40215 Düsseldorf

und

Bernd Skibniewsky, Industriekaufmann,
Aderstr. 8, 40235 Düsseldorf

Es wird vereinbart:

1. Wir errichten unter der Firma

   Heinz Schlau OHG – Büromöbelfabrik

   eine Offene Handelsgesellschaft mit Sitz in Düsseldorf, Suitbertusstr. 12

2. Der Zweck der Gesellschaft ist die Herstellung von Büromöbeln.

3. Die Offene Handelsgesellschaft entsteht durch Umwandlung aus der Heinz Schlau – Büromöbelfabrik am 01.09.2010.

4. Herr Schlau bringt eine Einlage von 150.000,00 € gemäß beiliegendem Inventarverzeichnis ein. Herr Skibniewsky bringt eine Einlage in Höhe von 170.000,00 € in bar ein. Diese Kapitaleinlage ist bis zum Gründungstag auf das Geschäftskonto Nr. 370 450 bei der Stadtsparkasse Düsseldorf einzuzahlen.

5. Zur Geschäftsführung und Vertretung wird Herr Schlau ermächtigt; Herrn Skibniewsky steht ein Kontrollrecht gem. § 118, 1 HGB zu.

6. Vom Jahresgewinn erhält jeder Gesellschafter 5 % der zum jeweiligen Zeitpunkt bestehenden Kapitaleinlage. Der Rest wird nach Köpfen verteilt. Die gleiche Regelung gilt für einen Verlust.

7. Privatentnahmen durch die Gesellschafter sind nur bis zu einer Höhe von 5 % des im letzten Geschäftsjahr durchschnittlichen Kapitaleinlageanteils möglich.

8. Die Haftung für Verbindlichkeiten der OHG ist bei Herrn Schlau auf das Geschäftsvermögen beschränkt.

9. Das Einzelvertretungsrecht von Herrn Skibniewsky wird gegenüber Dritten in jedem Fall ausgeschlossen.

10. Kündigt ein Gesellschafter, so kann der andere Gesellschafter das Geschäft mit allen Aktiva und Passiva übernehmen. Er muss dem ausscheidenden Gesellschafter den Kapitalanteil auszahlen, der sich aus der Auseinandersetzungsbilanz zum Tag der Auflösung ergibt. Von diesem Betrag sind 50 % sofort, 50 % nach einem Jahr zuzüglich 7 % Zinsen fällig.

Düsseldorf, 10.08.2010

Heinz Schlau   *Bernd Skibniewsky*
Heinz Schlau   Bernd Skibniewsky

Anlage 2: Gesellschaftsvertrag der Heinz Schlau OHG

Auszug aus dem Handelsgesetzbuch

Erstes Buch.
Handelsgesellschaften und Stille Gesellschaft

2.1 Offene Handelsgesellschaft

§ 105 Begriff der OHG; Anwendbarkeit des BGB. (1) Eine Gesellschaft, deren Zweck auf den Betrieb eines Handelsgewerbes unter gemeinschaftlicher Firma gerichtet ist, ist eine offene Handelsgesellschaft, wenn bei keinem der Gesellschafter die Haftung gegenüber den Gesellschaftsgläubigern beschränkt ist. (2) Eine Gesellschaft, deren Gewerbebetrieb nicht schon nach § 1 Abs. 2 Handelsgewerbe ist oder die nur eigenes Vermögen verwalten, ist eine offene Handelsgesellschaft, wenn die Firma des Unternehmens in das Handelsregister eingetragen ist. § 2 Satz 2 und 3 gilt entsprechend.

§ 106 Anmeldung zum Handelsregister. (1) Die Gesellschaft ist bei dem Gericht, in dessen Bezirke sie ihren Sitz hat, zur Eintragung in das Handelsregister anzumelden. (2) Die Anmeldung hat zu enthalten:
1. den Namen, Vornamen, Geburtsdatum und Wohnort jedes Gesellschafters;
2. die Firma der Gesellschaft und den Ort, wo sie ihren Sitz haben;
3. den Zeitpunkt, mit welchem die Gesellschaft begonnen hat.

§ 108 Anmeldung durch alle Gesellschafter, Aufbewahrung der Unterschriften. (1) Die Anmeldungen sind von sämtlichen Gesellschaftern zu bewirken. (2) Die Gesellschafter, welche die Gesellschaft vertreten sollen, haben ihre Namensunterschrift unter Angabe der Firma zur Aufbewahrung bei dem Gericht zu zeichnen.

§ 109 Gesellschaftsvertrag. Das Rechtsverhältnis der Gesellschafter untereinander richtet sich zunächst nach dem Gesellschaftsvertrage; die Vorschriften der §§ 110 bis 122 finden nur insoweit Anwendung, als nicht durch den Gesellschaftsvertrag ein anderes bestimmt ist.

§112 Wettbewerbsverbot. (1) Ein Gesellschafter darf ohne Einwilligung der anderen Gesellschafter weder in dem Handelszweige der Gesellschaft Geschäfte machen noch an einem anderen gleichartigen Handelsgeschäft als persönlich haftender Gesellschafter teilnehmen. (2) ...

§ 114 Geschäftsführung. (1) Zur Führung der Geschäfte der Gesellschaft sind alle Gesellschafter berechtigt und verpflichtet. (2) Ist im Gesellschaftsvertrage die Geschäftsführung einem Gesellschafter oder mehreren Gesellschaftern übertragen, so sind die übrigen Gesellschafter von der Geschäftsführung ausgeschlossen.

§ 115 Geschäftsführung durch mehrere Gesellschafter. (1) Steht die Geschäftsführung allen oder mehreren Gesellschaftern zu, so ist jeder von ihnen allein zu handeln berechtigt; widerspricht jedoch ein anderer geschäftsführender Gesellschafter der Vornahme einer Handlung, so muss diese unterbleiben. (2) Ist im Gesellschaftsvertrage bestimmt, dass die Gesellschafter, denen die Geschäftsführung zusteht, nur zusammen handeln können, so bedarf es für jedes Geschäft der Zustimmung aller geschäftsführenden Gesellschafter, es sei denn, dass Gefahr im Verzug ist.

§ 116 Umfang der Geschäftsführungsbefugnis. (1) Die Befugnis zur Geschäftsführung erstreckt sich auf alle Handlungen, die der gewöhnliche Betrieb des Handelsgewerbes der Gesellschaft mit sich bringt. (2) Zur Vornahme von Handlungen, die darüber hinausgehen, ist ein Beschluß sämtlicher Gesellschafter erforderlich. (3) Zur Bestellung eines Prokuristen bedarf es der Zustimmung aller geschäftsführenden Gesellschafter, es sei denn, dass Gefahr in Verzug ist. Der Widerruf der Prokura kann von jedem der zur Erteilung oder zur Mitwirkung bei der Erteilung befugten Gesellschafter erfolgen.

§ 118 Kontrollrecht der Gesellschafter. (1) Ein Gesellschafter kann, auch wenn er von der Geschäftsführung ausgeschlossen ist, sich von den Angelegenheiten der Gesellschaft persönlich unterrichten, die Handelsbücher und die Papiere der Gesellschaft einsehen und sich aus ihnen eine Bilanz und einen Jahresabschluss anfertigen.

§ 120 Gewinn und Verlust. (1) Am Schlusse jedes Geschäftsjahres wird auf Grund der Bilanz der Gewinn oder der Verlust des Jahres ermittelt und für jeden Gesellschafter sein Anteil daran berechnet. (2) Der einem Gesellschafter zukommende Gewinn wird dem Kapitalanteile des Gesellschafters gutgeschrieben; der auf einen Gesellschafter entfallende Verlust sowie das während des Geschäftsjahres auf den Kapitalanteil entnommene Geld wird davon abgeschrieben.

§ 121 Verteilung von Gewinn und Verlust. (1) Von dem Jahresgewinne gebührt jedem Gesellschafter zunächst ein Teil in Höhe von vier vom Hundert seines Kapitalanteils. Reicht der Jahresgewinn hierzu nicht aus, so bestimmen sich die Anteile nach einem entsprechend niedrigeren Satze. (2) Bei der Berechnung des nach Absatz 1 einem Gesellschafter zukommenden Gewinnanteils werden Leistungen, die der Gesellschafter im Laufe des Geschäftsjahres als Einlage gemacht hat, nach dem Verhältnisse der seit der Leistung abgelaufenen Zeit berücksichtigt. Hat der Gesellschafter im Laufe des Geschäftsjahres Geld auf seinen Kapitalanteil entnommen, so werden die entnommenen Beträge nach dem Verhältnisse der bis zur Entnahme abgelaufenen Zeit berücksichtigt.

Auszug aus dem Handelsgesetzbuch

(3) Derjenige Teil des Jahresgewinns, welcher die nach den Absätzen 1 und 2 zu berechnenden Gewinnanteile übersteigt, sowie der Verlust eines Geschäftsjahres wird unter den Gesellschaftern nach Köpfen verteilt.

§ 122 Entnahmen. (1) Jeder Gesellschafter ist berechtigt, aus der Gesellschaftskasse Geld bis zum Betrage von vier vom Hundert seines für das letzte Geschäftsjahr festgestellten Kapitalanteils zu seinen Lasten zu erheben und, soweit es nicht zum offenbaren Schaden der Gesellschaft gereicht, auch die Auszahlung seines den bezeichneten Betrag übersteigenden Anteils am Gewinne des letzten Jahres zu verlangen. (2) Im Übrigen ist ein Gesellschafter nicht befugt, ohne Einwilligung der anderen Gesellschafter seinen Kapitalanteil zu vermindern.

§ 125 Vertretung der Gesellschaft. (1) Zur Vertretung der Gesellschaft ist jeder Gesellschafter ermächtigt, wenn er nicht durch den Gesellschaftsvertrag von der Vertretung ausgeschlossen ist. (2) Im Gesellschaftsvertrage kann bestimmt werden, dass alle oder mehrere Gesellschafter nur in Gemeinsamkeit zur Vertretung der Gesellschaft ermächtigt sein sollen (Gesamtvertretung). Die zur Gesamtvertretung berechtigten Gesellschafter können einzelne von ihnen zur Vornahme bestimmter Geschäfte oder bestimmter Arten von Geschäften ermächtigen. Ist der Gesellschaft gegenüber eine Willenserklärung abzugeben, so genügt die Abgabe gegenüber einem der zur Mitwirkung bei der Vertretung befugten Gesellschafter. (3) Im Gesellschaftsvertrage kann bestimmt werden, dass die Gesellschafter, wenn nicht mehrere zusammen handeln, nur in Gemeinsamkeit mit einem Prokuristen zur Vertretung der Gesellschaft ermächtigt sein sollen. Die Vorschriften des Absatzes 2 Satz 2 und 3 finden in diesem Falle entsprechende Anwendung. (4) Der Ausschluss eines Gesellschafters von der Vertretung, die Anordnung einer Gesamtvertretung oder eine gemäß Absatz 3 Satz 1 getroffene Bestimmung sowie jede Änderung in der Vertretungsmacht eines Gesellschafters ist von sämtlichen Gesellschaftern zur Eintragung in das Handelsregister anzumelden.

§ 125a Geschäftsbriefe. (1) Auf allen Geschäftsbriefen der Gesellschaft, die an einen bestimmten Empfänger gerichtet werden, müssen die Rechtsform und der Sitz der Gesellschaft, das Registergericht und die Nummer, unter der die Gesellschaft in das Handelsregister eingetragen ist, angegeben werden. Bei einer Gesellschaft, bei der kein Gesellschafter eine natürliche Person ist, sind auf den Geschäftsbriefen der Gesellschaft ferner die Firmen der Gesellschafter anzugeben sowie für die Gesellschafter die nach § 35a des Gesetzes betreffend die Gesellschaften mit beschränkter Haftung oder § 80 des Aktiengesetzes für Geschäftsbriefe vorgeschriebenen Angaben zu machen. [...]

§ 126 Umfang der Vertretungsmacht. (1) Die Vertretungsmacht der Gesellschafter erstreckt sich auf alle gerichtlichen und außergerichtlichen Geschäfte und Rechtshandlungen einschließlich der Veräußerung und Belastung von Grundstücken sowie der Erteilung und des Widerrufs

einer Prokura. (2) Eine Beschränkung des Umfangs der Vertretungsmacht ist Dritten gegenüber unwirksam; dies gilt insbesondere von der Beschränkung, dass sich die Vertretung nur auf gewisse Geschäfte oder Arten von Geschäften erstrecken und dass sie nur eine gewisse Zeit oder an einzelnen Orten stattfinden soll.

§ 128 Persönliche Haftung der Gesellschafter. Die Gesellschafter haften für die Verbindlichkeiten der Gesellschaft den Gläubigern als Gesamtschuldner persönlich. Eine entgegenstehende Vereinbarung ist Dritten gegenüber unwirksam.

§ 130 Haftung des eintretenden Gesellschafters. (1) Wer in eine bestehende Gesellschaft eintritt, haftet gleich den anderen Gesellschaftern nach Maßgabe der §§ 128 [...] für die vor seinem Eintritte begründeten Verbindlichkeiten der Gesellschaft, ohne Unterschied, ob die Firma eine Änderung erleidet oder nicht. (2) Eine entgegenstehende Vereinbarung ist Dritten gegenüber unwirksam.

§ 131 Auflösungsgründe (1) Die Offene Handelsgesellschaft wird aufgelöst:
1. durch den Ablauf der Zeit, für welche sie eingegangen ist;
2. durch Beschluss der Gesellschafter;
3. durch die Eröffnung des Insolvenzverfahrens über das Vermögen der Gesellschaft;
4. durch gerichtliche Entscheidung.
(2) Folgende Gründe führen mangels abweichender vertraglicher Bestimmungen zum Ausscheiden eines Gesellschafters:
1. Tod des Gesellschafters,
2. Eröffnung der Insolvenz über das Vermögen des Gesellschafters,
3. Kündigung des Gesellschafters,
4. Kündigung durch den Privatgläubiger des Gesellschafters,
5. Eintritt von weiteren im Gesellschaftsvertrag vorgesehenen Fällen,
6. Beschluss der Gesellschafter,
Der Gesellschafter scheidet mit dem Eintritt des ihn betreffenden Ereignisses aus, im Falle der Kündigung aber nicht vor Ablauf der Kündigungsfrist.

§ 132 Kündigung eines Gesellschafters. Die Kündigung eines Gesellschafters kann, wenn die Gesellschaft für unbestimmte Zeit eingetragen ist, nur für den Schluss eines Geschäftsjahres erfolgen; sie muss mindestens sechs Monate vor diesem Zeitpunkte stattfinden.

§ 159 Ansprüche gegen einen Gesellschafter.
(1) Die Ansprüche gegen einen Gesellschafter aus Verbindlichkeiten der Gesellschaft verjähren in fünf Jahren nach der Auflösung der Gesellschaft, sofern nicht der Anspruch gegen die Gesellschaft einer kürzeren Verjährung unterliegt. (2) ...

28. Die Kommanditgesellschaft (KG)

Ausgangslage

Die Erfahrungen aus der Gründung einer Offenen Handelsgesellschaft (siehe vorherigen Teil der Fallstudie) haben Heinz Schlau ins Grübeln gebracht. Besonders die Nachteile einer unbeschränkten Haftung für jeden Gesellschafter sind ihm ein Dorn im Auge. Aus diesem Grund informiert er sich im Handelsgesetzbuch über eine andere Form der Personengesellschaft und findet Angaben über die so genannte Kommanditgesellschaft (siehe Gesetzesauszug im Anhang).

✍ Aufgaben

Ziehen Sie zur Beantwortung der Fragen den Gesetzestext im Anhang zurate.

1. Worin besteht der grundlegende Unterschied zwischen einer Offenen Handelsgesellschaft und einer Kommanditgesellschaft?

2. Welche Vorschriften existieren für die Firma einer Kommanditgesellschaft?

3. Welche gesetzlichen Vorschriften über die Gewinn- bzw. Verlustverteilung finden sich im Handelsgesetzbuch? Welche Probleme können sich dadurch ergeben und wie könnte eine Lösung aussehen?

4. Welche besondere Vorschrift ergibt sich bezogen auf die Eintragung in das Handelsregister im Gegensatz zur OHG?

5. Fassen Sie die Rechte und Pflichten eines Kommanditisten im Innenverhältnis (Rechtsbeziehungen der Gesellschafter untereinander) zusammen.

6. Welche Rechte und Pflichten hat ein Kommanditist im Außenverhältnis (Rechtsbeziehung der Gesellschafter gegenüber außenstehenden Dritten)?

7. Wie kann es zu einer Auflösung einer Kommanditgesellschaft kommen?

⇘ Arbeitsaufträge

1. Angenommen, Heinz Schlau hätte sich zur Gründung einer Kommanditgesellschaft entschlossen, um seine Haftung auf das Geschäftsvermögen zu begrenzen. Welche Folgen hätten sich für die Firma der neu gegründeten Kommanditgesellschaft ergeben? (Beachten Sie bei Ihrer Antwort, dass die Kommanditgesellschaft aus der ehemaligen Einzelunternehmung „Heinz Schlau - Büromöbelfabrik" entstanden ist).

2. Wie könnte die Firmierung lauten, wenn neben dem Kommanditisten Heinz Schlau und dem Komplementär Bernd Skibniewsky ein weiterer Komplementär (Harald Schmitt) in die Gesellschaft aufgenommen würde? Nehmen Sie kritisch Stellung zu den genannten Möglichkeiten, insbesondere in Bezug auf die Firma einer OHG.

3. Nennen Sie Vorschläge, wie eine gerechte Gewinnverteilung in einem Gesellschaftsvertrag geregelt werden könnte.

4. Angenommen, der Gesellschaftsvertrag der neu gegründeten Kommanditgesellschaft legt fest, dass Heinz Schlau Kommanditist, Bernd Skibniewsky hingegen Komplementär ist. Nachdem Herr Skibniewsky seit geraumer Zeit mit den kaufmännischen Aufgaben der Heinz Schlau KG betraut ist, erscheint ihm das von Heinz Schlau in die Unternehmung eingebrachte EDV-System für die Durchführung der Buchhaltung für ungeeignet. Er kauft daraufhin bei einem EDV-Anbieter einen neuen PC inklusive der benötigten Software. Als die Hard- und Software angeliefert wird, ist Heinz Schlau äußerst ungehalten und besteht auf den Einsatz der alten Computeranlage. Kann Heinz Schlau der Entscheidung von Herrn Skibniewsky widersprechen?

5. Welche Vorteile könnten sich für Herrn Schlau ergeben, wenn er seine Einzelunternehmung in eine Kommanditgesellschaft umwandelt und Kommanditist der Gesellschaft wird? Wie beurteilen Sie diesen Vorteil aus Sicht des Unternehmers Heinz Schlau?

6. Welche Vorteile würden sich im Gegensatz zur Gründung einer Offenen Handelsgesellschaft für Heinz Schlau ergeben, wenn er sich entschließen würde, eine Kommanditgesellschaft als Komplementär zu gründen.

Arbeitsmaterial

AMTLICHE BEKANNTMACHUNGEN
Handelsregister Amtsgericht Düsseldorf

Neueintragung:
HRA 889- 18.09.2010 **Heinz Schlau KG, Büromöbelfabrik, 40216 Düsseldorf** (Suitbertusstr. 12). (Gegenstand des Unternehmens ist die Herstellung und der Vertrieb von Büromöbeln sowie der Handel mit diesen Artikeln und Industrieerzeugnissen aller Art). Persönlich haftender Gesellschafter ist Heinz Schlau, Düsseldorf. An der Gesellschaft ist ein Kommanditist beteiligt. Beginn: 01.09.2010

Anlage 1

Nr. der Eintragung	a) Firma b) Ort der Niederlassung (Sitz der Gesellschaft) c) Gegenstand des Unternehmens (bei juristischen Personen)	Geschäftsinhaber, pers. haftender Gesellschafter, Vorstand, Abwickler	Prokura	Rechtsverhältnisse	a) Tag der Eintragung und Unterschrift b) Bemerkungen
884	a) Heinz Schlau KG, Büromöbelfabrik b) Düsseldorf	Schlau, Heinz, 23.06.1966 Düsseldorf		Kommanditist: Bernd Skibniewsky, 170.000,00 €	a) 18. Sept. 2010 *K. Krüger*

Anlage 2

Auszug aus dem Handelsgesetzbuch

Erstes Buch. Handelsgesellschaften und Stille Gesellschaft

2.2 Kommanditgesellschaft

§ 161 Begriff der KG; Anwendbarkeit der OHG-Vorschriften. (1) Eine Gesellschaft, deren Zweck auf den Betrieb eines Handelsgewerbes unter gemeinschaftlicher Firma gerichtet ist, ist eine Kommanditgesellschaft, wenn bei einem oder bei einigen von den Gesellschaftern die Haftung gegenüber den Gesellschaftsgläubigern auf den Betrag einer bestimmten Vermögenseinlage beschränkt ist (Kommanditist), während bei dem anderen Teil der Gesellschaft eine Beschränkung der Haftung nicht stattfindet (persönlich haftende Gesellschafter). (2) Soweit nicht in diesem Abschnitt ein anderes vorgeschrieben ist, finden auf die Kommanditgesellschaft die für die offene Handelsgesellschaft geltenden Vorschriften Anwendung.

§ 162 Anmeldung zum Handelsregister. (1) Die Anmeldung der Gesellschaft hat außer den in § 106 Abs. 2 vorgesehenen Angaben die Bezeichnung der Kommanditisten und den Betrag der Einlage eines jeden von ihnen zu enthalten. (2) Bei der Bekanntmachung der Eintragung ist nur die Zahl der Kommanditisten anzugeben; der Name, das Geburtsdatum und der Wohnort der Kommanditisten sowie der Betrag ihrer Einlagen werden nicht bekanntgemacht.
(3) Diese Vorschriften finden im Falle des Eintritts eines Kommanditisten in eine bestehende Handelsgesellschaft und im Falle des Ausscheidens eines Kommanditisten aus einer Kommanditgesellschaft entsprechende Anwendung.

§ 163 Rechtsverhältnisse der Gesellschafter untereinander. Für das Verhältnis der Gesellschafter untereinander gelten in Ermangelung abweichender Bestimmungen des Gesellschaftsvertrages die besonderen Vorschriften des §§ 164 bis 169.

§ 164 Geschäftsführung. Die Kommanditisten sind von der Führung der Geschäfte der Gesellschaft ausgeschlossen; sie können einer Handlung der persönlich haftenden Gesellschafter nicht widersprechen, es sei denn, dass die Handlung über den gewöhnlichen Betrieb des Handelsgewerbes der Gesellschaft hinausgeht. Die Vorschriften des § 116 Abs. 3 bleiben unberührt.

§ 165 Wettbewerbsverbot. Die §§ 112 und 113 finden auf die Kommanditisten keine Anwendung.

§ 166 Kontrollrecht. (1) Der Kommanditist ist berechtigt, die abschriftliche Mitteilung des Jahresabschlusses zu verlangen und dessen Richtigkeit unter Einsicht der Bücher und Papiere zu prüfen. (2) Die im § 118 dem von der Geschäftsführung ausgeschlossenen Gesellschafter

eingeräumten weiteren Rechte stehen dem Kommanditisten nicht zu. (3) Auf Antrag eines Kommanditisten kann das Gericht, wenn wichtige Gründe vorliegen, die Mitteilung einer Bilanz und eines Jahresabschlusses oder sonstiger Aufklärungen sowie die Vorlegung der Bücher und Papiere jederzeit anordnen.

§ 167 Gewinn und Verlust. (1) Die Vorschriften des § 120 über die Berechnung des Gewinns oder Verlustes gelten auch für den Kommanditisten. (2) Jedoch wird der einem Kommanditisten zukommende Gewinn seinem Kapitalanteil nur so lange zugeschrieben, als dieser den Betrag der bedungenen Einlage nicht erreicht. (3) An dem Verluste nimmt der Kommanditist nur bis zum Betrage seines Kapitalanteils und seiner noch rückständigen Einlage teil.

§ 168 Verteilung von Gewinn und Verlust. (1) Die Anteile der Gesellschafter am Gewinne bestimmen sich, soweit der Gewinn den Betrag von vier vom Hundert der Kapitalanteile nicht übersteigt, nach den Vorschriften des § 121 Abs. 1 und 2. (2) In Ansehung des Gewinns, welcher diesen Betrag übersteigt, sowie in Ansehung des Verlustes gilt, soweit nichts anderes vereinbart ist, ein den Umständen nach angemessenes Verhältnis der Anteile als bedungen.

§ 169 Gewinnauszahlung. (1) § 122 findet auf den Kommanditisten keine Anwendung. Dieser hat nur Anspruch auf Auszahlung des ihm zukommenden Gewinns; er kann auch die Auszahlung des Gewinns nicht fordern, solange sein Kapitalanteil durch Verlust unter den auf die bedungene Einlage geleisteten Betrag herabgemildert ist oder durch die Auszahlung unter diesen Betrag herabgemindert würde. (2) Der Kommanditist ist nicht verpflichtet, den bezogenen Gewinn wegen späterer Verluste zurückzuzahlen.

§ 170 Vertretung der KG. Der Kommanditist ist zur Vertretung der Gesellschaft nicht ermächtigt.

§ 171 Haftung des Kommanditisten. (1) Der Kommanditist haftet den Gläubigern der Gesellschaft nur bis zur Höhe seiner Einlage unmittelbar; die Haftung ist ausgeschlossen, soweit die Einlage geleistet ist.

§ 172 Umfang der Haftung. (1) Im Verhältnisse zu den Gläubigern der Gesellschaft wird nach der Eintragung in das Handelsregister die Einlage des Kommanditisten durch den in der Eintragung angegebenen Betrag bestimmt.

§ 173 Haftung bei Eintritt als Kommanditist. (1) Wer in eine bestehende Handelsgesellschaft als Kommanditist eintritt, haftet nach der Maßgabe der §§ 171 und 172 für die vor seinem Eintritte begründeten Verbindlichkeiten der Gesellschaft, ohne Unterschied, ob die Firma eine Änderung erleidet oder nicht. (2) Eine entsprechende Vereinbarung ist Dritten gegenüber unwirksam.

§ 176 Haftung vor Eintragung. (1) Hat die Gesellschaft ihre Geschäfte begonnen, bevor sie in das Handelsregister des Gerichts, in dessen Bezirke sie ihren Sitz hat, eingetragen ist, so haftet jeder Kommanditist, der dem Geschäftsbeginne zugestimmt hat, für die bis zur Eintragung begründeten Verbindlichkeiten der Gesellschaft gleich einem persönlich haftenden Gesellschafter, es sei denn, dass seine Beteiligung als Kommanditist dem Gläubiger bekannt war. Diese Vorschrift kommt nicht zur Anwendung, soweit sich aus § 2 oder § 105 Abs. 2 ein anderes ergibt. (2) Tritt ein Kommanditist in eine bestehende Handelsgesellschaft ein, so findet die Vorschrift des Absatzes 1 Satz 1 für die in der Zeit zwischen dem Eintritt und dessen Eintragung in das Handelsregister begründeten Verbindlichkeiten der Gesellschaft entsprechende Anwendung.

§ 177 Tod des Kommanditisten. Beim Tod eines Kommanditisten wird die Gesellschaft mangels abweichender vertraglicher Bestimmungen mit den Erben fortgesetzt.

Zur besonderen Beachtung
§ 19 Firma einer OHG oder KG. (1) Die Firma muss, auch wenn sie nach den §§ 21, 22, 24 oder nach anderen gesetzlichen Vorschriften geführt wird, enthalten:
1. bei Einzelkaufleuten die Bezeichnung „eingetragener Kaufmann", „eingetragene Kauffrau" oder eine allgemein verständliche Abkürzung dieser Bezeichnung, insbesondere „e. K.", „e. Kfm." oder „e. Kfr.";

2. bei offenen Handelsgesellschaften die Bezeichnung „offene Handelsgesellschaft" oder eine allgemein verständliche Abkürzung dieser Bezeichnung;
3. bei Kommanditgesellschaften die Bezeichnung „Kommanditgesellschaft" oder eine allgemein verständliche Abkürzung dieser Bezeichnung.

(2) Wenn in einer offenen Handelsgesellschaft oder Kommanditgesellschaft keine natürliche Person haftet, muss die Firma, auch wenn sie nach den § 21, 22, 24 oder nach anderen gesetzlichen Vorschriften fortgeführt wird, eine Bezeichnung enthalten, welche die Haftungsbeschränkung kennzeichnet.

§ 118 Kontrollrecht der Gesellschafter. (1) Ein Gesellschafter kann, auch wenn er von der Geschäftsführung ausgeschlossen ist, sich von den Angelegenheiten der Gesellschaft persönlich unterrichten, die Handelsbücher und die Papiere der Gesellschaft einsehen und sich aus ihnen eine Bilanz und einen Jahresabschluss anfertigen.

§ 122 Entnahmen. (1) Jeder Gesellschafter ist berechtigt, aus der Gesellschaftskasse Geld bis zum Betrage von vier vom Hundert seines für das letzte Geschäftsjahr festgestellten Kapitalanteils zu seinen Lasten zu erheben und, soweit es nicht zum offenbaren Schaden der Gesellschaft gereicht, auch die Auszahlung seines den bezeichneten Betrag übersteigenden Anteils am Gewinne des letzten Jahres zu verlangen. (2) Im Übrigen ist ein Gesellschafter nicht befugt, ohne Einwilligung der anderen Gesellschafter seinen Kapitalanteil zu vermindern.

29. Gegenüberstellung von OHG und KG

Ausgangslage

Als sich der Tischlermeister Heinz Schlau vor gut drei Jahren als Einzelkaufmann selbstständig machte, hatte er nicht im Traum daran gedacht, dass sich seine Geschäftsidee in so kurzer Zeit am Markt durchsetzen könnte. Die Nachfrage nach hochwertigen Büromöbeln, die nach kundenindividuellen Wünschen gefertigt werden, ist sehr groß. Die Aufträge nehmen ständig weiter zu und das Unternehmen geriet bereits zu Beginn dieses Jahres an seine Kapazitätsgrenze.

Natürlich hat die Selbstständigkeit auch einige Nachteile: Herr Schlau hat so gut wie keine Freizeit mehr. Entweder ist er mit der Möbelfertigung im Betrieb beschäftigt oder mit der Montage der Büromöbel vor Ort. Vor gut einem Jahr hat er zur Entlastung den kaufmännischen Mitarbeiter Bernd Skibniewsky eingestellt, der seit dem die kaufmännischen Arbeiten übernimmt. Des Weiteren hilft ihm Gerd Fuhrmann gelegentlich in der Produktion aus. Herr Schlau steht nun vor einem Entscheidungsproblem: Es muss investiert werden. Für neue, produktivere Maschinen und die Renovierung des Materiallagers benötigt Herr Schlau circa 100.000,00 €. Das Kapital würde ihm von seiner Hausbank als Kredit überlassen werden, Sicherheiten liegen schließlich genug vor.

Als Herr Schlau Herrn Skibniewsky von seinen Plänen erzählt, ist dieser von der Kreditaufnahme nicht sehr überzeugt, schließlich würde das Unternehmen dadurch langfristig mit Fremdkapitalzinsen belastet. Es sei viel besser, die Eigenkapitalbasis des Unternehmens aufzustocken. Dies könnte z. B. durch die Aufnahme von Gesellschaftern geschehen. Er beispielsweise habe schon häufiger über eine Beteiligung nachgedacht.

Wenige Tage später trifft Herr Schlau seine Schwester Sabine. Als er ihr von seinen Problemen erzählt, unterstützt sie sofort den Vorschlag von Herrn Skibniewsky. Sie selbst sei zwar erfolgreich selbstständig, stünde jedoch einer Beteiligung nicht generell ablehnend gegenüber. Herr Schlau bleibt zunächst ratlos.

✍ *Aufgaben*

Ziehen Sie zur Beantwortung der Fragen den abgedruckten Gesetzestext zurate.

1. Fassen Sie das Entscheidungsproblem des Unternehmers Schlau mit eigenen Worten zusammen.

2. Stellen Sie die Vor- und Nachteile der Gründung einer Personengesellschaft aus Sicht von Heinz Schlau, Bernd Skibniewsky und Sabine Schlau gegenüber.

✍ *Arbeitsaufträge*

1. Herr Schlau ist sich immer noch nicht sicher, ob er seine Einzelunternehmung in eine Personenge-sellschaft umwandeln soll. Er bittet Sie um Unterstützung bei dieser schwerwiegenden Entschei-dung. Verschaffen Sie sich einen Überblick über die gesetzlichen Bestimmungen der beiden wich-tigsten Formen von Personengesellschaften, der Offenen Handelsgesellschaft und der Kommandit-gesellschaft. Stellen Sie die beiden Unternehmensformen gegenüber, indem Sie die unterschiedli-chen Bestimmungen zu folgenden Aspekten aus dem Gesetzestext entnehmen.
   Beurteilungsaspekte:

   1.1 Ziel des Unternehmens und Haftung der Gesellschafter,

   1.2 Gründungsvoraussetzungen,

   1.3 Vorschriften bezüglich der Firma,

   1.4 Anforderungen an die Eintragung in das Handelsregister,

   1.5 Regelungen über die Rechte und Pflichten der Gesellschafter im Innenverhältnis,

   1.6 Regelungen über die Rechte und Pflichten der Gesellschafter im Außenverhältnis.

   Bitte geben Sie immer den entsprechenden Paragrafen an.

2. Angenommen, Heinz Schlau würde sich zur Umwandlung seiner Einzelunternehmung in eine Per-sonengesellschaft entscheiden. Welche Punkte sollten aus Ihre Sicht im Gesellschaftsvertrag der neuen Unternehmung aufgenommen werden? Ggf. können die Regelungen von den gesetzlichen Bestimmungen abweichen. Füllen Sie anhand dieser Informationen den Vertragsvordruck in der An-lage aus.

3. Nachdem auch das zurückliegende Geschäftsjahr erfolgreich als Kommanditgesellschaft abge-schlossen werden konnte, soll eine Gewinnverteilung durchgeführt werden. Herr Schlau soll vom Gewinn zunächst 3.000,00 € monatlich für seine Geschäftsführungstätigkeit erhalten. Im Übrigen stehen laut Gesellschaftsvertrag jedem Gesellschafter 5 % der Kapitaleinlage zu. Die Kapitalanteile betragen: H. Schlau 120.000,00 € (Komplementär), B. Skibniewsky 70.000,00 € (Komplementär), S. Schlau 65.000,00 € (Kommanditistin). Der Restgewinn soll im Verhältnis 2 (H. Schlau) :1:1 auf die Gesellschafter verteilt werden. Stellen Sie eine Gewinnverteilungstabelle auf und berechnen Sie sowohl den Gewinnanteil als auch die neuen Kapitalanteile der Gesellschafter. Im zurückliegenden Geschäftsjahr konnte ein Gewinn in Höhe von 150.000,00 € erzielt werden.

Gesellschaftsvertrag

§ 1   Firma, Sitz und Gegenstand des Unternehmens

1.1   Zwischen

_____

und

_____

und

_____

(Vertragschließende) wird die Umwandlung der Einzelunternehmung
„Heinz Schlau Büromöbelfabrik e. K." in eine

_____

unter der Firma

_____

vereinbart.

1.2   Sitz des Unternehmens ist

_____

1.3   Gegenstand des Unternehmens ist

_____

§ 2   Geschäftsjahr und Dauer der Gesellschaft

2.1   Das Geschäftsjahr beginnt am _____

2.2   Das Geschäftsjahr geht vom _____ bis _____

2.3   Dauer der Gesellschaft _____

§ 3   Kapitalbeteiligung und Haftungsbeschränkung

Am Kapital der Gesellschaft sind beteiligt:

Name des Gesellschafters	Höhe der Kapitalbeteiligung	Haftungsbeschränkung
_____	_____	_____
_____	_____	_____

Die Kapitalanteile sind bis zum Gründungstag auf das Geschäftskonto Nr. 74156620 bei der Stadtsparkasse Düsseldorf einzuzahlen.

§ 4   Geschäftsführung und Vertretung

Es gelten folgende Regelungen:

_____

_____

§ 5   Gewinn- und Verlustverteilung, Recht auf Privatentnahmen

5.1   Ein Gewinn wird folgendermaßen verteilt:

5.1.1 Für ihre Tätigkeit als Geschäftsführer erhalten folgende Gesellschafter vorab:

Gesellschafter   Vergütung

_____   _____

_____   _____

5.1.2 Die Gesellschafter erhalten auf ihren Kapitalanteil:

Gesellschafter   Prozentsatz

_____   _____

_____   _____

5.1.3 Für die Verteilung des Restgewinns wird folgende Regelung festgelegt:

_____

5.1.4 Regelungen bezüglich der Privatentnahmen während des Geschäftsjahres:

_____

_____

5.2   Verlustbeteiligung:

An einem Verlust der Gesellschaft werden die Gesellschafter wie folgt beteiligt:

_____

_____

§ 6   Kündigungsrechte und Folgeregelungen

_____

_____

_____

_____

_____

_____

_____

_____

§ 7   Besondere Kontroll- und Informationsrechte

_____

_____

Düsseldorf, _____

Unterschriften der Gesellschafter

- 2 -

Auszug aus dem Handelsgesetzbuch

§ 19 Bezeichnung der Firma bei Einzelkaufleuten, einer OHG oder KG. (1) Die Firma muss, auch wenn sie nach den §§ 21, 22, 24 oder nach anderen gesetzlichen Vorschriften geführt wird, enthalten:

1. bei Einzelkaufleuten die Bezeichnung „eingetragener Kaufmann", „eingetragene Kauffrau" oder eine allgemein verständliche Abkürzung dieser Bezeichnung, insbesondere „e. K.", „e. Kfm." oder „e. Kfr.";
2. bei offenen Handelsgesellschaften die Bezeichnung „offene Handelsgesellschaft" oder eine allgemein verständliche Abkürzung dieser Bezeichnung;
3. bei Kommanditgesellschaften die Bezeichnung „Kommanditgesellschaft" oder eine allgemein verständliche Abkürzung dieser Bezeichnung.

(2) Wenn in einer offenen Handelsgesellschaft oder Kommanditgesellschaft keine natürliche Person haftet, muss die Firma, auch wenn sie nach den § 21, 22, 24 oder nach anderen gesetzlichen Vorschriften fortgeführt wird, eine Bezeichnung enthalten, welche die Haftungsbeschränkung kennzeichnet.

§ 105 Begriff der OHG; Anwendbarkeit des BGB. (1) Eine Gesellschaft, deren Zweck auf den Betrieb eines Handelsgewerbes unter gemeinschaftlicher Firma gerichtet ist, ist eine offene Handelsgesellschaft, wenn bei keinem der Gesellschafter die Haftung gegenüber den Gesellschaftsgläubigern beschränkt ist.

(2) Eine Gesellschaft, deren Gewerbebetrieb nicht schon nach § 1 Abs. 2 Handelsgewerbe ist oder die nur eigenes Vermögen verwaltet, ist eine offene Handelsgesellschaft, wenn die Firma des Unternehmens in das Handelsregister eingetragen ist. § 2 Satz 2 und 3 gilt entsprechend.

(3) Auf die offene Handelsgesellschaft finden, soweit nicht in diesem Abschnitt ein anderes vorgeschrieben ist, die Vorschriften des Bürgerlichen Gesetzbuchs über die Gesellschaft Anwendung.

§ 106 Anmeldung zum Handelsregister. (1) Die Gesellschaft ist bei dem Gericht, in dessen Bezirke sie ihren Sitz hat, zur Eintragung in das Handelsregister anzumelden.

(2) Die Anmeldung hat zu enthalten:

1. den Namen, Vornamen, Geburtsdatum und Wohnort jedes Gesellschafters;
2. die Firma der Gesellschaft und den Ort, wo sie ihren Sitz hat;
3. den Zeitpunkt, mit welchem die Gesellschaft begonnen hat.

§ 108 Anmeldung durch alle Gesellschafter; Aufbewahrung der Unterschriften. (1) Die Anmeldungen sind von sämtlichen Gesellschaftern zu bewirken.

(2) Die Gesellschafter, welche die Gesellschaft vertreten sollen, haben ihre Namensunterschrift unter Angabe der Firma zur Aufbewahrung bei dem Gericht zu zeichnen.

§ 109 Gesellschaftsvertrag. Das Rechtsverhältnis der Gesellschafter untereinander richtet sich zunächst nach dem Gesellschaftsvertrage; die Vorschriften der §§ 110 bis 122 finden nur insoweit Anwendung, als nicht durch den Gesellschaftsvertrag ein anderes bestimmt ist.

§ 112 Wettbewerbsverbot. (1) Ein Gesellschafter darf ohne Einwilligung der anderen Gesellschafter weder in dem Handelszweige der Gesellschaft Geschäfte machen noch an einem anderen gleichartigen Handelsgeschäft als persönlich haftender Gesellschafter teilnehmen. (2) [...]

§ 114 Geschäftsführung. (1) Zur Führung der Geschäfte der Gesellschaft sind alle Gesellschafter berechtigt und verpflichtet.

(2) Ist im Gesellschaftsvertrage die Geschäftsführung einem Gesellschafter oder mehreren Gesellschaftern übertragen, so sind die übrigen Gesellschafter von der Geschäftsführung ausgeschlossen.

§ 115 Geschäftsführung durch mehrere Gesellschafter. (1) Steht die Geschäftsführung alleine oder mehreren Gesellschaftern zu, so ist jeder von ihnen allein zu handeln berechtigt; widerspricht jedoch ein anderer geschäftsführender Gesellschafter den Vornahmen einer Handlung, so muss diese unterbleiben.

(2) Ist im Gesellschaftsvertrage bestimmt, dass die Gesellschafter, denen die Geschäftsführung zusteht, nur zusammen handeln können, so bedarf es für jedes Geschäft der Zustimmung aller geschäftsführenden Gesellschafter, es sei denn, dass Gefahr im Verzug ist.

§ 116 Umfang der Geschäftsführungsbefugnis. (1) Die Befugnis zur Geschäftsführung erstreckt sich auf alle Handlungen, die der gewöhnliche Betrieb des Handelsgewerbes der Gesellschaft mit sich bringt.

(2) Zur Vornahme von Handlungen, die darüber hinausgehen, ist ein Beschluss sämtlicher Gesellschafter erforderlich.

(3) Zur Bestellung eines Prokuristen bedarf es der Zustimmung aller geschäftsführenden Gesellschafter, es sei denn, dass Gefahr in Verzug ist. Der Widerruf der Prokura kann von jedem der zur Erteilung oder zur Mitwirkung bei der Erteilung befugten Gesellschafter erfolgen.

§ 118 Kontrollrecht der Gesellschafter. (1) Ein Gesellschafter kann, auch wenn er von der Geschäftsführung ausgeschlossen ist, sich von den Angelegenheiten der Gesellschaft persönlich unterrichten, die Handelsbücher und die Papiere der Gesellschaft einsehen und sich aus ihnen eine Bilanz und einen Jahresabschluss anfertigen. [...]

§ 120 Gewinn und Verlust. (1) Am Schlusse jedes Geschäftsjahres wird aufgrund der Bilanz der Gewinn oder der Verlust des Jahres ermittelt und für jeden Gesellschafter sein Anteil daran berechnet.

(2) Der einem Gesellschafter zukommende Gewinn wird dem Kapitalanteile des Gesellschafters gutgeschrieben; der auf einen Gesellschafter entfallende Verlust sowie das während des Geschäftsjahres auf den Kapitalanteil entnommene Geld wird davon abgeschrieben.

§ 121 Verteilung von Gewinn und Verlust. (1) Von dem Jahresgewinne gebührt jedem Gesellschafter zunächst ein Teil in Höhe von vier vom Hundert seines Kapitalanteils. Reicht der Jahresgewinn hierzu nicht aus, so bestimmen sich die Anteile nach einem entsprechend niedrigeren Satze.

(2) Bei der Berechnung des nach Absatz 1 einem Gesellschafter zukommenden Gewinnanteils werden Leistungen, die der Gesellschafter im Laufe des Geschäftsjahres als Einlage gemacht hat, nach dem Verhältnisse der seit der Leistung abgelaufenen Zeit berücksichtigt. Hat der Gesellschafter im Laufe des Geschäftsjahres Geld auf seinen Kapitalanteil entnommen, so werden die entnommenen Beträge nach dem Verhältnisse der bis zur Entnahme abgelaufenen Zeit berücksichtigt.

Fortsetzung des § 121:
(3) Derjenige Teil des Jahresgewinns, welcher die nach den Absätzen 1 und 2 zu berechnenden Gewinnanteile übersteigt, sowie der Verlust eines Geschäftsjahres wird unter den Gesellschaftern nach Köpfen verteilt.

§ 122 Entnahmen. (1) Jeder Gesellschafter ist berechtigt, aus der Gesellschaftskasse Geld bis zum Betrage von vier vom Hundert seines für das letzte Geschäftsjahr festgestellten Kapitalanteils zu seinen Lasten zu erheben und, soweit es nicht zum offenbaren Schaden der Gesellschaft gereicht, auch die Auszahlung seines den bezeichneten Betrag übersteigenden Anteils am Gewinne des letzten Jahres zu verlangen.
(2) Im Übrigen ist ein Gesellschafter nicht befugt, ohne Einwilligung der anderen Gesellschafter seinen Kapitalanteil zu vermindern.

§ 125 Vertretung der Gesellschaft. (1) Zur Vertretung der Gesellschaft ist jeder Gesellschafter ermächtigt, wenn er nicht durch den Gesellschaftsvertrag von der Vertretung ausgeschlossen ist.
(2) Im Gesellschaftsvertrage kann bestimmt werden, dass alle oder mehrere Gesellschafter nur in Gemeinsamkeit zur Vertretung der Gesellschaft ermächtigt sein sollen (Gesamtvertretung). Die zur Gesamtvertretung berechtigten Gesellschafter können einzelne von ihnen zur Vornahme bestimmter Geschäfte oder bestimmter Arten von Geschäften ermächtigen. Ist der Gesellschaft gegenüber eine Willenserklärung abzugeben, so genügt die Abgabe gegenüber einem der zur Mitwirkung bei der Vertretung befugten Gesellschafter.
(3) Im Gesellschaftsvertrage kann bestimmt werden, dass die Gesellschafter, wenn nicht mehrere zusammen handeln, nur in Gemeinsamkeit mit einem Prokuristen zur Vertretung der Gesellschaft ermächtigt sein sollen. Die Vorschriften des Absatzes 2 Satz 2 und 3 finden in diesem Falle entsprechende Anwendung.
(4) Der Ausschluss eines Gesellschafters von der Vertretung, die Anordnung einer Gesamtvertretung oder eine gemäß Absatz 3 Satz 1 getroffene Bestimmung sowie jede Änderung in der Vertretungsmacht eines Gesellschafters ist von sämtlichen Gesellschaftern zur Eintragung in das Handelsregister anzumelden.

§ 125a Geschäftsbriefe. (1) Auf allen Geschäftsbriefen der Gesellschaft, die an einen bestimmten Empfänger gerichtet werden, müssen die Rechtsform und der Sitz der Gesellschaft, das Registergericht und die Nummer, unter der die Gesellschaft in das Handelsregister eingetragen ist, angegeben werden. Bei einer Gesellschaft, bei der kein Gesellschafter eine natürliche Person ist, sind auf den Geschäftsbriefen der Gesellschaft ferner die Firmen der Gesellschafter anzugeben sowie für die Gesellschafter die nach § 35 a des Gesetzes betreffend die Gesellschaften mit beschränkter Haftung oder § 80 des Aktiengesetzes für Geschäftsbriefe vorgeschriebenen Angaben zu machen. [...]

§ 126 Umfang der Vertretungsmacht. (1) Die Vertretungsmacht der Gesellschafter erstreckt sich auf alle gerichtlichen und außergerichtlichen Geschäfte und Rechtshandlungen einschließlich der Veräußerung und Belastung von Grundstücken sowie der Erteilung und des Widerrufs einer Prokura.
(2) Eine Beschränkung des Umfangs der Vertretungsmacht ist Dritten gegenüber unwirksam; dies gilt insbesondere von der Beschränkung, dass sich die Vertretung nur auf

gewisse Geschäfte oder Arten von Geschäften erstrecken und dass sie nur eine gewisse Zeit oder an einzelnen Orten stattfinden soll.

§ 128 Persönliche Haftung der Gesellschafter. Die Gesellschafter haften für die Verbindlichkeiten der Gesellschaft den Gläubigern als Gesamtschuldner persönlich. Eine entgegenstehende Vereinbarung ist Dritten gegenüber unwirksam.

§ 130 Haftung des eintretenden Gesellschafters. (1) Wer in eine bestehende Gesellschaft eintritt, haftet gleich den anderen Gesellschaftern nach Maßgabe der §§ 128 ... für die vor seinem Eintritte begründeten Verbindlichkeiten der Gesellschaft, ohne Unterschied, ob die Firma eine Änderung erleidet oder nicht.
(2) Eine entgegenstehende Vereinbarung ist Dritten gegenüber unwirksam.

§ 131 Auflösungsgründe. (1) Die Offene Handelsgesellschaft wird aufgelöst:
1. durch den Ablauf der Zeit, für welche sie eingegangen ist;
2. durch Beschluss der Gesellschafter;
3. durch die Eröffnung des Insolvenzverfahrens über das Vermögen der Gesellschaft;
4. durch gerichtliche Entscheidung. [...]
(3) Folgende Gründe führen mangels abweichender vertraglicher Bestimmungen zum Ausscheiden eines Gesellschafters:
1. Tod des Gesellschafters,
2. Eröffnung der Insolvenz über das Vermögen des Gesellschafters,
3. Kündigung des Gesellschafters,
4. Kündigung durch den Privatgläubiger des Gesellschafters,
5. Eintritt von weiteren im Gesellschaftsvertrag vorgesehenen Fällen,
6. Beschluss der Gesellschafter,
Der Gesellschafter scheidet mit dem Eintritt des ihn betreffenden Ereignisses aus, im Falle der Kündigung aber nicht vor Ablauf der Kündigungsfrist.

§ 159 Ansprüche gegen einen Gesellschafter. (1) Die Ansprüche gegen einen Gesellschafter aus Verbindlichkeiten der Gesellschaft verjähren in fünf Jahren nach der Auflösung der Gesellschaft, sofern nicht der Anspruch gegen die Gesellschaft einer kürzeren Verjährung unterliegt. (2) [...]

§ 161 Begriff der KG; Anwendbarkeit der OHG-Vorschriften. (1) Eine Gesellschaft, deren Zweck auf den Betrieb eines Handelsgewerbes unter gemeinschaftlicher Firma gerichtet ist, ist eine Kommanditgesellschaft, wenn bei einem oder bei einigen von den Gesellschaftern die Haftung gegenüber den Gesellschaftsgläubigern auf den Betrag einer bestimmten Vermögenseinlage beschränkt ist (Kommanditisten), während bei dem anderen Teil der Gesellschaft eine Beschränkung der Haftung nicht stattfindet (persönlich haftende Gesellschafter).
(2) Soweit nicht in diesem Abschnitt ein anderes vorgeschrieben ist, finden auf die Kommanditgesellschaft die für die offene Handelsgesellschaft geltenden Vorschriften Anwendung.

§ 162 Anmeldung zum Handelsregister. (1) Die Anmeldung der Gesellschaft hat außer den in § 106 Abs. 2 vorgesehenen Angaben die Bezeichnung der Kommanditisten und den Betrag der Einlage eines jeden von Ihnen zu enthalten.

Fortsetzung des § 162:

(2) Bei der Bekanntmachung der Eintragung ist nur die Zahl der Kommanditisten anzugeben; der Name, das Geburtsdatum und der Wohnort der Kommanditisten sowie der Betrag ihrer Einlagen werden nicht bekanntgemacht.

(3) Diese Vorschriften finden im Falle des Eintritts eines Kommanditisten in eine bestehende Handelsgesellschaft und im Falle des Ausscheidens eines Kommanditisten aus einer Kommanditgesellschaft entsprechende Anwendung.

§ 163 Rechtsverhältnisse der Gesellschafter untereinander. Für das Verhältnis der Gesellschafter untereinander gelten in Ermangelung abweichender Bestimmungen des Gesellschaftsvertrages die besonderen Vorschriften des §§ 164 bis 169.

§ 164 Geschäftsführung. Die Kommanditisten sind von der Führung der Geschäfte der Gesellschaft ausgeschlossen; sie können einer Handlung der persönlich haftenden Gesellschafter nicht widersprechen, es sei denn, dass die Handlung über den gewöhnlichen Betrieb des Handelsgewerbes der Gesellschaft hinausgeht. Die Vorschriften des § 116 Abs. 3 bleiben unberührt.

§ 165 Wettbewerbsverbot. Die §§ 112 und 113 finden auf die Kommanditisten keine Anwendung.

§ 166 Kontrollrecht. (1) Der Kommanditist ist berechtigt, die abschriftliche Mitteilung des Jahresabschlusses zu verlangen und dessen Richtigkeit unter Einsicht der Bücher und Papiere zu prüfen.

(2) Die im § 118 dem von der Geschäftsführung ausgeschlossenen Gesellschafter eingeräumten weiteren Rechte stehen dem Kommanditisten nicht zu.

(3) Auf Antrag eines Kommanditisten kann das Gericht, wenn wichtige Gründe vorliegen, die Mitteilung einer Bilanz und eines Jahresabschlusses oder sonstiger Aufklärungen sowie die Vorlegung der Bücher und Papiere jederzeit anordnen.

§ 167 Gewinn und Verlust. (1) Die Vorschriften des § 120 über die Berechnung des Gewinns oder Verlustes gelten auch für den Kommanditisten.

(2) Jedoch wird der einem Kommanditisten zukommende Gewinn seinem Kapitalanteil nur so lange zugeschrieben, als dieser den Betrag der bedungenen Einlage nicht erreicht.

(3) An dem Verluste nimmt der Kommanditist nur bis zum Betrage seines Kapitalanteils und seiner nach rückständigen Einlage teil.

§ 168 Verteilung von Gewinn und Verlust. (1) Die Anteile der Gesellschafter am Gewinne bestimmen sich, soweit der Gewinn den Betrag von vier vom Hundert der Kapitalanteile nicht übersteigt, nach den Vorschriften des § 121 Abs. 1 und 2.

(2) In Ansehung des Gewinns, welcher diesen Betrag übersteigt, sowie in Ansehung des Verlustes gilt, soweit nichts anderes vereinbart ist, ein den Umständen nach angemessenes Verhältnis der Anteile als bedungen.

§ 169 Gewinnauszahlung. (1) § 122 findet auf den Kommanditisten keine Anwendung. Dieser hat nur Anspruch auf Auszahlung des ihm zukommenden Gewinns; er kann auch die Auszahlung des Gewinns nicht fordern, solange sein Kapitalanteil durch Verlust unter den auf die bedungene Einlage geleisteten Betrag herabgemildert ist oder durch die Auszahlung unter diesen Betrag herabgemindert würde.

(2) Der Kommanditist ist nicht verpflichtet, den bezogenen Gewinn wegen späterer Verluste zurückzuzahlen.

§ 170 Vertretung der KG. Der Kommanditist ist zur Vertretung der Gesellschaft nicht ermächtigt.

§ 171 Haftung des Kommanditisten. (1) Der Kommanditist haftet den Gläubigern der Gesellschaft nur bis zur Höhe seiner Einlage unmittelbar; die Haftung ist ausgeschlossen, soweit die Einlage geleistet ist. (2) [...]

§ 172 Umfang der Haftung. (1) Im Verhältnisse zu den Gläubigern der Gesellschaft wird nach der Eintragung in das Handelsregister die Einlage des Kommanditisten durch den in der Eintragung angegebenen Betrag bestimmt. (2) [...]

§ 173 Haftung bei Eintritt als Kommanditist. (1) Wer in eine bestehende Handelsgesellschaft als Kommanditist eintritt, haftet nach der Maßgabe der §§ 171 und 172 für die vor seinem Eintritte begründeten Verbindlichkeiten der Gesellschaft, ohne Unterschied, ob die Firma eine Änderung erleidet oder nicht.

(2) Eine entgegenstehende Vereinbarung ist Dritten gegenüber unwirksam.

§ 176 Haftung vor Eintragung. (1) Hat die Gesellschaft ihre Geschäfte begonnen, bevor sie in das Handelsregister des Gerichts, in dessen Bezirke sie ihren Sitz hat, eingetragen ist, so haftet jeder Kommanditist, der dem Geschäftsbeginne zugestimmt hat, für die bis zur Eintragung begründeten Verbindlichkeiten der Gesellschaft gleich einem persönlich haftenden Gesellschafter, es sei denn, dass seine Beteiligung als Kommanditist dem Gläubiger bekannt war. Diese Vorschrift kommt nicht zur Anwendung, soweit sich aus § 2 oder § 105 Abs. 2 einen anderes ergibt.

(2) Tritt ein Kommanditist in eine bestehende Handelsgesellschaft ein, so findet die Vorschrift des Absatzes 1 Satz 1 für die in der Zeit zwischen dem Eintritt und dessen Eintragung in das Handelsregister begründeten Verbindlichkeiten der Gesellschaft entsprechende Anwendung.

§ 177 Tod des Kommanditisten. Beim Tod eines Kommanditisten wird die Gesellschaft mangels abweichender vertraglicher Bestimmungen mit den Erben fortgesetzt.

Auszug aus dem BGB

§ 705 Inhalt des Gesellschaftsvertrages. Durch den Gesellschaftsvertrag verpflichten sich die Gesellschafter gegenseitig, die Erreichung eines gemeinsamen Zwecks in der durch den Vertrag bestimmten Weise zu fördern, insbesondere die vereinbarten Beiträge zu leisten.

§ 706 Beiträge der Gesellschafter. (1) Die Gesellschafter haben in Ermangelung einer anderen Vereinbarung gleiche Beiträge zu leisten. (2) [...]

30. Die Gesellschaft mit beschränkter Haftung (GmbH)

Ausgangslage

Der Einzelunternehmer Heinz Schlau, der sein Unternehmen in eine Gesellschaftsunternehmung umwandeln möchte, lehnt die Gründung einer Personengesellschaft wegen der unbeschränkten Haftung ab. Zwar würde er in einer Kommanditgesellschaft als Kommanditist lediglich mit seinem Geschäftsvermögen haften, er hätte dann jedoch auch die Befugnis zur Ausübung einer geschäftsführerischen Tätigkeit verloren. Durch einen Bekannten, der Geschäftsführer einer so genannten „Ein-Mann-GmbH" ist, wird er auf die Unternehmensformen der Kapitalgesellschaft aufmerksam gemacht. Sein Bekannter teilt ihm die Vorzüge seiner GmbH mit: Er ist sein eigener Geschäftsführer und trotzdem ist seine Haftung auf das Geschäftsvermögen beschränkt. Diese Vorteile machen Heinz Schlau neugierig. Vielleicht wäre ja die Gründung einer Gesellschaft mit beschränkter Haftung die ideale Unternehmensform für ihn.

✎ Aufgaben

Ziehen Sie zur Beantwortung der Fragen den Gesetzestext im Anhang zurate.

1. Lesen Sie sich den § 13 GmbHG durch. Durch welche Besonderheiten unterscheidet sich die Gesellschaft mit beschränkter Haftung von den Personengesellschaften?

2. Unterscheiden Sie die Begriffe „Stammkapital", „Stammeinlage" und „Geschäftsanteil". (Beachten Sie die §§ 5 und 15 GmbHG.)

3. Welche Ansprüche werden an die Firma einer GmbH gestellt?

4. Welche Voraussetzungen müssen für die Gründung einer GmbH erfüllt sein?

5. Wer ist Geschäftsführer einer GmbH?

6. Welche Funktionen hat ein Aufsichtsrat in einer GmbH?

7. Welche Rechte und welche Pflichten haben die Gesellschafter einer GmbH?

⮂ Arbeitsaufträge

1. Kann Heinz Schlau überhaupt alleine eine GmbH gründen, und wie schließt er dann einen Gesellschaftsvertrag ab?

2. Wie könnte sich die Firma der Ein-Mann-GmbH von Heinz Schlau nennen?

3. Da Heinz Schlau durch die Führung seiner Einzelunternehmung weiß, wie arbeitsintensiv die Führung einer solchen Unternehmensform ist, schließlich war er nicht nur mit den kaufmännischen Arbeiten, sondern auch mit der Mitarbeit im Betrieb selbst betraut, entschließt er sich zur Umwandlung seines Unternehmens in eine GmbH. Aus seiner Tätigkeit als gewerblicher Arbeitnehmer in einer Wohnmöbelfabrik kennt er Bernd Skibniewsky, der dort als kaufmännischer Mitarbeiter beschäftigt ist. Dieser wäre bereit als mitarbeitender Gesellschafter in die neue GmbH einzutreten.

Darüber hinaus möchte auch die Schwester von Heinz, Beate Schlau, in die neue Gesellschaft investieren. Die Drei erstellen zusammen einen Gesellschaftsvertrag (siehe Anlage 2).

Aus der ehemaligen Einzelunternehmung bringt Heinz Schlau 150.000,00 € in das Unternehmen ein. Herr Skibniewsky kann insgesamt 170.000,00 € aufbringen. Beate Schlau möchte zunächst nur 10.000,00 € in das Unternehmen investieren.

3.1 Im Gesellschaftsvertrag wurde durch die drei Gesellschafter lediglich ein Stammkapital von 25.000,00 € vereinbart. Ist dies vor dem Hintergrund des eingebrachten Kapitals (insgesamt 330.000,00 €) überhaupt möglich? Falls dies Ihrer Meinung nach möglich ist, bitte begründen Sie diese Maßnahme.

3.2 Welcher Vorteil und welcher Nachteil könnten sich durch die geringe Stammkapitalhöhe ergeben?

3.3 Vorrangig wurde der Gesellschafter Skibniewsky wegen seiner kaufmännischen Fähigkeiten in die Gesellschaft aufgenommen. Als Mitarbeiter der GmbH erhält er ein seinen Leistungen entsprechendes Angestelltengehalt. Wie beurteilen Sie seine Stellung als Gesellschafter der GmbH vor dem Hintergrund der im Gesellschaftsvertrag getroffenen Vereinbarungen?

4. Die drei Gesellschafter einigen sich und unterschreiben den Gesellschaftsvertrag am 01.09.2010 (siehe Anlage 2). Die bestehende Einzelunternehmung ist in eine Kapitalgesellschaft umgewandelt. Der Geschäftsführer Heinz Schlau führt daraufhin seine Geschäftstätigkeit fort. Unter anderem versendet er Bestellungen mit dem Briefkopf „Heinz Schlau GmbH – Büromöbelfabrik". Am 18.09.2010 findet er die Zeit und lässt die neu gegründete GmbH in das Handelsregister eintragen (siehe Anlage 1). Durfte Heinz Schlau so lange mit der Eintragung in das Handelsregister warten?

5. Nachdem Heinz Schlau die GmbH offiziell gegründet hat, stellt er fest, dass er noch eine große Anzahl von Briefbogen seiner alten Einzelunternehmung „Heinz Schlau – Büromöbelfabrik" besitzt. Um Geld zu sparen, entschließt er sich, diese solange einzusetzen, bis der Vorrat aufgebraucht ist. Auch das Firmenschild mit der Aufschrift „Heinz Schlau Büromöbelfabrik - Kundenindividuelle Fertigung", das über der Toreinfahrt zu seinem Betriebsgelände hängt, lässt er unverändert. Welche Folgen können sich durch dieses Handeln ergeben?

Amtsgericht Düsseldorf						HR B 7786
Nr. der Eintragung	a) Firma b) Ort der Niederlassung (Sitz der Gesellschaft) c) Gegenstand des Unternehmens (bei juristischen Personen)	Grund- oder Stammkapital (in €)	Vorstand Persönlich haftende Gesellschafter Geschäftsführer Abwickler	Prokura	Rechtsverhältnisse	a) Tag der Eintragung und Unterschrift b) Bemerkungen
884	a) Heinz Schlau – Büromöbelfabrik GmbH b) Düsseldorf c) Herstellung und Vertrieb von Büromöbeln sowie Handel mit diesen Artikeln und Industrieerzeugnissen aller Art.	25.000,00	Heinz Schlau, 23.06.1966, Tischlermeister, Düsseldorf		Gesellschaft mit beschränkter Haftung. Gesellschaftsvertrag vom 01.09.2010	a) 19. Sept. 2010 *K. Krüger*

Anlage 1: Auszug aus dem Handelsregister

Gesellschaftsvertrag

zwischen

Heinz Schlau, Tischlermeister,
Remscheider Str. 30, 40215 Düsseldorf

und

Bernd Skibniewsky, Industriekaufmann,
Aderstr. 8, 40235 Düsseldorf

und

Beate Schlau, Architektin,
Heidelberger Str. 234, 40668 Meerbusch

Es wird vereinbart:

1. Wir errichten unter der Firma
   Heinz Schlau GmbH - Büromöbelfabrik
   eine Gesellschaft mit beschränkter Haftung mit Sitz in Düsseldorf, Suitbertusstr. 12

2. Der Zweck der Gesellschaft ist die Herstellung und der Vertrieb von Büromöbeln.

3. Die GmbH entsteht durch Umwandlung aus der Heinz Schlau - Büromöbelfabrik am 01.09.2010

4. Das Stammkapital beträgt 25.000,00 € und ist aufgeteilt in folgende Stammeinlagen:
   Heinz Schlau: 15.000,00 €
   Bernd Skibniewsky: 5.000,00 €
   Beate Schlau: 5.000,00 €.
   Die jeweiligen Stammeinlagen müssen bis spätestens 15.09.2010 auf dem Geschäftskonto eingezahlt sein.

5. Zur Geschäftsführung und Vertretung wird Herr Schlau ermächtigt.

6. Die Verteilung des Jahresgewinnes erfolgt nach dem Verhältnis der Geschäftsanteile.

7. Vom Jahresüberschuss - gemindert um einen etwaigen Verlustvortrag - sind solange 5 % in die Gewinnrücklage einzustellen, bis diese 30 % des Stammkapitals erreicht.

8. Sollte es zu Liquiditätsschwierigkeiten kommen, so kann die Mehrheit der Gesellschafter weitere Einzahlungen (Nachschüsse) fordern. Kommt ein Gesellschafter seiner Nachschusspflicht nicht nach, so ist ihm sein Geschäftsanteil binnen 2 Monaten auszuzahlen. Der betreffende Gesellschafter scheidet mit Ablauf der Nachschusspflicht aus der Gesellschaft aus.

9. Der Geschäftsführer hat in den Angelegenheiten der Gesellschaft die Sorgfältigkeit eines ordentlichen Geschäftsmannes anzuwenden. Darüber hinaus ist der Geschäftsführer verpflichtet, für die ordnungsgemäße Buchführung der Gesellschaft zu sorgen.

10. Die Bestellung des Geschäftsführers kann nur in Fällen grober Pflichtverletzung oder Unfähigkeit zur ordnungsgemäßen Geschäftsführung widerrufen werden.

Düsseldorf, 01.09.2010

Heinz Schlau   *Bernd Skibniewsky*   *Beate Schlau*
Heinz Schlau   Bernd Skibniewsky   Beate Schlau

Anlage 2: Gesellschaftsvertrag der Heinz Schlau GmbH

Auszug aus dem GmbH-Gesetz
Gesetz betreffend die Gesellschaft mit beschränkter Haftung (GmbHG)

§ 1 Zweck, Gründerzahl. Gesellschaften mit beschränkter Haftung können nach Maßgabe der Bestimmungen dieses Gesetzes zu jedem gesetzlich zulässigen Zweck durch eine oder mehrere Personen errichtet werden.

§ 2 Form des Gesellschaftsvertrags. (1) Der Gesellschaftsvertrag bedarf notarieller Form. Er ist von sämtlichen Gesellschaftern zu unterzeichnen. (1a) Die Gesellschaft kann in einem vereinfachten Verfahren gegründet werden, wenn sie höchstens drei Gesellschafter und einen Geschäftsführer hat. Für die Gründung im vereinfachten Verfahren ist das in der Anlage bestimmte Musterprotokoll zu verwenden. [...]

§ 3 Inhalt des Gesellschaftsvertrags. (1) Der Gesellschaftsvertrag muss enthalten:
1. die Firma und den Sitz der Gesellschaft,
2. den Gegenstand des Unternehmens,
3. den Betrag des Stammkapitals,
4. die Zahl und die Nennbeträge der Geschäftsanteile, die jeder Gesellschafter gegen Einlage auf das Stammkapital (Stammeinlage) übernimmt.

§ 4 Firma. Die Firma der Gesellschaft muss [...] die Bezeichnung „Gesellschaft mit beschränkter Haftung" oder eine allgemein verständliche Abkürzung dieser Bezeichnung enthalten.

§ 5 Stammkapital, Geschäftsanteil. (1) Das Stammkapital der Gesellschaft muss mindestens fünfundzwanzigtausend Euro betragen. (2) Der Nennbetrag jedes Geschäftsanteils muss auf volle Euro lauten. Ein Gesellschafter kann bei Errichtung der Gesellschaft mehrere Geschäftsanteile übernehmen. (3) Die Höhe der Nennbeträge der einzelnen Geschäftsanteile kann verschieden bestimmt werden. Die Summe der Nennbeträge aller Geschäftsanteile muss mit dem Stammkapital übereinstimmen. (4) Sollen Sacheinlagen geleistet werden, so müssen der Gegenstand der Sacheinlage und der Nennbetrag des Geschäftsanteils, auf den sich die Sacheinlage bezieht, im Gesellschaftsvertrag festgesetzt werden. [...]

§ 5a Unternehmergesellschaft. (1) Eine Gesellschaft, die mit einem Stammkapital gegründet wird, das den Betrag des Mindeststammkapitals nach § 5 Abs. 1 unterschreitet, muss in der Firma abweichend von § 4 die Bezeichnung „Unternehmergesellschaft (haftungsbeschränkt)" oder „UG (haftungsbeschränkt)" führen. (2) Abweichend von § 7 Abs. 2 darf die Anmeldung erst erfolgen, wenn das Stammkapital in voller Höhe eingezahlt ist. Sacheinlagen sind ausgeschlossen. [...]

§ 6 Geschäftsführer. (1) Die Gesellschaft muss einen oder mehrere Geschäftsführer haben. (2) Geschäftsführer kann nur eine natürliche, unbeschränkt geschäftsfähige Person sein.[...] (3) Zu Geschäftsführern können Gesellschafter oder andere Personen bestellt werden. [...] (4) Ist im Gesellschaftsvertrag bestimmt, dass sämtliche Gesellschafter zur Geschäftsführung berechtigt sein sollen, so gelten nur die der Gesellschaft bei Festsetzung dieser Bestimmung angehörenden Personen als die bestellten Geschäftsführer. [...]

§ 7 Anmeldung der Gesellschaft. (1) Die Gesellschaft ist bei dem Gericht, in dessen Bezirk sie ihren Sitz hat, zur Eintragung in das Handelsregister anzumelden. (2) Die Anmeldung darf erst erfolgen, wenn auf jeden Geschäftsanteil, soweit nicht Sacheinlagen vereinbart sind, ein Viertel des Nennbetrags eingezahlt ist. Insgesamt muss auf das Stammkapital mindestens soviel eingezahlt sein, dass der Gesamtbetrag der eingezahlten Geldeinlagen zuzüglich des Gesamtnennbetrags der Geschäftsanteile, für die Sacheinlagen zu leisten sind, die Hälfte des Mindeststammkapitals gemäß § 5 Abs. 1 erreicht. (3) Die Sacheinlagen sind vor der Anmeldung der Gesellschaft zur Eintragung in das Handelsregister so an die Gesellschaft zu bewirken, dass sie endgültig zur freien Verfügung der Geschäftsführer stehen.

§ 10 Inhalt der Eintragung. (1) Bei der Eintragung in das Handelsregister sind die Firma und der Sitz der Gesellschaft, eine inländische Geschäftsanschrift, der Gegenstand des Unternehmens, die Höhe des Stammkapitals, der Tag des Abschlusses des Gesellschaftsvertrags und die Personen der Geschäftsführer anzugeben. Ferner ist einzutragen, welche Vertretungsbefugnis die Geschäftsführer haben. [...]

§ 11 Rechtszustand vor der Eintragung. (1) Vor der Eintragung in das Handelsregister des Sitzes der Gesellschaft besteht die Gesellschaft mit beschränkter Haftung als solche nicht. (2) Ist vor der Eintragung im Namen der Gesellschaft gehandelt worden, so haften die Handelnden persönlich und solidarisch.

§ 13 Juristische Person, Handelsgesellschaft. (1) Die Gesellschaft mit beschränkter Haftung als solche hat selbstständig ihre Rechte und Pflichten; sie kann Eigentum und andere dingliche Rechte an Grundstücken erwerben, vor Gericht klagen und verklagt werden. (2) Für die Verbindlichkeiten der Gesellschaft haftet den Gläubigern derselben nur das Gesellschaftsvermögen. (3) Die Gesellschaft gilt als Handelsgesellschaft im Sinne des Handelsgesetzbuchs.

§ 14 Einlagepflicht. Auf jeden Geschäftsanteil ist eine Einlage zu leisten. Die Höhe der zu leistenden Einlage richtet sich nach dem bei der Errichtung der Gesellschaft im Gesellschaftsvertrag festgesetzten Nennbetrag des Geschäftsanteils. Im Fall der Kapitalerhöhung bestimmt sich die Höhe der zu leistenden Einlage nach dem in der Übernahmeerklärung festgesetzten Nennbetrag des Geschäftsanteils.

§ 15 Übertragung von Geschäftsanteilen. (1) Die Geschäftsanteile sind veräußerlich und vererblich. (2) Erwirbt ein Gesellschafter zu seinem ursprünglichen Geschäftsanteil weitere Geschäftsanteile, so behalten dieselben ihre Selbstständigkeit. (3) Zur Abtretung von Geschäftsanteilen durch Gesellschafter bedarf es eines in notarieller Form geschlossenen Vertrags. [...] (5) Durch den Gesellschaftsvertrag kann die Abtretung der Geschäftsanteile an weitere Voraussetzungen geknüpft, insbesondere von der Genehmigung der Gesellschaft abhängig gemacht werden.

§ 19 Leistung der Einlagen. (1) Die Einzahlungen auf die Geschäftsanteile sind nach dem Verhältnis der Geldeinlagen zu leisten. (2) Von der Verpflichtung zur Leistung der Einlagen können die Gesellschafter nicht befreit werden. Gegen den Anspruch der Gesellschaft ist die Aufrechnung nur zulässig mit einer Forderung aus der Überlassung von Vermögensgegenständen, deren Anrechnung auf die Einlageverpflichtung nach § 5 Abs. 4 Satz 1 vereinbart worden ist. [...]

§ 26 Nachschusspflicht. (1) Im Gesellschaftsvertrag kann bestimmt werden, dass die Gesellschafter über die Nennbeträge der Geschäftsanteile hinaus die Einforderung von weiteren Einzahlungen (Nachschüssen) beschließen können. (2) Die Einzahlung der Nachschüsse hat nach Verhältnis der Geschäftsanteile zu erfolgen. (3) Die Nachschusspflicht kann im Gesellschaftsvertrag auf einen bestimmten, nach Verhältnis der Geschäftsanteile festzusetzenden Betrag beschränkt werden.

§ 29 Ergebnisverwendung. (1) Die Gesellschafter haben Anspruch auf den Jahresüberschuss zuzüglich eines Gewinnvortrags und abzüglich eines Verlustvortrags, soweit der sich ergebende Betrag nicht nach Gesetz oder Gesellschaftsvertrag [...] ausgeschlossen ist. Wird die Bilanz unter Berücksichtigung der teilweisen Ergebnisverwendung aufgestellt oder werden Rücklagen aufgelöst, so haben die Gesellschafter abweichend von Satz 1 Anspruch auf den Bilanzgewinn. (2) Im Beschluss über die Verwendung des Ergebnisses können die Gesellschafter, wenn der Gesellschaftsvertrag nichts anderes bestimmt, Beträge in Gewinnrücklagen einstellen oder als Gewinn vortragen. (3) Die Verteilung erfolgt nach Verhältnis der Geschäftsanteile. Im Gesellschaftsvertrag kann ein anderer Maßstab der Verteilung festgesetzt werden. [...]

§ 35 Vertretung der Gesellschaft. (1) Die Gesellschaft wird durch die Geschäftsführer gerichtlich und außergerichtlich vertreten. [...] (2) Sind mehrere Geschäftsführer bestellt, sind sie alle nur gemeinschaftlich zur Vertretung der Gesellschaft befugt, es sei denn, dass der Gesellschaftsvertrag etwas anderes bestimmt. [...]

§ 35a Angabe auf Geschäftsbriefen. (1) Auf allen Geschäftsbriefen gleichviel welcher Form, die an einen bestimmten Empfänger gerichtet werden, müssen die Rechtsform und der Sitz der Gesellschaft, das Registergericht des Sitzes der Gesellschaft und die Nummer, unter der die Gesellschaft in das Handelsregister eingetragen ist, sowie alle Geschäftsführer und, sofern die Gesellschaft einen Aufsichtsrat gebildet und dieser einen Vorsitzenden hat, der Vorsitzende des Aufsichtsrats mit dem Familiennamen und mindestens einem ausgeschriebenen Vornamen angegeben werden. [...]

31. Die Aktiengesellschaft (AG)

Ausgangslage

Der Einzelunternehmer Heinz Schlau, der sein Unternehmen in eine Gesellschaftsunternehmung umwandeln möchte, lehnt die Gründung einer Personengesellschaft wegen der unbeschränkten Haftung bzw. wegen der sich zwangsläufig bei der Kommanditgesellschaft ergebenden Aufgabe seiner geschäftsführerischen Tätigkeit als Kommanditist ab. In einem Gespräch mit einem Bekannten erfährt er, dass bereits die alten Römer beim Schiffsbau Kapital verschiedener Anleger sammelten, um damit den immensen Finanzbedarf zu regeln. Da das Unternehmen von Heinz Schlau floriert und er sogar an die Gründung einer weiteren Produktionsstätte denkt, überlegt er, ob nicht vielleicht die Rechtsform der Aktiengesellschaft für ihn eine optimale Unternehmensform ist.

✍ *Aufgaben*

Ziehen Sie zur Beantwortung der Fragen den Gesetzestext im Anhang zurate.

1. Bitte denken Sie noch einmal an die bisher geschilderte Entwicklung des Unternehmens von Heinz Schlau. Aus welchen Gründen könnte die Unternehmensform einer Aktiengesellschaft für ihn interessant sein?
2. Welche Unterschiede bestehen zwischen einer Personengesellschaft und einer Kapitalgesellschaft?
3. Was versteht man unter einer Aktiengesellschaft?
4. Welche Anforderungen an die Firmierung einer AG werden durch das Aktiengesetz gestellt? Nennen Sie bekannte Firmennamen und überprüfen Sie diese Anforderungen.
5. Welche Anforderungen an die Gründung einer Aktiengesellschaft werden durch das Aktiengesetz gestellt?
6. Erläutern Sie den Begriff Grundkapital. In welchem Zusammenhang steht das Grundkapital zu den Aktien der Gesellschafter?
7. Im Aktiengesetz werden verschiedene Aktienarten genannt. Welche sind dies? Erläutern Sie kurz die Unterschiede.
8. Unterscheiden Sie zwischen dem Kurswert und dem Nennwert einer Aktie.
9. Welche Organe einer Aktiengesellschaft werden im Aktiengesetz genannt? Erläutern Sie ihre Funktion und die Zusammenhänge, die zwischen diesen Organen bestehen.
10. Unterscheiden Sie zwischen einer ordentlichen und einer außerordentlichen Hauptversammlung.

➲ *Arbeitsaufträge*

Ziehen Sie zur Beantwortung der Fragen die Anlagen zurate.

1. Darf die neu gegründete Unternehmung unter dem in der Satzung genannten Namen firmieren? Nennen Sie mögliche Firmenbezeichnungen.
2. Überprüfen Sie, ob die Satzung der Heinz Schlau Büromöbel AG alle gesetzlich vorgeschriebenen Bestandteile enthält.
3. Handelt es sich bei den Aktien der Heinz Schlau Büromöbel AG um Namens- oder Inhaberaktien?
4. Betrachten Sie den Punkt 7 der Satzung. Sind die dort gemachten Angaben gesetzlich richtig?
5. Angenommen, neben Heinz Schlau würde auch der Gründer Bernd Skibniewsky zum Vorstandsmitglied berufen und in der Satzung wären keine Angaben über die Geschäftsführungs- und Vertretungsbefugnis zu finden. Welche Auswirkungen hätte dies auf die Entscheidungen der beiden Vorstandsmitglieder?

6. Am 15.03.2010 unterzeichnen die Gründer der neuen Unternehmung die Satzung und lassen sie am selben Tag notariell beurkunden. Bis zum 01.04.2010 sind sämtliche Einlagen gemäß Satzung durch die Aktionäre eingebracht worden. Erst am 12.04.2010 wird die Aktiengesellschaft beim Handelsregister angemeldet. Ab welchem Datum besteht die Gesellschaft?
7. Welche Aussagen bezüglich der Entscheidungsmöglichkeiten in der Hauptversammlung durch die Aktionäre können sie treffen?
8. Gemäß der Satzung bringen die Gründer unterschiedlich hohe Anteile zum Grundkapital auf. Wie hoch ist im vorliegenden Fall das gezeichnete Kapital und wie hoch ist das Eigenkapital der neu gegründeten Gesellschaft.

Anlage 1: Aktie der Heinz Schlau AG

Satzung

zwischen

Heinz Schlau, Tischlermeister,
Remscheider Str. 30, 40215 Düsseldorf

und

Bernd Skibniewsky, Industriekaufmann,
Aderstr. 8, 40235 Düsseldorf

und

Beate Schlau, Architektin,
Heidelberger Str. 234, 40668 Meerbusch

Es wird vereinbart:

1. Wir errichten unter der Firma
   Heinz Schlau Büromöbel
   eine Aktiengesellschaft mit Sitz in Düsseldorf,
   Suitbertusstr. 12.

2. Der Zweck der Gesellschaft ist die Herstellung und der Vertrieb von Büromöbeln.

3. Die AG entsteht durch Umwandlung aus der Heinz Schlau - Büromöbelfabrik am 01.04.2010

4. Das Grundkapital beträgt 50.000,00 € und ist aufgeteilt in folgende Aktienanteile zu je nominal 5-EURO-Aktien:
   Heinz Schlau: 35.000,00 €
   Bernd Skibniewsky: 10.000,00 €
   Beate Schlau: 5.000,00 €
   Der Ausgabekurs beträgt gemäß Gründervereinbarung 26,50 € je Aktie.
   Der Aktienanteil von Heinz Schlau wird zum Teil durch Einbringung des vorhandenen Geschäftsvermögens der Heinz Schlau Büromöbelfabrik zum Buchwert von 32.500,00 € in die neue AG eingebracht. Die jeweiligen Einlagen müssen bis spätestens 01.04.2010 auf dem Geschäftskonto eingezahlt sein.

5. Zur Geschäftsführung und Vertretung wird Herr Schlau ermächtigt.

6. Die Verteilung des Jahresgewinnes erfolgt nach dem Verhältnis der Geschäftsanteile.

7. Herr Heinz Schlau wird mit Beginn des ersten Geschäftsjahres alleiniges Vorstandsmitglied und übernimmt somit die Geschäftsführung und Vertretung des Unternehmens. In den Aufsichtsrat werden für zunächst 3 Jahre namentlich folgende Mitglieder bestellt: Herr Dr. Knöner, Frau Luise Marian, Herr Heinz Schlau.

8. Die erste ordentliche Hauptversammlung findet am 01.04.2010 statt.

9. Der Geschäftsführer hat in den Angelegenheiten der Gesellschaft die Sorgfältigkeit eines ordentlichen Geschäftsmannes anzuwenden. Darüber hinaus ist der Geschäftsführer verpflichtet, für die ordnungsgemäße Buchführung der Gesellschaft zu sorgen.

10. In Fällen von besonderer Entscheidung bezüglich der Unternehmenspolitik sind die Aktionäre im Rahmen einer außerordentlichen Hauptversammlung zurate zu ziehen.

11. Die Namen der Aktionäre (Gründer) wurden ordnungsgemäß in das Aktienbuch übertragen.

12. Die Gesellschaft wird nach Vollzug der Errichtung im Bundesanzeiger sowie einer überregionalen Wirtschaftsfachzeitung bekannt gegeben.

Düsseldorf, den 15.03.2010

Heinz Schlau   *Bernd Skibniewsky*   *Beate Schlau*
Heinz Schlau   Bernd Skibniewsky   Beate Schlau

Anlage 2: Gesellschaftsvertrag der Heinz Schlau Büromöbel AG

Auszug aus dem Aktien - Gesetz (AktG)

1.1 Allgemeine Vorschriften

§ 1 Wesen der Aktiengesellschaft. (1) Die Aktiengesellschaft ist eine Gesellschaft mit eigener Rechtspersönlichkeit. Für die Verbindlichkeiten der Gesellschaft haftet den Gläubigern nur das Gesellschaftsvermögen. (2) Die Aktiengesellschaft hat ein in Aktien zergliedertes Grundkapital.

§ 2 Gründerzahl. An der Feststellung des Gesellschaftsvertrages (der Satzung) müssen sich eine oder mehrere Personen beteiligen, welche die Aktien gegen Einlagen übernehmen.

§ 3 Die Aktiengesellschaft als Handelsgesellschaft. Die Aktiengesellschaft gilt als Handelsgesellschaft, auch wenn der Gegenstand des Unternehmens nicht im Betrieb eines Handelsgewerbes besteht.

§ 4 Firma. Die Firma der Aktiengesellschaft muss, auch wenn sie nach § 22 des Handelsgesetzbuchs oder nach anderen gesetzlichen Vorschriften fortgeführt wird, die Bezeichnung „Aktiengesellschaft" oder eine allgemein verständliche Abkürzung dieser Bezeichnung enthalten.

§ 6 Grundkapital. Das Grundkapital muss auf einen Nennbetrag in Euro lauten.

§ 7 Mindestnennbetrag des Grundkapitals. Der Mindestnennbetrag des Grundkapitals ist fünfzigtausend Euro.

§ 8 Form und Mindestnennbetrag der Aktie. (1) Die Aktien können entweder als Nennbetragsaktien oder als Stückaktien begründet werden. (2) Nennbetragsaktien müssen auf mindestens einen Euro lauten. Aktien über einen geringeren Nennbetrag sind nichtig. Für den Schaden aus der Ausgabe sind die Ausgeber den Inhabern als Gesamtschuldner verantwortlich. Höhere Aktiennennbeträge müssen auf volle Euro lauten. (3) Stückaktien lauten auf keinen Nennbetrag. Die Stückaktien einer Gesellschaft sind am Grundkapital in gleichem Umfang beteiligt. Der auf die einzelne Aktie entfallende anteilige Betrag des Grundkapitals darf einen Euro nicht unterschreiten. Absatz 2 Satz 2 findet entsprechend Anwendung. (4) Der Anteil am Grundkapital bestimmt sich bei Nennbetragsaktien nach dem Verhältnis ihres Nennbetrags zum Grundkapital, bei Stückaktien nach der Zahl der Aktien. (5) Aktien sind unteilbar. (6) Diese Vorschriften gelten auch für Anteilscheine, die den Aktionären vor der Ausgabe der Aktien erteilt werden (Zwischenscheine).

§ 9 Ausgabebetrag der Aktie. (1) Für einen geringeren als den Nennbetrag oder den auf die einzelne Stückaktie entfallenden anteiligen Betrag des Grundkapitals dürfen Aktien nicht ausgegeben werden (geringster Ausgabebetrag). (2) Für einen höheren Betrag ist die Ausgabe zulässig.

§ 10 Aktien und Zwischenscheine. (1) Aktien können auf den Inhaber oder auf Namen lauten. (2) Sie müssen auf Namen lauten, wenn sie vor der vollen Leistung des Ausgabebetrags ausgegeben werden. Der Betrag der Teilleistung ist in der Aktie anzugeben. [...].

§ 12 Stimmrecht. Keine Mehrstimmrechte. (1) Jede Aktie gewährt das Stimmrecht. Vorzugsaktien können nach den Vorschriften dieses Gesetzes als Aktien ohne Stimmrechte ausgegeben werden. (2) Mehrstimmrechte sind unzulässig.

1.2 Gründung der Gesellschaft

§ 23 Feststellung der Satzung. (1) Die Satzung muss durch notarielle Beurkundung festgestellt werden. (2) In der Urkunde sind anzugeben: 1. die Gründer; 2. der Nennbetrag, der Ausgabebetrag und, wenn mehrere Gattungen bestehen, die Gattung der Aktien, die jeder Gründer übernimmt; 3. der eingezahlte Betrag des Grundkapitals. (3) Die Satzung muss bestimmen: 1. die Firma und den Sitz der Gesellschaft; den Gegenstand des Unternehmens; namentlich ist bei Industrie- und Handelsunternehmen die Art der Erzeugnisse und Waren, die hergestellt und gehandelt werden sollen, näher anzugeben; 3. die Höhe des Grundkapitals; 4. die Nennbeträge der Aktien und die Zahl der Aktien jeden Nennbetrags sowie, wenn mehrere Gattungen bestehen, die Gattung der Aktien und die Zahl der Aktien je Gattung; 5. ob die Aktien auf den Inhaber oder auf den Namen ausgestellt werden; 6. die Zahl der Mitglieder des Vorstandes oder die Regeln, nach denen diese Zahl festgelegt wird. (4) Die Satzung muss ferner Bestimmungen über die Form der Bekanntmachungen der Gesellschaft enthalten. (5) Die Satzung kann von den Vorschriften dieses Gesetzes nur abweichen, wenn es ausdrücklich zugelassen ist. Ergänzende Bestimmungen der Satzung sind zulässig, es sei denn, dass dieses Gesetz eine abschließende Regelung enthält.

§ 24 Umwandlung von Aktien. Die Satzung kann bestimmen, dass auf Verlangen eines Aktionärs seine Inhaberaktie in eine Namensaktie oder seine Namensaktie in eine Inhaberaktie umzuwandeln ist.

§ 25 Bekanntmachung der Gesellschaft. Bestimmt das Gesetz oder die Satzung, dass eine Bekanntmachung der Gesellschaft durch die Gesellschaftsblätter erfolgen soll, so ist sie in den Bundesanzeiger einzurücken. Daneben kann die Satzung andere Blätter als Gesellschaftsblätter bezeichnen.

§ 27 Sacheinlagen. Sachübernahmen. (1) Sollen Aktionäre Einlagen machen, die nicht durch Einzahlung des Nennbetrages oder des höheren Ausgabebetrages der Aktie zu leisten sind (Sacheinlagen), oder soll die Gesellschaft vorhandene oder herzustellende Anlagen oder andere Vermögensgegenstände übernehmen (Sachübernahmen), so müssen in der Satzung festgesetzt werden der Gegenstand der Sacheinlage oder der Sachübernahme, die Person, von der die Gesellschaft den Gegenstand erwirbt, und der Nennbetrag der bei der Sacheinlage zu gewährenden Aktien oder die bei der Sachübernahme zu gewährende Vergütung.

§ 28 Gründer. Die Aktionäre, die die Satzung festgestellt haben, sind die Gründer der Gesellschaft.

§ 29 Errichtung der Gesellschaft. Mit der Übernahme aller Aktien durch die Gründer ist die Gesellschaft errichtet.

§ 30 Bestellung des Aufsichtsrates, des Vorstandes und des Abschlussprüfers. (1) Die Gründer haben den ersten Aufsichtsrat der Gesellschaft und den Abschlussprüfer für das erste Voll- oder Rumpfgeschäftsjahr zu bestellen. [...]. (4) Der Aufsichtsrat bestellt den ersten Vorstand.

§ 36 Anmeldung der Gesellschaft. (1) Die Gesellschaft ist bei dem Gericht von allen Gründern und Mitgliedern des Vorstandes und des Aufsichtsrates zur Eintragung in das Handelsregister anzumelden. (2) Die Anmeldung darf erst erfolgen, wenn auf jede Aktie, soweit nicht Sacheinlagen vereinbart sind, der eingeforderte Betrag ordnungsgemäß eingezahlt worden ist. Wird die Gesellschaft nur durch eine Person errichtet, so hat der Gründer zusätzlich für den Teil der Geldeinlage, der den eingeforderten Betrag übersteigt, eine Sicherung zu bestellen.

§ 36a Leistung der Einlagen. (1) Bei Bareinlagen muss der eingeforderte Betrag (§ 36 Abs. 2) mindestens ein Viertel des Nennbetrages und bei Ausgabe der Aktien für einen höheren als den Nennbetrag auch den Mehrbetrag umfassen. (2) Sacheinlagen sind vollständig zu leisten.

§ 39 Inhalt der Eintragung. (1) Bei der Eintragung der Gesellschaft sind die Firma und der Sitz der Gesellschaft, der Gegenstand des Unternehmens, die Höhe des Grundkapitals, der Tag der Feststellung der Satzung und die Vorstandsmitglieder anzugeben. Ferner sind einzutragen, welche Vertretungsbefugnisse die Vorstandsmitglieder haben.

§ 41 Handeln im Namen der Gesellschaft vor Eintragung. Verbotene Aktienausgabe. (1) Vor der Eintragung in das Handelsregister besteht die Aktiengesellschaft als solche nicht. Wer vor der Eintragung der Gesellschaft in ihrem Namen handelt, haftet persönlich; handeln mehrere, so haften die als Gesamtschuldner.

§ 54 Hauptverpflichtung der Aktionäre. (1) Die Verpflichtung der Aktionäre zur Leistung der Einlagen wird durch den Nennbetrag oder den höheren Ausgabebetrag begrenzt. (2) Soweit nicht in der Satzung Sachanlagen festgesetzt sind, haben die Aktionäre den Nennbetrag oder den höheren Ausgabebetrag der Aktien einzubezahlen.

§ 57 Gewinnrücklagen. (3) Die Hauptversammlung kann im Beschluss über die Verwendung des Bilanzgewinns weitere Beträge in Gewinnrücklagen einstellen oder als Gewinn vortragen. Sie kann ferner, wenn die Satzung hierzu ermächtigt, auch eine andere Verwendung als nach Satz 1 oder als die Verteilung unter die Aktionäre beschließen.

§ 58 Verwendung des Jahresüberschusses. (1) Die Satzung kann nur für den Fall, daß die Hauptversammlung den Jahresüberschuss feststellt, bestimmen, dass Beträge aus dem Jahresüberschuss in andere Gewinnrücklagen einzustellen sind. Aufgrund einer solchen Satzungsbestimmung kann höchstens die Hälfte des Jahresüberschusses in andere Gewinnrücklagen eingestellt werden. Dabei sind Beträge, die in die gesetzliche Rücklage einzustellen sind, und ein Verlustvortrag vorab vom Jahresüberschuss abzuziehen. [...]

§ 60 Gewinnverteilung. (1) Die Anteile der Aktionäre am Gewinn bestimmen sich nach dem Verhältnis der Aktiennennbeträge.

§ 76 Leitung der Aktiengesellschaft. (1) Der Vorstand hat unter eigener Verantwortung die Gesellschaft zu leiten. (2) Der Vorstand kann aus einer oder mehreren Personen bestehen. Bei Gesellschaften mit einem Grundkapital von mehr als drei Millionen Euro hat er aus mindestens zwei Personen zu bestehen, es sei denn, die Satzung bestimmt, dass er aus einer Person besteht. [...]. (3) Mitglied des Vorstandes kann nur eine natürliche, unbeschränkt geschäftsfähige Person sein. [...].

§ 78 Vertretung. (1) Der Vorstand vertritt die Gesellschaft gerichtlich und außergerichtlich. (2) Besteht der Vorstand aus mehreren Personen, so sind, wenn die Satzung nichts anderes bestimmt, sämtliche Vorstandsmitglieder nur gemeinschaftlich zur Vertretung der Gesellschaft befugt. Ist eine Willenserklärung gegenüber der Gesellschaft abzugeben, so genügt die Abgabe gegenüber einem Vorstandsmitglied. (3) Die Satzung kann auch bestimmen, dass einzelne Vorstandsmitglieder allein oder in Gemeinschaft mit einem Prokuristen zur Vertretung der Gesellschaft befugt sind.

§ 80 Angaben auf Geschäftsbriefen. (1) Auf allen Geschäftsbriefen, die an einen bestimmten Empfänger gerichtet werden, müssen die Rechtsform und der Sitz der Gesellschaft, das Registergericht des Sitzes der Gesellschaft und die Nummer, unter der die Gesellschaft in das Handelsregister eingetragen ist, sowie alle Vorstandsmitglieder und der Vorsitzende des Aufsichtsrates mit dem Familiennamen und mindestens einem ausgeschriebenen Vornamen angegeben werden. Der Vorsitzende des Vorstandes ist als solcher zu bezeichnen.

§ 84 Bestellung und Abberufung des Vorstandes. (1) Vorstandsmitglieder bestellt der Aufsichtsrat auf höchstens fünf Jahre. Eine wiederholte Bestellung oder Verlängerung der Amtszeit, jeweils für höchstens fünf Jahre, ist zulässig. (2) Werden mehrere Personen zu Vorstandsmitgliedern bestellt, so kann der Aufsichtsrat ein Mitglied zum Vorsitzenden des Vorstandes ernennen.

§ 90 Berichte an der Aufsichtsrat. (1) Der Vorstand hat dem Aufsichtsrat zu berichten über: 1. die beabsichtigte Geschäftspolitik und andere grundsätzliche Fragen der künftigen Geschäftsführung; 2. die Rentabilität der Gesellschaft, insbesondere die Rentabilität des Eigenkapitals; 3. den Gang der Geschäfte, insbesondere den Umsatz, und die der Gesellschaft; 4. Geschäfte, die für die Rentabilität oder Liquidität der Gesellschaft von erheblicher Bedeutung sein können.

§ 95 Zahl der Aufsichtsratmitglieder. Der Aufsichtsrat besteht aus drei Mitgliedern. Die Satzung kann eine bestimmte höhere Zahl festsetzen. Die Zahl muss durch drei teilbar sein. Die Höchstzahl der Aufsichtsratsmitglieder beträgt bei Gesellschaften mit einem Grundkapital bis zu 1.500.000 Euro neun, von mehr als 1.500.000 Euro fünfzehn, von mehr als 10.000.000 Euro einundzwanzig. Durch die vorstehenden Vorschriften werden hiervon abweichende Vorschriften des Gesetzes über die Mitbestimmung der Arbeitnehmer vom 4. Mai 1976 [...] des Montan-Mitbestimmungsgesetzes und des Gesetzes über die Ergänzung des Gesetzes über die Mitbestimmung der Arbeitnehmer in den Aufsichtsräten und Vorständen der Unternehmen des Bergbaus und der Eisen und Stahl erzeugenden Industrie vom 7. August 1956 [...] nicht berührt.

§ 96 Zusammensetzung des Aufsichtsrates. (1) Der Aufsichtsrat setzt sich zusammen bei Gesellschaften, für die das Mitbestimmungsgesetz gilt, aus Aufsichtsratsmitgliedern der Aktionäre und der Arbeitnehmer, bei Gesellschaften, für die das Montan-Mitbestimmungsgesetz gilt, aus Aufsichtsratsmitgliedern der Aktionäre und der Arbeitnehmer und aus weiteren Mitgliedern, bei Gesellschaften, für die die §§ 5 bis 13 des Mitbestimmungsergänzungsgesetzes gelten, aus Aufsichtsratsmitgliedern der Aktionäre und der Arbeitnehmer und aus einem weiteren Mitglied, bei Gesellschaften, für die § 76 Abs. 1 des Betriebsverfassungsgesetzes 1952 gilt, aus Aufsichtsratsmitgliedern der Aktionäre und der Arbeitnehmer, bei den übrigen Gesellschaften nur aus den Aufsichtsratsmitgliedern der Aktionäre.

§ 101 Bestellung der Aufsichtsratmitglieder. (1) Die Mitglieder des Aufsichtsrates werden von der Hauptversammlung gewählt, soweit sie nicht in den Aufsichtsrat zu entsenden oder als Aufsichtsratsmitglieder der Arbeitnehmer nach dem Mitbestimmungsgesetz, dem Mitbestimmungsergänzungsgesetz oder dem Betriebsverfassungsgesetz 1952 zu wählen sind.

§ 105 Unvereinbarkeit der Zugehörigkeit zum Vorstand und zum Aufsichtsrat. (1) Ein Aufsichtsratsmitglied kann nicht zugleich Vorstandsmitglied, dauernd Stellvertreter von Vorstandsmitgliedern, Prokurist oder zum gesamten Geschäftsbetrieb ermächtigter Handlungsbevollmächtigter der Gesellschaft sein.

§ 107 Innere Ordnung des Aufsichtsrates. (1) Der Aufsichtsrat hat nach näherer Bestimmung der Satzung aus seiner Mitte einen Vorsitzenden und mindestens einen Stellvertreter zu wählen. Der Vorstand hat zum Handelsregister anzumelden, wer gewählt ist [...].

§ 111 Aufgaben und Rechte des Aufsichtsrates. (1) Der Aufsichtsrat hat die Geschäftsführung zu überwachen. (2) Der Aufsichtsrat kann die Bücher und Schriften der Gesellschaft sowie die Vermögensgegenstände, namentlich die Gesellschaftskasse und die Bestände an Wertpapieren und Waren, einsehen und prüfen. (3) Der Aufsichtsrat hat eine Hauptversammlung einzuberufen, wenn das Wohl der Gesellschaft es erfordert.

§ 118 Allgemeines. (1) Die Aktionäre üben ihre Rechte in den Angelegenheiten der Gesellschaft in der Hauptversammlung aus [...].

§ 119 Rechte der Hauptversammlung. (1) Die Hauptversammlung beschließt in den im Gesetz oder der Satzung ausdrücklich bestimmten Fällen, namentlich über: 1. die Bestellung der Mitglieder des Aufsichtsrates, soweit sie nicht in den Aufsichtsrat zu entsenden oder als Aufsichtsratsmitglieder der Arbeitnehmer [...] zu wählen sind; 2. die Verwendung des Bilanzgewinnes; 3. die Entlastung der Mitglieder des Vorstandes und des Aufsichtsrates; 4. die Bestellung des Abschlussprüfers; 5. Satzungsänderungen; 6. Maßnahmen der Kapitalbeschaffung und Kapitalherabsetzung; 7. die Bestellung von Prüfern zur Prüfung von Vorgängen bei der Gründung und der Geschäftsführung; 8. die Auflösung der Gesellschaft.

32. Die Unternehmung in der Krise

Insolvenzverfahren

**Amtsgericht
Düsseldorf**
Für Anschriften keine Gewähr

817 IN 53/07

Am 6. September 2010 um 12:00 Uhr ist das Insolvenzverfahren über das Vermögen des Rudolph Wängler, Kohlkmer Weg 36, 40241 Düsseldorf, Inhaber der Firma Sanitär- und Heizungsfachgeschäft Rudolph Wängler e. K., Goetheplatz 5, 40244 Düsseldorf eröffnet worden. Insolvenzverwalter ist: Rechtsanwalt Dr. Hans-Joachim Gaibel, Am Fischstein 48, 40215 Düsseldorf, Telefon 0211/742020, Fax: 0211/743155. Anmeldefrist: 11. Oktober 2010. Gläubigerversammlung am Dienstag, 5. Oktober 2010, 14:10 Uhr, Saal 001, Amtsgerichtsgebäude F, Andreasstraße 20, 40211 Düsseldorf, eine Gläubigerversammlung zur Beschlussfassung über die eventuelle Wahl eines anderen Insolvenzverwalters, über die Einsetzung eines Gläubigerausschusses sowie über die in den §§ 66, 100, 149, 157, 160, 162, 207, 271 InsO bezeichneten Angelegenheiten am Dienstag, 2. November 2010, 14:10 Uhr, Saal 001, Amtsgerichtsgebäude F, Andreasstraße 20, 40211 Düsseldorf, eine Gläubigerversammlung, in der die angemeldeten Forderungen überprüft werden.

Amtsgericht Düsseldorf, 6. September 2010

✎ *Aufgaben*

1. Lesen Sie sich die folgenden Informationstexte sowie die Übersicht gut durch.

2. Beantworten Sie folgende Fragen:

   2.1 Welche Ursachen können *ganz allgemein* dazu führen, dass Unternehmen in eine wirtschaftliche Krise geraten? Nennen Sie mögliche Gründe und unterscheiden Sie dabei zwischen internen und externen Ursachen.

   2.2 Beschreiben Sie mit eigenen Worten das Problem der Klömpkes GmbH und zeigen Sie die vorgenommenen Lösungsansätze für die Unternehmenskrise auf. Wären noch andere Lösungsansätze möglich gewesen?

Info-Text 1:

Gläubiger und Gesellschafter sind sich über Sanierungsziele einig

Backbetrieb Klöpkes kommt wieder auf die Beine

VIERSEN (dpa). Die Großbäckerei Klöpkes GmbH, Viersen, scheint sich erholt zu haben. Der im Raum Viersen zu den größten Arbeitgebern gehörende Betrieb war in den letzten Monaten in die Schlagzeilen geraten. Zahlungsschwierigkeiten gegenüber Rohstofflieferanten, hohe Kreditbelastungen und sogar verspätete Lohnzahlungen gegenüber Mitarbeitern ließen Stimmen laut werden, dass der Traditionsbetrieb vor dem Untergang stehe.

Das 1898 von Josef Klöpkes gegründete Unternehmen stieg schnell von der Kleinbäckerei zum Industriebetrieb auf. Zu den Kunden zählen heute insbesondere Bäckereifilialen, die die Fertigerzeugnisse der Klöpkes GmbH unbearbeitet weiterverkaufen. Seit circa fünf Jahren war jedoch der Konkurrenzdruck zu hoch geworden. Andere Anbieter in diesem Absatzbereich führten erstmals in der Unternehmensgeschichte zu roten Zahlen. Vor allem die Preisschlachten mit einer anderen in der Region expandierenden Großbäckerei, in dessen Folge Klöpkes zeitweise seine Produkte sogar unter Selbstkosten verkaufte, übten Druck auf die Liquidität und das Eigenkapital auf.

Dennoch scheint für die rund 750 Mitarbeiter nun ein Sonnenstrahl am Horizont aufgetaucht zu sein. In Einzelgesprächen gelang es der Unternehmensführung, mit den größten Rohstofflieferanten des Unternehmens längere Zahlungsziele zu vereinbaren. Darüber hinaus wurde in einer außergewöhnlichen Gesellschafterversammlung die Erhöhung der Eigenkapitalbasis um rund 10 Prozent beschlossen. Dieses Kapital soll für weitreichende Sanierungsmaßnahmen verwendet werden. Unter anderem ist eine Anpassung des Maschinenparks an den aktuellen technischen

Stand und eine Bereinigung des Produktionsprogramms geplant. Doch auch für die Belegschaft bleibt ein Wehrmutstropfen: Circa 50 Mitarbeiter der aktuellen Belegschaft müssen in den nächsten 5 Jahren ihren Arbeitsplatz aufgeben. Nach Aussage des Geschäftsführers sollen Kündigungen jedoch so weit wie möglich umgangen werden.

Sollten die geplanten Maßnahmen greifen, so könnte die Klöpkes GmbH durch die freiwillige Sanierung tatsächlich dem noch vor einigen Tagen drohenden Insolvenzverfahren entronnen sein.

In der Großbäckerei ist Brötchenherstellung in Massenfertigung in erster Linie „Computersache":
Einblick in die Auftragsabwicklung und Produktionssteuerung der Klöpkes GmbH.

Info-Text 2:

Im Handelsregister findet man hinter der Firma „Peter Lentjes KG" nun den Eintrag „i. L."

Die Peter Lentjes KG befindet sich in Liquidation

MÜHLHEIM A. D. RUHR (dpa). Die Tage der Mühlheimer Peter Lentjes KG sind gezählt. Obwohl es zunächst den Anschein hatte, dass der Hersteller für elektronische Messgeräte seine Zahlungsschwierigkeiten überwunden hat, wurde gestern der Auflösungsbeschluss für das Ende des kommenden Monats veröffentlicht und in das Handelsregister eingetragen.

Das vor genau zehn Jahren gegründete Unternehmen hatte zunächst seine in Kleinserienfertigung hergestellten Produkte in Europa verkauft. Wegen der immer weiter steigenden Nachfrage stellte man daraufhin die Weichen auf Expansion. Bereits drei Jahre nach der Gründung zählten auch Abnehmer in Fernost zum Kundenstamm des Betriebes. Dass gerade diese Absatzstrategie dem Unternehmen einmal das Genick brechen sollte, konnte zu diesem Zeitpunkt keiner der Gesellschafter ahnen. Doch gerade die derzeitige Asienkrise stürzte das Unternehmen nun in seine schwerste Krise. Die Gewinne sanken bereits vor drei Jahren drastisch, die Nachfrage in Japan und Korea sank quasi auf Null und Investitionen zur technologischen Anpassung wurden unterlassen.

Nun stehen die Gesellschafter Peter Lentjes und Karl Kemper vor dem

Die Tage des Messgeräteherstellers sind gezählt. Trotz hochwertiger Produkte wird das Unternehmen seine Tore in wenigen Wochen für immer schließen.

Scherbenhaufen. „Wir haben wirklich alles versucht, um die Auflösung des Unternehmens zu umgehen", erklärt Peter Lentjes in einer Pressekonferenz: „Um wenigstens unsere Gläubiger zu befriedigen und unseren Mitarbeitern den noch ausstehenden Lohn zu zahlen, haben wir sogar an den Totalverkauf des Unternehmens an einen finanzkräftigen Mitbewerber gedacht, doch selbst dieser war nicht an einer Übernahme interessiert."

Nun bleibt dem Unternehmensgründer nichts anderes übrig, als die Vermögensteile einzeln zu veräußern, quasi ein Tod auf Raten. Bis zum Abschluss der Liquidation werden die Geschäfte weitergeführt und mit dem Liquidationserlös bestehende Schulden beglichen. „Ein dann noch verbleibender Rest", so erklärt Peter Lentjes: „steht den Gesellschaftern zu und zwar im Verhältnis der Kapitaleinlagen. Wie es dann weitergeht, weiß bisher keiner." Für die Mitarbeiter der Peter Lentjes KG hingegen steht eins bereits fest: In wenigen Wochen schließen sich die Werkstore ihres ehemaligen Arbeitgebers für immer.

Info-Text 3:

Das Bangen ist noch nicht vorbei

Info-Text 3:

Kann ein Vergleich den Papiergroßhändler Schäfer KG retten?

Leverkusen (dpa). Bevor über die Schäfer KG das Insolvenzverfahren eröffnet wird, sollen Verhandlungen zwischen den Gesellschaftern und den Gläubigern über den Fortbestand des in Leverkusen renommierten Unternehmens geführt werden.

Der Papiergroßhändler war in den vergangenen Monaten in Zahlungsschwierigkeiten geraten. Hohe kreditfinanzierte Investitionen in das Anlagevermögen waren der Anfang. Als dann im vergangenen Monat fast die gesamten Forderungen gegenüber zwei Großkunden wegen Beantragung eines Insolvenzverfahrens abgeschrieben werden mussten, sank die Liquidität auf den Nullpunkt. Schnell hatte sich dieser Umstand in der in letzter Zeit kränkelnden Papierbranche herumgesprochen. „Wir bekamen Ware nur noch gegen Bares", teilt der Geschäftsführer Jens Schäfer mit: „Und da wir nicht über ausreichende Zahlungsmittel verfügten, konnten wir auch nichts einkaufen." Letztendlich schrieb das Unternehmen rote Zahlen. Bestehende Verbindlichkeiten konnten nicht ausgeglichen werden und die Mahnungen häuften sich.

Jens Schäfer zog daraufhin die Notbremse: „Ich habe sofort sämtliche Gläubiger an den runden Tisch gebeten." Von diesem außergerichtlichen Vergleich, auch Akkord genannt, verspricht sich Schäfer viel: „Die Gläubiger müssen ein Einsehen haben. Ein solch gesundes Unternehmen wie unseres können die nicht einfach platt machen. Entweder stunden sie uns die Verbindlichkeiten, bis es uns wieder etwas besser geht oder aber sie lassen sich sogar auf einen Verzicht eines Teils der Verbindlichkeiten ein."

Im ersten Fall, dem Stundungsvergleich (Moratorium) bekämen die Gläubiger ihre gesamten Forderun-

Geschäftsführer Jens Schäfer hofft auf einen Vergleich mit den Gläubigern.

gen, nur ein wenig später. Im anderen Fall, dem Erlassvergleich oder auch Quotenvergleich hingegen, bekämen die Gläubiger weniger als ursprünglich gefordert.

Voraussetzung für die am kommenden Donnerstag beginnenden Vergleichsverhandlungen ist jedoch, dass alle Gläubiger der Entscheidung zustimmen. Stimmt auch nur ein Gläubiger dagegen, so könnte das Insolvenzverfahren drohen. Einziger Ausweg: Mit dem nicht zustimmenden Gläubiger wird ein Einzelstundungs- bzw. Einzelerlassvertrag abgeschlossen.

Unternehmensaufgabe trotz voller Auftragsbücher? Mitarbeiter zittern um die Schäfer KG.

Info-Text 4:

Bei Hildens größtem Arbeitgeber wurde der Insolvenzverwalter bestellt
Eröffnung des Insolvenzverfahrens bei SMH Friktion AG

HILDEN (dpa). Ein Gläubiger des Friktionspressenherstellers SMH Friktion AG soll nach Aussagen des Vorstands den Antrag auf Eröffnung des Insolvenzverfahrens gestellt haben. Nach inoffiziellen Informationen war der Grund die anhaltende Zahlungsunfähigkeit des Maschinenherstellers. In den letzten Wochen seien Zahlungen sogar gänzlich eingestellt worden. Nachdem der Antrag im vergangenen Monat beim Amtsgericht Hilden (Insolvenzgericht) eingereicht worden war, hatte das Gericht bei der SMH geprüft, ob die anstehenden Verfahrenskosten (die so genannten Masseverbindlichkeiten) gedeckt sind. Wäre dies nicht der Fall gewesen, hätte das Gericht den Antrag „mangels Masse" ablehnen müssen und die Gläubiger hätten in Einzelverfahren ihr Recht durchsetzen müssen. Offensichtlich lag bei SMH jedoch noch genügend Kapital vor. Das Unternehmen wurde noch Mitte letzten Monats in das Schuldnerverzeichnis aufgenommen und Dr. M. Willing als Insolvenzverwalter (Sequester) bestimmt. Die Einsetzung des Sequesters sollte verhindern, dass die Geschäftsführer der SMH bis zur endgültigen Entscheidung über den Antrag für die Gläubiger nachteilige Veränderungen vornehmen. Im nächsten Schritt wurde den Geschäftsführern ein allgemeines Verfügungsverbot auferlegt, wonach sämtliche Unternehmensentscheidungen der Zustimmung des Sequesters bedürfen.

Mit Beginn dieses Monats wurde der Eröffnungsbeschluss vom Insolvenzgericht auszugsweise im Bundesanzeiger und einer überregionalen Tageszeitung veröffentlicht sowie den Gläubigern, den Schuldnern und der SMH selbst zugestellt. Ebenso wurde das Handelsregister von der Eröffnung des Verfahrens in Kenntnis gesetzt. Als endgültiger Sequester wurde Dr. Manfred Willing bestätigt.

Im nächsten Schritt wurden sodann sämtliche Gläubiger aufgefordert, ihre Forderungen und Sicherungsrechte an beweglichen Sachen und Rechten des Schuldners innerhalb von zwei Wochen bei Dr. Willing anzumelden.

Zu beachten war dabei, dass Gläubiger mit dinglichen oder persönlichen Rechten an Gegenständen im Besitz des Insolvenzschuldners diese aussondern dürfen. Diese Gegenstände gehören nicht zur Insolvenzmasse und die Antragsteller gehören nicht zu den Insolvenzgläubigern.

Sodann wurden sämtliche Schuldner der SMH aufgefordert, ihre Verpflichtungen an den Sequester zu leisten.

In der kommenden Woche nun soll eine Gläubigerversammlung einberufen werden, der so genannte Berichtstermin. Zur Teilnahme sind alle absonderungsberechtigten Gläubiger, alle Insolvenzgläubiger, der Insolvenzverwalter und der Insolvenzschuldner berechtigt. Hier wird der Sequester über die wirtschaftliche Lage der SMH sowie über die Ursachen berichten. Besonders wird dabei seine Einschätzung darüber erwartet, ob es sinnvoll erscheint, das Unternehmen zu erhalten oder ob eine Auflösung anzuraten ist. Im ersten Fall wird der Sequester darstellen, ob das insolvente Unternehmen ganz oder teilweise erhaltenswert erscheint, ob ggf. Möglichkeiten

Krisenstimmung im Vorstand der SMH

für einen Insolvenzplan bestehen und welche Auswirkungen sich hierdurch für die Gläubiger ergeben. Im Fall der Entscheidung über die Stilllegung des Unternehmens wird die Insolvenzmasse unverzüglich durch den Sequester verwertet. Die endgültige Entscheidung liegt jedoch dann bei den anwesenden Gläubigern. Ein Beschluss kommt dann zu Stande, wenn die Summe der Forderungsbeträge der zustimmenden Gläubiger mehr als die Hälfte der Summe der Forderungsbeträge der abstimmenden Gläubiger beträgt.

Sobald die Verwertung der Insolvenzmasse beendet ist, kann mit der so genannten Schlussverteilung begonnen werden. In der Regel können dabei die Forderungen der Gläubiger nicht in voller Höhe ausgeglichen werden. Zu guter Letzt wird dann das Insolvenzgericht die Aufhebung des Verfahrens beschließen.

Und für die bei der Schlussverteilung nur anteilig befriedigten Gläubiger bleibt eine Hoffnung: Im Anschluss an das Insolvenzverfahren können sie ihre restlichen Forderungen gegenüber dem Schuldner unbeschränkt geltend machen.

Rangordnung bei der Berücksichtigung der Gläubiger nach der Insolvenzordnung („Gläubigerklassen")

① **Aussonderung**

Gläubiger, die dem Insolvenzschuldner Gegenstände überlassen haben, die zu dessen Besitz aber nicht zu dessen Eigentum zählen, können diese Gegenstände zurückverlangen, da diese nicht zur Insolvenzmasse gehören.

vermietete oder verpachtete Gegenstände, unter Eigentumsvorbehalt gelieferte Vermögensteile[1] etc.

② **Absonderung**

Gläubiger, die dem Insolvenzschuldner Gegenstände überlassen haben, die mit einem Pfandrecht belastet bzw. sicherungsübereignet sind, werden vorrangig befriedigt.

Zwangsversteigerung eines mit einer Hypothek belasteten Grundstücks, Verwertung des Pfandrechts an einer beweglichen Sache durch freihändigen Verkauf

③ **Befriedigung der Massegläubiger**

Befriedigung der folgenden Masseverbindlichkeiten: Gerichtskosten sowie sonstige Kosten des Insolvenzverfahrens.

Vergütung und Auslagen des Insolvenzverwalters, Organisationskosten für die Gläubigerversammlungen etc.

④ **Befriedigung der Insolvenzgläubiger**

Hierzu gehören alle Gläubiger, die zurzeit der Eröffnung des Insolvenzverfahrens eine begründete Forderung gegenüber dem Insolvenzschuldner haben.

Lohnforderungen der Mitarbeiter, Lieferantenforderungen etc.

⑤ **Befriedigung der nachrangigen Insolvenzgläubiger**

Hierzu zählen alle Forderungen, die nach Eröffnung des Insolvenzverfahrens entstanden sind.

Kosten, die den Insolvenzgläubigern durch die Teilnahme am Verfahren entstanden sind, Zinsen aus Forderungen nach der Verfahrenseröffnung etc.

---

[1] Zu den aussonderungsberechtigten Gegenständen zählen nur diejenigen, die mit einfachem Eigentumsvorbehalt geliefert wurden. Lieferungen mit einem verlängerten oder erweiterten Eigentumsvorbehalt führen dazu, dass die betroffenen Gegenstände unter das Absonderungsrecht fallen.

Unternehmensschilderung:

In der Büromöbelfabrik Heinz Schlau OHG, Düsseldorf, hat sich in den zurückliegenden Jahren das Betriebsergebnis ständig verschlechtert. Es waren drastische Umsatzrückgänge bei einigen Produktgruppen zu verzeichnen. Trotz eingeleiteter Maßnahmen zur Kostensenkung sanken die Gewinne und in den letzten Monaten mussten sogar Verluste hingenommen werden. Darüber hinaus entwickelte sich auch die Liquiditätssituation negativ: Sowohl aufgrund der sinkenden Umsätze als auch wegen der schlechten Zahlungsmoral einiger Kunden sanken die Einnahmen ständig. Demgegenüber blieben wegen der fest unverändert weitergeführten Einkaufspolitik die Ausgaben fast konstant. Zu Beginn des aktuellen Geschäftsjahres hatte sich die Situation derart verschlechtert, dass Zahlungsziele regelmäßig überschritten wurden. Viele Lieferanten drohten mit einem gerichtlichen Mahnverfahren, einige lehnten sogar eine zukünftige Belieferung mit Werkstoffen ab. Als im März die Mitarbeitergehälter nur noch durch eine eilig aufgenommene Hypothek auf das Geschäftsgebäude gezahlt werden konnten, rief der Geschäftsführer Herr Schlau die Gesellschafter zu einer Gesellschafterversammlung ein. Zur Teilnahme wurden ebenfalls wichtige Abteilungsleiter des Unternehmens gebeten. Im Rahmen dieser Versammlung wurden von den Beteiligten folgende Aussagen getroffen:

Herr Schlau, Geschäftsführer: Da es sich bei der derzeitigen Krise um ein konjunkturelles Tief handele, müsse jeder Gesellschafter zur Überbrückung zusätzliches Eigenkapital in das Unternehmen einlegen. Die damit steigende Liquidität werde dazu führen, dass Liquiditätsengpässe langfristig vermieden werden können.

Herr Völz, Abteilungsleiter Verkauf: Die derzeitige schlechte Absatzlage sei auf eine seit Jahren vernachlässigte Produktpolitik zurückzuführen. Insbesondere veraltete, nicht mehr marktgerechte Produktgruppen würden keine Käufer mehr finden. Innovationen seinen hingegen verschlafen worden. Die Konkurrenz biete bessere Qualität zu günstigeren Preisen an. Vor allem aber seien die Konkurrenzprodukte vom Design und von der Nutzenstiftung den eigenen Erzeugnissen weit überlegen. Veraltete Produktgruppen müssten schleunigst eliminiert werden.

Herr Wortmann, Abteilungsleiter Produktion: Die seit Jahren betriebene Einzelfertigung habe sich als sehr kostenintensiv herausgestellt. Darüber hinaus sei in den zurückliegenden Jahren wenig in Maschinen investiert worden. Hohe Lohnkosten gepaart mit langen Durchlaufzeiten ließen die Herstellkosten stark ansteigen.

Frau Schiller, Abteilungsleiterin Finanzwesen: In Zeiten guter Absatzlage habe es die Geschäftsleitung versäumt, Rücklagen für schlechte Tage zu bilden. Nun stände man vor dem Scherbenhaufen: Die Kassen seien leer und es fehle vor allem an Finanzmitteln für neue Investitionen. Um zumindest die dringendsten Schulden und laufenden Zahlungen begleichen zu können, hätte sich das Unternehmen in den zurückliegenden Monaten immer weiter verschuldet. So betrüge die aktuelle Eigenkapitalquote nur noch lediglich 20 %. Neben der schlechten Ertragslage sei jedoch auch die Privatentnahmemoral der Gesellschafter zu monieren. Trotz negativer Betriebsergebnisse hätten sich die Gesellschafter ständig steigende Privatentnahmen geleistet.

Frau Kemper, Abteilungsleiterin Einkauf: Viele Stammlieferanten seien über die schlechte Zahlungsmoral verärgert. Häufig würden Zahlungsziele weit überschritten oder Rechnungen gar nicht beglichen. Es sei zu einer Flut von Androhungen gerichtlicher Mahnverfahren gekommen. Einige Lieferanten würden bereits nicht mehr mit einem Ausgleich ihrer Forderungen rechnen und hätten als Reaktion darauf eine weitere Belieferung eingestellt. Dies führe jetzt zu steigenden Einkaufspreisen und sinkender Qualität.

Herr Josten, Gesellschafter: Eine weitere Zuführung von Eigenkapital zum jetzigen Zeitpunkt sei unmöglich. Die zukünftige Entwicklung des Unternehmens sei zum jetzigen Zeitpunkt nicht abzuschätzen. Das neue Kapital werde somit in ein „Kamikaze-Projekt" investiert. Das Risiko des Verlustes der gesamten Kapitaleinlage sei bereits jetzt zu hoch.

Frau Lemmer, Gesellschafterin: Das Unternehmen könne gerettet werden, wenn man sich jetzt zu drastischen Reformen entschließe. Hierzu seien insbesondere Kapitaleinlagen der Gesellschafter notwendig, die für Investitionen und eine Restrukturierung des Unternehmens notwendig seien. Ohne die Zuführung neuen Eigenkapitals sei das Unternehmen offensichtlich zum Scheitern verurteilt.

✍ Aufgaben

1. Wie beurteilen Sie die Aussichten der Heinz Schlau OHG? Wählen Sie eine sinnvolle Maßnahme zur Lösung der Unternehmenskrise aus und schildern Sie den Ablauf der Maßnahme. Gehen Sie dabei auf alle wichtigen Detailfragen ein.

33. Vollmachten in der Unternehmung

Ausgangslage

Die Büromöbelfabrik Heinz Schlau AG existiert nun bereits seit einigen Jahren. Die fortschreitende Expansion des Unternehmens hat dazu geführt, dass immer mehr Mitarbeiter in der Verwaltung und der Produktion eingestellt werden konnten. Offensichtlich kann nicht die Unternehmensleitung in sämtlichen Entscheidungsfällen der einzelnen Abteilungen selbst tätig werden. In jeder Abteilung müssen Verantwortungskompetenzen auf die Mitarbeiter übergehen. Auf diese Weise werden die Vollmachten der Geschäftsführung erheblich entlastet. Die Frage ist nun jedoch, über welche Entscheidungskompetenzen die einzelnen Mitarbeiter nun verfügen.

Fall 1: Herr Becker ist Abteilungsleiter in der Verkaufsabteilung der Heinz Schlau AG. Nachdem er an einen interessierten Kunden ein Angebot versandte, nimmt dieser die unterbreiteten Bedingungen im Wesentlichen an. Die Bestellung weicht jedoch inhaltlich beim unterbreiteten Mengenrabatt ab: Statt 5 % wie im Angebot werden 7 % verlangt. Da Herr Becker den Kunden seit längerer Zeit kennt, akzeptiert er den geänderten Preisnachlass und bestätigt dies mit einer entsprechenden Auftragsbestätigung.

Fall 2: Frau Wachholz ist Mitarbeiterin in der Einkaufsabteilung und mit der Beschaffung von Werkstoffen beauftragt. Da sie für die Erledigungen ihrer Arbeiten einen PC benötigt, kauft sie diesen in der Mittagspause bei einem Computerhändler auf Rechnung des Unternehmens.

Fall 3: Herr Wickenburg wurde durch den Vorstand der Heinz Schlau AG zum Prokuristen ernannt und die Prokura im Handelsregister eingetragen. In dem zwischen ihm und dem Arbeitgeber vereinbarten Vertrag wurde vereinbart, dass er als leitender Angestellter in der Einkaufsabteilung nur Kaufverträge mit Lieferanten abschließen darf, die eine Gesamtsumme von 10.000,00 € nicht überschreiten. Bei einem besonders günstigen Angebot durch einen Lieferanten bestellt er Rohstoffe, obwohl der Wert des Kaufes 34.000,00 € beträgt.

✎ Aufgaben

Ziehen Sie zur Beantwortung der Fragen den Gesetzestext im Anhang zurate.

1. Warum ist es notwendig, dass in größeren Unternehmen an geeignete Mitarbeiter Vollmachten delegiert werden? Welche Vorteile bzw. Nachteile können sich für die Unternehmensleitung bzw. den betroffenen Mitarbeiter ergeben?

2. Was versteht man unter einer Handlungsvollmacht? Welche Arten werden im Gesetz genannt?

3. Wie und durch welche Personen können Handlungsvollmachten erteilt werden?

4. Welche Anforderungen an die Unterschrift von Handlungsbevollmächtigten werden im Gesetz genannt?

5. Nennen Sie mögliche Gründe für das Erlöschen von Handlungsvollmachten.

6. Was versteht man unter Prokura? Welche Vollmachten werden auch von der Prokura ausgenommen?

7. Wie und durch welche Personen kann die Prokura erteilt werden?

8. Welche Arten der Prokura werden im HGB genannt?

9. Wie wirken sich Einschränkungen der Prokura auf das Außen- und das Innenverhältnis aus? Nennen Sie Beispiele.

10. Wie zeichnet der Prokurist und wie erlischt die Prokura?

✍ *Arbeitsaufträge*

1. Erstellen Sie eine Übersicht, aus der hervorgeht, welche Personen zur Vollmachterteilung berechtigt sind.

2. Entscheiden Sie in den in der Ausgangslage genannten Fällen 1 bis 3 sowie bei den nachfolgenden Fällen über die Rechtslage, die sich aus den jeweils angesprochenen Vollmachtsstellungen ergibt.

✍ Übungsaufgaben

1. Die Heinz Schlau AG stellt Herrn Stein als Sachbearbeiter für die Einkaufsabteilung ein. Zu seinen Aufgaben gehört die Beschaffung von Rohstoffen. Nach einer kurzen Einweisung durch einen Mitarbeiter beginnt Herr Stein seine Arbeit und schließt mit Lieferanten Kaufverträge im Namen des Unternehmens ab. Besitzt Herr Stein die notwendige Vollmacht?

2. Der Vorstandsvorsitzende Heinz Schlau ernennt den Abteilungsleiter Schmitt am 12.03.2010 ausdrücklich zum Prokuristen für die Abteilung Einkauf. Weitere Vereinbarungen werden nicht getroffen. Herr Schmitt kauft daraufhin am 15.03.2010 einen LKW für die Beschaffung von Werkstoffen. Erst am 05.04.2010 veranlasst Herr Schlau die Eintragung der Prokura in das Handelsregister. An wen kann sich der Verkäufer des LKW richten, wenn es zu Störungen des Kaufvertrages kommt?

3. Herr Schmitt ernennt seinen Stellvertreter, Herrn Krause, am 14.03.2010 ebenfalls zum Prokuristen, damit dieser ihn während seiner anstehenden Geschäftsreise vertreten kann. Eine Eintragung in das Handelsregister möchte er nach der Dienstreise vornehmen. Ab wann ist Herr Krause Prokurist?

4. Auf der Dienstreise trifft Herr Schmitt mit einem Unternehmer zusammen, der sich an einem nicht genutzten Grundstück der Heinz Schlau AG interessiert zeigt. Da ihm das Angebot des Unternehmers äußerst lukrativ erscheint, entschließt sich Schmitt kurzerhand, das Grundstück zu verkaufen.

5. Frau Ditzer ist Abteilungsleiterin der Personalabteilung und besitzt Einzelprokura. Bei der Prokuraerteilung wurde schriftlich vereinbart, dass sie die Heinz Schlau AG nur in Personalangelegenheiten vertreten darf. Nach einem Bewerbungsgespräch entschließt sie sich, Frau Müller als Sachbearbeiterin für die Personalabteilung einzustellen, da diese ihr geeignet erscheint. Weil Frau Müller zur Erledigung ihrer Arbeiten eine elektrische Schreibmaschine benötigt, kauft Frau Ditzer diese kurzerhand bei einem Büroartikelhändler im Namen des Unternehmens. Darf Frau Ditzer Frau Müller einstellen und ist der Kaufvertrag gültig?

6. Da Herr Schlau die Prokuraerteilung an Herrn Schmitt bereut, entschließt er sich, diese am 12.09.2010 zu widerrufen. Herr Schmitt ist darüber so verärgert, dass er im Namen des Unternehmens am 14.09.2010 einen Mercedes SLK kauft, den das Unternehmen gar nicht benötigt. Am 17.09.2010 lässt Herr Schlau die Auflösung in das Handelsregister eintragen. Als Herr Schlau am 20.09.2010 davon erfährt, dass Herr Schmitt eine Nobelkarosse gekauft hat, weigert er sich, diese anzunehmen. Wie ist die Rechtslage?

7. Herr Milles besitzt Artvollmacht in der Abteilung Buchhaltung. Er wurde durch einen Prokuristen dazu ermächtigt, Abbuchungen vom Geschäftskonto der Heinz Schlau AG vorzunehmen. Da Herr Milles zurzeit sehr viel zu tun hat, beauftragt er den Auszubildenen Peter H., 350,00 € vom Geschäftskonto per Barscheck abzuheben, um die Geschäftskasse aufzufüllen. Peter zeigt sich äußerst erfreut und löst den Scheck bei der Bank ein. War er dazu bevollmächtigt?

8. Der Sachbearbeiter Heinzerling und der Abteilungsleiter Kröllmann besitzen beide Artvollmacht in der Einkaufsabteilung. Für Käufe von Anlagegütern ab einem Wert von 20.000,00 € sind jedoch beide lediglich mit einer Gesamtvollmacht ausgestattet. Eines Tages ist Kröllmann wegen einer Krankheit arbeitsunfähig und Heinzerling soll einen neuen LKW beschaffen. Kurzerhand entschließt er sich zum Kauf des LKW und schließt den Kaufvertrag ab, ohne Kröllmann zu benachrichtigen. Ist der Kaufvertrag zu Stande gekommen?

9. Frau Surbier ist Chefsekretärin von Herrn Schlau. Zu ihren Aufgaben gehört u. a. die Erledigung des Schriftverkehrs der Geschäftsleitung. Weil Frau Surbier jedoch eine sehr gewissenhafte Mitarbeiterin ist, beauftragte Herr Schlau sie in der Vergangenheit auch mit der Beschaffung von Büromaterial und Büromaschinen. Eines Tages ärgert sich Frau Surbier derart über ihre alte Schreibmaschine, dass sie sich dazu entschließt, eine neue anzuschaffen. Telefonisch bestellt sie im Namen der Firma bei einem Bürobedarfshändler eine neue Maschine. Während des Vertragsgesprächs weist sie darauf hin, dass sie Vertreterin des Chefs und damit quasi Prokuristin sei. Wie beurteilen Sie den Fall?

10. Herr Berger besitzt Einzelprokura in der Einkaufsabteilung der Heinz Schlau OHG. Während eines Telefongesprächs überredet der Lieferant Listig ihn, 2.000 Handmixgeräte in das Programm der Heinz Schlau AG aufzunehmen. Da Listig einen besonders günstigen Preis in Aussicht stellt, entschließt sich Berger zum Abschluss des Kaufvertrages.

11. Als Frau Wunder, die über Gesamtprokura verfügt, von dem Fehleinkauf des Berger erfährt, macht sie sich in der Mittagspause in der Kantine laut darüber lustig. Berger gerät in Rage und widerruft noch in der Kantine lauthals die Gesamtprokura.

12. Da sich Frau Hellberg und Herr Martin, die am Tisch von Frau Wunder sitzen, lauthals über das Verhalten von Herrn Berger äußern, kündigt er ihnen daraufhin zum nächstmöglichen Termin.

Auszug aus dem Handelsgesetzbuch (HGB)

1.5 Prokura und Handlungsvollmacht

§ 48 Erteilung der Prokura. (1) Die Prokura kann nur von dem Inhaber des Handelsgeschäfts oder seinem gesetzlichen Vertreter und nur mittels ausdrücklicher Erklärung erteilt werden. (2) Die Erteilung kann an mehrere Personen gemeinschaftlich erfolgen (Gesamtprokura).

§ 49 Umfang der Prokura. (1) Die Prokura ermächtigt zu allen Arten von gerichtlichen und außergerichtlichen Geschäften und Rechtshandlungen, die der Betrieb eines Handelsgewerbes mit sich bringt. (2) Zur Veräußerung und Belastung von Grundstücken ist der Prokurist nur ermächtigt, wenn ihm diese Befugnis besonders erteilt ist.

§ 50 Beschränkung des Umfanges. (1) Eine Beschränkung des Umfanges der Prokura ist Dritten gegenüber unwirksam. (2) Dies gilt insbesondere von der Beschränkung, dass die Prokura nur für gewisse Geschäfte oder gewisse Arten von Geschäften oder nur unter gewissen Umständen oder für eine gewisse Zeit oder an einzelnen Orten ausgeübt werden soll. (3) Eine Beschränkung der Prokura auf den Betrieb einer von mehreren Niederlassungen des Geschäftsinhabers ist Dritten gegenüber nur wirksam, wenn die Niederlassungen unter verschiedenen Firmen betrieben werden. Eine Verschiedenheit der Firmen im Sinne dieser Vorschrift wird auch dadurch begründet, dass für eine Zweigniederlassung der Firma ein Zusatz beigefügt wird, der sie als Firma der Zweigniederlassung bezeichnet.

§ 51 Zeichnung des Prokuristen. Der Prokurist hat in der Weise zu zeichnen, dass er der Firma seinen Namen mit einem die Prokura andeutenden Zusatze beifügt.

§ 52 Widerruflichkeit; Unübertragbarkeit; Tod des Inhabers. (1) Die Prokura ist ohne Rücksicht auf das der Erteilung zugrunde liegende Rechtsverhältnis jederzeit widerruflich, unbeschadet des Anspruchs auf die vertragsmäßige Vergütung. (2) Die Prokura ist nicht übertragbar. (3) Die Prokura erlischt nicht durch den Tod des Inhabers des Handelsgeschäfts.

§ 53 Anmeldung der Erteilung und des Erlöschens; Zeichnung des Prokuristen. (1) Die Erteilung der Prokura ist von dem Inhaber des Handelsgeschäfts zur Eintragung in das Handelsregister anzumelden. Ist die Prokura als Gesamtprokura erteilt, so muss auch dies zur Eintragung angemeldet werden. (2) Der Prokurist hat die Firma nebst seiner Namensunterschrift zur Aufbewahrung bei Gerichte zu zeichnen. (3) Das Erlöschen der Prokura ist in gleicher Weise wie die Erteilung zur Eintragung anzumelden.

§ 54 Handlungsvollmacht. (1) Ist jemand ohne Erteilung der Prokura zum Betrieb eines Handelsgewerbes oder zur Vornahme einer bestimmten zu einem Handelsgewerbe gehörigen Art von Geschäften oder zur Vornahme einzelner zu einem Handelsgewerbe gehöriger Geschäfte ermächtigt, so erstreckt sich die Vollmacht (Handlungsvollmacht) auf alle Geschäfte und Rechtshandlungen, die der Betrieb eines derartigen Handelsgewerbes oder die Vornahme derartiger Geschäfte gewöhnlich mit sich bringen. (2) Zur Veräußerung oder Belastung von Grundstücken, zur Eingehung von Wechselverbindlichkeiten, zur Aufnahme von Darlehen und zur Prozessführung ist der Handlungsbevollmächtigte nur ermächtigt, wenn ihm eine solche Befugnis besonders erteilt ist. (3) Sonstige Beschränkungen der Handlungsvollmacht braucht ein Dritter nur dann gegen sich gelten zu lassen, wenn er sie kannte oder kennen musste.

§ 56 Angestellte in einem Laden oder Warenlager. Wer in einem Laden oder in einem offenen Warenlager angestellt ist, gilt als ermächtigt zu Verkäufen und Empfangsannahmen, die in einem derartigen Laden oder Warenlager gewöhnlich geschehen.

§ 57 Zeichnung des Handlungsbevollmächtigten. Der Handlungsbevollmächtigte hat sich bei der Zeichnung jedes eine Prokura andeutenden Zusatzes zu enthalten; er hat mit einem das Vollmachtsverhältnis ausdrückenden Zusatzes zu zeichnen.

§ 58. Unübertragbarkeit der Handlungsvollmacht. Der Handlungsbevollmächtigte kann ohne Zustimmung des Inhabers des Handelsgewerbes seine Handlungsvollmacht auf andere nicht übertragen.

34. Betriebsratswahl – Ja oder Nein?

Situation

Sie sind Mitarbeiter/in bei der PolyNorm GmbH, einem mittelständischen Unternehmen in Hilden. Das Unternehmen hat sich
auf die Herstellung von manuellen und elektrobetriebenen Roll-
und Deckenläufertoren spezialisiert. Die Produkte sind bei den
Kunden als besonders hochwertig bekannt. Kundenindividuelle
Beratung, zuverlässige Auftragsausführung sowie ein guter Service haben das Unternehmen zu einem Markenanbieter im stark
umkämpften Markt gemacht. Die PolyNorm GmbH hat in ihrer
Verwaltung 52 Mitarbeiter/innen beschäftigt. In der angeschlossenen Produktionshalle arbeiten 139 gewerbliche Mitarbei-
ter/innen.

Das Unternehmen wurde 1925 von den Brüdern Karl und Stephan Kampen als Kampen Tür- und Torfabrikation OHG gegrün-
det. 1989 übernahm Steffen Kampen, der Sohn von Karl Kampen das Unternehmen. Mit seiner innovativen und
auf hohe Produktqualität ausgerichteten Geschäftspolitik expandierte das Unternehmen: innerhalb von 10 Jahren
konnte der Umsatz vervierfacht werden. Das Absatzgebiet wurde von Nordrhein-Westfalen auf das gesamte
Bundesgebiet ausgedehnt.

Im Jahre 1994 wurde das Unternehmen in die PolyNorm GmbH umgewandelt und Silke Heinen, eine enge Mit-
arbeiterin von Kampen, wurde zur Geschäftsführerin berufen. Neben den beiden Geschäftsführern gehören Ingo
Lohmöller (Prokurist) und Beate Laubscher (Prokuristin) zu den leitenden Mitarbeitern des Unternehmens. Herr
Kampen ist als „knallharter" Geschäftsführer bekannt, der konsequent seine Ziele durchsetzt.

In den letzten Tagen war immer häufiger in der regionalen Presse zu lesen, dass andere mittelständische Unternehmen Probleme mit ihren Betriebsräten haben. Dies hat Sie neugierig gemacht und Sie wollen sich nun mit
diesem Thema auseinander setzen. Vielleicht wäre ja auch in Ihrem Unternehmen die Einsetzung eines Betriebsrats sinnvoll?

✍ Aufgaben

1. Verschaffen Sie sich einen inhaltlichen Überblick über das Thema Betriebsrat. Verwenden Sie hierzu das
   Material in der Anlage. Andere Informationsquellen (Schulbücher, Internet) können Sie natürlich auch gerne
   heranziehen.

2. Nachdem Sie sich mit dem Ablauf der Wahl, den Aufgaben und den Vorteilen eines Betriebsrats auseinander
   gesetzt haben, sind Sie davon überzeugt: ihr Unternehmen braucht einen Betriebsrat. Sammeln Sie sämtliche
   Informationen über den Betriebsrat in einer gut strukturierten Liste. Sie sollten sich dabei insbesondere bei
   folgenden Punkten gut auskennen:

   - Ab welcher Mitarbeiterzahl kann ein Betriebsrat gewählt werden?
   - Welche Mitarbeiter/innen können sich zum Betriebsrat wählen lassen?
   - Wie läuft die Wahl zum Betriebsrat ab (Vorgehensweise, Zeitraum, Kosten etc.)?
   - Welche Vorteile hat die Einrichtung eines Betriebsrats für die Mitarbeiter/innen?
   - Inwieweit vertritt der Betriebsrat die Interessen der Mitarbeiter/innen?
   - Bei welchen Entscheidungen der Geschäftsleitung hat der Betriebsrat Einwirkungsrechte?
   - Welche Vorteile hat ein/e Mitarbeiter/in, aktiv als Betriebsrat tätig zu werden und welche Vor- bzw.
     Nachteile können durch dieses Amt entstehen?

3. Sie sind nun endgültig davon überzeugt: ihr Unternehmen muss einen Betriebsrat bekommen. Sie haben sich
   mit einigen Mitarbeiter/innen zusammengeschlossen und bei der Geschäftsleitung um einen Termin gebeten.
   Herr Kampen hat Sie daraufhin heute zu einer Sitzung eingeladen, an der neben der Geschäftsleitung und
   den Prokuristen auch ein paar kaufmännische und gewerbliche Mitarbeiter/innen teilnehmen werden. Ihre
   Aufgabe ist es nun, die Anwesenden davon zu überzeugen, dass bei der PolyNorm GmbH ein Betriebsrat
   eingerichtet werden muss. Sie sollten unter anderem auf folgende Punkte eingehen:

- Muss/kann/sollte ein Betriebsrat eingerichtet werden (d. h. sind die gesetzlichen Voraussetzungen erfüllt)?

- Welche Vorteile ergeben sich für die Mitarbeiter/innen und die Geschäftsleitung durch die Einrichtung eines Betriebsrats?

- Bei welchen betrieblichen Maßnahmen kann der Betriebsrat die Geschäftsleitung positiv unterstützen?

- Warum lohnt sich die Einrichtung eines Betriebsrats trotz der hohen Kosten für die Geschäftsleitung?

- Warum sollten sich die übrigen Mitarbeiter/innen für einen Betriebsrat einsetzen und sich vielleicht sogar als Mitglied aktiv beteiligen?

 Fazit: Überzeugen Sie die Geschäftsleitung!

Situation

Sie sind Mitarbeiter/in bei der PolyNorm GmbH, einem mittelständischen Unternehmen in Hilden. Das Unternehmen hat sich auf die Herstellung von manuellen und elektrobetriebenen Roll- und Deckenläufertoren spezialisiert. Die Produkte sind bei den Kunden als besonders hochwertig bekannt. Kundenindividuelle Beratung, zuverlässige Auftragsausführung sowie ein guter Service haben das Unternehmen zu einem Markenanbieter im stark umkämpften Markt gemacht. Die PolyNorm GmbH hat in ihrer Verwaltung 52 Mitarbeiter/innen beschäftigt. In der angeschlossenen Produktionshalle arbeiten 139 gewerbliche Mitarbeiter/innen.

Das Unternehmen wurde 1925 von den Brüdern Karl und Stephan Kampen als Kampen Tür- und Torfabrikation OHG gegründet. 1989 übernahm Steffen Kampen, der Sohn von Karl Kampen das Unternehmen. Mit seiner innovativen und auf hohe Produktqualität ausgerichteten Geschäftspolitik expandierte das Unternehmen: innerhalb von 10 Jahren konnte der Umsatz vervierfacht werden. Das Absatzgebiet wurde von Nordrhein-Westfalen auf das gesamte Bundesgebiet ausgedehnt.

Im Jahre 1994 wurde das Unternehmen in die PolyNorm GmbH umgewandelt und Silke Heinen, eine enge Mitarbeiterin von Kampen, wurde zur Geschäftsführerin berufen. Neben den beiden Geschäftsführern gehören Ingo Lohmöller (Prokurist) und Beate Laubscher (Prokuristin) zu den leitenden Mitarbeitern des Unternehmens. Herr Kampen ist als „knallharter" Geschäftsführer bekannt, der konsequent seine Ziele durchsetzt.

In den letzten Tagen war immer häufiger in der regionalen Presse zu lesen, dass andere mittelständische Unternehmen Probleme mit ihren Betriebsräten haben. Auch in Ihrem Unternehmen haben sich einige Mitarbeiter/innen für die Einrichtung eines Betriebsrats stark gemacht. Doch was ist überhaupt ein Betriebsrat?

✎ Aufgaben

1. Verschaffen Sie sich einen inhaltlichen Überblick über das Thema Betriebsrat. Verwenden Sie hierzu das Material in der Anlage. Andere Informationsquellen (Schulbücher, Internet) können Sie natürlich auch gerne heranziehen.

2. Nachdem Sie sich mit dem Ablauf der Wahl, den Aufgaben und den Vorteilen eines Betriebsrats auseinander gesetzt haben, sind Sie davon überzeugt, dass Ihr Unternehmen keinen Betriebsrat benötigt. Sammeln Sie sämtliche Informationen über den Betriebsrat in einer gut strukturierten Liste. Sie sollten sich dabei insbesondere bei folgenden Punkten gut auskennen:

   - Welche Voraussetzungen müssen gegeben sein, damit in einem Unternehmen ein Betriebsrat eingesetzt werden kann?

   - Welche Mitarbeiter/innen können sich zum Betriebsrat wählen lassen?

- Wie läuft die Wahl zum Betriebsrat ab (Vorgehensweise, Zeitraum, Kosten etc.)?
- Welche Nachteile könnte die Einrichtung eines Betriebsrats für die Geschäftleitung mitsichbringen?
- Inwieweit vertritt der Betriebsrat die Interessen der Mitarbeiter/innen?
- Bei welchen Entscheidungen der Geschäftsleitung hat der Betriebsrat Einwirkungsrechte?
- Welche negativen Konsequenzen ergeben sich durch die Einrichtung eines Betriebsrats für das Unternehmen (Kosten für die Wahl, für die Freistellung etc.)?

3. Sie stehen der Wahl eines Betriebsrats immer noch skeptisch gegenüber. Eigentlich finden Sie die Einrichtung eines solchen Organs sinnvoll. Sie haben jedoch erfahren, dass einige Mitarbeiter/innen sich heute mit der Geschäftsleitung zu einer Sitzung treffen, in der die Einrichtung eines Betriebsrats diskutiert werden soll. Sie erhalten die Möglichkeit, daran teilzunehmen. In der Sitzung sollten Sie unter anderem auf folgende Punkte eingehen:

- Warum soll ein Betriebsrat eingerichtet werden? Das Unternehmen kam bisher doch auch ohne ein solches Organ aus und es entwickelte sich positiv für alle Beteiligten.

- Welche Mitarbeiter/innen werden aktiv im Betriebsrat mitarbeiten und inwieweit sind sie hierzu qualifiziert? Sie sollten ggf. bestehende Vorurteile von den Betriebsratsbefürwortern entkräften lassen. Vorurteile könnten sein: In den Betriebsrat werden vor allem Meinungsführer der Belegschaft und gut aussehende Frauen hineingewählt, die jedoch über wenig Fachkompetenz verfügen, Mitarbeiter/innen werden für die Betriebsratsarbeit freigestellt und deren Arbeit muss dann durch die anderen Mitarbeiter/innen übernommen werden, die Einrichtung eines Betriebsrats kostest viel Geld und erhöht damit nur die Kosten des Unternehmens.

- Welche Kosten entstehen durch die Einrichtung des Betriebsrats? Wodurch sollen diese Kosten gedeckt werden?

- Warum wollen einige Mitarbeiter/innen als Betriebsrat aktiv werden? Weisen Sie auf mögliche negative Konsequenzen hin (schlechtes Ansehen bei der Geschäftsleitung, Unmut der übrigen Mitarbeiter/innen).

 Fazit: Stehen Sie der Einrichtung eines Betriebsrats kritisch gegenüber!

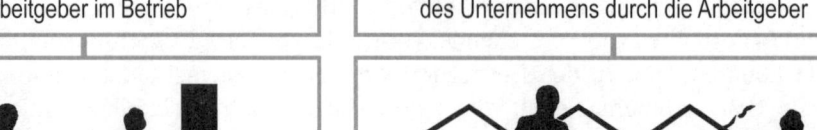

Informationsmaterial für die Gruppen

1. Grundsätzliches

Eine Demokratisierung der Gesellschaft findet nicht nur im politischen Bereich statt, sondern erstreckt sich auch auf die Berufs- und Arbeitswelt. Während das Betriebsverfassungsgesetz die Zusammenarbeit zwischen Arbeitgebern und Arbeitnehmern im Betrieb regelt, befasst sich die Mitbestimmung mit der Beteiligung der Arbeitnehmer an der Leitung des Unternehmens („außerbetriebliche Unternehmensmitbestimmung").

Mitbestimmung der Arbeitnehmer

Zusammenarbeit zwischen Arbeitnehmer und Arbeitgeber im Betrieb	Mitbestimmung der Arbeitnehmer bei der Leitung des Unternehmens durch die Arbeitgeber

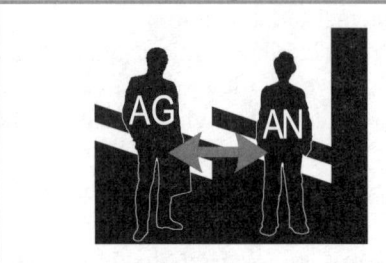

2. Mitwirkung und Mitbestimmung der Arbeitnehmer auf Unternehmensebene

Der Gesetzgeber räumt mit dem Betriebsverfassungsgesetz (BetrVG) den Arbeitnehmern über den Betriebsrat Mitbestimmungs- und Mitwirkungsrechte im Betrieb in sozialen, personellen und wirtschaftlichen Angelegenheiten ein.

Der Betriebsrat ist die Vertretung der Arbeitnehmer gegenüber dem Arbeitgeber. Ein Betriebsrat ist für Betriebe mit i. d. R. mindestens 5 ständig wahlberechtigten Arbeitnehmern, von denen drei wählbar sind, vorgeschrieben (§ 12 BetrVG).

Der Betriebsrat		
Wahl (§ 7 BetrVG)	**Zusammensetzung** (§ 9 BetrVG)	**Amtszeit** (§ 21 BetrVG)
Alle Arbeitnehmer, die das 18. Lebensjahr vollendet haben, sind wahlberechtigt. Sofern sie 6 Monate dem Betrieb angehören, sind sie zum Betriebsrat wählbar.	Betriebe mit 5-20 wahlberechtigten Arbeitnehmern erhalten einen Betriebsobmann, Betriebe mit 21-50 Arbeitnehmern erhalten 3 Mitglieder des Betriebsrates, darüber hinaus kommt es auf die Anzahl der Arbeitnehmer an.	Sie beträgt 4 Jahre. Die Wahlen finden alle 4 Jahre in der Zeit vom 01.03. bis 31.03. eines Jahres statt.

Die im BetrVG geregelte Mitbestimmung des Betriebsrates umfasst mehrere Stufen, sodass von „Mitbestimmung im weiteren Sinne" gesprochen wird. Es gilt:

① **Informationsrecht des Betriebsrats**

Der Betriebsrat hat einen Anspruch auf rechtzeitige und umfassende Unterrichtung über die von der Geschäftsleitung geplanten betrieblichen Maßnahmen (§ 90 BetrVG). Die Information ist die Voraussetzung dafür, dass der Betriebsrat seine weitergehenden Rechte überhaupt wahrnehmen kann.

Bsp.: Informationen über geplante Neu-, Um- und Erweiterungsbauten, Einführung neuer Arbeitsverfahren und Arbeitsabläufe oder Veränderung von Arbeitsplätzen.

② **Beratungsrecht des Betriebsrats**

Der Betriebsrat hat das Recht, aufgrund der ihm gegebenen Informationen seine Auffassung gegenüber dem Arbeitgeber darzulegen und Gegenvorschläge zu unterbreiten. Die Beratung geht somit über die einseitige Information hinaus. Eine Einigung ist jedoch nicht erzwingbar. Die Beratung ist ausdrücklich in so genannten „wirtschaftlichen Angelegenheiten" vorgeschrieben.

INFORMATIONSTEXT

Bsp.: Personalplanung (gegenwärtiger und zukünftiger Personalbedarf), Ausschreibung von Arbeitsplätzen, Rationalisierungsvorhaben, Einschränkung oder Stilllegung von Betriebsteilen, Zusammenschluss von Betrieben, Änderung der Betriebsorganisation oder des Betriebszwecks, sofern nicht Betriebs- oder Geschäftsgeheimnisse gefährdet werden.

③ **Mitwirkungsrecht des Betriebsrats**

Das Mitwirkungsrecht des Betriebsrats wird auch als „eingeschränkte Mitbestimmung" bezeichnet. Im Gegensatz zum Beratungsrecht besitzt hier der Betriebsrat ein Vetorecht (Widerspruchsrecht). Die eingeschränkte Mitbestimmung umfasst vor allem die „personellen Angelegenheiten" wie Neueinstellungen, Eingruppierungen in Lohn- und Gehaltsgruppen und Versetzungen des Arbeitnehmers. Auch bei Kündigungen hat der Betriebsrat ein Widerspruchsrecht.

Bsp.: Angenommen einem jungen Arbeitnehmer wird fristgemäß gekündigt. Der Betriebsrat widerspricht. Dieser Widerspruch führt nicht zur Aufhebung der Kündigung. Gibt die Geschäftsleitung nicht nach (hat z. B. der Spruch der Einigungsstelle zu Gunsten des Gekündigten keinen Erfolg), muss der Fall vom Arbeitsgericht geklärt werden. Unter Umständen sichert der Widerspruch die Wiederbeschäftigung des gekündigten Arbeitnehmers bis zur endgültigen gerichtlichen Entscheidung.

④ **Mitbestimmungsrecht des Betriebsrats (im engeren Sinne)**

Die Mitbestimmung im engeren Sinne ist zwingend. Dies bedeutet, dass der Arbeitgeber bestimmte Maßnahmen nur mit Zustimmung des Betriebsrats durchführen kann. Diese eigentliche Mitbestimmung steht dem Betriebsrat vor allem in so genannten „sozialen Angelegenheiten" zu, soweit eine gesetzliche oder tarifliche Regelung nicht besteht.

Bsp.: Arbeitszeitregelung, Zeit, Ort und Art der Auszahlung der Arbeitsentgelte, Ausstellung allgemeiner Urlaubsgrundsätze und des Urlaubsplans, Einführung der Arbeitszeitüberwachung (z. B. Stempeluhren), Regelung der Unfallverhütung, Form, Ausgestaltung und Verwaltung der Sozialeinrichtungen (z. B. Kantinen), Zuweisung und Kündigung von Werkswohnungen, betriebliche Lohngestaltung (z. B. Einführung von Akkordlohn), Regelung des betrieblichen Vorschlagwesens und der Anschluss der Betriebsvereinbarung (Betriebsordnung).

Stufen der betrieblichen Mitwirkung			

Informationsrecht	**Beratungsrecht**	**Mitwirkungsrecht**	**Mitbestimmungsrecht**
Betriebsrat hat das Recht auf rechtzeitige und umfassende Unterrichtung über die von der Geschäftsleitung geplanten betrieblichen Maßnahmen.	Betriebsrat hat das Recht, aufgrund der ihm gegebenen Informationen bezüglich wirtschaftlicher Angelegenheiten seine Auffassung gegenüber dem Arbeitgeber darzulegen und Gegenvorschläge zu unterbreiten. Eine Einigung ist nicht erzwingbar.	Betriebsrat hat ein Vetorecht vor allem bei personellen Angelegenheiten. Bei Kündigungen durch den Arbeitgeber hat der Betriebsrat ein Widerspruchsrecht.	Der Arbeitgeber kann bestimmte Maßnahmen, die vor allem soziale Angelegenheiten des Betriebs berühren, nur mit Zustimmung des Betriebsrates durchführen.

INFORMATIONSTEXT

3. Organisation und Vorbereitung der Betriebsratswahl

Vom amtierenden Betriebsrat wird ein Wahlvorstand bestellt (*§ 18 BetrVG*). Besteht im Unternehmen noch kein Betriebsrat, so wird der Wahlvorstand in der Betriebsversammlung von der Mehrheit der anwesenden Arbeitnehmer gewählt (*§ 17 BetrVG*). Der Wahlvorstand muss spätestens 10 Wochen vor Ablauf der Amtszeit bestellt werden. Der Wahlvorstand besteht aus mindestens drei Wahlberechtigten. In jedem Fall muss die Anzahl der Mitglieder ungerade sein. Ggf. kann für jedes Mitglied ein Vertreter bestellt werden. In Betrieben mit Arbeitern und Angestellten müssen im Wahlvorstand beide Gruppen vertreten sein (*§ 16 BetrVG*).

Wahlvorschläge für die BR-Mitglieder können von wahlberechtigten Arbeitnehmern oder von im Betrieb vorhandenen Gewerkschaften ausgehen.

Dabei gilt:

- Jeder Wahlvorschlag der Arbeitnehmer muss von mindestens einem Zwanzigstel der wahlberechtigten Gruppenangehörigen unterzeichnet sein. In jedem Fall ist die Unterzeichnung durch fünfzig Gruppenangehörige ausreichend (*§ 14 BetrVG*).

- Jeder Wahlvorschlag einer Gewerkschaft muss von zwei Beauftragten unterzeichnet sein (*§ 14 BetrVG*).

4. Aufgaben des Wahlvorstandes

Der Wahlvorstand muss

a)   ...die Wahl unverzüglich einleiten. Hierzu gehören folgende Tätigkeiten:

- Aufstellung von Wählerlisten getrennt nach Arbeitern und Angestellten (*§ 2 Wahlordnung*). Das aktive und das passive Wahlrecht besteht nur für Arbeitnehmer, die in die Wahlliste eingetragen sind. Die Listen werden rechtzeitig vor der Wahl ausgehängt.

- Wahlausschreibung (Bekanntgabe der Wahl und Fristsetzung für Wahlvorschläge) mindestens sechs Wochen vor dem ersten Tag der Stimmabgabe.

- Entgegennahme und Prüfung der Rechtmäßigkeit von Wahlvorschlägen.

- Nach Ablauf der Vorschlagsfrist Veröffentlichung der Kandidaten sowie Bekanntmachung des weiteren Verlaufs.

b)   ... die Wahl durchführen und überwachen. Hierzu gehören folgende Tätigkeiten:

- Beiwohnung beim Ablauf der Wahl (mindestens zwei Mitglieder des Wahlvorstandes müssen im Wahlraum anwesend sein; *§ 12 WO*).

- Prüfung der Stimmen auf ihre Gültigkeit.

- Auszählung der Stimmen.

- Versendung einer Wahlniederschrift (Ergebnisse der Wahl) an den Arbeitgeber und an die im Betrieb vertretenen Gewerkschaften.

5. Die Wahlkriterien

Der Betriebsrat wird

- in geheimer und unmittelbarer Wahl gewählt (*§ 14 BetrVG*).

- nach den Grundsätzen der Verhältniswahl gewählt (*§ 14 BetrVG*). Wird nur ein Wahlvorschlag eingereicht, so gelten die Grundsätze der Mehrheitswahl.

- bei mehrköpfiger Besetzung in Unternehmen mit Arbeitern und Angestellten entsprechend deren Stärke besetzt (*§ 10 BetrVG*). Das Gruppenwahlprinzip (Arbeiter und Angestellte wählen ihre Vertreter in getrennten Wahlgängen) wurde mit der Reform des BetrVG (seit 1.1.2002) aufgehoben.

- (seit der Reform des BetrVG seit dem 1.1.2002) in kleineren Betrieben mit 5 bis 50 Arbeitnehmern in einer Wahlversammlung gewählt (*§ 14a BetrVG*). Dies stellt eine Vereinfachung des Wahlverfahrens dar (kurzfristigere Bestellung des Wahlvorstandes, der Vorlegung der Wahlvorschläge und der Durchführung der Wahl). In Betrieben mit 51 bis 100 Arbeitnehmern kann das vereinfachte Verfahren zwischen Wahlvorstand und Arbeitgeber vereinbart werden.

INFORMATIONSTEXT

6. Kündigungsschutz des Wahlvorstandes

Die Mitglieder des Wahlvorstandes können **vom Zeitpunkt ihrer Bestellung** bis zum Ablauf von **6 Monaten** nach der Bekanntgabe des Wahlergebnisses nicht ordentlich gekündigt werden. Auch Bewerber für den Wahlvorstand genießen besonderen Kündigungsschutz.

7. Anzahl der Betriebsratsmitglieder

Die Anzahl der Betriebsratsmitglieder hängt ab von der im Unternehmen beschäftigten wahlberechtigten Arbeitnehmer.

Es gilt (*§ 9 BetrVG*): (Neuregelung seit dem 1.1.2002)

5 bis 20	wahlberechtigte AN	-	1 BR-Mitglied
21 bis 50	wahlberechtigte AN	-	3 BR-Mitglied
51 bis 100	wahlberechtigte AN	-	5 BR-Mitglied
101 bis 200	wahlberechtigte AN	-	7 BR-Mitglied
201 bis 400	wahlberechtigte AN	-	9 BR-Mitglied
401 bis 700	wahlberechtigte AN	-	11 BR-Mitglied
701 bis 1.000	wahlberechtigte AN	-	13 BR-Mitglied
1.001 bis 1.500	wahlberechtigte AN	-	15 BR-Mitglied
1.501 bis 2.000	wahlberechtigte AN	-	17 BR-Mitglied
2.001 bis 2.500	wahlberechtigte AN	-	19 BR-Mitglied
2.501 bis 3.000	wahlberechtigte AN	-	21 BR-Mitglied
3.001 bis 3.500	wahlberechtigte AN	-	23 BR-Mitglied
3.501 bis 4.000	wahlberechtigte AN	-	25 BR-Mitglied
4.001 bis 4.500	wahlberechtigte AN	-	27 BR-Mitglied
4.501 bis 5.000	wahlberechtigte AN	-	29 BR-Mitglied
5.001 bis 6.000	wahlberechtigte AN	-	31 BR-Mitglied
6.001 bis 7.000	wahlberechtigte AN	-	33 BR-Mitglied
7.001 bis 9.000	wahlberechtigte AN	-	35 BR-Mitglied

In Betrieben mit mehr als 9.000 Arbeitnehmern erhöht sich die Zahl der Mitglieder je angefangenen weiteren 3.000 Arbeitnehmern um 2 Mitglieder.

8. Amtszeit des Betriebsrats, Zeitpunkt der Wahlen, Ersatzmitglieder, Kosten der Wahl

Die Amtszeit beträgt 4 Jahre. Die Wahlen finden alle 4 Jahre in der Zeit vom 01.03. bis 31.03. eines Jahres statt (*§ 21 BetrVG*). Die Amtszeit erlischt generell, wenn ein BR-Mitglied sein Amt niederlegt oder sein Arbeitsverhältnis beendet (*§ 24 BetrVG*). Ändert sich hingegen der Status des BR-Mitglieds innerhalb des Unternehmens (z. B. wird aus dem Arbeiter ein Angestellter), bleibt es weiterhin Arbeitervertreter (*§ 24 BetrVG*).

Scheidet ein Arbeitnehmer aus dem Betriebsrat aus, so wird

- bei Listenwahl

  als Ersatzmitglied der nächste nicht gewählte Arbeitnehmer derjenigen Vorschlagsliste in den Betriebsrat aufgenommen, denen das zu ersetzenden Mitglied angehörte.

- bei Persönlichkeitswahl

  als Ersatzmitglied derjenige Kandidat mit der nächsthöheren Stimmenzahl in den Betriebsrat aufgenommen.

Die Kosten der Wahl trägt der Arbeitgeber. Er muss auch die Wahlräume und sämtliche für die Wahl benötigten Unterlagen (Wahlzettel, Umschläge, Urnen usw.) zur Verfügung stellen.

INFORMATIONSTEXT

9. Freistellung von Betriebsräten

Mitglieder des Betriebsrats müssen von ihrer beruflichen Tätigkeit freigestellt werden, sobald das Unternehmen eine bestimmte Mitarbeiterstärke erreicht.

Es gilt (*§ 38 BetrVG*): (Neuregelung seit dem 1.1.2002)

200 bis 500	wahlberechtigte AN	-	1 BR-Mitglied
501 bis 900	wahlberechtigte AN	-	2 BR-Mitglied
901 bis 1.500	wahlberechtigte AN	-	3 BR-Mitglied
1.501 bis 2.000	wahlberechtigte AN	-	4 BR-Mitglied
2.001 bis 3.000	wahlberechtigte AN	-	5 BR-Mitglied
3.001 bis 4.000	wahlberechtigte AN	-	6 BR-Mitglied
4.001 bis 5.000	wahlberechtigte AN	-	7 BR-Mitglied
5.001 bis 6.000	wahlberechtigte AN	-	8 BR-Mitglied
6.001 bis 7.000	wahlberechtigte AN	-	9 BR-Mitglied
7.001 bis 8.000	wahlberechtigte AN	-	10 BR-Mitglied
8.001 bis 9.000	wahlberechtigte AN	-	11 BR-Mitglied
9.001 bis 10.000	wahlberechtigte AN	-	12 BR-Mitglied

In Betrieben mit mehr als 10.000 Arbeitnehmern ist je angefangene weitere 2.000 Arbeitnehmer ein weiteres Betriebsratsmitglied freizustellen. Eine Freistellung muss nicht als Vollfreistellung erfolgen (*§ 38 BetrVG*), d. h. das BR-Mitglieder (seit der Reform des BetrVG seit 1.1.2002) auch nur für einen Teil der Arbeitszeit freigestellt werden können. Auf diese Weise erhalten auch Teilzeitbeschäftigte die Möglichkeit zur BR-Mitgliedschaft. Fachkräfte verlieren darüber hinaus nicht ihre Verbindung zum Arbeitsleben.

10. Rechte/Aufgaben des Betriebsratsvorsitzenden

Neben den gewöhnlichen Aufgaben der BR-Mitglieder hat der BR-Vorsitzende folgende besonderen Aufgaben/Rechte:

- **Vertretung des Betriebsrates**
  im Rahmen der vom Betriebsrat getroffenen Beschlüsse (*§ 26 BetrVG*).

- **Entgegennahme von Erklärungen**
  die gegenüber dem Betriebsrat abgegeben werden (*§ 26 BetrVG*).

- **Einberufung der Betriebsratssitzungen**
  sowie Festlegung der Tagesordnung, Leitung der Verhandlungen und Unterzeichnung der Sitzungsniederschrift (*§§ 29, 34 BetrVG*).

- **Leiten der Betriebsversammlung**
  (*§ 42 BetrVG*)

- **Teilnahmerecht an Sitzungen der JAV**
  soweit kein anderes Betriebsratsmitglied damit beauftragt wurde (*§ 65 BetrVG*).

11. Mitwirkung und Mitbestimmung der Arbeitnehmer auf die Leitung des Unternehmens

Die Notwendigkeit zur Mitbestimmung wird damit begründet, dass in einer Wirtschaftsordnung der Arbeitnehmer nicht vornehmlich Objekt fremder Entscheidungen sein darf. Er muss das Recht haben, an unternehmerischen Entscheidungen, die seinen persönlichen Lebensbereich berühren, beteiligt zu werden. Aus diesem Grund sind die Arbeitnehmer bei Kapitalgesellschaften (AG, GmbH, KGaA) ab einer bestimmten Anzahl von Mitarbeitern im Aufsichtsrat vertreten. Dieses Recht wird durch die folgenden Gesetze bestimmt:

INFORMATIONSTEXT

Betriebsverfassungsgesetz von 1952	Mitbestimmungsgesetz von 1976	Montanmitbestimmungs- gesetz von 1951
Gilt für Kapitalgesellschaften mit Belegschaften bis 2.000 Mitarbeitern (AG, KGaA) und von 501 bis 2.000 Mitarbeitern bei der GmbH	Gilt für Kapitalgesellschaften ab 2.000 Mitarbeitern	Gilt für Kapitalgesellschaften im Bergbau sowie in der Eisen- und Stahlindustrie ab 1.000 Beschäftigten

Da bei Kapitalgesellschaften der Aufsichtsrat i. e. L. die Überwachung der Unternehmensleitung (Vorstand bei der AG, Geschäftsführung bei der GmbH) durchführt, ist eine Beteiligung der von den getroffenen Entscheidungen betroffenen Arbeitnehmern sinnvoll. Daneben sind viele Entscheidungen des Vorstandes von der Mitbestimmung des Betriebsrates ausgegrenzt (Investitions- bzw. Schrumpfungsvorhaben, Dividendenhöhe, Aufbau des Produktprogramms), sodass eine Erweiterung der Einflussnahme der Arbeitnehmer auf die Entscheidungen des Vorstandes stattfindet.

① **Die Montan-Mitbestimmung (Montan-Mitbestimmungsgesetz 1951)**

Das Montan-Mitbestimmungsgesetz von 1951 (mit seiner Ergänzung von 1956) findet Anwendung auf Unternehmen der Montanindustrie (Bergbau, eisen- und stahlerzeugende Industrie), die in der Rechtsform einer AG, einer GmbH oder einer bergrechtlichen Gewerkschaft betrieben werden und mehr als 1.000 Arbeitnehmer haben und regelt die Zusammensetzung des Aufsichtsrates. Die betroffenen Aufsichtsräte sind danach paritätisch („ausgeglichen") von Anteilseignern (Aktionären) und Arbeitgebervertretern zu besetzen. I. d. R. besteht der Aufsichtsrat aus 11 Mitgliedern, und zwar aus 4 Vertretern der Anteilseigner und einem „weiteren" Mitglied, 4 Arbeitnehmervertretern und einem „weiteren" Mitglied sowie einer elften, vom Gesetz ebenfalls als „weiteres" Mitglied bezeichneten Person. Dieser elfte Mann - auch neutrales Mitglied genannt - soll verhindern, dass es bei Abstimmungen im Aufsichtsrat zu Pattsituationen (Stimmengleichheit von Arbeitgeber- und Arbeitnehmervertretern) kommt.

Die vier Arbeitnehmervertreter setzen sich aus einem Angestellten und einem Arbeiter des Unternehmens zusammen, die vom Betriebsrat gewählt werden. Die beiden anderen, meist externe Arbeitnehmervertreter, werden von der Spitzenorganisation der Gewerkschaft nach Beratung mit der in der Unternehmung vertretenen Gewerkschaft und dem Betriebsrat benannt.

Von den fünf Arbeitnehmervertretern im Aufsichtsrat benennt die Gewerkschaft also drei Mitglieder. Von diesen muss einer ein „weiteres" Mitglied sein, d. h. jemand, der nicht Vertreter der Gewerkschaft sein und kein wesentliches wirtschaftliches Interesse an der Unternehmung haben darf.

Der Betriebsrat benennt mit Zustimmung der Gewerkschaft zwei Mitglieder. Die Arbeitnehmer selbst wählen also den Aufsichtsrat nicht, sie können nur indirekt über ihre Interessenvertreter (Gewerkschaft, Betriebsrat) die Auswahl der Aufsichtsratsmitglieder beeinflussen.

Die Hauptversammlung wählt 10 Mitglieder des Aufsichtsrates, wobei sie an die Vorschläge der Gewerkschaft und des Betriebsrates gebunden ist.

Auf das elfte Mitglied des Aufsichtsrates müssen sich die 10 Aufsichtsratsmitglieder einigen. Dabei werden je drei Stimmen von AN- und AG-Vertretern benötigt. Die Aufsichtsratsmitglieder schlagen den elften Mann vor, er wird ebenfalls durch die Hauptversammlung gewählt.

Eine Besonderheit der Montanmitbestimmung besteht darin, dass neben der Beteiligung der Arbeitnehmer im Aufsichtsrat auch eine Beteiligung im Vorstand vorgesehen ist. Das Montan-Mitbestimmungsgesetz sieht diesen Arbeitsdirektor als gleichberechtigtes Mitglied zwingend vor. Er darf nicht gegen die Stimmen der Arbeitnehmervertreter im Aufsichtsrat bestellt bzw. abberufen werden. Zu seinen Aufgaben zählen insbesondere Sozial- und Personalangelegenheiten, wie Einstellungen, Versetzungen, Lohnfragen. Darüber hinaus ist er wie alle anderen Vorstandsmitglieder für alle wirtschaftlichen Belange des Unternehmens zuständig.

② **Mitbestimmung nach dem Betriebsverfassungsgesetz (1952)**

Dieses Mitbestimmungsrecht für Arbeitnehmer gilt für Kapitalgesellschaften außerhalb des Montanbereichs. Das Verhältnis von Arbeitgebern und Arbeitnehmern im Aufsichtsrat beträgt hier 2 : 1 (so genannte Drittelparität). Die AG-Vertreter werden von der Hauptversammlung gewählt, die Arbeitnehmervertreter werden von den Arbeitnehmern bestimmt (z. B. auf der Betriebsversammlung).

INFORMATIONSTEXT

In Unternehmen, in denen die Arbeitnehmer nach dem Betriebsverfassungsgesetz im Aufsichtsrat mitwirken können, behalten offensichtlich die Arbeitgeber durch ihre zahlenmäßige Überlegenheit die Majorität bei unternehmerischen Entscheidungen.

③ **Mitbestimmung nach dem Mitbestimmungsgesetz (1976)**

Nach dem Mitbestimmungsgesetz, das für Kapitalgesellschaften mit über 2.000 Beschäftigten (nicht für Montanindustrie) gilt, ist der Aufsichtsrat paritätisch besetzt, d. h. zu gleichen Teilen von Arbeitgebern und Arbeitnehmern. Eine volle Parität wird jedoch nicht erreicht, weil ein Anteilseigner den Aufsichtsratsvorsitzenden stellen und dieser mit einem doppelten Stimmrecht ausgestattet ist („primus inter paris" - Erster unter Gleichen). Das bedeutet, dass bei Stimmengleichheit die Kapitalseite den Ausschlag gibt. Auf der Arbeitnehmerseite sollen Arbeiter, Angestellte sowie leitende Angestellte entsprechend ihrem Anteil an der Gesamtbelegschaft beteiligt sein.

DataMax auch weiterhin ohne Betriebsrat

Weil keiner es machen will

Düsseldorf. Die in Düsseldorf beheimatete Computer-Handelskette DataMax GmbH wird auch in Zukunft keinen Betriebsrat haben. Das teilte gestern ein Pressesprecher des Unternehmens der interessierten Öffentlichkeit mit.

Der Computereinzelhändler war in der letzten Zeit häufiger in die Schlagzeilen gerückt, weil das Unternehmen mit einem Marktanteil von rund 25 % und einer ständig steigenden Mitarbeiterzahl nicht über eine Interessenvertretung der Arbeitnehmer verfügt. Obwohl die Kapitalgesellschaft über mehr als 1.800 Beschäftigte verfügt und somit die Bestimmungen des Betriebsverfassungsgesetzes greifen, findet eine Mitbestimmung nicht statt.

Nach Ansicht von Geschäftsführer Dr. Martin Lothar benötige das Unternehmen keinen Betriebsrat. Die Interessen der Belegschaft würden bei sämtlichen betrieblichen Entscheidungen miteinbezogen. Die Einrichtung eines Betriebsrats verursache hingegen lediglich Kosten, die das Betriebsergebnis negativ beeinflussen und somit das Wachstum des Unternehmens bremsen. Dass die Mitarbeiter dies auch so sehen, belegt er damit, dass sich bisher kein Belegschaftsmitglied für eine aktive Betriebsratsmitarbeit bereit erklärt habe.

Dass dies nicht ganz stimmen kann, belegen Aussagen von Beschäftigten, die ihren Namen lieber nicht in der Öffentlichkeit nennen wollen. Es handelt sich um ehemalige Mitarbeiter, die bei DataMax sehr wohl für die Rechte der Arbeitnehmer eintreten wollten. Nachdem sie diese Motivation laut gegenüber dem Arbeitgeber geäußert hatten, wurden jedoch alle fristgerecht gekündigt.

Die Geschäftsleitung wiegelt jedoch ab: Es habe sich in allen Fällen um betriebsbedingte Kündigungen gehandelt. Die betroffenen ehemaligen Mitarbeiter und Mitarbeiterinnen wollten sich lediglich an ihrem ehemaligen Arbeitgeber rächen, so heißt es aus der Unternehmensspitze.

Dass es bei DataMax jedoch nicht immer arbeitnehmerfreundlich zugeht, das belegen auch andere Tatsachen. So liegt die Entlohnung der Servicemitarbeiter weit unter dem branchenüblichen Standard. Dies ist so, weil Tarifverträge fehlen. Auch bei sozialen Leistungen sieht es für die Mitarbeiter schwarz aus.

Nun hat sich die Gewerkschaft VERDI in die Angelegenheit eingemischt. Bleibt abzuwarten, wie die Unternehmensleitung auf diesen neuerlichen Vorstoß reagiert.

Geschäftsleitung der DataMax GmbH im Gespräch mit Gewerkschaftsmitgliedern

Auszug aus der Fachpresse

35. Grundlagen des Jugendarbeitsschutzes

Ausgangslage

In der Heinz Schlau Büromöbelfabrik hatte man sich in der Personalabteilung ja bereits Gedanken über die Einstellung von Auszubildenden gemacht. Ein besonderes Augenmerk kommt dabei jugendlichen Auszubildenden zu. Der Personalleiter, Herr Krause, beauftragt Sie, sich über die gesetzlichen Regelungen des Jugendarbeitsschutzgesetzes zu informieren.

Aufgaben

Ziehen Sie zur Beantwortung der Fragen den Gesetzestext sowie die Anlagen im Anhang zurate, und nennen Sie bei Ihrer Antwort die entsprechenden Fundstellen.

1. Wie lange beträgt in der Bundesrepublik Deutschland die Vollzeitschulpflicht und die Berufsschulpflicht?

2. Für welche Personengruppen gelten die Bestimmungen des Jugendarbeitsschutzgesetzes?

3. Welche Ausnahmen vom grundsätzlichen Verbot der Kinderarbeit sind im Gesetz zu finden?

4. Wie lange dürfen Jugendliche beschäftigt werden und welche Regelungen über die Freizeit werden im Gesetz genannt? Welche Regelungen finden sich bezüglich der Ruhepausen während der Beschäftigungszeit im Jugendarbeitsschutzgesetz?

5. In welchen Fällen hat ein Arbeitgeber Jugendliche von der Arbeit freizustellen?

6. An welchen Tagen ist die Beschäftigung von Jugendlichen untersagt bzw. eingeschränkt?

Arbeitsaufträge

Bei der Besprechung mit Herrn Krause haben Sie die wichtigsten Bestimmungen des Jugendarbeitsschutzgesetzes vorgetragen. Herr Krause informiert Sie, dass zum nächstmöglichen Termin zwei kaufmännische Auszubildende eingestellt werden sollen: Zum einen Jürgen Klingeberg (19 Jahre), zum anderen Karin Bergheimer (17 Jahre).

1. In der Berufsschule werden die Auszubildenden in der Teilzeitform einmal wöchentlich unterrichtet (6 Unterrichtsstunden, Beginn 8 Uhr). Natürlich werden die Auszubildenden für diese Zeit freigestellt. Herr Krause interessiert sich nun dafür, ob die beiden Auszubildenden nach dem Unterricht im Betrieb weiterbeschäftigt werden dürfen. Was antworten Sie ihm?

2. Für den volljährigen Jürgen Klingeberg soll ein Urlaubsanspruch nach dem Bundesurlaubsgesetz festgelegt werden. Welchen Urlaubsanspruch hat jedoch Karin Bergheimer, wenn für sie die Regelungen des Jugendarbeitsschutzgesetzes zu Grunde gelegt werden sollen.

3. Die zukünftigen Auszubildenden sollen auch im Lager einen Teil ihrer Ausbildungszeit verbringen. Zurzeit werden dort aus betrieblichen Gründen an einem 8-Stunden-Tag drei 15-minütige Pausen eingelegt, die für alle Mitarbeiter gelten. Ist der Einsatz von Karin Bergheimer in dieser Ausbildungsabteilung erlaubt, wenn für sie ebenfalls die Pausenregelung gelten soll?

4. Jährlich ist die Heinz Schlau OHG auf der Büromöbelmesse Orgatec in Hannover vertreten. Auch hier sollen die Auszubildenden die Aufgabengebiete der Absatzmittler kennen lernen. An jeweils drei Tagen in der Woche sollen sie von 10 Uhr bis 17.30 Uhr am Messestand vertreten sein. Zu Beginn der Messe, die regelmäßig an einem Samstag stattfindet, soll Karin Bergheimer eingesetzt werden. Ist dies möglich und welche besonderen Bestimmungen müssen beachtet werden?

Gesetz zum Schutz der Jugend

Seit 1997 ein neues Jugendarbeitsschutzgesetz

DÜSSELDORF. Das Gesetz zum Schutz der arbeitenden Jugend (Jugendarbeitsschutzgesetz, kurz JArbSchG) von 1976 wurde 1997 in einigen wesentlichen Inhalten verändert und an die sich wandelnden Bedingungen der Berufswelt sowie an geltende EU-Richtlinien angepasst. Das Gesetz betrifft junge Menschen unter 18 Jahren, gleich, ob sie als Auszubildende oder als Arbeiter beschäftigt sind. Eine hervorzuhebende Änderung betrifft die Einteilung in Kinder und Jugendliche. Nach der Änderung gilt als Kind, wer noch keine 15 Jahre alt ist (vorher: 14 Jahre) sowie Jugendliche, die noch vollzeitschulpflichtig sind. Jugendliche hingegen sind alle Personen zwischen 15 und 18 Jahren.

Für Betriebe, die Jugendliche ausbilden, ist insbesondere sicherlich begrüßenswert, dass für Lehrlinge, die an mehr als einem Berufsschultag in der Woche die Berufsschule besuchen müssen, die Möglichkeit besteht, diese anschließend wieder zur betrieblichen Ausbildung heranzuziehen. Auf diese Weise soll im System der dualen Ausbildung gewährleistet werden, dass der betriebliche Teil der Ausbildung nicht zu kurz kommt. Volljährige Auszubildende hingegen müssen unabhängig von den geleisteten Schulstunden nach Beendigung zurück in den Betrieb. Ein Wehrmutstropfen für die jungen Menschen: Die tatsächliche Berufsschulzeit einschließlich der Pausen wird als Arbeitszeit angesehen, sodass lediglich die Differenz zur üblichen Arbeitszeit im Betrieb geleistet werden muss.

Anlage 1: Zeitungsausschnitt

Auszug aus dem Jugendarbeitsschutzgesetz (Fassung vom 24. Feb. 1997)

§ 1 Geltungsbereich.

(1) Dieses Gesetz gilt für die Beschäftigung von Personen, die noch nicht 18 Jahre alt sind,

1. in der Berufsausbildung,
2. als Arbeitnehmer oder Heimarbeiter,
3. mit sonstigen Dienstleistungen, die der Arbeitsleistung von Arbeitnehmern oder Heimarbeitern ähnlich sind,
4. in einem der Berufsausbildung ähnlichen Ausbildungsverhältnis.

(2) Dieses Gesetz gilt nicht

1. für geringfügige Hilfeleistungen, soweit sie gelegentlich
   a) aus Gefälligkeit,
   b) aufgrund familienrechtlicher Vorschriften,
   c) in Einrichtungen der Jugendhilfe,
   d) in Einrichtungen zur Eingliederung Behinderter erbracht werden,
2. für die Beschäftigung durch die Personensorgeberechtigten im Familienhaushalt.

§ 2 Kind, Jugendlicher.

(1) Kind im Sinne dieses Gesetzes ist, wer noch nicht 15 Jahre alt ist.

(2) Jugendlicher im Sinne dieses Gesetzes ist, wer 15, aber noch nicht 18 Jahre alt ist.

(3) Jugendliche, die der Vollzeitschulpflicht unterliegen, gelten als Kinder im Sinne dieses Gesetzes.

§ 3 Arbeitgeber.

Arbeitgeber im Sinne dieses Gesetzes ist, wer ein Kind oder einen Jugendlichen gemäß § 1 beschäftigt.

§ 4 Arbeitszeit.

(1) Tägliche Arbeitszeit ist die Zeit vom Beginn bis zum Ende der täglichen Beschäftigung ohne die Ruhepausen (§ 11).

(2) Schichtzeit ist die tägliche Arbeitszeit unter Hinzurechnung der Ruhepausen (§ 11). (3) [...]

(4) Für die Berechnung der wöchentlichen Arbeitszeit ist als Woche die Zeit vom Montag bis einschließlich Sonntag zugrunde zu legen. Die Arbeitszeit, die an einem Werktag infolge eines gesetzlichen Feiertages ausfällt, wird auf die wöchentliche Arbeitszeit angerechnet.

(5) Wird ein Kind oder ein Jugendlicher von mehreren Arbeitgebern beschäftigt, so werden die Arbeits- und Schichtzeiten sowie Arbeitstage zusammengerechnet.

§ 5 Verbot der Beschäftigung von Kindern.

(1) Die Beschäftigung von Kindern (§ 2 Abs. 1 und 3) ist verboten.

(2) Das Verbot des Absatzes 1 gilt nicht für die Beschäftigung von Kindern

1. zum Zwecke der Beschäftigungs- und Arbeitstherapie,
2. im Rahmen des Betriebspraktikums während der Vollzeitschulpflicht,

3. in Erfüllung einer richterlichen Weisung. [...]

(3) Das Verbot des Absatzes 1 gilt ferner nicht für die Beschäftigung von Kindern über 13 Jahre mit Einwilligung der Personensorgeberechtigten, soweit die Beschäftigung leicht und für Kinder geeignet ist. Die Beschäftigung ist leicht, wenn sie aufgrund ihrer Beschaffenheit und der besonderen Bedingungen, unter denen sie ausgeführt wird,

1. die Sicherheit, Gesundheit und Entwicklung der Kinder,
2. ihren Schulbesuch, ihre Beteiligung an Maßnahmen zur Berufswahlvorbereitung oder Berufsausbildung, die von der zuständigen Stelle anerkannt sind, und
3. ihre Fähigkeit, dem Unterricht mit Nutzen zu folgen,

nicht nachhaltig beeinflusst. Die Kinder dürfen nicht mehr als zwei Stunden täglich, in landwirtschaftlichen Familienbetrieben nicht mehr als drei Stunden täglich, nicht zwischen 18 und 8 Uhr, nicht vor dem Schulunterricht und nicht während des Schulunterrichts beschäftigt werden. [...]

(4) Das Verbot des Absatzes 1 gilt ferner nicht für die Beschäftigung von Jugendlichen (§ 2 Abs. 3) während der Schulferien für höchstens vier Wochen im Kalenderjahr. [...]

(5) Für Veranstaltungen kann die Aufsichtsbehörde Ausnahmen gemäß § 6 bewilligen.

§ 6 Behördliche Ausnahmen für Veranstaltungen.

(1) Die Aufsichtsbehörde kann auf Antrag bewilligen, dass

1. bei Theatervorstellungen Kinder über sechs Jahre bis zu vier Stunden täglich in der Zeit von 10 bis 23 Uhr,
2. bei Musikaufführungen und anderen Aufführungen, bei Werbeveranstaltungen sowie bei Aufnahmen im Rundfunk [...], auf Ton- und Bildträgern sowie bei Film- und Fotoaufnahmen
   a) Kinder über drei bis sechs Jahre bis zu zwei Stunden täglich in der Zeit von 8 bis 17 Uhr,
   b) Kinder über sechs Jahre bis zu drei Stunden täglich in der Zeit von 8 bis 22 Uhr

gestaltend mitwirken und an den erforderlichen Proben teilnehmen. Eine Ausnahme darf nicht bewilligt werden für die Mitwirkung in Kabaretts, Tanzlokalen und ähnlichen Betrieben sowie auf Vergnügungsparks, Kirmessen, Jahrmärkten und bei ähnlichen Veranstaltungen, Schaustellungen und Darbietungen. [...]

§ 7 Beschäftigung von nicht vollzeitschulpflichtigen Kindern.

Kinder, die der Vollzeitschulpflicht nicht mehr unterliegen, dürfen

1. im Berufsausbildungsverhältnis,
2. außerhalb eines Berufsausbildungsverhältnisses nur mit leichten und für sie geeigneten Tätigkeiten bis zu sieben Stunden täglich und 35 Stunden wöchentlich

beschäftigt werden. [...]

§ 8 Arbeitszeit und Freizeit.

(1) Jugendliche dürfen nicht mehr als acht Stunden täglich und nicht mehr als 40 Stunden wöchentlich beschäftigt werden.

(2) Wenn in Verbindung mit Feiertagen an Werktagen nicht gearbeitet wird, damit die Beschäftigten eine längere zusammenhängende Freizeit haben, so darf die ausfallende Arbeitszeit auf die Werktage von fünf zusammenhängenden, die Ausfalltage einschließenden Wochen nur dergestalt verteilt werden, dass die Wochenarbeitszeit im Durchschnitt dieser fünf Wochen 40 Stunden nicht überschreitet. Die tägliche Arbeitszeit darf hierbei achteinhalb Stunden nicht überschreiten.

(2a) Wenn an einzelnen Werktagen die Arbeitszeit auf weniger als acht Stunden verkürzt ist, können Jugendliche an den übrigen Wochentagen derselben Woche achteinhalb Stunden beschäftigt werden. [...]

§ 9 Berufsschule.

(1) Der Arbeitgeber hat den Jugendlichen für die Teilnahme am Berufsschulunterricht freizustellen. Er darf den Jugendlichen nicht beschäftigen

1. vor einem vor 9 Uhr beginnenden Unterricht; dies gilt auch für Personen, die über 18 Jahre alt und noch berufsschulpflichtig sind,
2. an einem Berufsschultag mit mehr als fünf Stunden von mindestens je 45 Minuten, einmal in der Woche,
3. in Berufsschulwochen mit einem planmäßigen Blockunterricht von mindestens 25 Stunden an mindestens fünf Tagen; zusätzliche betriebliche Ausbildungsveranstaltungen bis zu zwei Stunden sind wöchentlich zulässig.

(2) Auf die Arbeitszeit werden angerechnet

1. Berufsschultage nach dem Absatz 1 Nr. 2 mit acht Stunden,
2. Berufsschulwochen nach Absatz 1 Nr. 3 mit 40 Stunden,
3. im übrigen die Unterrichtszeit einschließlich der Pausen.

(3) Ein Entgeltausfall darf durch den Besuch der Berufsschule nicht eintreten.

§ 10 Prüfungen und außerbetriebliche Ausbildungsmaßnahmen.

(1) Der Arbeitgeber hat den Jugendlichen

1. für die Teilnahme an Prüfungen und Ausbildungsmaßnahmen, die aufgrund öffentlich-rechtlicher oder vertraglicher Bestimmungen außerhalb der Ausbildungsstätte durchzuführen sind,
2. an dem Arbeitstag, der der schriftlichen Abschlußprüfung unmittelbar vorangeht,

freizustellen.

(2) Auf die Arbeitszeit werden angerechnet

1. für die Freistellung nach Absatz 1 Nr. 1 mit der Zeit der Teilnahme einschließlich der Pausen,
2. die Freistellung nach Absatz 1 Nr. 2 mit acht Stunden.

Ein Entgeltausfall darf nicht eintreten.

§ 11 Ruhepausen, Aufenthaltsräume.

(1) Jugendlichen müssen im voraus feststehende Ruhepausen von angemessener Dauer gewährt werden. Die Ruhepausen müssen mindestens betragen

1. 30 Minuten bei einer Arbeitszeit von mehr als viereinhalb bis zu sechs Stunden,
2. 60 Minuten bei einer Arbeitszeit von mehr als sechs Stunden.

Als Ruhepause gilt nur eine Arbeitsunterbrechung von mindestens 15 Minuten.

(2) Die Ruhepausen müssen in angemessener zeitlicher Lage gewährt werden, frühestens eine Stunde nach Beginn und spätestens eine Stunde vor Ende der Arbeitszeit. Länger als viereinhalb Stunden hintereinander dürfen Jugendliche nicht beschäftigt werden.

(3) Der Aufenthalt während der Ruhepausen in Arbeitsräumen darf den Jugendlichen nur gestattet werden, wenn die Arbeit in diesen Räumen während dieser Zeit eingestellt ist und auch sonst die notwendige Erholung nicht beeinträchtigt wird.

§ 13 Tägliche Freizeit.

Nach Beendigung der täglichen Arbeitszeit dürfen Jugendliche nicht vor Ablauf einer ununterbrochenen Freizeit von mindestens 12 Stunden beschäftigt werden.

§ 14 Nachtruhe.

(1) Jugendliche dürfen nur in der Zeit von 6 bis 20 Uhr beschäftigt werden.

(2) Jugendliche über 16 Jahren dürfen

1. im Gaststätten- und Schaustellergewerbe bis 22 Uhr,
2. in mehrschichtigen Betrieben bis 23 Uhr,
3. in der Landwirtschaft ab 5 Uhr oder bis 21 Uhr,
4. in Bäckereien und Konditoreien ab 5 Uhr

beschäftigt werden.

(3) Jugendliche über 17 Jahren dürfen in Bäckereien ab 4 Uhr beschäftigt werden.

(4) An dem einem Berufsschultag unmittelbar vorangehenden Tag dürfen Jugendliche auch nach Absatz 2 Nr. 1 bis 3 nicht nach 20 Uhr beschäftigt werden, wenn der Berufsschulunterricht vor 9 Uhr beginnt.

§ 15 Fünf-Tage-Woche.

Jugendliche dürfen nur an fünf Tagen in der Woche beschäftigt werden. Die beiden wöchentlichen Ruhetage sollen nach Möglichkeit aufeinander folgen.

§ 16 Samstagsruhe.

(1) An Samstagen dürfen Jugendliche nicht beschäftigt werden. (2) Zulässig ist die Beschäftigung Jugendlicher an Samstagen nur

1. in Krankenanstalten sowie in Alten-, Pflege- und Kinderheimen,
2. in offenen Verkaufsstellen, in Betrieben mit offenen Verkaufsstellen, in Bäckereien und Konditoreien, im Friseurhandwerk und im Marktverkehr,
3. im Verkehrswesen,
4. in der Landwirtschaft und Tierhaltung,
5. im Familienhaushalt,
6. im Gaststätten- und Schaustellergewerbe,
7. bei Musikaufführungen, Theatervorstellungen und anderen Aufführungen, bei Aufnahmen im Rundfunk [...], auf Ton- und Bildträgern sowie bei Film- und Fotoaufnahmen,
8. bei außerbetrieblichen Ausbildungsmaßnahmen,
9. beim Sport,
10. im ärztlichen Notdienst,
11. in Reparaturwerkstätten für Fahrzeuge.

Mindestens zwei Samstage im Monat sollen beschäftigungsfrei bleiben.

(3) Werden Jugendliche am Samstag beschäftigt, ist ihnen die Fünf-Tage-Woche (§ 15) durch Freistellung an einem anderen berufsschulfreien Arbeitstag derselben Woche sicherzustellen. [...]

§ 17 Sonntagsruhe.

(1) An Sonntagen dürfen Jugendliche nicht beschäftigt werden. (2) Zulässig ist die Beschäftigung Jugendlicher an Sonntagen nur

1. in Krankenanstalten sowie in Alten-, Pflege- und Kinderheimen,
2. in der Landwirtschaft und Tierhaltung mit Arbeiten, die auch an Sonn- und Feiertagen naturnotwendig vorgenommen werden müssen,
3. im Familienhaushalt, wenn der Jugendliche in die häusliche Gemeinschaft aufgenommen ist,
4. im Schaustellergewerbe,
5. bei Musikaufführungen, Theatervorstellungen und anderen Aufführungen sowie bei Direktsendungen im Rundfunk [...],
6. beim Sport,
7. im ärztlichen Notdienst,
8. im Gaststättengewerbe.

Jeder zweite Sonntag soll, mindestens zwei Sonntage im Monat müssen beschäftigungsfrei bleiben.

§ 18 Feiertagsruhe.

(1) Am 24. und 31. Dezember nach 14 Uhr und an den gesetzlichen Feiertagen dürfen Jugendliche nicht beschäftigt werden.

(2) Zulässig ist die Beschäftigung Jugendlicher an gesetzlichen Feiertagen in den Fällen des § 17 Abs. 2, ausgenommen am 25. Dezember, am 1. Januar, am ersten Osterfeiertag und am 1. Mai. [...]

§ 19 Urlaubsanspruch.

(1) Der Arbeitgeber hat Jugendliche für jedes Kalenderjahr einen bezahlten Erholungsurlaub zu gewähren.

(2) Der Urlaub beträgt jährlich

1. mindestens 30 Werktage, wenn der Jugendliche zu Beginn des Kalenderjahres noch nicht 16 Jahre alt ist,
2. mindestens 27 Werktage, wenn der Jugendliche zu Beginn des Kalenderjahres noch nicht 17 Jahre alt ist,
3. mindestens 25 Werktage, wenn der Jugendliche zu Beginn des Kalenderjahres noch nicht 18 Jahre alt ist. [...]

(3) Der Urlaub soll Berufsschülern in der Zeit der Berufsschulferien gegeben werden. Soweit er nicht in den Berufsschulferien gegeben wird, ist für jeden Berufsschultag, an dem die Berufsschule während des Urlaubs besucht wird, ein weiterer Urlaubstag zu gewähren.

(4) Im übrigen gelten für den Urlaub der Jugendlichen § 3 Abs. 2, §§ 4 bis 12 und § 13 Abs. 3 des Bundesurlaubsgesetzes. [...]

§ 22 Gefährliche Arbeiten.

(1) Jugendliche dürfen nicht beschäftigt werden

1. mit Arbeiten, die ihre physische oder psychische Leistungsfähigkeit übersteigen,
2. mit Arbeiten, bei denen sie sittlichen Gefahren ausgesetzt sind,
3. mit Arbeiten, die mit Unfallgefahren verbunden sind, von denen anzunehmen ist, dass Jugendliche sie wegen mangelnden Sicherheitsbewußtseins oder mangelnder Erfahrung nicht erkennen oder nicht abwenden können,
4. mit Arbeiten, bei denen ihre Gesundheit durch außergewöhnliche Hitze oder Kälte oder starke Nässe gefährdet wird,
5. mit Arbeiten, bei denen sie schädlichen Einwirkungen von Lärm, Erschütterung oder Strahlen ausgesetzt sind,
6. mit Arbeiten, bei denen sie schädlichen Einwirkungen von Gefahrstoffen im Sinne des Chemikaliengesetzes ausgesetzt sind,
7. mit Arbeiten, bei denen sie schädlichen Einwirkungen von biologischen Arbeitsstoffen im Sinne der Richtlinie 90/679/EWG des Rates vom 26. November 1990 zum Schutze der Arbeitnehmer gegen Gefährdung durch biologische Arbeitsstoffe bei der Arbeit ausgesetzt sind.

36. Kündigung und Kündigungsschutz

Ausgangslage

In der Büromöbelfabrik Heinz Schlau OHG, Düsseldorf, waren bisher in der Einkaufsabteilung zwei Mitarbeiter mit dem Einkauf von Betriebsstoffen betraut. Zu ihrem Aufgabengebiet gehörten die Lieferantenauswahl, die Vertragsanbahnung und der Vertragsabschluss sowie die Überwachung der Liefertermine. Durch den Einsatz eines neuen Computersystems konnten die Aufgaben der Sachbearbeiter vereinfacht und rationalisiert werden. Nun wird ein Sachbearbeiter nicht mehr benötigt. Der Leiter der Personalabteilung, Herr Kalmus, steht nun vor der Frage, welchen Mitarbeiter er kündigen soll.

Arbeitsaufträge

1. Das Kündigungsschutzgesetz gilt nicht für alle Arbeitnehmer.

   a) Welche Personen fallen unter den Kündigungsschutz gemäß Kündigungsschutzgesetz?

   b) Beurteilen Sie folgende Fälle:

   <u>Fall 1:</u> *In einem Betrieb werden acht Arbeitnehmer beschäftigt, wovon zwei Arbeitnehmer erst im Jahr 2004 eingestellt wurden. Genießen alle Arbeitnehmer Kündigungsschutz gemäß KSchG?*

   <u>Fall 2:</u> *In einem Betrieb werden acht Arbeitnehmer beschäftigt, wovon zwei Arbeitnehmer erst im Jahr 2004 eingestellt wurden. Einer der sechs Längerbeschäftigten scheidet nun - aus welchem Grund auch immer - aus dem Unternehmen aus. Genießen die verbleibenden Arbeitnehmer Kündigungsschutz gemäß KSchG?*

   <u>Fall 3:</u> *In einem Betrieb werden acht Arbeitnehmer beschäftigt, wovon zwei Arbeitnehmer erst im Jahr 2004 eingestellt wurden. Nun werden drei weitere Arbeitnehmer eingestellt. Genießen alle Arbeitnehmer Kündigungsschutz gemäß KSchG?*

2. In welchem Fall ist die Kündigung eines Arbeitnehmers rechtsunwirksam?

3. Besteht ein Entscheidungszwang bei betriebsbedingten Kündigungen, welchem Arbeitnehmer gekündigt werden soll, sind soziale Gesichtspunkte zu berücksichtigen. Es soll generell demjenigen gekündigt werden, der am wenigsten auf den Arbeitsplatz angewiesen ist. Welche sozialen Gründe wären denkbar, die zu einer Entscheidung herangezogen werden sollten?

4. Steht einem gekündigten Arbeitnehmer in jedem Fall eine Abfindung zu?

   a) In welchen Fällen erhält ein gekündigter Arbeitnehmer eine Abfindung?

   b) Wie hoch muss bzw. soll die Abfindung eines gekündigten Arbeitnehmers sein?

Im oben geschilderten Fall soll sich Herr Kalmus entscheiden, welchem Mitarbeiter zu kündigen ist.

5. Ist eine Kündigung im vorliegenden Fall berechtigt? Begründen Sie Ihre Meinung.

6. Herr Kalmus informiert sich vor seiner Entscheidung über die beiden Mitarbeiter, indem er sich die Personalakten kommen lässt (siehe Anlage 1). Darüber hinaus bittet er Frau Seifert, die Leiterin der Einkaufsabteilung, zu einem persönlichen Gespräch über die beiden Mitarbeiter, bei dem er sich wichtige Notizen macht (siehe Anlage 2). Helfen Sie bei der Entscheidungsfindung mit und entscheiden Sie, welchem Mitarbeiter gekündigt werden sollte.

7. Wäre aus Ihrer Sicht auch noch eine andere Lösung als die Kündigung eines Mitarbeiters denkbar?

PERSONALAKTE

Mitarbeiter/in

Name, Vorname	Reiners, Michael
Anschrift	Kalkumer Str. 19, 40344 Angermund
Geburtsdatum	23.09.1970
Familienstand	ledig
Kommunikation	Tel.: 0203/6447854, E-Mail: Reiners.m@web.de
Beschäftigt seit	01.01.1999
Beschäftigung	Sachbearbeiter Einkauf

Schulbildung - berufliche Abschlüsse - besondere Qualifikation

1989 Allgemeine Hochschulreife

1991 Kaufmannsgehilfenbrief Bürokaufmann

1995 Diplom-Betriebswirt (Fachrichtung Marketing)

1997 Ausbildereignungsprüfung IHK

1998 Abschluss Fortbildung SAP-Grundlagen

Besonderheiten

von 01.01.1999 bis 31.03.2000 Mitarbeiter Kreditorenbuchhaltung,
wegen guter Leistungen Versetzung ab 01.04.2000 in die Einkaufsabteilung;
sehr gute Englisch- und Spanischkenntnisse;
EDV-Erfahrung (Softwarearbeit in der Buchhaltung)

PERSONALAKTE

Mitarbeiter/in

Name, Vorname	Baltus, Klaus
Anschrift	Dorfstraße 212, 42455 Krefeld
Geburtsdatum	06.07.1957
Familienstand	verheiratet, 2 Kinder (16/29 J.)
Kommunikation	Tel.: 02151/24415, E-Mail: kroening@t-online.de
Beschäftigt seit	01.08.1977
Beschäftigung	Sachbearbeiter Einkauf Betriebsstoffe

Schulbildung - berufliche Abschlüsse - besondere Qualifikation

1977 Fachoberschulreife

1979 Kaufmannsgehilfenbrief Industriekaufmann

Besonderheiten

ab 01.02.79 Übernahme nach bestandener Abschlussprüfung in das Angestellten-
verhältnis, Abteilung Einkauf;
15.12.81 und 01.02.93 Prämie für Verbesserungsvorschläge (Rationalisierung
Arbeitsabläufe)

Anlage 1

Gesprächsnotizen

vom ___14.07.2010___ Grund *Gespräch mit Frau Seifert*

Herr Baltus:

- *langjähriger Mitarbeiter,*
- *große Berufserfahrung, Spezialist im Einkauf von Betriebsmitteln*
- *zahlreiche Verbesserungsvorschläge (v. a. Verbesserung der Arbeitsabläufe in der Abteilung)*
- *gute Kenntnisse über Lieferanten*
- *seit 1994 häufiger krank (gesundheitliche Probleme mit dem Kreislauf),*
- *ist immer bereit, Überstunden zu leisten, v. a. wenn Kollegen wegen Urlaub oder Krankheit ausfallen*
- *ist bei allen Kollegen beliebt, seine berufliche Erfahrung wird hoch geschätzt*
- *Herr Baltus hat ein minderjähriges Kind, seine Frau ist zurzeit arbeitslos*
- *Herr Baltus erscheint aus Sicht von Frau Seifert nicht mehr in der Lage zu sein, sich auf eine computergestützte Arbeit umzustellen*

Herr Reiners:

- *sehr motiviert und leistungsfähig*
- *besondere Qualitäten: Fremdsprachenkenntnisse, die bei Vertragsverhandlungen mit ausländischen Lieferanten wichtig sind, hilft den Kollegen der Abteilung bei Problemen mit ausländischen Lieferanten*
- *gute EDV-Kenntnisse (Herr Reiners hat in der Buchhaltungsabteilung bereits mit dem PC gearbeitet)*
- *Herr Reiners hat bereits vor zwei Jahren darauf hingewiesen, dass in der Einkaufsabteilung der Einsatz einer Software-Vernetzung sinnvoll wäre*
- *wegen seiner hohen Leistungsbereitschaft und seinem couragiertem Auftreten wird Herr Reiners von einigen Kollegen der Einkaufsabteilung gemieden*

Gesetzesauszüge

Kündigungsschutzgesetz (KSchG)

§ 1 Sozial ungerechtfertigte Kündigungen. (1) Die Kündigung des Arbeitsverhältnisses gegenüber einem Arbeitnehmer, dessen Arbeitsverhältnis in demselben Betrieb oder Unternehmen ohne Unterbrechung länger als sechs Monate bestanden hat, ist rechtsunwirksam, wenn sie sozial ungerechtfertigt ist. (2) Sozial ungerechtfertigt ist die Kündigung, wenn sie nicht durch Gründe, die in der Person oder in dem Verhalten des Arbeitnehmers liegen, oder durch dringende betriebliche Erfordernisse, die einer Weiterbeschäftigung des Arbeitnehmers in diesem Betrieb entgegenstehen, bedingt ist. Die Kündigung ist auch sozial ungerechtfertigt, wenn

1. in Betrieben des privaten Rechts
   a) die Kündigung gegen eine Richtlinie nach § 95 des Betriebsverfassungsgesetzes verstößt,
   b) der Arbeitnehmer an einem anderen Arbeitsplatz in demselben Betrieb des Unternehmens weiterbeschäftigt werden kann und der Betriebsrat oder eine andere nach dem Betriebsverfassungsgesetz insoweit zuständige Vertretung der Arbeitnehmer aus einem dieser Gründe der Kündigung innerhalb der Frist des § 102 Abs. 2 Satz 1 des Betriebsverfassungsgesetzes schriftlich widersprochen hat, [...]

§ 1a Abfindungsanspruch bei betriebsbedingter Kündigung. (1) Kündigt der Arbeitgeber wegen dringender betrieblicher Erfordernisse nach § 1 Abs. 2 Satz 1 und erhebt der Arbeitnehmer bis zum Ablauf der Frist des § 4 Satz 1 keine Klage auf Feststellung, dass das Arbeitsverhältnis durch die Kündigung nicht aufgelöst ist, hat der Arbeitnehmer mit dem Ablauf der Kündigungsfrist Anspruch auf eine Abfindung. Der Anspruch setzt den Hinweis des Arbeitgebers in der Kündigungserklärung voraus, dass die Kündigung auf dringende betriebliche Erfordernisse gestützt ist und der Arbeitnehmer bei Verstreichenlassen der Klagefrist die Abfindung beanspruchen kann. (2) Die Höhe der Abfindung beträgt 0,5 Monatsverdienste für jedes Jahr des Bestehens des Arbeitsverhältnisses. § 10 Abs. 3 gilt entsprechend. Bei der Ermittlung der Dauer des Arbeitsverhältnisses ist ein Zeitraum von mehr als sechs Monaten auf ein volles Jahr aufzurunden.

§ 2 Änderungskündigung. Kündigt der Arbeitgeber das Arbeitsverhältnis und bietet er dem Arbeitnehmer im Zusammenhang mit der Kündigung die Fortsetzung des Arbeitsverhältnisses zu geänderten Arbeitsbedingungen an, so kann der Arbeitnehmer dieses Angebot unter dem Vorbehalt annehmen, dass die Änderung der Arbeitsbedingungen nicht sozial ungerechtfertigt ist (§ 1 Abs. 2 Satz 1 bis 3, Abs. 3 Satz 1 und 2). Diesen Vorbehalt muss der Arbeitnehmer dem Arbeitgeber innerhalb der Kündigungsfrist, spätestens jedoch innerhalb von drei Wochen nach Zugang der Kündigung erklären.

§ 3 Kündigungseinspruch. Hält der Arbeitnehmer eine Kündigung für sozial ungerechtfertigt, so kann er binnen einer Woche nach der Kündigung Einspruch beim Betriebsrat einlegen. Erachtet der Betriebsrat den Einspruch für begründet, so hat er zu versuchen, eine Verständigung mit dem Arbeitgeber herbeizuführen. Er hat seine Stellungnahme zu dem Einspruch dem Arbeitnehmer und dem Arbeitgeber auf Verlangen schriftlich mitzuteilen.

§ 4 Anrufung des Arbeitsgerichtes. Will ein Arbeitnehmer geltend machen, dass eine Kündigung sozial ungerechtfertigt oder aus anderen Gründen rechtsunwirksam ist, so muss er innerhalb von drei Wochen nach Zugang der schriftlichen Kündigung Klage beim Arbeitsgericht auf Feststellung erheben, dass das Arbeitsverhältnis durch die Kündigung nicht aufgelöst ist. Im Falle des § 2 ist die Klage auf Feststellung zu erheben, dass die Änderung der Arbeitsbedingungen sozial ungerechtfertigt oder aus anderen Gründen rechtsunwirksam ist. Hat der Arbeitnehmer Einspruch beim Betriebsrat eingelegt (§ 3), so soll er der Klage die Stellungnahme des Betriebsrates beifügen. Soweit die Kündigung der Zustimmung einer Behörde bedarf, läuft die Frist zur Anrufung des Arbeitsgerichtes erst von der Bekanntgabe der Entscheidung der Behörde an den Arbeitnehmer ab.

§ 9 Auflösung des Arbeitsverhältnisses durch Urteil des Gerichts; Abfindung des Arbeitnehmers. (1) Stellt das Gericht fest, dass das Arbeitsverhältnis durch die Kündigung nicht aufgelöst ist, ist jedoch dem Arbeitnehmer die Fortsetzung des Arbeitsverhältnisses nicht zuzumuten, so hat das Gericht auf Antrag des Arbeitnehmers das Arbeitsverhältnis aufzulösen und den Arbeitgeber zur Zahlung einer angemessenen Abfindung zu verurteilen. Die gleiche Entscheidung hat das Gericht auf Antrag des Arbeitgebers zu treffen, wenn Gründe vorliegen, die eine den Betriebszwecken dienliche weitere Zusammenarbeit zwischen Arbeitgeber und Arbeitnehmer nicht erwarten lassen. Arbeitnehmer und Arbeitgeber können den Antrag auf Auflösung des Arbeitsverhältnisses bis zum Schluss der letzten mündlichen Verhandlung in der Berufungsinstanz stellen. (2) Das Gericht hat für die Auflösung des Arbeitsverhältnisses den Zeitpunkt festzusetzen, an dem es bei sozial gerechtfertigter Kündigung geendet hätte.

§ 10 Höhe der Abfindung. (1) Als Abfindung ist ein Betrag bis zu zwölf Monatsverdiensten festzusetzen. (2) Hat der Arbeitnehmer das fünfzigste Lebensjahr vollendet und hat das Arbeitsverhältnis mindestens fünfzehn Jahre bestanden, so ist ein Betrag bis zu fünfzehn Monatsverdiensten, hat der Arbeitnehmer das fünfundfünfzigste Lebensjahr vollendet und hat das Arbeitsverhältnis mindestens zwanzig Jahre bestanden, so ist ein Betrag bis zu achtzehn Monatsverdiensten festzusetzen. Dies gilt nicht, wenn der Arbeitnehmer in dem Zeitpunkt, den das Gericht nach § 9 Abs. 2 für die Auflösung des Arbeitsverhältnisses festsetzt, das in der Vorschrift des Sechsten Buches Sozialgesetzbuch über die Regelaltersrente bezeichnete Lebensalter erreicht hat. (3) Als Monatsverdienst gilt, was dem Arbeitnehmer bei der für ihn maßgebenden regelmäßigen Arbeitszeit in dem Monat, in dem das Arbeitsverhältnis endet (§ 9 Abs. 2), an Geld und Sachbezügen zusteht.

§ 11 Anrechnung auf entgangenen Zwischenverdienst. Besteht nach der Entscheidung des Gerichts das Arbeitsverhältnis fort, so muss sich der Arbeitnehmer auf das Arbeitsentgelt, das ihm der Arbeitgeber für die Zeit nach der Entlassung schuldet, anrechnen lassen,

1. was er durch anderweitige Arbeit verdient hat,
2. was er hätte verdienen können, wenn er es nicht böswillig unterlassen hätte, eine ihm zumutbare Arbeit anzunehmen,
3. was ihm an öffentlich-rechtlichen Leistungen infolge Arbeitslosigkeit aus der Sozialversicherung, der Arbeitslosenversicherung, der Sicherung des Lebensunterhalts nach dem Zweiten Buch Sozialgesetzbuch oder der Sozialhilfe für die Zwischenzeit gezahlt worden ist. Diese Beträge hat der Arbeitgeber der Stelle zu erstatten, die sie geleistet hat.

§ 12 Neues Arbeitsverhältnis des Arbeitnehmers; Auflösung des alten Arbeitsverhältnisses. Besteht nach der Entscheidung des Gerichts das Arbeitsverhältnis fort, ist jedoch der Arbeitnehmer inzwischen ein neues Arbeitsverhältnis eingegangen, so kann er binnen einer Woche nach der Rechtskraft des Urteils durch Erklärung gegenüber dem alten Arbeitgeber die Fortsetzung des Arbeitsverhältnisses bei diesem verweigern. Die Frist wird auch durch eine vor ihrem Ablauf zur Post gegebene schriftliche Erklärung gewahrt. Mit dem Zugang der Erklärung erlischt das Arbeitsverhältnis. Macht der Arbeitnehmer von seinem Verweigerungsrecht Gebrauch, so ist ihm entgangener Verdienst nur für die Zeit zwischen der Entlassung und dem Tage des Eintritts in das neue Arbeitsverhältnis zu gewähren. § 11 findet entsprechende Anwendung.

§ 13 Außerordentliche, sittenwidrige und sonstige Kündigungen. (1) Die Vorschriften über das Recht zur außerordentlichen Kündigung eines Arbeitsverhältnisses werden durch das vorliegende Gesetz nicht berührt. Die Rechtsunwirksamkeit einer außerordentlichen Kündigung kann jedoch nur nach Maßgabe des § 4 Satz 1 und der §§ 5 bis 7 geltend gemacht werden. Stellt das Gericht fest, dass die außerordentliche Kündigung unbegründet ist, ist jedoch dem Arbeitnehmer die Fortsetzung des Arbeitsverhältnisses nicht zuzumuten, so hat auf seinen Antrag das Gericht das Arbeitsverhältnis aufzulösen und den Arbeitgeber zur

Gesetzesauszüge (Fortsetzung)

Zahlung einer angemessenen Abfindung zu verurteilen. Das Gericht hat für die Auflösung des Arbeitsverhältnisses den Zeitpunkt festzulegen, zu dem die außerordentliche Kündigung ausgesprochen wurde. Die Vorschriften der §§ 10 bis 12 gelten entsprechend. (2) Verstößt eine Kündigung gegen die guten Sitten, so finden die Vorschriften des § 9 Abs. 1 Satz 1 und Abs. 2 und der §§ 10 bis 12 entsprechende Anwendung. (3) Im Übrigen finden die Vorschriften dieses Abschnitts mit Ausnahme der §§ 4 bis 7 auf eine Kündigung, die bereits aus anderen als den in § 1 Abs. 2 und 3 bezeichneten Gründen rechtsunwirksam ist, keine Anwendung.

§ 14 Angestellte in leitender Stellung. (1) Die Vorschriften dieses Abschnitts gelten nicht

1. in Betrieben einer juristischen Person für die Mitglieder des Organs, das zur gesetzlichen Vertretung der juristischen Person berufen ist,
2. in Betrieben einer Personengesamtheit für die durch Gesetz, Satzung oder Gesellschaftsvertrag zur Vertretung der Personengesamtheit berufenen Personen.

(2) Auf Geschäftsführer, Betriebsleiter und ähnliche leitende Angestellte, soweit diese zur selbstständigen Einstellung oder Entlassung von Arbeitnehmern berechtigt sind, finden die Vorschriften dieses Abschnitts mit Ausnahme des § 3 Anwendung. § 9 Abs. 1 Satz 2 findet mit der Maßgabe Anwendung, dass der Antrag des Arbeitgebers auf Auflösung des Arbeitsverhältnisses keiner Begründung bedarf.

§ 23 Geltungsbereich. (1) Die Vorschriften des Ersten und Zweiten Abschnitts gelten für Betriebe und Verwaltungen des privaten und des öffentlichen Rechts [...]. Die Vorschriften des Ersten Abschnitts gelten mit Ausnahme der §§ 4 bis 7 und des § 13 Abs. 1 Satz 1 und 2 nicht für Betriebe und Verwaltungen, in denen in der Regel fünf oder weniger Arbeitnehmer ausschließlich der zu ihrer Berufsbildung Beschäftigten beschäftigt werden. In Betrieben und Verwaltungen, in denen in der Regel zehn oder weniger Arbeitnehmer ausschließlich der zu ihrer Berufsbildung Beschäftigten beschäftigt werden, gelten die Vorschriften des Ersten Abschnitts mit Ausnahme der §§ 4 bis 7 und des § 13 Abs. 1 Satz 1 und 2 nicht für Arbeitnehmer, deren Arbeitsverhältnis nach dem 31. Dezember 2003 begonnen hat; diese Arbeitnehmer sind bei der Feststellung der Zahl der beschäftigten Arbeitnehmer nach Satz 2 bis zur Beschäftigung von in der Regel zehn Arbeitnehmern nicht zu berücksichtigen. Bei der Feststellung der Zahl der beschäftigten Arbeitnehmer nach den Sätzen 2 und 3 sind teilzeitbeschäftigte Arbeitnehmer mit einer regelmäßigen wöchentlichen Arbeitszeit von nicht mehr als 20 Stunden mit 0,5 und nicht mehr als 30 Stunden mit 0,75 zu berücksichtigen.

Bürgerliches Gesetzbuch (BGB)

§ 622 Kündigungsfrist für Angestellte und Arbeiter
(1) Das Arbeitsverhältnis eines Arbeiters oder eines Angestellten (Arbeitnehmers) kann mit einer Frist von vier Wochen zum Fünfzehnten oder zum Ende eines Kalendermonats gekündigt werden. (2) Für eine Kündigung durch den Arbeitgeber beträgt die Kündigungsfrist, wenn das Arbeitsverhältnis in dem Betrieb oder Unternehmen

1. zwei Jahre bestanden hat, einen Monat zum Ende eines Kalendermonats,
2. fünf Jahre bestanden hat, zwei Monate zum Ende eines Kalendermonats,
3. acht Jahre bestanden hat, drei Monate zum Ende eines Kalendermonats,
4. zehn Jahre bestanden hat, vier Monate zum Ende eines Kalendermonats,
5. zwölf Jahre bestanden hat, fünf Monate zum Ende eines Kalendermonats,
6. fünfzehn Jahre bestanden hat, sechs Monate zum Ende eines Kalendermonats,
7. zwanzig Jahre bestanden hat, sieben Monate zum Ende eines Kalendermonats.

Bei der Berechnung der Beschäftigungsdauer werden Zeiten, die vor der Vollendung des fünfundzwanzigsten Lebensjahres des Arbeitnehmers liegen, nicht berücksichtigt. (3) Während einer vereinbarten Probezeit, längstens für die Dauer von sechs Monaten kann das Arbeitsverhältnis mit einer Frist von zwei Wochen gekündigt werden. (4) Von den Absätzen 1 bis 3 abweichende Regelungen können durch Tarifvertrag vereinbart werden. Im Geltungsbereich eines solchen Tarifvertrags gelten die abweichenden tarifvertraglichen Bestimmungen zwischen nichttarifgebundenen Arbeitgebern und Arbeitnehmern, wenn ihre Anwendung zwischen ihnen vereinbart ist. (5) Einzelvertraglich kann eine kürzere als die in Absatz 1 genannte Kündigungsfrist nur vereinbart werden,

1. wenn ein Arbeitnehmer zur vorübergehenden Aushilfe eingestellt ist; dies gilt nicht, wenn das Arbeitsverhältnis über die Zeit von drei Monaten hinaus fortgesetzt wird;
2. wenn der Arbeitgeber in der Regel nicht mehr als zwanzig Arbeitnehmer ausschließlich der zu ihrer Berufsbildung Beschäftigten beschäftigt und die Kündigungsfrist vier Wochen nicht unterschreitet.

[...] Die einzelvertragliche Vereinbarung längerer als der in den Absätzen 1 bis 3 genannten Kündigungsfristen bleibt hiervon unberührt.
(6) Für die Kündigung des Arbeitsverhältnisses durch den Arbeitnehmer darf keine längere Frist vereinbart werden als für die Kündigung durch den Arbeitgeber.

§ 626 Fristlose Kündigung aus wichtigem Grund. (1) Das Dienstverhältnis kann von jedem Vertragteil aus wichtigem Grund ohne Einhaltung einer Kündigungsfrist gekündigt werden, wenn Tatsachen vorliegen, auf Grund derer dem Kündigenden unter Berücksichtigung aller Umstände des Einzelfalles und unter Abwägung der Interessen beider Vertragteile die Fortsetzung des Dienstverhältnisses bis zum Ablauf der Kündigungsfrist oder bis zu der vereinbarten Beendigung des Dienstverhältnisses nicht zugemutet werden kann. (2) Die Kündigung kann nur innerhalb von zwei Wochen erfolgen. Die Frist beginnt mit dem Zeitpunkt, in dem der Kündigungsberechtigte von den für die Kündigung maßgebenden Tatsachen Kenntnis erlangt. Der Kündigende muss dem anderen Teil auf Verlangen den Kündigungsgrund unverzüglich schriftlich mitteilen.

Betriebsverfassungsgesetz (BetrVerfG)

§ 95 Auswahlrichtlinien. (1) Richtlinien über die personelle Auswahl bei Einstellungen, Versetzungen, Umgruppierungen und Kündigungen bedürfen der Zustimmung des Betriebsrats. [...]

§ 102 Mitbestimmung bei Kündigungen. (1) Der Betriebsrat ist vor jeder Kündigung zu hören. Der Arbeitgeber hat ihm die Gründe für die Kündigung mitzuteilen. Eine ohne Anhörung des Betriebsrats ausgesprochene Kündigung ist unwirksam. (2) Hat der Betriebsrat gegen eine ordentliche Kündigung Bedenken, so hat er diese unter Angabe der Gründe dem Arbeitgeber spätestens innerhalb einer Woche schriftlich mitzuteilen. Äußert er sich innerhalb dieser Frist nicht, gilt seine Zustimmung zur Kündigung als erteilt. Hat der Betriebsrat gegen eine außerordentliche Kündigung Bedenken, so hat er diese unter Angabe von Gründen dem Arbeitgeber unverzüglich, spätestens jedoch innerhalb von drei Tagen, schriftlich mitzuteilen. Der Betriebsrat soll, soweit dies erforderlich erscheint, vor seiner Stellungnahme den betroffenen Arbeitnehmer hören. (3) Der Betriebsrat kann innerhalb der Frist des Absatzes 2 Satz 1 der ordentlichen Kündigung widersprechen, wenn

1. der Arbeitgeber bei der Auswahl des zu kündigenden Arbeitnehmers soziale Gesichtspunkte nicht oder nicht ausreichend berücksichtigt hat,
2. die Kündigung gegen eine Richtlinie nach § 95 verstößt,
3. der zu kündigende Arbeitnehmer an einem anderen Arbeitsplatz im selben Betrieb oder in einem anderen Betrieb des Unternehmens weiterbeschäftigt werden kann,
4. die Weiterbeschäftigung des Arbeitnehmers nach zumutbaren Umschulungs- oder Fortbildungsmaßnahmen möglich ist oder
5. eine Weiterbeschäftigung des Arbeitnehmers unter geänderten Vertragsbedingungen möglich ist und der Arbeitnehmer sein Einverständnis hiermit erklärt hat.

Fälle aus der Praxis

1. Ein Verputzer streitet sich mit der Personalleiterin um den Stundenlohn. Während des Streits ärgert sich der Arbeitnehmer dermaßen, dass er plötzlich seine Vorgesetzte als „blöde Kuh" bezeichnet. Daraufhin spricht diese sofort die fristlose Kündigung gegen ihn aus.

2. Zwischen einem Vorgesetzten und einem Mitarbeiter kommt es zu einem Streitgespräch. Auf die Aussage des Chefs, „Wenn Sie so weitermachen, werde ich Ihnen irgendwann kündigen", antwortet der Mitarbeiter: „Dann sehen Sie aber alt aus". Der Chef gerät daraufhin derart in Rage, dass er dem Mitarbeiter die fristlose Kündigung unterbreitet.

3. In einer Schlachterei kommt es zwischen einem Schlachtermeister und seinem Angestellten zu einem Streit. Der Angestellte reagiert boshaft und wirft ein Messer in Richtung des Vorgesetzten, das diesen jedoch verfehlt. Daraufhin kündigt der Schlachtermeister seinem Mitarbeiter fristlos.

4. Eine Telefonistin ist bereits seit mehreren Jahren alkoholsüchtig. Trotzdem erledigt sie ihre Arbeit fehlerfrei. Eines Tages mehren sich die Beschwerden der Mitarbeiter, dass die Telefonistin einen starken Alkoholgeruch absondere. Wegen dieser Belästigung erhält sie die Kündigung.

5. In einem Lager musste eine Lagerarbeiterin vorwiegend im Stehen bzw. Gehen ihre Arbeiten verrichten. Infolge eines Venenleidens hatte sie Fehlzeiten von bis zu 106 Arbeitstagen jährlich. Ihr Arbeitgeber kündigte ihr daraufhin fristgemäß, wogegen die Lagerarbeiterin klagte.

6. Der Berufskraftfahrer einer Spedition ärgert sich über den schlechten Zustand des von ihm zu fahrenden LKWs. Eines Tages sind die Reifen seines Gefährts dermaßen angegriffen, dass er sich entschließt, die defekten Reifen bei der Polizei anzuzeigen. Die zuständigen Beamten untersagten daraufhin die Weiterfahrt und erstatteten Anzeige gegen das Unternehmen. Als der Arbeitgeber von den Umständen erfährt, die zur Anzeige führten, kündigt er dem Angestellten fristlos mit der Begründung, er habe ihn bei der Polizei angeschwärzt und damit absichtlich eine Anzeige gegen ihn provoziert.

7. Eine Abteilungsleiterin redete immer wieder schlecht über abwesende Kollegen und Kolleginnen ihrer Abteilung. Ihre ablehnende Haltung ging sogar so weit, dass sie einige Mitarbeiter/-innen nicht grüßte und ihnen den Händedruck verweigerte. Nach mehreren Beschwerden der betroffenen Arbeitskollegen wurde der Abteilungsleiterin die außerordentliche Kündigung ausgesprochen.

8. Die Mitarbeiterin eines Unternehmens ließ sich krankschreiben. Trotzdem arbeitete sie abends wie immer als Kassiererin in einer Disco. Zwei Kollegen sahen sie dabei und berichteten darüber dem Vorgesetzten, der der vermeintlich kranken Arbeitnehmerin fristlos kündigte.

37. Einstellungsverhandlungen

Ausgangssituation

Die Heinz Schlau OHG kennen Sie bereits seit einiger Zeit. In der Personalabteilung der Büromöbelfabrik macht man sich Gedanken über die Neueinstellung von Mitarbeitern. In sämtlichen Phasen der Anbahnung einer Neueinstellung müssen sowohl durch den Bewerber als auch durch das einstellende Unternehmen bestimmte Pflichten beachtet werden. Als Auszubildender sollen Sie sich zunächst in die Pflichten von Arbeitgeber und Arbeitnehmer einlesen und sodann bei praktischen Entscheidungssituationen Ihr Wissen anwenden.

INFORMATIONSTEXT

Informationstext

Pflichten des Arbeitgebers

(1) Offenbahrungspflicht des Arbeitgebers

Ein Arbeitgeber hat bei Einstellungsverhandlungen die Pflicht, den künftigen Arbeitnehmer über die Anforderungen des in Aussicht gestellten Arbeitsplatzes zu unterrichten, wenn überdurchschnittliche Anforderungen gestellt werden oder besondere gesundheitliche Belastungen zu erwarten sind. Über Umstände, die sich aus der Sachlage selbst ergeben, muss der Arbeitgeber hingegen jedoch nicht explizit unterrichten. Dies gilt insbesondere für die an den Arbeitnehmer zu stellenden Anforderungen, soweit sie sich im Rahmen des Üblichen halten. Schon bei der Vertragsverhandlung hat der Arbeitgeber jedoch auf die besonderen Interessen des späteren Arbeitnehmers Rücksicht zu nehmen und ihn insbesondere über künftige Verhältnisse aufzuklären, wenn er erkennt, dass bei dem Arbeitnehmer besondere Wünsche und Erwartungen vorliegen.

Bei der Einstellungsverhandlung ist der Arbeitgeber nicht verpflichtet, dem Bewerber die wirtschaftliche Situation des Unternehmens darzustellen. Bei bestehender Gefahr, dass Löhne und Gehälter jedoch in absehbarer Zeit nicht mehr gezahlt werden können oder organisatorische Veränderungen geplant sind, die voraussichtlich den Arbeitsplatz wegfallen lassen, für den der Bewerber eingestellt werden soll, so ist der Arbeitgeber nach Treu und Glauben zur Information des Bewerbers verpflichtet.

(2) Sorgfaltspflicht bei Bewerbungsunterlagen und Verschwiegenheitspflicht

Bewerbungsunterlagen hat der Arbeitgeber sorgfältig zu behandeln und aufzubewahren. Steht fest, dass ein Arbeitsverhältnis nicht zu Stande kommen wird, so sind die Bewerbungsunterlagen dem Bewerber unverzüglich wieder auszuhändigen. Personalfragebogen, die der Bewerber auf Verlangen des Arbeitgebers ausgefüllt hat und die Angaben über die Privat- und Intimsphäre enthalten, muss der Arbeitgeber auf Verlangen des Bewerbers unverzüglich vernichten. Eine Ausnahme besteht dann, wenn der Arbeitgeber ein berechtigtes Interesse an der Aufbewahrung des Fragebogens hat (z. B. wenn er mit Rechtsstreitigkeiten über die negative Entscheidung der Bewerbung des Betroffenen oder eines konkurrierenden Dritten rechnen muss). Über den Inhalt der Bewerbungsunterlagen hat der Arbeitgeber Stillschweigen zu bewahren; er darf sie nur denjenigen Personen zugänglich machen, die mit der Einstellung befasst sind. Diese Verschwiegenheit bezieht sich auch auf Informationen, die der Arbeitgeber im Laufe der Einstellungsverhandlung vom Bewerber erhalten hat und die ihrer Natur nach geheimhaltungsbedürftig sind.

(3) Falsche Erwartungen

Der Arbeitgeber darf bei dem Bewerber keine falschen Erwartungen wecken. Besonders die Inaussichtstellung eines Vertragsabschlusses und die Zusage, der Arbeitnehmer könne seine bisherige Stellung ohne grö-

INFORMATIONSTEXT

ßeres Risiko kündigen, ist nicht rechtmäßig. Kommt es in einem solchen Fall nicht zu einem Abschluss des Arbeitsvertrages, so muss der Arbeitgeber dem Bewerber Schadenersatz leisten (z. B. den durch die Kündigung entstandenen Lohnausfall). Erweckt der Arbeitgeber hingegen nicht schuldhaft unrichtige Vorstellungen beim Bewerber, so haftet er weder für einen eingetretenen Schaden, der dem Bewerber durch den Abbruch der Vertragsverhandlungen entstanden ist (z. B. Bewerbungskosten), noch für den Schaden infolge einer Kündigung des neuen Arbeitsvertrages vor Einsetzen des gesetzlichen Kündigungsschutzes (das Kündigungsschutzgesetz gilt i. d. R. erst nach sechsmonatigem Bestehen des Arbeitsverhältnisses; einzelvertragliche Regelungen zur Verkürzung bzw. Aufhebung dieser Frist sind zulässig).

(4) Vorstellungskosten

Fordert ein Arbeitgeber einen Bewerber persönlich zur Vorstellung auf, so ist dieser verpflichtet, die angefallenen Vorstellungskosten zu ersetzen. Diese Verpflichtung gilt unabhängig davon, ob es später zu einem Vertragsabschluss kommt. Außer Fahrtkosten zählen zu den Vorstellungskosten auch Übernachtungs- und Verpflegungskosten sowie ein eingetretener Verdienstausfall. Teilt der Arbeitgeber jedoch vorher mit, dass er einen Ersatz der Vorstellungskosten ausschließt, so ist er von dieser Verpflichtung entbunden. Eine unaufgeforderte Vorstellung (auch auf Verlangen des Arbeitsamtes oder aufgrund eines Zeitungsinserats) begründet jedoch keinen Anspruch auf den Ersatz der Vorstellungskosten.

Pflichten des Arbeitnehmers

(1) Offenbarungspflicht

Ebenso wie der Arbeitgeber unterliegt auch der Bewerber einer Offenbarungspflicht. So hat er von sich aus den Arbeitgeber über Tatsachen zu unterrichten, die ihn für eine Stelle grundsätzlich ungeeignet erscheinen lassen oder ihn außer Stande setzen, seine Arbeit zum vereinbarten Termin aufzunehmen oder die ihn rechtlich hindern, die Stelle überhaupt aufzunehmen. Im Rahmen der Vertragsverhandlungen darf der Arbeitnehmer somit nicht nur seine Leistungsmöglichkeiten nennen, sondern er ist auch verpflichtet, auf Leistungshemmnisse hinzuweisen, wenn diese für die Ausübung der zukünftigen Tätigkeit von Bedeutung sind.

(2) Wahrheitspflicht

Der Bewerber ist verpflichtet, Fragen des Arbeitgebers, an deren Beantwortung der Arbeitgeber wegen des zu begründenden Arbeitsverhältnisses ein berechtigtes, billigenswertes und schutzwürdiges Interesse hat, wahrheitsgemäß zu beantworten. Dieses Interesse des Arbeitgebers muss objektiv so stark sein, dass dahinter das Interesse des Arbeitnehmers am Schutz seines Persönlichkeitsrechtes und an der Unverletzbarkeit seiner Individualsphäre zurücktreten muss. Umgekehrt darf der Arbeitgeber jedoch auch nur derartige Fragen stellen. Der Arbeitgeber ist nicht berechtigt, einen Bewerber über private Dinge zu befragen, die zwar für das Arbeitsverhältnis entfernt von Bedeutung sein können, bei denen aber bei Abwägung der beiderseitigen Interessen einseitig das finanzielle Interesse des Arbeitgebers im Vordergrund steht.

Folgende Fragen sind zu unterscheiden:

a) Fragen nach beruflichen und fachlichen Fähigkeiten, Kenntnissen und Erfahrungen sowie nach dem beruflichen Werdegang, nach Prüfungs- und Zeugnisnoten dürfen uneingeschränkt gestellt werden.

b) Die Frage, ob ein Bewerber bzw. eine Bewerberin in absehbarer Zeit beabsichtigt, eine Ehe zu schließen (z. B. wegen der anstehenden Folgen des Mutterschutzes) ist unzulässig.

c) Offensichtlich ist ein Arbeitgeber vor allem wegen möglicher Ausfälle der Arbeitskraft bei Krankheit und wegen der Lohnfortzahlung im Krankheitsfall am Gesundheitszustand eines Bewerbers interessiert. Auf der anderen Seite wird durch derartige Fragen (auch wenn sie von einem Betriebsarzt gestellt wer-

INFORMATIONSTEXT

den) die Persönlichkeitssphäre des Bewerbers besonders stark berührt. Aus diesem Grund sind Fragen nach früheren Erkrankungen nur insoweit zulässig, wie an ihrer Beantwortung für die Arbeit, für den Betrieb oder für die übrigen Arbeitnehmer ein berechtigtes Interesse besteht. Inwieweit die Frage erlaubt ist, hängt sehr stark vom Einzelfall ab. Besonders wichtig ist, ob der Umfang der Fragen im Zusammenhang mit dem einzugehenden Arbeitsverhältnis steht.

d) Über das Recht der Frage nach einer bestehenden Gewerkschaftszugehörigkeit ist vom Bundesarbeitsgericht noch nicht entschieden und in der Rechtslehre umstritten. Nach herrschender Meinung ist diese Frage jedoch vor der Einstellung unzulässig, da alle Maßnahmen, die auf eine Behinderung des Rechts der Arbeitnehmer hinauslaufen, sich in Gewerkschaften zusammenzuschließen, nach dem Grundgesetz rechtswidrig sind. Darüber hinaus ist nach dem Betriebsverfassungsgesetz jede Ungleichbehandlung von Arbeitnehmern wegen ihrer gewerkschaftlichen Tätigkeit unzulässig. Ebenso lässt sich diese Frage nicht durch das Interesse des Arbeitgebers begründen, dass eine etwaige Tarifgebundenheit bestünde, da der tarifliche Mindestlohn nur dann gezahlt werden muss, wenn sowohl der Arbeitgeber Mitglied des Arbeitgeberverbandes als auch der Arbeitnehmer Mitglied der tarifschließenden Gewerkschaft ist.

e) Die Frage nach der Höhe der bisherigen Vergütung ist immer dann unzulässig, wenn die bei dem bisherigen Arbeitgeber bezogene Vergütung für die angestrebte Stelle keine Aussagekraft und der Bewerber sie auch nicht von sich aus als Mindestvergütung für die neue Stelle gefordert hat.

f) Nach der Religions- oder Parteizugehörigkeit darf grundsätzlich nicht gefragt werden. Ausnahmen gelten nur für so genannte Tendenzbetriebe (z. B. kirchliche Einrichtungen).

g) Die Frage nach einer bestehenden Schwangerschaft ist eine heikle Angelegenheit. Früher war bei Einstellungsverhandlungen eine Frage in angemessener Form zulässig; dieser Beurteilung wurde jedoch vom Bundesgerichtshof 1990 widersprochen, da die Frage unmittelbar gegen den Gleichbehandlungsgrundsatz von männlichen und weiblichen Bewerbern verstößt. In diesem Zusammenhang wird die Frage auch dann als unzulässig gesehen, wenn kein Mann sich um die freie Stelle beworben hat. Es sei auch darauf hingewiesen, dass ebenfalls Fragen nach der letzten Regel oder nach der Einnahme empfängnisverhütender Mittel sowie alle anderen im sexual-medizinischen Bereich ebenfalls unzulässig sind.

h) Ein Schwerbehinderter (Grad der Behinderung mindestens 50 %) muss auf Befragen seine Schwerbehinderteneigenschaft offenbaren. Ohne Befragung braucht er diese Eigenschaft nur darzulegen, wenn er erkennen muss, dass er wegen der Behinderung die vorgesehene Arbeit nicht leisten kann oder die Behinderung für den vorgesehenen Arbeitsplatz von ausschlaggebender Bedeutung ist.

i) Auf Vorstrafen braucht der Bewerber nicht von sich aus hinzuweisen. Der Arbeitgeber darf nur danach fragen, wenn und soweit die künftige Tätigkeit des Bewerbers dies erfordert. So ist z. B. die Frage nach Vorstrafen aufgrund von Eigentumsdelikten bei einem Buchhalter oder Kassierer erlaubt. Ist die Vorstrafe nicht (mehr) im Bundeszentralregister eingetragen oder nicht in das Führungszeugnis aufzunehmen (z. B. wegen Geringfügigkeit), so muss dieser Sachverhalt nicht offenbart werden.

j) Nach der herrschenden Meinung darf der Arbeitgeber den Bewerber fragen, ob der Grundwehrdienst bzw. der Zivildienst bereits abgeleistet wurde.

Generell gilt, dass der Bewerber auf unzulässige Fragen nicht zu antworten braucht. Wenn jedoch der Arbeitgeber aus der Verweigerung der Antwort den Schluss ziehen kann, eine wahrheitsgemäße Antwort fiele für den Bewerber negativ aus, muss dem Bewerber zugestanden werden, unzulässige Fragen wahrheitswidrig zu beantworten. Nur eine falsche Antwort auf eine zulässige Frage stellt somit einen Kündigungsgrund oder eine arglistige Täuschung mit der Rechtsfolge dar, dass der Arbeitgeber den Arbeitsvertrag anfechten kann.

✐ *Aufgaben*

Sie wissen nun, welche Pflichten der Arbeitnehmer und der zukünftige Arbeitgeber bei den Vertragsverhandlungen haben. Bearbeiten Sie die folgenden Wiederholungsfragen und entscheiden Sie in den geschilderten Situationen über die Rechtslage.

1. In welchem Fall muss ein Arbeitgeber einen Bewerber über besondere Anforderungen des zukünftigen Arbeitsplatzes unterrichten? Nennen Sie Beispiele. Halten Sie diese Verpflichtung für sinnvoll?

2. Über welche Sachverhalte muss ein Arbeitgeber einen Bewerber im Rahmen der Offenbarungspflicht nicht unterrichten?

3. Der Industriemechaniker Willy Emsig bewirbt sich schriftlich bei der Heinz Schlau OHG, da er seinen jetzigen Arbeitsplatz aufgeben möchte. Herr Krause, der Personalleiter der Heinz Schlau OHG, schaut sich die Bewerbungsunterlagen gründlich an und beschließt, Herrn Emsig zu einem Einstellungsgespräch einzuladen. Da die Informationen der Bewerbungsunterlagen bezüglich der Qualifikation von Herrn Emsig jedoch nicht ausreichen, entschließt sich Herr Krause, weitere Informationen beim derzeitigen Arbeitgeber von Herrn Emsig herauszufinden. Die Adresse hat Herr Krause den Bewerbungsunterlagen entnommen. Handelt Herr Krause richtig?

4. Bei Herrn Krause haben sich um die Stelle eines Industriemechanikers noch weitere Interessenten schriftlich beworben und entsprechende Bewerbungsunterlagen übersandt:
   a) Herr Mutig übersandte seine Bewerbungsunterlagen aufgrund einer Anzeige in einer Tageszeitung, in der die Firma Heinz Schlau OHG die Stelle ausgeschrieben hatte.
   b) Herr Zufall übersandte seine Bewerbungsunterlagen, obwohl er gar nicht wusste, dass eine derartige Stelle bei der Heinz Schlau OHG zu besetzen ist.
   c) Herr Lustig bewarb sich aufgrund eines Telefongesprächs mit Herrn Krause, der ihn daraufhin aufforderte, die schriftlichen Bewerbungsunterlagen umgehend zu übersenden.
   In welchem Fall ist die Firma Heinz Schlau OHG verpflichtet, die Bewerbungsunterlagen nach Abschluss der Vertragsverhandlungen an den entsprechenden Bewerber unverzüglich zurückzusenden, und in welchem Fall müssen Bewerbungskosten (z. B. Fahrtkosten zum Vorstellungstermin) ersetzt werden?

5. Ein Bewerber muss in einigen Fällen den Arbeitgeber von sich aus über Tatsachen unterrichten, die ihn für eine zu besetzende Stelle grundsätzlich als ungeeignet erscheinen lassen. Entscheiden Sie in folgenden Fällen, ob ein Verstoß gegen diese Offenbahrungspflicht vorliegt:

   a) Herr Haller bewirbt sich um die Stelle eines LKW-Fahrers bei der Heinz Schlau OHG. Bei den Vertragsverhandlungen zeigt er sich an der Stelle äußerst interessiert und erzählt dem Personalleiter von sich aus über seinen bisherigen beruflichen Werdegang. Besonders stolz sei er auf seinen bereits vor zehn Jahren bei der Bundeswehr erworbenen LKW-Führerschein. Dass er bisher über keinerlei Berufserfahrung verfügt, verschweigt er.

   b) Frau Silbig bewirbt sich um die Stelle einer Sekretärin. In der Vertragsverhandlung weist sie darauf hin, dass sie bereits mit mehreren Textverarbeitungsprogrammen vertraut sei. Obwohl der Personalleiter im Gespräch darauf hingewiesen hat, dass sie bei ihrer zukünftigen Tätigkeit mit dem Programm WORD arbeiten wird, verschweigt sie jedoch, dass sie die speziellen Anforderungen dieses Programms nicht kennt.

   c) Frau Rosig bewirbt sich bei einer Fluggesellschaft um die unbefristete Stelle einer Stewardess. Da dieser Beruf ihr größter Traum ist und sie die Einladung zu einem persönlichen Bewerbungsgespräch nicht erwartet hatte, verschweigt sie, dass sie seit 4 Wochen schwanger ist.

   d) Jens Hungrig bewirbt sich um die Stelle eines Kochs. Nach längerer Arbeitslosigkeit möchte der gelernte Koch wieder in das Arbeitsleben zurückkehren. Da der Arbeitgeber nicht nach dem

Grund der bisherigen Arbeitslosigkeit fragt, weist Herr Hungrig nicht darauf hin, dass er Diabetiker ist.

e) Der Zahntechniker Ralf Busch möchte sich beruflich verändern. Aus diesem Grund bewirbt er sich bei einem Zahntechniklabor. Beim Bewerbungsgespräch ist der Arbeitgeber so begeistert über die Qualifikation von Herrn Busch, dass dieser es nicht für notwendig erachtet, auf seine Gehbehinderung (50-prozentige Behinderung) hinzuweisen.

f) Frau Sportig bewirbt sich bei der Heinz Schlau OHG um die Stelle einer Industriekauffrau. Bei der persönlichen Bewerbung weist sie nicht darauf hin, dass sie fast täglich in ihrer Freizeit Freeclimbing in einem Verein betreibt.

6. Neben der Offenbarungspflicht besteht für den Bewerber während des Vorstellungsgesprächs eine so genannte Wahrheitspflicht. Worin bestehen die Unterschiede?

7. Entscheiden Sie in den folgenden Fällen, ob der Bewerber bzw. die Bewerberin gegen die Wahrheitspflicht verstoßen hat.

a) Der Personalleiter Krause fragt Herrn Franke, der sich um die Stelle eines Lagerarbeiters bewirbt, ob er in der letzten Zeit an einer länger dauernden Krankheit gelitten habe. Dieser verneint, obwohl er vor einem halben Jahr wegen einer Sportverletzung am Meniskus operiert wurde.

b) Jeanine Haller bewirbt sich um eine Stelle als Sachbearbeiterin für die Buchhaltungsabteilung. Herr Krause ist von ihren Fähigkeiten überzeugt und sagt ihr die Einstellung zu. Am Ende des Vorstellungsgesprächs fragt Herr Krause Frau Haller, ob bei dieser zurzeit eine Schwangerschaft besteht. Obwohl Frau Haller im dritten Monat schwanger ist, verneint sie die Frage, um die Einstellung nicht zu gefährden.

c) Sibylle Berger, die sich ebenfalls um eine Stelle als kaufmännische Sachbearbeiterin bewirbt, wird bei einem Vorstellungsgespräch von Herrn Krause gefragt, ob sie in Zukunft plant, ihren jetzigen Freund zu heiraten. Obwohl Frau Berger bereits mit ihrem Freund verlobt ist und sie eine Hochzeit in der nächsten Zeit erwägen, verneint sie.

d) Herr Justus soll als kaufmännischer Auszubildender eingestellt werden. Da der Ausbildungsleiter bereits negative Erfahrungen mit der Einberufung von jungen Auszubildenden hatte, fragt er nach, ob Herr Justus bereits seine Wehrdienstzeit abgeleistet hat. Da Herr Justus befürchtet, die Ausbildungsstelle nicht zu erhalten, lügt er und behauptet, er sei nicht wehrdiensttauglich.

e) Beate Gerling bewirbt sich bereits zum Ende ihrer kaufmännischen Ausbildung (nach der schriftlichen aber vor der mündlichen Prüfung) bei der Heinz Schlau OHG um die Stelle einer kaufmännischen Angestellten, da sie in ihrem Ausbildungsbetrieb nicht übernommen werden wird. Ihren bisherigen schulischen Werdegang hat sie schriftlich in ihren Bewerbungsunterlagen dargelegt. Auf die Frage, ob sie die Noten der schriftlichen Prüfung bereits kenne, verneint sie, obwohl sie bereits weiß, dass sie in zwei Fächern nicht bestanden hat. Sie denkt sich, dass der Personalleiter diese Frage gar nicht stellen dürfe.

f) Karl Wunder bewirbt sich um die Stelle als Kassierer bei einer Bank. In seinen Bewerbungsunterlagen ist zu ersehen, dass er bereits langjährige Erfahrung in diesem Beruf hat. Dass er bereits wegen Veruntreuung ihm anvertrauter Gelder bei einer Bank fristlos gekündigt und vor einem Gericht zu einer Freiheitsstrafe auf Bewährung verurteilt wurde, äußert er im Vorstellungsgespräch nicht. Auch auf die Frage nach etwaigen Vorstrafen weist er nicht auf die Verurteilung hin.

38. Eigenes Personal oder Personalleasing

Ausgangsproblem

Die Lentzen GmbH & Co. KG hat sich auf die Herstellung von Hydraulikpumpen spezialisiert. Als Nischenanbieter beschäftigt das mittelständische Industrieunternehmen 120 gewerbliche und 230 kaufmännische Mitarbeiterinnen und Mitarbeiter.

In der Arbeitsvorbereitung ist Frau Jansen beschäftigt. Ihre Aufgabe ist es, bei Vorliegen eines Kundenauftrags die dazugehörigen Arbeitsbegleitpapiere (Arbeitsablaufpläne, Materialanforderungsscheine etc.) mithilfe einer speziellen Software zu erstellen. Für diese Tätigkeit benötigt sie sowohl kaufmännisches als auch technisches Fachwissen, welches Sie zum Teil durch ihre kaufmännische Ausbildung, zum Teil durch die langjährige Berufserfahrung erworben hat.

Frau Jansen ist bereits seit einiger Zeit schwanger und sie hat der Personalabteilung mitgeteilt, dass Sie in rund drei Monaten ihre Zeit für den Mutterschutz antreten wird. Im Anschluss hat sie eine Elternzeit für 12 Monate beantragt.

Aufgaben

1. Durch den Wegfall von Frau Jansen entsteht in der Arbeitsvorbereitung ein Personalbedarf.

    1.1 Welche konkreten Probleme ergeben sich bei der Beschaffung eines personellen Ersatzes für Frau Jansen?

    1.2 Welche Möglichkeiten zur Deckung des Ersatzbedarfs stehen dem Unternehmen grundsätzlich zur Verfügung? Beurteilen Sie diese Möglichkeiten vor dem Hintergrund der konkreten Situation.

2. Welche Kosten können durch die Beschäftigung einer fest angestellten Mitarbeiterin anfallen? Nennen Sie die Kosten und fassen Sie diese zu Gruppen zusammen.

3. Zur Deckung des Personalbedarfs steht der Lentzen GmbH & Co. KG auch das Personalleasing zur Auswahl. Erläutern Sie, was man unter dem Personalleasing zu verstehen hat. Gehen Sie dabei insbesondere auf die einzelnen Personen ein, die beim Abschluss eines Personalleasingvertrags eine Rolle spielen.

4. In der Lentzen GmbH & Co. KG wäre ein Arbeitnehmer bereit, die Stelle von Frau Jansen befristet zu übernehmen. Da er bisher in der Konstruktionsabteilung beschäftigt war, weist er die erforderliche Qualifikation für die Stelle auf. In der Konstruktionsabteilung war die Arbeitsleistung des Mitarbeiters voll ausgelastet. Der Mitarbeiter hat sich unter anderem um die Stelle von Frau Jansen beworben, da er bisher ein Monatsbruttogehalt in Höhe von 4.600,00 € zuzüglich 516,00 € freiwillige bzw. tarifvertragliche Zulagen (16,00 € vermögenswirksame Leistungen, monatlicher Anteil Weihnachtsgeld 200,00 €, monatlicher Anteil Urlaubsgeld 300,00 €) erhält. Durch die Versetzung würde sich sein Gehalt um 200,00 € monatlich verbessern. Von dem dann durchschnittlich 5.316,00 € hohen steuer- und sozialversicherungspflichtigen Entgelt werden 1.148,00 € Beiträge zu den Sozialversicherungszweigen einbehalten. Die durchschnittliche Arbeitszeit beträgt 170 Stunden pro Monat.

    Für die zu besetzende Stelle liegt des Weiteren die Bewerbung eines Facharbeiters vor, der zurzeit arbeitslos ist. Aus dem Zeugnis, das seiner Bewerbung beilag, ist zu ersehen, dass der Arbeitnehmer langjährige Erfahrungen in der Arbeitsvorbereitung eines Großunternehmens im Maschinenbau hatte.

    Letztendlich liegt in der Personalabteilung das Angebot der Persona Direktleasing GmbH (siehe Anlage) vor.

    Wie würden Sie sich in dieser Situation entscheiden? Durch welche Person würden Sie die Stelle besetzen? Erarbeiten Sie einen begründeten Vorschlag, den Sie der Geschäftsleitung unterbreiten können. Nutzen Sie hierzu auch die Informationen in der Anlage.

Informationstext 1

Über Zeitarbeit zum neuen Job: Bundesweit rund 180.000 Beschäftigte

Hamburg (dpa) - Ihr Traumjob ist es nicht. Auch ihr Gehalt war früher besser. „Aber immerhin stehe ich nicht mehr auf der Straße", resümiert Sabine B. (31). Als die Kauffrau nach der Insolvenz ihres Arbeitgebers vor zwei Jahren ihren Job verlor, heuerte sie bei einer Zeitarbeitsfirma an. Seither hat sie in gut zwei Dutzend verschiedenen Unternehmen gearbeitet - mal als Sekretärin, Telefonistin oder im Lager, jedoch nicht immer in ihrem „gelernten" Beruf [...]. Den häufigen Wechsel leid, wünscht sie heute vor allem eines: „In eine feste Stelle hineinzurutschen [...]".

Ihre Hoffnung ist nicht unbegründet: In Deutschland nutzen immer mehr Menschen die 2.870 Zeitarbeitsfirmen als Sprungbrett für einen neuen Job. „Rund 30 Prozent der Beschäftigten bei Zeitarbeitsfirmen werden nach durchschnittlich vier Monaten abgeworben", berichtet der Vizepräsident des Bundesverbandes Zeitarbeit, Jürgen Uhlemann.

Früher hatten die Zeitarbeitsfirmen nicht selten einen schlechten Ruf. Einige Firmen wälzten ihr unternehmerisches Risiko auf die Mitarbeiter ab, schickten sie in Zwangsurlaub oder kündigten bei fehlenden Aufträgen. Zwar gibt es auch heute noch „schwarze Schafe", urteilt Holger Grape von der DAG. „Mit großen Unternehmen haben wir aber durchweg positive Erfahrungen gemacht". In gesetzlichen Verträgen seien Gehalt, Urlaub, Lohnfortzahlung im Krankheitsfall und Kündigungsschutz geregelt. [...]

Viele Beschäftigte nutzen die Zeitarbeit als Mittel zum Zweck. Berufseinsteiger nutzen die häufig wechselnden Aufgaben zum Erfahrungsaufbau, Mütter zum Wiedereinstieg in den Beruf.

Die Erfahrungen von Sabine B. sind in jedem Fall sehr unterschiedlich, von „sehr gut" bis „miserabel". Vor allem kleine Firmen gehören oft zu den schwarzen Schafen. Sicher ist jedenfalls eines: Die Bezahlung für eine gleichwertige Arbeit in einem Unternehmen ist ca. 15 Prozent höher als der Betrag, den der Zeitarbeitnehmer bekommt.

Das gewerbsmäßige Betreiben des Personalleasing wurde im Übrigen 1967 vom Bundesverfassungsgericht legalisiert, seit 1972 wurde das Arbeitnehmerüberlassungsgesetz (AÜG) vom Gesetzgeber erlassen.

Quelle: dpa-Nachrichten des WDR Köln

Informationstext 2

Zeitarbeit als Eintrittskarte zur Dauerbeschäftigung

Düsseldorf (dpa/lrw) - Zeitarbeit kann eine Eintrittskarte für dauerhafte Beschäftigung sein. Den Beweis erbrachte NRW-Sozialminister Axel Horstmann am Mittwoch mit einer Zwischenbilanz zur staatlich geförderten Leiharbeitsfirma „Start". Seit der Gründung hätten 2.200 vormals Arbeitslose über das Projekt dauerhaft Arbeit gefunden.

Quelle: dpa-Nachrichten des WDR Köln

Informationstext 3

Die deutschen Zeitarbeitsfirmen hoffen auf steile Zuwachsraten

[...] Von den 149.220 Menschen, die 2003 bei Zeitarbeitsfirmen beschäftigt wurden, waren 40 Prozent zuvor arbeitslos. 12 Prozent waren zuvor sogar langzeitarbeitslos (mehr als ein Jahr) gewesen.

Quelle: dpa-Nachrichten des WDR Köln

Informationstext 4

Aufbaustruktur der Zeitarbeit

Kennzeichnend für die Zeitarbeit (synonym: Personalleasing, Arbeitnehmerüberlassung; kurz: ZA, AÜ) ist ein Dreiecksverhältnis zwischen Zeitarbeitsunternehmen (synonym: Verleiher, Personalleasinggeber; kurz: ZAU), Zeitarbeiter (synonym: Leiharbeiter, Leasingpersonal; kurz: ZARB) und Entleiher (synonym: Personalleasingnehmer). Der Arbeitsvertrag mit allen resultierenden Haupt- und Nebenpflichten wird zwischen ZAU und ZARB abgeschlossen. Im Rahmen eines Arbeitnehmerüberlassungsvertrags verleiht das ZAU gegen eine Vergütung für eine begrenzte oder unbegrenzte Zeit seine ZARB an einen Entleiherbetrieb. Dort wird der Leiharbeiter in den Betriebsablauf eingegliedert, das aufgabenbezogene Weisungsrecht geht auf den Entleiher über und der Leiharbeiter muss seinen Weisungen Folge leisten. Zugleich treffen den Entleiher wegen der Eingliederung in die Betriebsgemeinschaft ähnliche Fürsorgepflichten wie für seine Stammbelegschaft. Insoweit spricht man auch vom Bestehen eines „fiktiven Arbeitsvertrags" zwischen Entleiher und Leiharbeiter.

Quelle: Prof. Dr. Klaus Watzka: Nutzer und Nichtnutzer von Zeitarbeit, Fachhochschule Jena

Informationstext 4

WDR Quintessenz Verbrauchertipp zum Thema: Leiharbeit

Anmoderation: Sie nennen sich Zeitarbeitsunternehmen und sie vermieten regelrecht die bei ihnen beschäftigten Arbeitnehmer an andere Firmen. Eine Branche, die zunehmend expandiert: zurzeit sind in Deutschland etwa 360.000 Arbeitnehmer pro Jahr bei solchen Unternehmen beschäftigt. Auch wenn die Beschäftigten von ihrer Firma quasi nach Belieben in unterschiedlichen Betrieben eingesetzt werden können - rechtlos sind sie deshalb nicht. Einzelheiten von Thilo Eckoldt.

Sprecher: Zeitarbeit hat nichts mit Teilzeit zu tun. Ob Kellner oder Ingenieur - sie arbeiten in der Regel alle Vollzeit, werden aber von ihrem Arbeitgeber für eine begrenzte Zeit an andere Unternehmen ausgeliehen. In manchen Betrieben gibt es unvorhergesehene Ausfälle, in anderen ist saisonbedingt ein größerer Bedarf an Arbeitskräften abzudecken. In solchen und ähnlichen Fällen wenden sich die Betriebe dann an ein Zeitarbeitsunternehmen. Auch wenn der Arbeitnehmer bei unterschiedlichen Betrieben eingesetzt wird - der Arbeitsvertrag besteht allein zwischen Arbeitnehmer und Zeitarbeitsfirma. Christian Lesmeister, Richter am Arbeitsgericht Hamburg weist darauf hin, dass Zeitarbeiter grundsätzlich die gleichen Rechte haben, wie andere Arbeitnehmer auch:

O-Ton: Die Arbeitsverträge zwischen einem Zeitarbeitsunternehmen und einem Arbeitnehmer unterscheiden sich eigentlich nicht von anderen Arbeitsverträgen, d. h., es sind Sozialversicherungsabgaben zu zahlen, es sind Lohn- und Einkommenssteuern zu zahlen, sodass im Grunde die soziale Absicherung des Arbeitnehmers genauso dieselbe ist, wie in einem normalen Arbeitsverhältnis.

Sprecher: In einem anderen Punkt unterscheiden sich Zeitarbeitsverträge von herkömmlichen Arbeitsverträgen:

O-Ton: Es gibt das Arbeitnehmerüberlassungsgesetz, dass die Arbeitnehmer in Zeitarbeitsunternehmen schützen soll. Danach ist die Befristung von Arbeitsverhältnissen verboten.

Sprecher: Es ist also nicht zulässig, einen Arbeitsvertrag abzuschließen, der beispielsweise nach einem Jahr endet. Ausnahmen von diesem Grundsatz lässt das Gesetz nur unter sehr engen Voraussetzungen zu. So können z. B. für Studenten, die während der Semesterferien arbeiten, befristete Verträge ausgehandelt werden. Außerdem ist der Arbeitgeber verpflichtet, dem Arbeitnehmer bei Abschluss des Arbeitsvertrages ein Merkblatt über seine Rechte auszuhändigen.

Probleme mit dem Zeitarbeitsunternehmen kann es geben, wenn es einem Arbeitnehmer an seinem momentanen Leiharbeitsplatz so gut gefällt, dass er dort nach Ablauf seines Zeitarbeitsvertrages fest anfangen möchte. Das wollen manche Zeitarbeitsunternehmen durch entsprechende Vertragsklauseln verhindern. So geht es nicht:

O-Ton: Zwischen Zeitarbeitsunternehmen und Arbeitnehmer darf nicht vereinbart werden, dass der Arbeitnehmer nicht von dem entleihenden Betrieb irgendwann mal übernommen werden darf.

Sprecher: Wer einen solchen Arbeitsvertrag unterzeichnen will, der sollte Vor- und Nachteile genau abwägen. Ein klarer Vorteil:

O-Ton: Das Zeitarbeitsunternehmen muss auch dann zahlen, wenn sie keine Einsatzmöglichkeit haben.

Sprecher: Ein Nachteil dagegen ist der Umstand, dass nicht die Tarifverträge der jeweiligen Branche gelten. Das bedeutet nicht nur, dass z. B. zusätzliche tarifvertraglich vereinbarte Urlaubstage nicht gewährt werden, es muss auch nicht der Tariflohn der jeweiligen Branche gezahlt werden. Allerdings gibt es ein Urteil des Arbeitsgerichts Reutlingen, dass in einem Fall eine Anpassung an den Tariflohn vorgenommen hat. *)

Abmoderation: Etwas besser stehen sich die Arbeitnehmer, die bei einem Zeitarbeitsunternehmen beschäftigt sind, das Mitglied im „Bundesverband Zeitarbeit" ist: nach sechsmonatiger Betriebszugehörigkeit haben sie z. B. Anspruch auf vermögenswirksame Leistungen. Außerdem gibt es höhere Zuschläge für Feiertagsarbeit und Überstunden. Der Bundesverband Zeitarbeit hat darüber hinaus eine Beschwerdestelle für Mitarbeiter eingerichtet. BZA, Vorgebirgsstr. 39, 53119 Bonn

Quelle: Autor: Thilo Eckoldt

*) ArbG Reutlingen, Urteil vom 16.01.96, 1 Ca 610/94

Informationsblatt: Gesetzestexte

Bürgerliches Gesetzbuch (BGB)

§ 611 a Gleichbehandlung von Männern und Frauen am Arbeitsplatz
(1) Satz 2: Eine unterschiedliche Behandlung wegen des Geschlechts ist ... zulässig, soweit ... ein bestimmtes Geschlecht unverzichtbare Voraussetzung für diese Tätigkeit ist.

§ 611 b Ausschreibung des Arbeitsplatzes
Der Arbeitgeber darf einen Arbeitsplatz weder öffentlich noch innerhalb des Betriebs nur für Männer oder nur für Frauen ausschreiben, es sei denn, dass ein Fall des § 611 a Abs.1 Satz 2 vorliegt.

Teilzeit- und Befristungsgesetz (TzBfG)

§ 7 Ausschreibung; [...]
(1) Der Arbeitgeber hat einen Arbeitsplatz, den er öffentlich oder innerhalb des Betriebes ausschreibt, auch als Teilzeitarbeitsplatz auszuschreiben, wenn sich der Arbeitsplatz hierfür eignet.

Betriebsverfassungsgesetz (BetrVerfG)

§ 76 Einigungsstelle
(1) Zur Beilegung von Meinungsverschiedenheiten zwischen Arbeitgeber und Betriebsrat [...] ist bei Bedarf eine Einigungsstelle zu bilden. [...] (2) Die Einigungsstelle besteht aus einer gleichen Anzahl von Beisitzern, die vom Arbeitgeber und Betriebsrat bestellt werden, und einem unparteiischen Vorsitzenden, auf dessen Person sich beide Seiten einigen müssen. Kommt eine Einigung über die Person des Vorsitzenden nicht zustande, so bestellt ihn das Arbeitsgericht. [...]

§ 92 Personalplanung
(1) Der Arbeitgeber hat den Betriebsrat über die Personalplanung, insbesondere über den gegenwärtigen und künftigen Personalbedarf sowie über die sich daraus ergebenden personellen Maßnahmen [...] anhand von Unterlagen rechtzeitig und umfassend zu unterrichten. Er hat mit dem Betriebsrat über Art und Umfang der erforderlichen Maßnahmen [...] zu beraten. (2) Der Betriebsrat kann dem Arbeitgeber Vorschläge für die Einführung einer Personalplanung und ihre Durchführung machen.

§ 93 Ausschreibung von Arbeitsplätzen
Der Betriebsrat kann verlangen, dass Arbeitsplätze, die besetzt werden sollen, [...] vor ihrer Besetzung innerhalb des Betriebes ausgeschrieben werden.

§ 94 Personalfragebogen; Beurteilungsgrundsätze
(1) Personalfragebogen bedürfen der Zustimmung des Betriebsrats. Kommt eine Einigung über ihren Inhalt nicht zustande, so entscheidet die Einigungsstelle. Der Spruch der Einigungsstelle ersetzt die Einigung zwischen Arbeitgeber und Betriebsrat. (2) Abs. 1 gilt entsprechend für persönliche Angaben in schriftlichen Arbeitsverträgen, die allgemein für den Betrieb verwendet werden sollen, sowie für die Aufstellung allgemeiner Beurteilungsgrundsätze.

§ 95 Auswahlrichtlinien
(1) Richtlinien über die personelle Auswahl bei Einstellungen, Versetzungen, Umgruppierungen und Kündigungen bedürfen der Zustimmung des Betriebsrats. Kommt eine Einigung über die Richtlinien oder ihren Inhalt nicht zustande, so entscheidet auf Antrag des Arbeitgebers die Einigungsstelle. Der Spruch der Einigungsstelle ersetzt die Einigung zwischen Arbeitgeber und Betriebsrat.

Persona Direktleasing GmbH ✦ Postfach 25 14 ✦ 40200 Düsseldorf

Direktleasing GmbH
- Der Profi für Personalvermittlung -

Besuchen Sie uns virtuell:
www.personadirekt.com

Kurzfristige Überbrückung
von personellen Engpässen
- Kompetent und schnell -

Lentzen GmbH & Co. KG
Frau Mainert
Postfach 150 120
40215 Düsseldorf

Ihr Zeichen, Ihre Nachricht vom	Unser Zeichen, unsere Nachricht vom	☎ 0211 8923-, Name	Datum
	an-se	311, Hr. Andresen	10.11.2010

Angebot bezüglich Mitarbeiterüberlassung, Einsatzbereich „Arbeitsvorbereitung"

Sehr geehrte Frau Mainert,

wie soeben telefonisch mit Ihnen besprochen, können wir Ihnen einen Mitarbeiter mit der von Ihnen vorgegebenen Qualifikation zu folgenden Konditionen anbieten:

Wöchentliche Soll-Arbeitszeit   38 Std.
Kosten je Arbeitsstunde (60 Min.)   60,00 EUR

In den angegebenen Kosten sind sämtliche Nebenkosten (z. B. Sozialabgaben) enthalten. Die Vermittlung erfolgt provisionsfrei.

Das Angebot halten wir bis zum 14.11.2010 zu den genannten Konditionen aufrecht. Bei Rückfragen können Sie mich gerne kontaktieren.

Ich würde mich freuen, wenn Sie uns den Auftrag erteilen.

Mit freundlichen Grüßen

i. V. **Klaus Andresen**

Klaus Andresen

Persona Direktleasing GmbH

Persona Direktleasing GmbH	Kontakt:	Geschäftsführerin: Frauke Elsenbach	Sparkasse Düsseldorf
Postfach 25 14 - 40200 Düsseldorf		Handelsregister München, HR B 211015	Kto.-Nr. 4110528, BLZ 400 800 00
Weberstraße 55 - 40196 Düsseldorf	Telefon: +49 (0) 211 - 8923-0		Dresdner Bank Düsseldorf
	Telefax: +49 (0) 211 - 8923-41		Kto.-Nr. 24998547, BLZ 400 100 00
Geschäftszeiten:		USt.-IdNr.: DE 425874	Volksbank Düsseldorf
Mo.-Fr. 8:00 - 16:30 Uhr	www.personaservice-deutschland.de	St.-Nr. 344/713/585874	Kto.-Nr. 8900141, BLZ 400 210 00
	info@personaservice.de		

39. Führungsstile und Führungsmethoden

Ausgangssituation

Die Heinz Schlau OHG ist Ihnen bereits seit längerem bekannt. Das Unternehmen produziert qualitativ hochwertige Büromöbel. Trotz stagnierender Umsätze in der Branche konnte sich das Unternehmen unter anderem aufgrund einer streng an Kundenwünschen ausgerichteten Produktpolitik auch im laufenden Geschäftsjahr gut behaupten. Zurzeit verfügt das Unternehmen über rund 400 Mitarbeiterin und Mitarbeiter im gewerblichen und kaufmännischen Bereich. Heute wollen wir uns die Zusammenarbeit der einzelnen Mitarbeiterin und Mitarbeiter im kaufmännischen Bereich einmal genauer ansehen.

Aufgaben zu den Führungsstilen

Lesen Sie zunächst die Situationsbeschreibungen A bis C aus den Abteilungen Verkauf, Einkauf und Buchhaltung durch und bearbeiten Sie sodann folgende Aufgaben.

Aufgaben zur Situationsbeschreibung A:

1. Beschreiben Sie mit eigenen Worten den Führungsstil von Herrn Behmer.

2. Wie würden Sie diese Art des Führungsstils nennen?

3. Erarbeiten Sie Vor- und Nachteile dieses Führungsstils.

4. In welchen Abteilungen halten Sie den Führungsstil von Herrn Behmer für angebracht?

5. Halten Sie das Vorgehen von Herrn Behmer für gerechtfertigt? Was sollte er verbessern?

6. Warum würden Sie sich als Mitarbeiter/in in dieser Abteilung wohl fühlen bzw. nicht wohl fühlen?

Aufgaben zur Situationsbeschreibung B:

1. Beschreiben Sie mit eigenen Worten den Führungsstil von Frau Wilhelms.

2. Wie würden Sie diese Art des Führungsstils nennen?

3. Erarbeiten Sie Vor- und Nachteile dieses Führungsstils.

4. In welchen Abteilungen halten Sie den Führungsstil von Frau Wilhelms für angebracht?

5. Halten Sie das Vorgehen von Frau Wilhelms für gerechtfertigt? Was sollte sie verbessern?

6. Warum würden Sie sich als Mitarbeiter/in in dieser Abteilung wohl fühlen bzw. nicht wohl fühlen?

Aufgaben zur Situationsbeschreibung C:

1. Beschreiben Sie mit eigenen Worten den Führungsstil von Herrn Kraft.

2. Wie würden Sie diese Art des Führungsstils nennen?

3. Erarbeiten Sie Vor- und Nachteile dieses Führungsstils.

4. In welchen Abteilungen halten Sie den Führungsstil von Herrn Kraft für angebracht?

5. Halten Sie das Vorgehen von Herrn Kraft für gerechtfertigt? Was sollte er verbessern?

6. Warum würden Sie sich als Mitarbeiter/in in dieser Abteilung wohl fühlen bzw. nicht wohl fühlen?

✎ *Aufgaben zu den Führungsmethoden*

Lesen Sie zunächst die Situationsbeschreibungen 1 bis 3 aus den Abteilungen Verkauf, Einkauf und Produktionsplanung durch und beantworten Sie sodann jeweils für jede Situation folgende Fragen.

1. Beschreiben Sie mit Ihren eigenen Worten, wie in den Abteilungen die Aufgabenverteilung der Mitarbeiter geregelt wird.

2. Welche Vorteile und welche Nachteile ergeben sich in den geschilderten Situationen für die Mitarbeiter und für die Vorgesetzten?

3. Wodurch unterscheiden sich die in den Situationen geschilderten Kompetenzdelegationen von den Ihnen bekannten Führungsstilen? Gibt es Übereinstimmungen?

INFORMATIONSTEXT

Informationsblatt Führungsstile

Situationsbeschreibung A:

Herr Behmer ist Abteilungsleiter des Verkaufs bei der Heinz Schlau OHG. Nach seiner Ausbildung zum Industriekaufmann und einem Studium der Betriebswirtschaftslehre wurde er zunächst als stellvertretender Leiter der Verkaufsabteilung eingestellt und übernahm später den Posten seines Vorgesetzten nach dessen Ausscheiden aus dem Unternehmen. Ihm sind fünf Mitarbeiter unterstellt. Diese Sachbearbeiter haben die Aufgabe, Kunden zu betreuen und Verträge abzuschließen.

Herr Behmer ist bei den Mitarbeitern/innen der Abteilung gefürchtet. Er hat den Ruf, sehr streng zu sein. Dies wird unter anderem dadurch deutlich, dass er sich vor dem Abschluss von Kaufverträgen von den Sachbearbeitern/innen diese vorlegen lässt und selbst über den Abschluss entscheidet. Oft hat er dabei die Arbeit der Verkäufer/innen gerügt: Rechtschreibfehler in Angebotsschreiben und Auftragsbestätigungen, zu hohe Kundenrabatte gewährt und zu niedrige Verkaufsabschlüsse sind ihm ein Dorn im Auge. Sogar bei Kundengesprächen hat er des Öfteren den „flapsigen" Umgangston mit den Kunden bemängelt. Kreative Vorschläge zur Verbesserung der Ablauforganisation in der Abteilung, die ein Mitarbeiter unterbreitete, wies er mit der Begründung ab, dass die Organisation „so schon optimal sei und schließlich schon immer geklappt" habe. Sein Umgang mit den Mitarbeitern und Mitarbeiterinnen hat dazu geführt, dass das schlechte Arbeitsklima in der Abteilung im gesamten Unternehmen bekannt ist.

Situationsbeschreibung B:

Frau Wilhelms ist Abteilungsleiterin des Einkaufs bei der Heinz Schlau OHG. Nach einer Ausbildung zur Bürokauffrau wurde sie als Sachbearbeiterin in der Einkaufsabteilung übernommen. Da sie schon immer sehr fleißig war, bildete sie sich neben ihrer Tätigkeit weiter und wurde nach dem Abschluss zur staatlich geprüften Betriebswirtin als Abteilungsleiterin eingesetzt. Ihre fünf Mitarbeiter behaupten spöttisch, dass sie Frau Wilhelms noch nie richtig hätten arbeiten sehen. Dies liegt vor allem daran, dass Frau Wilhelms ihre Mitarbeiter selten kontrolliert. Vielmehr ist sie der Meinung, dass die qualifizierten Mitarbeiter selbst kompetent genug wären und ihre Mitarbeit gar nicht bräuchten.

Sämtliche Entscheidungen treffen die Mitarbeiter und Mitarbeiterinnen selbst. Sogar bei Fehlern zeigt sie sich wenig beeindruckt: Obwohl in letzter Zeit Bestellzeitpunkte nicht eingehalten wurden und die versandten Bestellungen an die Lieferanten teilweise mit Rechtschreibfehlern überhäuft waren, ließ Frau Wilhelms keine Konsequenzen folgen. Natürlich fühlen sich die Mitarbeiter der Abteilung wohl, da sie keine Kontrolle durch ihre Vorgesetzte spüren.

INFORMATIONSTEXT

Informationsblatt Führungsstile

Situationsbeschreibung C:

Herr Kraft ist Abteilungsleiter der Buchführung in der Heinz Schlau OHG. Nach einer Ausbildung zum Bankkaufmann und einem abgeschlossenen Studium der Betriebswirtschaftslehre hat er bereits in vielen Unternehmen Erfahrungen mit der Arbeit im Rechnungswesen gesammelt. Seit einigen Jahren ist er nun Leiter der Buchhaltung und ihm sind fünf Mitarbeiter unterstellt. Sein Verhältnis zu den Sachbearbeitern wird im Unternehmen als gut bezeichnet. Nicht nur, dass er auf menschliche Probleme eingeht, er steht seinen Mitarbeitern auch fachlich ständig mit Rat und Tat zur Verfügung.

Obwohl er auf die korrekte Ausführung buchtechnischer Arbeiten achtet, liegt ihm die Zufriedenheit seiner Angestellten am Herzen. Bereits seit seiner Einstellung hat er es durchgesetzt, dass sich die Sachbearbeiter einmal pro Woche zu einer Gruppensitzung zusammenfinden; hier wird in erster Linie über organisatorische Probleme diskutiert. Dabei lässt Herr Kraft seinen Mitarbeitern und Mitarbeiterinnen viel Freiraum für Kreativität. So bemängelte ein Mitarbeiter das seiner Meinung nach sehr arbeitsintensive Ablagesystem der Buchungsbelege. Zusammen mit seinen Mitarbeitern erarbeitete Herr Kraft eine Lösung dieses Problems, sodass der Arbeitsablauf für die Mitarbeiter vereinfacht werden konnte.

INFORMATIONSTEXT

Informationsblatt Führungsmethoden

Situationsbeschreibung 1:

Die Abteilungsleiterin des Einkaufs, Frau Wilhelms hat fünf Mitarbeiter/innen. Um den Sachbearbeitern/innen mehr Freiheit bei der Aufgabenbewältigung ihres Arbeitsgebietes zu geben, hat sie in einer Abteilungssitzung für jeden Mitarbeiter/innen den zu bewältigenden Aufgabenbereich genau festgelegt. So darf Herr Maier selbstständig geeignete Lieferanten auswählen mit diesen verhandeln und Verträge abschließen. Bei Vertragsverhandlungen, die einen Nettowert von 50.000,00 € überschreiten, hat sie sich jedoch erbeten, in die Entscheidung miteinbezogen zu werden. Mit Frau Rüttgers, die für die Terminüberwachung von Lieferungen zuständig ist, wurde vereinbart, dass diese die Organisation der Verwaltung selbstständig gestalten kann. Bei Veränderungen, die andere Abteilungen betreffen könnten, möchte Frau Wilhelms ebenfalls in die Entscheidung miteinbezogen werden.

Situationsbeschreibung 2:

Der Leiter der Verkaufsabteilung, Herr Behmer, hat erkannt, dass er nicht allein alle Entscheidungen in seiner Abteilung treffen kann. Er hat sich daher entschlossen, seinen Mitarbeitern/innen mehr Entscheidungsspielraum zu übertragen. In einer Abteilungssitzung wurden die Aufgabenbereiche für seine fünf Mitarbeiter/innen genau festgelegt und abgegrenzt. So sind Frau Brunner und Frau Schütte für den Verkauf von fertigen Erzeugnissen, Herr Gelder für den Ersatzteilverkauf zuständig. Innerhalb ihres Aufgabenbereichs erhalten die Mitarbeiter völlige Entscheidungsfreiheit (z. B. über die Festsetzung von Verkaufspreisen oder über die Höhe von Rabatten).

Situationsbeschreibung 3:

Frau Schmittke ist Abteilungsleiterin der Produktionsplanung. Da sich ihre fünf Mitarbeiter/innen in der letzten Zeit über die veraltete Ablauforganisation beschwert haben, die unter anderem dazu führte, dass sowohl Stockungen in der Produktion wegen überlasteten Maschinen als auch hohe Maschinenstillstandszeiten auftraten, hat sie sich zu einer Krisensitzung entschlossen. In dieser Abteilungssitzung wurden die Mitarbeiter/innen gebeten, Vorschläge zur Lösung der aufgetretenen Probleme vorzubringen. Man einigte sich, die Aufgaben der einzelnen Mitarbeiter/innen neu zu verteilen.

So ist nun Herr Bauer allein dafür zuständig, freigegebene Aufträge so in die Produktion einzuplanen, dass ein reibungsloser Produktionsverlauf gewährleistet ist. Frau Ulmen hingegen ist für die Überwachung des Produktionsfortschritts zuständig; sie hat die Aufgabe, Herrn Bauer über auftretende Engpässe zu informieren. Die Qualität der Aufgabenerfüllung eines jeden Mitarbeiters soll in Zukunft daran gemessen werden, wie gut er/sie die zuvor festgelegten Ziele erreicht.

40. Grundlegende Ziele der Absatzwirtschaft

Ausgangslage

Die SaSo Getränke, Sabine Schlau OHG ist ein kleines Unternehmen mit Sitz in Düsseldorf. Das Unternehmen stellt Bier- und Softgetränke her und vertreibt sie im Raum Nordrhein-Westfalen. Da das Unternehmen über eine eigene Quelle verfügt, können Produkte mit besonderer Qualität hergestellt werden.

Die Konkurrenz auf dem Getränkesektor ist groß; der gesamte Markt wird von einigen Großanbietern beherrscht. Durch besonders niedrige Preise und die Herausstellung regionaler Besonderheiten hat es die Sabine Schlau OHG geschafft, sich zumindest im Absatzgebiet NRW zu behaupten.

Auf einer Abteilungsleitersitzung stellt Herr Klausner, der Leiter der Absatzabteilung, die Umsatzentwicklung der letzten Monate dar: Sowohl im Bier- als auch im Softgetränkemarkt stagnieren die Absatzzahlen. An die Entwicklungsabteilung richtet er seine Forderung, endlich ein neues Produkt zu entwerfen, welches sich von den Produkten der Konkurrenz unterscheidet. Die Situation scheint ausweglos.

✍ Aufgaben

1. Vor welchem Problem steht die Sabine Schlau OHG?

2. Was versteht man unter dem Begriff „Marketing"?

3. Nennen Sie sämtliche Ansatzpunkte zur Verbesserung der Absatzsituation eines Unternehmens, die Ihnen einfallen.

4. Die konkrete Kombination der absatzpolitischen Instrumente wird als „Marketing-Mix" bezeichnet. Wovon kann die Ausgestaltung dieses Mixes abhängen? Zeigen Sie an einem selbst gewählten Beispiel Zusammenhänge zwischen den einzelnen Instrumenten auf.

5. Um die marketingpolitischen Instrumente zielgerichtet einsetzen zu können, muss das Unternehmen Informationen über den Absatzmarkt erlangen. Hierzu betreiben Unternehmen eine Marktforschung.

   a) Was versteht man unter Marktforschung?

   b) Abhängig davon, ob im Rahmen der Marktforschung eine Analyse bereits vorhandener Daten bzw. eine Untersuchung von Daten, die speziell für die Marktforschung erhoben wurden, durchgeführt wird, unterscheidet man zwischen Primär- und Sekundärforschung. Charakterisieren Sie die Unterschiede näher.

   c) Was versteht man im Rahmen der Marktforschung unter einer Marktanalyse und was unter einer Marktbeobachtung? Gehen Sie näher auf die Unterschiede ein.

d) Welches Problem kann sich bei der Ermittlung von Marktdaten ergeben und welche Lösung könnte gewählt werden?

e) Welche Methoden der Marktanalyse gibt es, d. h. auf welche Weise können Informationen über den Absatzmarkt ermittelt werden?

f) Welche Informationen können im Rahmen der Primärforschung zum Beispiel mithilfe der Befragung ermittelt werden. Nennen Sie Beispiele und bilden Sie sinnvolle Gruppen. Ziehen Sie hierzu die Informationen der Übersicht über das Konsumentenverhalten (Anlage 1) zurate.

✍ *Arbeitsaufträge*

1. Herr Klausner bittet Sie, eine Marktforschung über die Verhältnisse im Absatzmarkt für Softgetränke zu organisieren. Welche Marktforschungsarten stehen Ihnen zur Verfügung? Erläutern Sie Ihre Antwort und nennen Sie Vor- und Nachteile.

2. Herr Klausner gibt Ihnen die Möglichkeit, eine Primärforschung durchzuführen. Welche Informationen über den Absatzmarkt „Softgetränke" möchten Sie erheben und auf welche Weise soll die Erhebung durchgeführt werden? Welchen Sinn sollen diese Informationen in Bezug auf eine spätere Auswertung haben?

3. Zu Ihrer Unterstützung übergibt Ihnen Herr Klausner das Muster eines Fragebogens (Anlage 2), den er selbst einmal von einem Marktforschungsinstitut erhalten hatte. Lesen Sie sich diesen Bogen gut durch. Welche unterschiedlichen Fragen bezogen auf die angewandte Fragetechnik fallen Ihnen auf? Bilden Sie sinnvolle Gruppen.

4. Im Arbeitsauftrag 2 wurden von Ihnen die Ziele Ihrer Marktanalyse erarbeitet. Im Arbeitsauftrag 3 wurden die unterschiedlichen Fragearten erarbeitet. Entwerfen Sie nun selbst einen Fragebogen, mit dessen Hilfe Sie die festgelegten Untersuchungsziele erheben können. Tipp: Probieren Sie den Bogen nach der Fertigstellung einmal aus. Wurden Ihre Erwartungen erfüllt?

Arbeitsmaterial

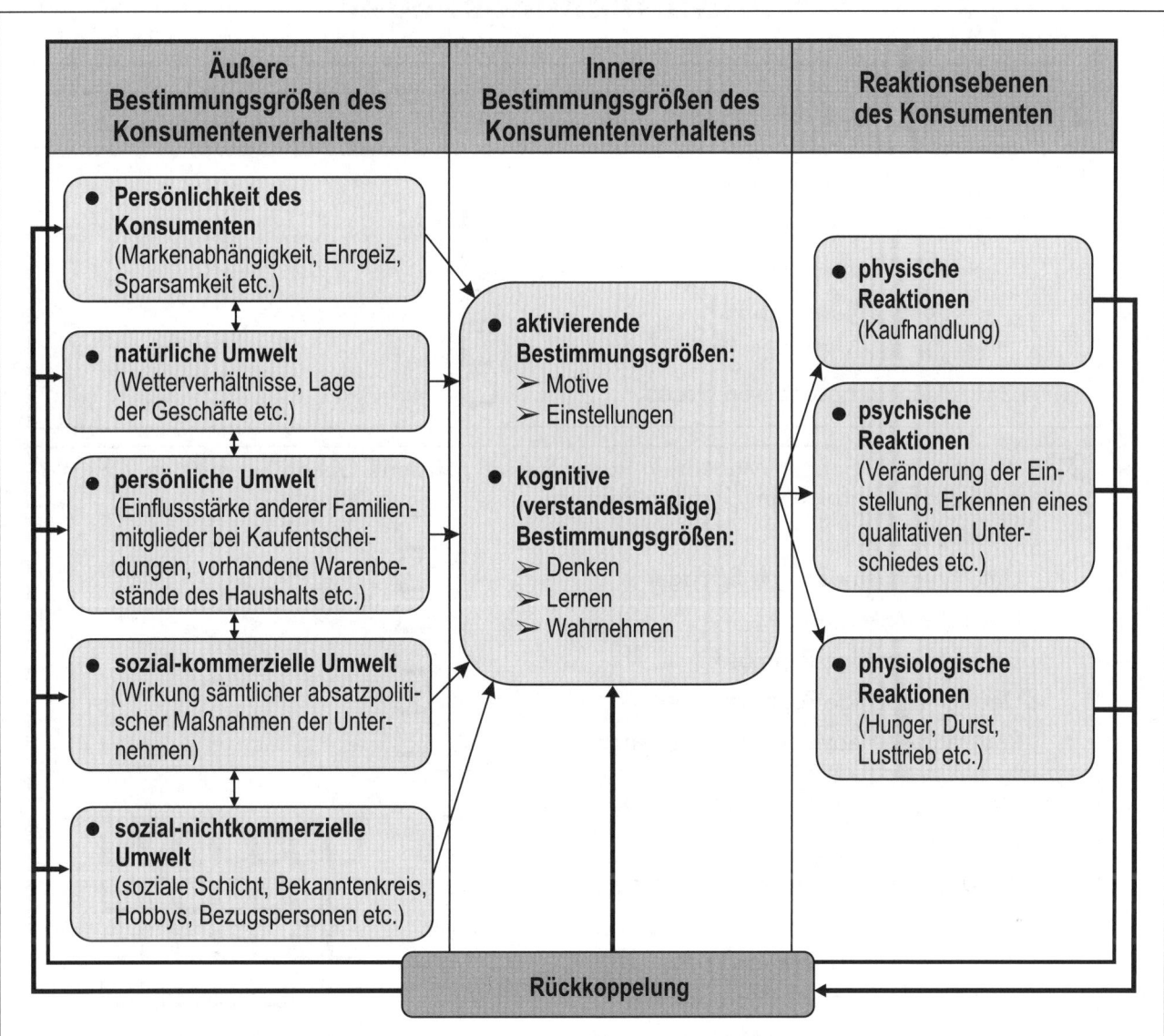

Anlage 1: Modell des Konsumentenverhaltens

Arbeitsmaterial

TeamWWO	**Marktforschungsbogen** Thema: Hörgewohnheiten	Feldforschung HH88-71

20 Hören Sie gerne Musik ? Falls ja, weiter mit Frage 21. Ja ☐ Nein ☐

21 Sie hören gerne Musik, weil...

... ich dabei entspannen kann. ☐

... ich dabei besser arbeiten kann. ☐

... ich dabei träumen kann. ☐

... ich „in" sein möchte. ☐

... aus keinem besonderen Grund. ☐

22 Welche der folgenden Musikarten hören Sie am liebsten? Geben Sie mit den Ziffern 1 bis 6 eine Rangfolge an. (1 = am liebsten)

Klassische Musik ☐

Unterhaltungsmusik und Schlager ☐

Deutsche Volksmusik ☐

Englischsprachige Popmusik ☐

Deutschsprachige Popmusik ☐

Rockmusik / Heavy Metal / Independent ☐

23 Beurteilen Sie nun die einzelnen Musikstile.   gefällt mir sehr gut ... gefällt mir überhaupt nicht

a) Klassische Musik ☐☐☐☐☐☐☐

b) Unterhaltungsmusik und Schlager ☐☐☐☐☐☐☐

c) Deutsche Volksmusik ☐☐☐☐☐☐☐

d) Englischsprachige Popmusik ☐☐☐☐☐☐☐

e) Deutschsprachige Popmusik ☐☐☐☐☐☐☐

f) Rockmusik / Heavy Metal / Independent ☐☐☐☐☐☐☐

24 Besitzen Sie einen CD-Player? Ja ☐ Nein ☐

25 Welche der folgenden Audiogeräte besitzen Sie ?

a) CD-Abspielgerät (Teil einer Musikanlage) Ja ☐ Nein ☐

b) CD-Abspielgerät (portabel) Ja ☐ Nein ☐

c) Radio / Tuner Ja ☐ Nein ☐

d) Cassettenabspielgerät Ja ☐ Nein ☐

e) DAT-Recorder Ja ☐ Nein ☐

f) MD-Abspielgerät Ja ☐ Nein ☐

26 Hören Sie gerne deutschsprachige Volksmusik?
Falls „nein" weiter mit Frage 36. Ja ☐ Nein ☐

41. Produkt- und Programmpolitik

Ausgangslage

Die SaSo Getränke, Sabine Schlau OHG steht vor dem Problem, dass ihre Produkte im Markt für Softgetränke immer geringeren Absatz finden. Um herauszufinden, welche Wünsche die Kunden in diesem Markt haben, wurde eigens eine Marktforschung durchgeführt.

Nachdem in einer Abteilungsleiterbesprechung Herr Klausner, der Leiter der Absatzabteilung noch einmal auf die Absatzprobleme hingewiesen hat, macht Frau Lange, eine Mitarbeiterin aus der Forschungsabteilung den Vorschlag, ein neuartiges Getränk zu kreieren. Dieser Vorschlag stößt bei den Anwesenden zunächst auf lautes Gelächter, denn keiner glaubt, dass das Unternehmen wirklich in der Lage ist, ein völlig neues Produkt zu erfinden. Sabine Schlau hingegen findet den Vorschlag gar nicht so schlecht, schließlich handele es sich bei einer Innovation nicht immer um eine revolutionierende Neuigkeit. Sie beauftragt ihre Abteilung, sich mit den Besonderheiten der Produktpolitik auseinander zu setzen.

✎ Aufgaben

1. Im Rahmen der Produktpolitik soll aktiv auf die abzusetzenden Leistungen Einfluss genommen werden. Welche Ansatzpunkte der produktpolitischen Einflussnahme fallen Ihnen ein? Nennen Sie zutreffende Beispiele aus dem Konsumgüterbereich.

2. Warum sind Unternehmen gezwungen, von Zeit zu Zeit neue Produkte in ihr Verkaufsprogramm aufzunehmen?

3. Bereits bei der Beschreibung des Produktlebenszyklusses wurde deutlich, dass Unternehmen im Rahmen der Produktpolitik den Aufbau ihres Programms variieren. Unter dem Produktprogramm wird dabei die Zusammensetzung des Absatzsortiments mit unterschiedlichen Produkten und Produktgruppen verstanden. Welche Maßnahmen der Programmgestaltung sind Ihrer Meinung nach möglich? Verwenden Sie zur Lösung die Anlage 1.

4. In Aufgabe 3 wurden die verschiedenen Möglichkeiten der Produktprogrammgestaltung erarbeitet. Im Rahmen der Produktdifferenzierung wurde gesagt, dass die Veränderung eines am Markt bereits eingeführten Produkts für unterschiedliche Abnehmergruppen angestrebt wird. Betrachten Sie die Anlage 5 (Überblick über die Entwicklung der amerikanischen Tabakindustrie) und nennen Sie dann grundsätzliche Möglichkeiten zur Produktveränderung. Bilden Sie sodann sinnvolle Gruppen.

5. Häufig versuchen Hersteller bei standardisierten Produkten des Massenbedarfs ihre Erzeugnisse durch Markenbildung von den Konkurrenzprodukten abzuheben. Welche Markenprodukte kennen Sie? Durch welche Maßnahmen können Unternehmen erreichen, dass ihre Produkte zu Markenartikeln werden? Lesen Sie in diesem Zusammenhang den Artikel (Anlage 6) und diskutieren Sie den Inhalt.

☝ Arbeitsaufträge

1. Im Rahmen der Marktforschung wurden zahlreiche Informationen über den Verwenderkreis von Softgetränken erhoben (siehe Anlagen 2 und 3). Welche Eigenschaften sollte das neue Produkt der Firma SaSo ihrer Meinung nach haben, um latente Bedürfnisse der Zielgruppe zu befriedigen?

2. Die Forschungsabteilung entwickelt auf der Grundlage der Markt-
forschungsergebnisse ein neuartiges Cola-Getränk: Die Vita-Cola.
Es handelt sich dabei um ein Cola-Getränk, das nicht so süß wie
die Produkte der Konkurrenz ist. Durch den Zusatz von Zitrone
schmeckt das Getränk „spritzig". Darüber hinaus unterstützen Vi-
taminzusätze die gesundheitsfördernde Wirkung des Getränks.

a) Das Produkt soll in das aktuelle Programm des Unternehmens
aufgenommen werden (siehe Anlage 7). Um welche produktpolitische Maßnahme handelt es sich dabei?

b) Durch regionale Werbebestrebungen (zunächst sind Zeitungs-
anzeigen und Radiospots geplant) soll der Name „Vita-Cola"
bekannt gemacht werden. Um welche Markenstrategie handelt
es sich? Welche Vorteile ergeben sich durch die Anwendung
dieser Strategie?

3. Angenommen, das neue Produkt der Firma wird vom Markt positiv aufgenommen und es durchläuft
den in Aufgabe 2 beschriebenen Produktlebenszyklus. Welche Marketingmaßnahmen setzen Sie in
den jeweiligen Phasen ein? Begründen Sie Ihre Antwort.

Arbeitsmaterial

Maßnahmen der Programmpolitik					
Bisheriges Produktprogramm	**Produkt-modifikation**	**Produkt-variation**	**Produkt-differenzierung**	**Diversi-fikation**	**Produkt-eliminierung**
A_1 B_1 A_2 B_2 A_3 B_3 A_4 A_5					
Anzahl Produktgruppen: Anzahl Produkte:	Anzahl Produktgruppen: Anzahl Produkte:	Anzahl Produktgruppen: Anzahl Produkte:	Anzahl Produktgruppen: Anzahl Produkte:	Anzahl Produktgruppen: Anzahl Produkte:	Anzahl Produktgruppen: Anzahl Produkte:

Anlage 1: Ansatzpunkte der Programmgestaltung

Ergebnisse der Fragebogenaktion

1. Welche Einstellung haben Sie bezüglich der Süße von Cola-Getränken?
2. Was ist Ihre Meinung: Werden Cola-Getränke auch von Sportlern getrunken?
3. Werden Cola-Getränke eher von jungen oder eher von alten Menschen getrunken?
4. Wie finden Sie den Preis der eingeführten Cola-Getränke?
5. Wie schätzen Sie die Wirkung des Genusses von Cola-Getränken ein?
6. Was halten Sie von den Verpackungen bzw. den Etiketten der eingeführten Cola-Produkte der Konkurrenz?
7. Was würden Sie von einer völlig neuen Cola halten, die anders ist als die übrigen eingeführten Marken?
8. Was bevorzugen Sie: eher die Glaspfandflasche oder eher die PET-Kunststoffflasche?
9. Achten Sie beim Kauf von Cola-Getränken eher auf die Marke oder eher auf den Preis?
10. Sollte Ihrer Meinung nach bei der Herstellung von Softgetränken auf Umwelt schonende Produktionsverfahren geachtet werden?
11. Sollten die Rohstoffe, die bei der Herstellung von Cola-Getränken verwendet werden, natürlich sein?
12. Worauf achten Sie beim Kauf von Cola-Getränken: Eher auf die Marke oder eher auf den Geschmack?

sind mir zu süß	finde ich gerade richtig
sind nichts für Sportler	werden häufig von Sportlern getrunken
eher von alten Menschen	eher von jungen Menschen
sind mir zu teuer	sind mir zu billig
ist völlig ungesund	ist gesund
sind langweilig	sind innovativ
würde ich bestimmt kaufen	würde ich nie kaufen
eher die Glasflasche	eher die PET-Flasche
eher auf die Marke	eher auf den Preis
Umwelt schonende Verfahren sind wichtig	Umwelt schonende Verfahren sind nicht wichtig
ist mir wichtig	ist mir nicht wichtig
eher auf die Marke	eher auf den Geschmack

Anlage 2: Ergebnisse der Marktforschung

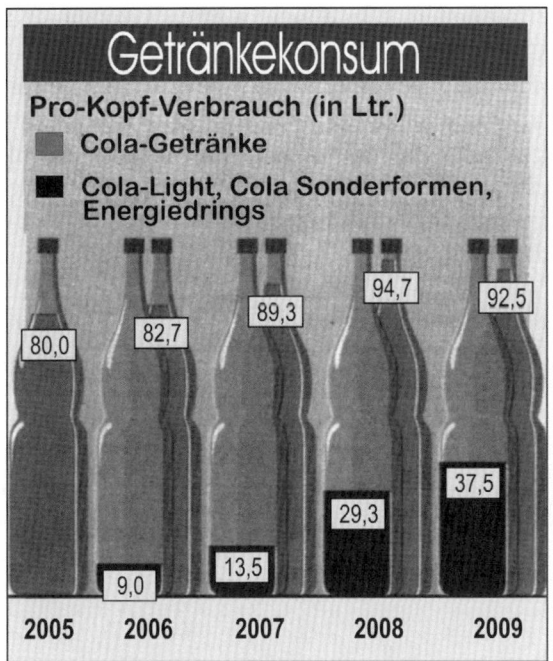

Anlage 3: Überblick über den Getränkekonsum

Anlage 4: Auszug aus der Wirtschaftswoche

Krups soll Edelmarke werden

Moulinex hat große Pläne mit deutscher Tochter - Ausschau nach Partnern

Paris/ Düsseldorf - Der Haushaltsgeräte-Hersteller Moulinex liebäugelt zurzeit mit einer Fusion oder Kooperation. Zwar ist der entsprechende Partner noch nicht gefunden, doch Moulinex-Chef Pierre Blayau ist sich sicher, dass die Zukunft seines Unternehmens nicht mehr im Alleingang liegt. Statt dessen strebt Blayau eine Allianz mit einem führenden Haushaltsgeräte-Hersteller an.

Moulinex hat – genau wie sein wichtigster Konkurrent SEB – durch die Rußlandkrise schwere Verluste erlitten. Deshalb sollen nun die industriellen Kapazitäten in den westeuropäischen Moulinex-Produktionsstätten um zwölf Prozent eingeschränkt und der Personalbestand global um 850 Mitarbeiter abgebaut werden.

Vor diesem Hintergrund schließt Blayau sogar eine „Annäherung" an den Konkurrenten SEB nicht mehr aus. Bislang sträuben sich aber die Konzern-Direktoren noch gegen einen solchen Schritt. Sollte sich für Moulinex kein europäischer Partner finden, sei der Konzern, so kündigte es Blayau an, auch bereit, sich in den Vereinigten Staaten oder in Südostasien nach Allianzen umzusehen.

Unabhängig von möglichen Zusammenschlüssen und Aquisitionen soll Moulinex aber auch aus eigener Kraft wachsen. Ziel Blayaus ist es, die Tochtergesellschaft Robert Krups GmbH & Co. KG zur Edelmarke innerhalb des Konzerns auszubauen und neue Geschäftsfelder zu erobern. Nach Angaben des Konzernchefs schreibt Krups bereits schwarze Zahlen und dürfte im aktuellen Geschäftsjahr (zum 31. März) den Umsatz um rund zwei Prozent auf 112 Mio. Euro steigern. Auch die Schwesterfirma Moulinex GmbH habe mittlerweile ein ausgeglichenes Ergebnis erreicht. Die Tochtergesellschaft soll künftig das untere Preissegment mit jungem Design abdecken.

Die Krups GmbH wird zukünftig nach Blayaus Worten den Umsatz weiter ausbauen. Angestrebt werde ein Zuwachs von zehn Prozent. Die Tochtergesellschaft, die rund ein Viertel des Konzernumsatzes erwirtschaftet, soll künftig auch auf dem wachsenden Markt der Gesundheitspflege aktiv werden. Geplant sind nach Angaben Blayaus Zahnpflegemittel sowie Produkte für die Wasser- und Luftreinigung in privaten Haushalten. Diese sollen künftig zehn Prozent der Erlöse im Konzern ausmachen.

Quelle: Die WELT

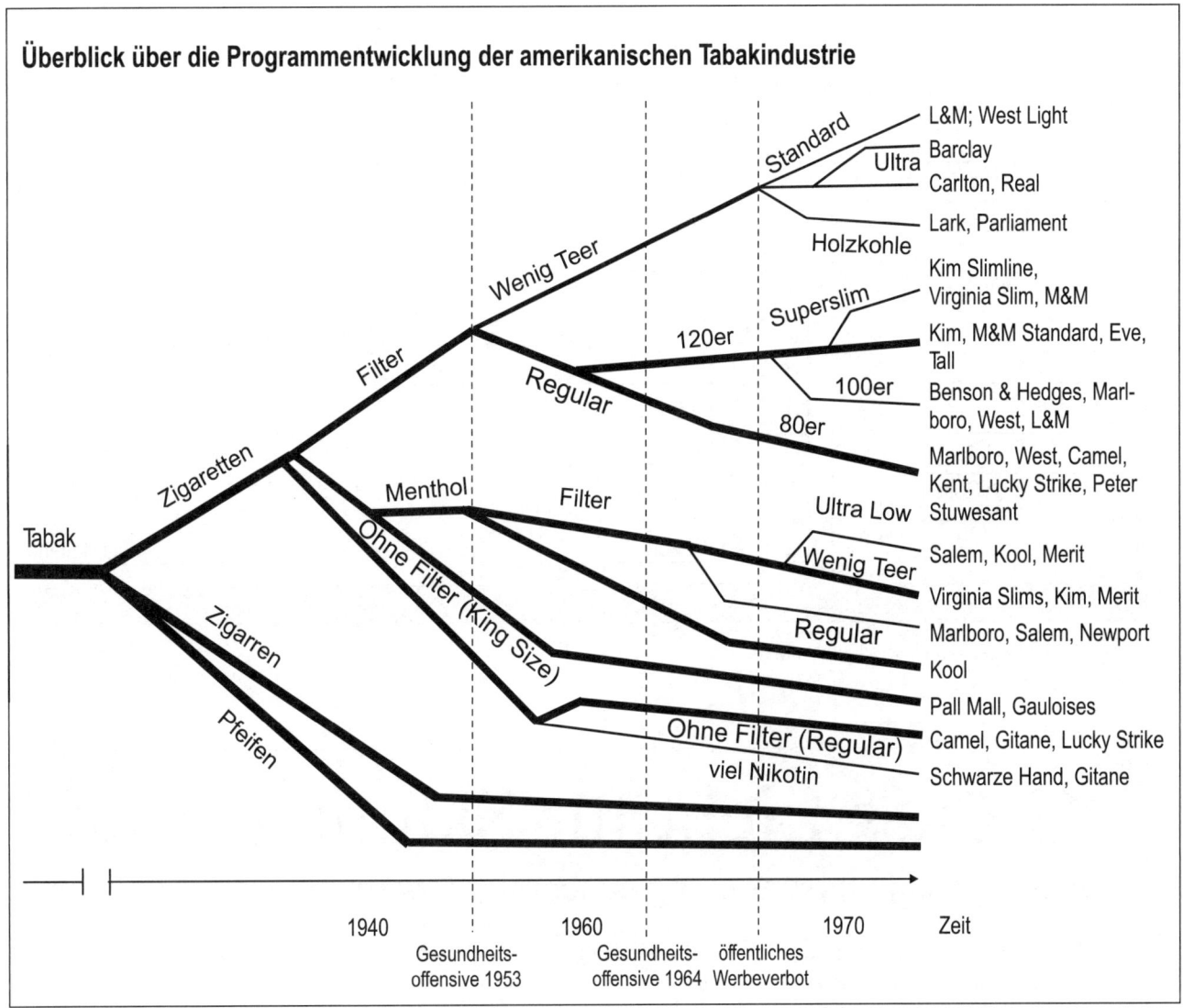

Überblick über die Programmentwicklung der amerikanischen Tabakindustrie

Anlage 5: Entwicklung des amerikanischen Zigarettenmarktes

Markierung gibt Produkten einen Namen

Der Name eines Produktes bzw. der Name eines Unternehmens hat in vielen Fällen eine wichtige Symbolfunktion. Durch die Markenbildung bei vielen Konsumprodukten ergeben sich besonders für den Verbraucher verschiedenste Vorteile. So bietet sie eine gewisse Leitfunktion und Orientierungshilfe. Bei der Fülle des Angebots und der immer größeren Zahl funktionell homogener Produkte fühlt sich der Verbraucher überfordert, selbst ein sachgerechtes Urteil hinsichtlich des für ihn geeigneten Produktes zu fällen. Der Markenartikel mit der vermeintlichen Qualitätsgarantie hilft ihm, die richtige Auswahl zu treffen ...

Anlage 6: Auszug aus einer Fachzeitschrift

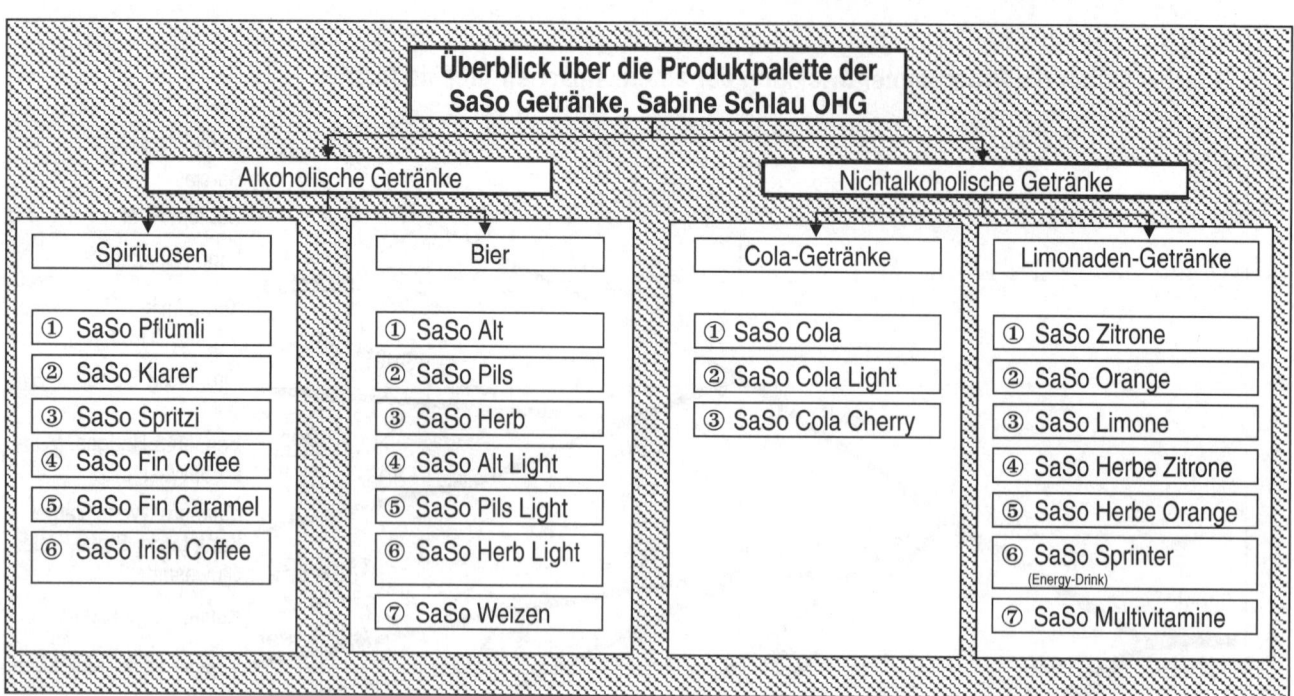

Anlage 7: Überblick über die Produktpalette

Grünes Licht für Salomon-Kauf
Adidas-Hauptversammlung genehmigt Übernahme - Neuer Name

DW Nürnberg – Der Sportartikelkonzern Adidas, Herzogenaurach, will die Kosten der Übernahme der französischen Salomon-Gruppe, Annecy, ausschließlich durch die Aufnahme von Fremdkapital finanzieren. „Wir wissen sehr wohl, dass dieses unseren Verschuldungsgrad erhöht", sagte der Vorstandsvorsitzende Robert Louis-Dreyfus gestern auf der Hauptversammlung in Nürnberg. Aber in Anbetracht der starken Bilanzen von Adidas und Salomon liege dieser Verschuldungsgrad auch nach der Übernahme innerhalb vernünftiger Grenzen. Der Sportartikelhersteller will sich künftig Adidas-Salomon AG nennen.

Bereits im September hatte Adidas die Übernahme angekündigt Der Kaufpreis beträgt nach Unternehmensangaben etwa acht Mrd. französische Franc (1,25 Mrd. Euro). Mit der Übernahme will Adidas „das beste Sportartikelunternehmen der Welt werden", sagte Louis-Dreyfus. Der Kauf von Salomon biete eine einzigartige Gelegenheit, die Reichweite von Adidas weiter auszubauen.

Die Aktionäre gaben grünes Licht für die Übernahme. „Das ist eine standesgemäße Vermählung", sagte ein Aktionärssprecher. Der Kaufpreis sei „hoch, aber nicht zu hoch", hieß es. Zugestimmt wurde außerdem der Namensänderung der Adidas AG in Adidas-Salomon AG. „Dies bedeutet keineswegs, dass einer der beiden Partner seine Identität oder seinen Markennamen ver-

liert", sagte Louis-Dreyfus. „Der Erwerb von Salomon ist keinesfalls eine feindliche Übernahme", sagte der Vorstandsvorsitzende, dessen Vertrag um weitere fünf Jahre verlängert wurde. Sowohl das Management als auch die Mitarbeiter von Salomon stünden hinter der neuen Partnerschaft. Nicht nur die beiden Unternehmen würden von dieser Partnerschaft profitieren, sondern auch die Adidas-Aktionäre. „Wir sind überzeugt, dass sich die Rendite für die Aktionäre durch die Aufnahme zusätzlichen Fremdkapitals letztlich verbessern wird", sagte der Vorstandsvorsitzende.

Der Sportartikelkonzern Adidas steuert derzeit mit hohen zweistelligen Zuwachsraten auf neue Rekorde bei Umsatz und Gewinn zu.

Anlage 8: Zeitungsausschnitt (Quelle: Die Welt)

Produktprogrammpolitik des Mischkonzerns Daimler AG

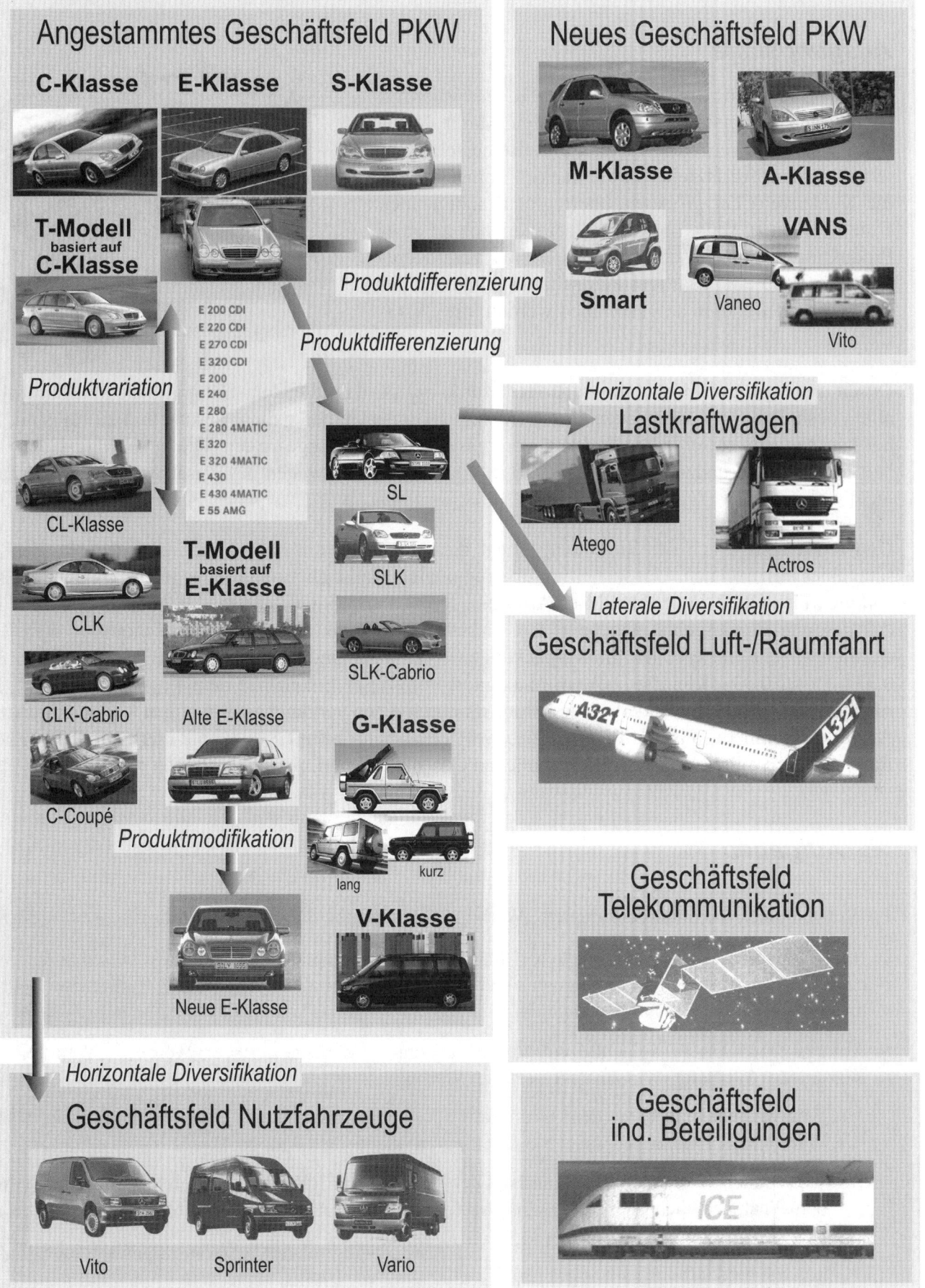

Angestammtes Geschäftsfeld PKW

C-Klasse E-Klasse S-Klasse

T-Modell
basiert auf
C-Klasse

Produktdifferenzierung

Produktdifferenzierung

E 200 CDI
E 220 CDI
E 270 CDI
E 320 CDI
E 200
E 240
E 280
E 280 4MATIC
E 320
E 320 4MATIC
E 430
E 430 4MATIC
E 55 AMG

Produktvariation

CL-Klasse

CLK

CLK-Cabrio

C-Coupé

Produktmodifikation

Neue E-Klasse

T-Modell
basiert auf
E-Klasse

Alte E-Klasse

SL

SLK

SLK-Cabrio

G-Klasse

lang kurz

V-Klasse

Neues Geschäftsfeld PKW

M-Klasse A-Klasse

VANS

Smart Vaneo

Vito

Horizontale Diversifikation
Lastkraftwagen

Atego

Actros

Laterale Diversifikation
Geschäftsfeld Luft-/Raumfahrt

**Geschäftsfeld
Telekommunikation**

**Geschäftsfeld
ind. Beteiligungen**

Horizontale Diversifikation
Geschäftsfeld Nutzfahrzeuge

Vito Sprinter Vario

42. Kommunikationspolitik

Ausgangslage

Die SaSo Getränke, Sabine Schlau OHG ist bisher mit Bieren und Softgetränken im regionalen Markt Nordrhein-Westfalen vertreten. Da das mittelständische Unternehmen im Absatzfeld „Softgetränke" immer stärker die Konkurrenz der größeren, überregional anbietenden Unternehmen zu spüren bekommt, hat man sich zu einer Produktinnovation entschlossen. Zusätzlich zum Kernprogramm soll ein neuartiges Erfrischungsgetränk in das Produktionsprogramm aufgenommen werden: die **„Vita-Cola"**.

Durch umfangreiche Marktuntersuchungen wurde belegt, dass die Cola-Getränke der Konkurrenz vor allem deshalb beim Kunden abgelehnt werden, weil diese Getränke nicht gesund und zu süß sind. Daher hat man sich entschlossen, etwas gegen dieses schlechte Image zu tun. Die neue **„Vita-Cola"** enthält neben den Grundzutaten lebenswichtige Vitamine und ist wegen des Zusatzes von Zitronensäure nicht mehr so süß.

Und tatsächlich: Nach der Einführung stiegt der Absatz enorm. Nun wird daran gedacht, das Absatzgebiet auszudehnen. Um schnell im überregionalen Markt für Erfrischungsgetränke Fuß zu fassen, soll die **„Vita-Cola"** in verschiedenen Abfüllungsgrößen angeboten werden. Als Absatzgebiet wird nun das gesamte Bundesgebiet angepeilt. Um sich von den Konkurrenzprodukten schon vor dem Kauf deutlich abzuheben, erhalten die Verpackungen (0,75 l - Pfandflasche, 1 l - PET-Kunststoffflasche, 0,33 l Dose, 0,33 l Kleinflasche) ein markantes, auffälliges Etikett mit dem Logo **„Vita-Cola"**. Darüber hinaus soll die Besonderheit des Produkts durch einen vergleichsweise hohen Verkaufspreis zum Ausdruck kommen; so ist der Preis für die 0,75 l - Pfandflasche mit 1,00 € kalkuliert. Die 0,33 l Kleinflasche soll zum Preis von 1,50 € in gehobenen Gaststätten und Lokalen vertrieben werden.

✍ *Aufgaben*

1. Was verstehen Sie unter dem Begriff „Werbung"? Erarbeiten Sie eine Definition.

2. Im Rahmen der Werbung unterscheidet man zwischen folgenden Begriffen: Werbetreibender, Werbeobjekt, Werbesubjekt, Werbeträger, Werbemittel, Werbebotschaft. Erläutern Sie diese Begriffe und stellen Sie die Zusammenhänge dar.

3. Absatzwerbung sollte folgende Grundsätze beachten: Wirksamkeit der Werbung, Wahrheit und Klarheit der Werbung, Wirtschaftlichkeit der Werbung.

   3.1 Was versteht man unter dem Grundsatz der Werbewirksamkeit? Nennen Sie Gründe, warum Werbemaßnahmen unwirksam bleiben können (siehe auch Anlage 4).

   3.2 Was versteht man unter dem Grundsatz der Wahrheit und Klarheit? Nennen Sie Beispiele für Werbemaßnahmen, die gegen diesen Grundsatz verstoßen. Lesen Sie hierzu auch die Anlagen 1 bis 3.

   3.3 Legen Sie fest, in welchem Fall man von einer wirtschaftlichen Werbung sprechen kann. Ziehen Sie hierzu die Angaben der Anlagen 4, 5 und 6 zu Rate.

4. Abhängig vom Produktlebenszyklus haben Werbemaßnahmen unterschiedliche Ziele. Welche Ziele sind dies? Nennen Sie aktuelle Beispiele.

5. Neben der Werbung stehen Unternehmen folgende weitere kommunikationspolitische Instrumente zur Verfügung: Sales Promotion (Verkaufsförderung) und Public Relations (Öffentlichkeitsarbeit). Erläutern Sie die Begriffe und geben Sie zutreffende Beispiele.

✍ *Arbeitsaufträge*

1. Sie sind Mitarbeiter/in in der Marketingabteilung. Ausgehend von den oben genannten Informationen sollen Sie eine strategische Werbeplanung ausarbeiten. Dabei sollen das Werbeziel, die Zielgruppe sowie die Werbemittel und die Werbeträger bestimmt werden.

   a) Welche Ziele verfolgen die zu planenden Werbemaßnahmen für das Produkt **„Vita-Cola"**?

   b) Sammeln Sie ganz allgemein Vorschläge für mögliche Zielgruppen. Welche Zielgruppe soll in dem konkreten Fall angesprochen werden? Begründen Sie ihre Antworten.

   c) Welche Werbemittel und Werbeträger setzen Sie für die Werbemaßnahmen ein? Begründen Sie ihre Antworten.

2. Im Anhang finden Sie einen Überblick über die Kosten ausgewählter überregional einsetzbarer Medien. Ihre Aufgabe ist es nun, einen Mediaplan zu erstellen, um das Produkt **„Vita-Cola"** im geplanten Absatzgebiet bekannt zu machen. Das zur Verfügung stehende Werbebudget soll zunächst 4 Mio. € betragen. Beschränken Sie sich auf maximal 5 Medien und begründen Sie Ihre Entscheidungen bezüglich der Medien und der Einsatzzeitpunkte.

3. Wie beurteilen Sie ihre eigene Werbekampagne bezogen auf die Kriterien der Werbewirksamkeit (siehe hierzu auch Anlage 7)?

4. Der Hersteller von Schokoladenprodukten hat im zurückliegenden Kalenderjahr 81.405.000 Stück eines Müsliriegels zum Nettoverkaufswert von 0,40 € pro Stück verkaufen können. Für die Mediawerbung hat er innerhalb dieses Zeitraumes 151.956,00 € monatlich aufgewandt. Nachdem das Müsliriegelprogramm in Art und Umfang überarbeitet wurde sollte mit Beginn des neuen Geschäftsjahres der Absatz der Müsliriegel gesteigert werden. Hierzu steigerte man die Ausgaben für Mediawerbung im Vergleich zum Vorjahr um 35 %. Hierdurch konnte unter anderem eine speziell auf die Produktgruppe zugeschnittene Werbekampagne finanziert werden. In den ersten drei Monaten des neuen Geschäftsjahres stieg der Umsatz durchschnittlich auf 3.391.875,00 pro € Monat. Die Geschäftsleitung stellt sich nun die Frage, ob sich die Erhöhung des Werbebudget gelohnt hat.

   a) Berechnen Sie den monatlichen Umsatz des Müsliriegelprogramms vor der Werbemaßnahme.

   b) Welche Maßnahmen könnten zur Überarbeitung des Müsliriegelprogramms in Art und Umfang konkret angewandt worden sein?

   c) Definieren Sie mit eigenen Worten, in welchem Fall sich eine Werbekampagne „gelohnt" hat.

   d) Berechnen Sie die Steigerung des Umsatzes und des Werbeaufwandes in Euro und Prozent.

   e) Berechnen Sie die Werbewirtschaftlichkeit im alten und im neuen Geschäftsjahr sowie die Werberendite.

   f) Nennen Sie drei Gründe, die zu der Umsatzänderung geführt haben könnten und die nicht direkt vom Unternehmen beeinflussbar sind.

   g) Hat sich die Erhöhung des Werbebudgets Ihrer Meinung nach gelohnt?

Die Bürger in Haßloch sind die Versuchskaninchen der Nation. Hier wird über die Zukunft neuer Decroller, Mineralwasser und Schokoriegel entschieden

Wo Deutschland am durchschnittlichsten ist

Wäre da nicht der Holiday Park mit Europas größter Achterbahn, dieser Ort würde vollends in die Bedeutungslosigkeit rutschen. Fast stolz berichten die die Einwohner dann noch, dass Haßloch das größte Dorf in Rheinland-Pfalz ist. Rund 20.000 Einwohner zeigt das Melderegister auf. In einer

Erste Abfahrt Haßloch: Wer hier scheitert, hat auch in Restdeutschland keine Chance

Befragung hätten sie sich bereits vor Jahren standhaft gewehrt, Stadt zu werden. Sonst ist eigentlich alles in diesem Dorf durchschnittlich; eine kleine Bahnstation, zweigeschossige Häuser, schmucklose Straßen. So durchschnittlich, dass Haßloch zum Eldorado für die Marktforschung geworden ist. Denn dieses Dorf in der Pfalz ist ein Spiegelbild deutscher Verhältnisse. In einer Markenhersteller von Apollinaris bis Wrigley's zollen den Einwohnern ihren Respekt. Direkt aus ihren Forschungsabteilungen legen sie Produkte in die Regale der Supermärkte, die der Rest der Republik noch nicht zu Gesicht bekommen hat. Die Haßlocher dürfen dann Daumen heben oder senken - und über die Zukunft neuer Decroller und Schokoriegel entscheiden. Bettina Finco weiß, dass sie auserwählt wurde, weil sie den Durchschnitt repräsentiert. Die 35-jährige Rheinland-Pfälzerin lacht: "Ich habe kein Problem damit, Otto Normalverbraucherin zu sein." Eigentlich mach sie sich darüber keine Gedanken mehr. Wie selbstverständlich greift sie vor jedem Einkauf in die Schublade, nimmt eine weiße Plastikkarte heraus, auf der ein schwarzer Strichcode gedruckt ist und steckt sie zusammen mit ihrem Portemonnaie in die

Tasche. Sobald sie in ihrem Real-Supermarkt an die Kasse tritt, legt sie ihre Karte auf das Förderband und lässt sie von der Kassiererin über den Scanner ziehen. Der Computer registriert jedes einzelne Produkt, das Bettina Finco gekauft hat - zur Freude der Marktforscher.

Das Nürnberger Marktforschungsunternehmen GfK (Gesellschaft für Konsumforschung) hat hier im Süden Deutschlands den wohl umfassendsten Testmarkt für den Lebensmitteleinzelhandel aufgebaut. Fast jeder dritte der knapp 10.000 Haushalte in Haßloch ist zum "gläsernen Konsumenten" geworden. Bettina Finco mit ihrem Mann und ihren zwei Kindern ist einer von ihnen.

"Wir können den Herstellern verlässliche Daten über die Erfolgsaussichten ihrer neuen Produkte geben", sagt die GfK-Marktforscherin Heike Langguth. Tatsächlich lässt sich in Haßloch unter realen Bedingungen testen, wie sie sonst nirgendwo vorhanden sind. Festgehalten werden nicht Kaufabsichten wie bei üblichen Umfragen, sondern wirkliche Verkäufe mithilfe der an die teilnehmenden Haushalte verteilten GfK-Karten.

Fast alle Supermärkte im Dorf registrieren die Einkäufe. Rund 90 Prozent des Umsatzes im Lebensmitteleinzelhandel werden erfasst - nur der Aldi-Markt spielt nicht mit.

Doch dieser riesige Feldversuch in der Gemeinde zwischen Rhein und Weinstraße kann noch mehr: Durch einen eigens in den Haushalten installierten Decoder empfangen die Testhaushalte Werbespots, die sonst nirgendwo gezeigt werden. Die Werbewirkungsforschung leckt sich die Finger nach diesen Möglichkeiten. Ob ein TV-Spot auch wirklich einen Kaufreiz ausübt, kann

nur auf diese Weise zuverlässig festgestellt werden. "Wir können gezielt Werbefilme in die Unterbrecherwerbung der großen TV-Kanäle streuen", so Marktforscherin Langguth. Selbst die TV-Zeitschrift "Hörzu", die Tageszeitung "Rheinpfalz" und einige Anzeigenblätter sehen in Haßloch anders aus, die Markenhersteller lassen hier nach Belieben ihre Produkte bewerben und überprüfen so, ob die Ergebnisse die Werbebudgets rechtfertigen.

"Von alledem merken wir nichts", sagt Bettina Finco. Obwohl sie von den eigens produzierten TV-Spots weiß. Auch die Testwaren in den Supermarktregalen ist nicht zu erkennen. Da höchstens 23 Produkte zugleich getestet werden, gehen sie im Sortiment von 40.000 Marken unter.

Tatsächlich ist die Marktforschung in Haßloch zum Alltag geworden. Nur die Aufkleber an den Supermarktkassen mit der Aufforderung, die GfK-Karten zu zeigen, erinnern daran.

Das Dorf ist seit 1985 das Versuchskaninchen Deutschlands. Nicht zuletzt weil hier die ersten TV-Kabel der Republik verlegt wurden. "Meine Eltern gehören zur ersten Versuchsgeneration", berichtet Bettina Finco. Als sie dann ihren eigenen Haushalt gründete, war die weitere Testteilnahme für sie selbstverständlich. Im Bekanntenkreis werde darüber eigentlich nie geredet.

Der Anreiz zur Teilnahme am Test wird bewusst gering gehalten. Die "Hörzu" kommt kostenfrei ins Haus, ein Teil der Fernsehgebühren wird ersetzt. manchmal gibt es Verlosungen mit kleineren Geld- und Sachpreisen.

"Haßloch ist für die Markenhersteller eine Generalprobe", sagt Marktforscherin Langguth. Unternehmen wie Coca-Cola, Langnese oder Bayer wissen das zu schätzen. Fast 300 neue Produkte sind in diesem Dorf bereits getestet worden.

Bis zu 300.000 Euro lassen sich die Hersteller diese bis zu einem Jahr andauernden Tests kosten. Haßloch kann Schlimmeres verhindern. Jährlich erlebt der Lebensmitteleinzelhandel 1.000 bis 1.500 Premieren. Doch nur jedes fünfte Produkt hat auch Erfolg. Flop-Rate 80 Prozent.

Besonders erpicht sind die Hersteller auf die festgestellten Wiederverkaufsraten.

Erst wenn die Neugier mit dem Erstkauf eines Waschmittels verstrichen ist, zeigt sich, ob der Kund erneut zugreift. Solange halten die Markenstrategen den Atem an. Die GfK beobachtet zugleich auch die gesamte Produktlinie. Denn neue Produkte sind immer auch Kannibalen in Regalen der Supermärkte. Wer ein neues Rasierwasser kauft, verzichtet auf sein altes.

"Wir haben hier wirklich die Gelegenheit, unsere Neuentwicklungen in vivo zu testen", sagt Hans-Wilhelm Schrott, Chef-Marktforscher von Henkel. Doch auch er weiß, dass Haßloch zugleich ein gefährliches Pflaster ist. Wer wissen will, was die Konkurrenz plant, wirft einfach regelmäßig einen Blick in die Supermärkte.

Somit hat das Dorf einen weiteren Rekord zu vermelden.

Schrott: "Kein anderer Ort in Deutschland wird von Außendienstmitarbeitern so häufig besucht wie Haßloch."

Sonderangebote

Irreführende Werbung

Ein Händler, der Sonderangebote für eine befristete Zeit anbietet, muss dafür sorgen, dass er genügend Ware auf Lager hat. Gehen ihm vor Ablauf dieser Zeit die Sonderposten aus, macht er sich wegen irreführender Werbung schuldig (Oberlandesgericht Nürnberg, Aktenzeichen 3 U 200/95).

Die Strafen können empfindlich sein. So droht nicht nur eine Unterlassungsklage, sondern auch ein Ordnungsgeld bis zu einer halben Million Mark. Im entschiedenen Fall hatte ein Händler Kameras offeriert. Die Aktion sollte zwei Wochen laufen. Doch die Ware ging ihm vier Tage vor Fristablauf aus. Sein Pech: Der Testkäufer der Konkurrenz kam in dieser Zeit in den Laden und fand keinen der günstigen Fotoapparate mehr vor.

Anlage 1: Wirtschaftswoche

Handel befürchtet neuen Preiskampf

Köln - Der Hauptverband des Deutschen Einzelhandels (HDE) befürchtet, dass sich der Preiskampf in den Geschäften langfristig durch die Einführung vergleichender Werbung verschärfen wird. Eine entsprechende EU-Richtlinie, die eine direkte Gegenüberstellung von Angeboten verschiedener Händler erlaubt, stehe kurz vor ihrer Verabschiedung, erklärte der HDE. Innerhalb von 30 Monaten müsse die Richtlinie in nationales Recht umgesetzt werden. „Wegen der dann möglichen konkreten Preisvergleiche mit der Konkurrenz befürchten wir eine weitere Verschärfung des Preiskampfes", erklärte HDE-Geschäftsführer Armin Busacker.

Anlage 2: Die WELT

SPOT
Super-Gau der Werbung

So muss er aussehen, der Supergau der Werbeschaffenden: Die Kampagne stirbt, bevor sie richtig angelaufen ist. Nicht etwa, dass sie schlecht gewesen wäre. Nur: Das Produkt war zu gut. Es verkaufte sich einfach von selbst. Wer braucht da noch Reklame?

Der Selbstläufer ist ein Selbstfahrer: Es geht um den SLK, den zweisitzigen Roadster der Daimler AG. 1997 rollte der erste Wagen der Serienfertigung vom Band, doch wer ihn sofort bestellte, der erhielt ihn erst im nächsten Jahr. Leidtragender war nicht nur der Mercedes-Fan, sondern auch die Agentur Springer & Jacoby. Die Hamburger trieben den Mercedes-Imagewandel mit frechen Spots und Anzeigen voran. Ausgerechnet beim ersten Produkthöhepunkt auf dem Weg vom Nobelhersteller zum guten Stern für Jedermann wurden ab Sonnabend alle Kampagnen gestoppt: Sie hätten den Markt nur weiter angeheizt.

Das alles ist kein Problem der Werbung, sondern der Produktstrategie. Schlicht gesagt: Mercedes hatte die Attraktivität des eigenen Angebots unterschätzt.

Die Idee, zunächst eine Anzeige zu schalten, mit der man erkläre, man bräuche keine Anzeige mehr, wurde intern verworfen.

Anlage 4: Die WELT

Wenn Werbung geschmacklos wird
Der Deutsche Werberat rügte im vergangenen Jahr seltener - Selbstkontrolle der Werbenden

Bonn - Reklame darf sich nicht alles leisten. Der Deutsche Werberat hat gestern zwei Firmen eine öffentliche Rüge erteilt, weil sie „in provokanter Weise die Würde der Frauen verletzen, um auf ihre Produkte aufmerksam zu machen." Die eine ging an den belgischen Spirituosenhersteller Kremlyovskaya, der in Deutschland Wodka vertreibt. Er zeigt in seiner Anzeige neben der Flasche eine farbige Frau, die in einem Netz gefangen ist. Text: „Hätten Sie nicht Lust, sie gleich zu öffnen?" Die zweite Rüge kassierte der Benedigt Taschen Verlag, Köln, der mit dem Bild einer Frau in verfänglicher Pose wirbt. „Unglaublich dämlich und geschmacklos", urteilte der Werberats-Vorsitzende Jürgen Schrader gestern in Bonn.

Der Deutsche Werberat ist eine Selbstkontroll-Einrichtung der Werbewirtschaft. Ihm gehören Vertreter der Wirtschaft, Medien und Werbeagenturen an. Er ist Ansprechpartner für jeden Bürger, der sich über eine Werbemaßnahme ärgert. Sein Aktionsfeld ist die Grauzone: Reklame, die den Betrachter zwar verletzt oder empört, die aber dennoch nicht verboten ist,

weil das Gesetz gegen den unlauteren Wettbewerb nicht übertreten wurde. Bei berechtigten Beanstandungen wendet sich der Werberat an die jeweilige Firma. In der überwiegenden Zahl der Fälle werden die Aktionen eingestellt, berichtete Schrader. Wenn keine Reaktion kommt, gibt es eine öffentliche Rüge.

Im vergangenen Jahr sind dem Werberat 312 Eingaben aus der Bevölkerung zugegangen. Angesichts der Menge an Werbung, die täglich in den Massenmedien geschaltet werden, sei diese Zahl „bemerkenswert niedrig", meint der Vorsitzende. Von der Kritik waren insgesamt 215 Werbemaßnahmen betroffen (Vorjahr: 217).

Zu entscheiden hatte das Gremium aber nur über 160 Maßnahmen; der Rest wurde wegen vermuteter Gesetzesverstöße an andere Instanzen überwiesen. Freigesprochen wurden 112 Motive. In 48 Fällen gab der Werberat den Beschwerdeführern recht. Mit einer Ausnahme waren die Firmen bereit, die Werbung zu ändern.

Die einzige Rüge dieses Jahres ging an eine nicht mehr existierende Einzelhandelsfirma in Esslingen. Die Anzeige zeigt weibliche Brüste, von Männerhänden umklammert. Text: „Er hat seinen Spaß, wir haben Ihre Bluse."

Diskriminierung von Frauen stand laut Jahresbericht der Werbe-Schiedsstelle 1995 wiederum im Mittelpunkt der Beschwerden. Rund die Hälfte aller Eingaben (165) betrafen dieses Thema. Trotzdem seien Entgleisungen eher die Ausnahme, so Schrader. Sie kämen überwiegend in der Werbung kleinerer Firmen vor, „wo der Chef die Werbung selbst macht und die Wirkung nicht abschätzen kann."

Bei den Beschwerdeführern verstärke sich indes der Trend zu Extrempositionen. Rund 75 Prozent aller Beanstandungen wegen Diskriminierung der Frau sei 1995 als unbegründet abgelehnt worden. Darunter war die Kritik eines Oberstadtdirektors an einem Plakat für Damenunterwäsche. Es erhöhe die „latent vorhandene Gewaltbereitschaft von Männern gegen Frauen."

Anlage 3: Die WELT

Die größten Werbe-Etats

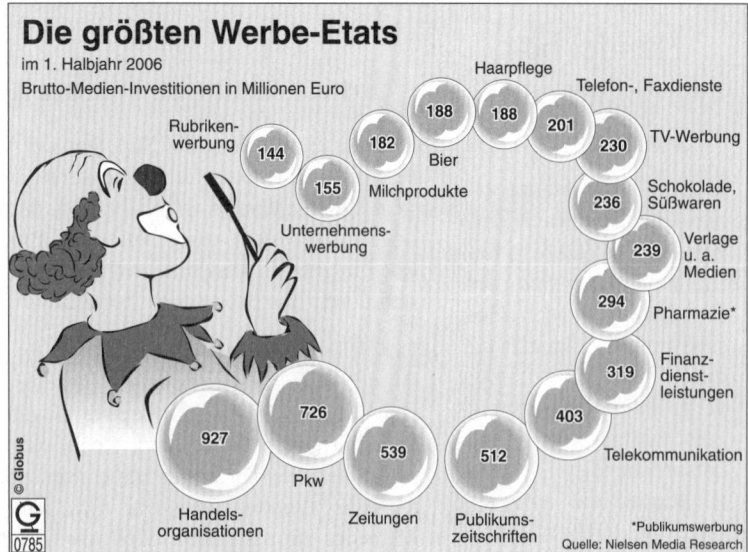

im 1. Halbjahr 2006
Brutto-Medien-Investitionen in Millionen Euro

*Publikumswerbung
Quelle: Nielsen Media Research

Die größten Werbe-Etats

In den ersten sechs Monaten des Jahres 2006 konnten die Bruttowerbe-Investitionen in Deutschland um mehr als 513 Millionen Euro auf insgesamt 9,7 Milliarden Euro zulegen, gegenüber dem Vorjahreszeitraum ein Plus von 5,6 Prozent. Der Werbemarkt konnte dabei entscheidend von der Fußball-WM profitieren. Bei den klassischen Medien betrug der Anteil der WM-orientierten Werbung 5,7 Prozent. Das Großereignis hat vor allem die Werbung in der Telekommunikationsbranche stark beflügelt; mit einer Steigerung um 36 Prozent weitete die Branche die Werbeinvestitionen am stärksten aus. Allein die drei großen Telekomunternehmen steigerten ihre Etats um knapp 40 Millionen Euro. Auch unabhängig von der Fußball-WM zeigt sich das Werbeklima deutlich verbessert; die Branche erwartet auch im zweiten Halbjahr 2006 eine Fortsetzung der positiven Entwicklung.

Anlage 5: Globus

Pro und Contra Werbung

Werbung lügt!
Werbung, die lügt, verschwindet schnell. Konkurrenten werden Abmahnungen veranlassen, Verbraucherverbände protestieren und der Zentralverband der Werbewirtschaft wird sich einschalten. Viel schlimmer ist jedoch der Druck der getäuschten Verbraucher: Sie erkennen sich als Belogene und wenden sich für immer vom umworbenen Produkt ab.

Werbung beschönigt und verschweigt die Nachteile des Produkts!
Das trifft sicher zu, jedoch nicht nur für die Werbung. Jeder Mensch bedient sich dieser Taktik, um für sich zu werben.

Werbung verteuert die Produkte!
Auch dieses Argument trifft auf den ersten Blick zu (je nach Produkt betragen die Werbekosten 0,2 bis 20 % des Verkaufspreises), jedoch führt oftmals die Werbung erst dazu, dass sich die Mehrzahl der Menschen bestimmte Produkte heute leisten können. Durch die Werbung steigen die Verkaufszahlen und durch die Massenproduktion sinken die Verkaufspreise.

Werbung verführt zum Kauf von Dingen, die man nicht braucht!
Die eigentliche Frage ist: Wenn Verführung etwas böses ist, von wem geht sie aus? Von dem Produkt oder von dem Medium, das die Begehrlichkeit aufgreift und überall im Lande verbreitet? Die Verlockung geht grundsätzlich vom Produkt aus. Werbung kann nur eins: Sie steigert den Reiz, der von einem Produkt ausgeht.

Werbung manipuliert!
Die einzige Manipulation, die man der Werbung vorwerfen kann, ist die Scheinwelt, in der sie sich tummelt. Sie schönt die Realität oder schafft neue irreale Existenzformen, um so dem Verbraucher etwas vorzugaukeln. Doch auch hier gilt: Jeder Mensch neigt zur Gaukelei und alle Menschen zusammengenommen veranstalten ein riesiges Welttheater.

Anlage 7: Idee aus PZ „Verlocken, verführen, verkaufen"

Wie witzig darf Werbung sein?

Aus einem Interview mit Volker Nickel, Sprecher des Deutschen Werberates:

Frage: Wenn der Fernsehspot für einen Schokoriegel spitze war am Abend - steigen dann am nächsten Tag die Verkaufszahlen?

Antwort: Nein, das ist genau der Irrtum über die Wirkung von Werbung.

Frage: Wie witzig darf Werbung sein, Herr Nickel?

Antwort: Wie es die betriebswirtschaftlichen Ziele zulassen. Es gibt Kampagnen in der Werbung, die nichts am Marktanteil ändern. Das Produkt ist in aller Munde, die Sprüche werden zu Sprichwörtern - und dennoch kann es passieren, dass die Marke weniger gekauft wird: Nicht der Unterhaltungswert eines Spots ist entscheidend. Wenn von einem Werbespot nur der Gag, aber nicht die Marke, ihre Vorzüge und Eigenschaften in Erinnerung bleiben, hat die Werbung ihren Zweck nicht erfüllt.

Frage: Wenn ich irrsinnig viel Geld investiere, kann ich doch jedes Produkt auf den Markt bringen ...

Antwort: Die Frage ist nur: Findet das Produkt auch Abnehmer? Werbung hat Impuls-, nicht Entscheidungscharakter. Ob ich mich entscheide, Geld etwa in Aktien oder in eine Lebensversicherung zu investieren, hängt von vielen Faktoren meiner persönlichen Lage, meinen Wünschen und Zielen ab. Werbung ist da eine Entscheidungshilfe unter vielen.

Frage: Brauchen wir Werbung?

Antwort: Marktwirtschaft ohne Werbung funktioniert nicht. Wettbewerb geht ohne Werbung nicht. Firmen ohne Werbeaktivitäten im Markt werden nicht wahrgenommen - sie müssen am Ende dicht machen und ihre Abnehmer nach Hause schicken.

Anlage 6:   Auszug aus PZ
                 „Verlocken, verführen, verkaufen"

Auf Schlüsselreize reagieren Menschen nicht!
Die Wirkung der vielen Informationen und Werbespots hebt sich gegenseitig auf. Ob Menschen etwas kaufen, hängt auch von Faktoren wie Preis, Vorlieben, Erreichbarkeit von Anbietern, Alter, Geschlecht usw. ab.

Nur ganz wenige Kunden kaufen ein Produkt wegen der Werbung!
Und dennoch werden Milliarden ausgegeben. Einer der Gründe: Die Kaufentscheidung der übrigen hängt von Fragen wie Standort, Kundenbetreuung, Preis ab. Der einzige Faktor, den der Hersteller wirklich beeinflussen kann, ist die Werbung.

Wenn viele das gleiche anbieten, braucht man Werbung!
Bei gleichen Produkten können Unterschiede nur durch Werbung herausgearbeitet werden. Werbung versieht Produkte auf übersättigten Märkten mit einem "Zusatznutzen": Waschmittel machen kontaktfreudig, Fernreisen Nachbarn neidisch, Kaffeepulver macht begehrenswert.

Informationstext

Dieses Informationsblatt soll Ihnen Hinweise für die Bearbeitung des Arbeitsblattes geben, es ist jedoch nicht als umfassend zu betrachten:

1. Werbeziel: *Welche Wirkung soll erreicht werden?*

In der Fachliteratur werden **ökonomische** (z.B. Umsatzsteigerung) und **außerökonomische Ziele** (z. B. Verbesserung des Markenimages) unterschieden.

Eine weitere geläufige Unterteilung von Werbezielen lautet: **Einführungswerbung** (z.B. für ein neues Produkt), **Expansionswerbung** (z.B. zur Erhöhung des Marktanteils) und **Erinnerungswerbung** (z.B. zum Erhalt des bisherigen Bekanntheitsgrades).

Andere häufig genannte Ziele sind:
- Änderung bestehender Verbrauchs- und Verwendungsgewohnheiten
- Auslösung eines Mode- oder Geschmackswandels
- Erhöhung des Pro-Kopf-Verbrauchs für ein Produkt
- Schaffung neuer Bedürfnisse
- Neutralisierung der Werbemaßnahmen der Konkurrenz
- Rückgewinnung früherer Stammkunden
- Ausgleich saisonaler oder konjunktureller Absatzschwankungen

2. Werbezielgruppe: *Wer soll umworben werden?*

Die Werbezielgruppe muss genau bestimmt werden, um **Streuverluste** (nicht erreichte Mitglieder der Zielgruppe) beim Einsatz der Werbeträger und Werbemittel so gering wie möglich zu halten. Es muss dabei bedacht werden, dass Käufer und Verwender eines Produkts nicht identisch sein müssen.

Es gibt verschiedene Einteilungskriterien, um Zielgruppen zu bestimmen:

Aktivität, Interessen, Schulbildung, Geschlecht, Alter, Familienstand, Einstellung zu bestimmten Produkten, Preisverhalten beim Kauf von Produkten usw.

3. Werbemittel: *In welcher Form soll geworben werden?*

Unter Werbemittel sind jene Hilfsmittel der Werbung zu verstehen, die auf die Sinneseindrücke der Umworbenen wirken. Unter diesen Gesichtspunkten können Werbemittel wie folgt unterschieden werden:
- **Optische Werbemittel** (z. B. Plakate, Schaufensterdekorationen, Zeitungsinserate, Prospekte)
- **Akustische Werbemittel** (z. B. Rundfunksendungen, Werbevorführungen auf Ausstellungen, Verkaufsgespräche)
- **Geschmackliche Werbemittel** (z. B. Kostproben)
- **Geruchliche Werbemittel** (z. B. Parfümproben)
- **Gemischte Werbemittel:** Sie sind eine Kombination verschiedener Werbemittel. Weil sie verschiedene Sinne des Menschen gleichzeitig ansprechen, sind sie besonders werbewirksam (z. B. Werbefilm, Lebensmittelkostproben)

4. Werbeträger: *Welche Medien sollen genutzt werden?*

Unter dem Begriff Werbeträger wird in der Praxis der **Gegenstand** verstanden, auf dem sich das Werbemittel befindet (z.B. Werbeträger: Zeitung - Werbemittel: Inserat)

Kostenüberblick ausgewählter Werbemedien

Medium	Reichweite in Mio. (ab 14 Jahre)	Nutzerstruktur		Format/ Dauer	Kosten je Einheit (in €)	Erscheinungs- häufigkeit/ Sendezeit
		Frauen	Männer			
Presse:						
1. Zeitungen						
Bild am Sonntag	11,28	41	59	1/1 Seite s-w	36.000,00	wöchentlich täglich Mo. - Fr.
Express	0,79	o. A.	o. A.	1/1 Seite s-w	14.500,00	
Süddeutsche Zeitung	1,14	o. A.	o. A.	1/1 Seite s-w	28.000,00	
2. Zeitschriften						
Focus	4,41	33	67	1/1 Seite 4-fbg	28.500,00	
Der Spiegel	6,40	38	62	1/1 Seite 4-fbg	42.000,00	wöchentlich
Stern	8,60	45	55	1/1 Seite 4-fbg	49.500,00	
Hörzu	8,34	53	47	1/1 Seite 4-fbg	51.000,00	
Autobild	3,18	12	88	1/1 Seite 4-fbg	27.500,00	
Fernsehen					(17 - 20 Uhr)	
ARD	4,78	55	45	30 Sekunden	16.000,00	
ZDF	5,76	58	42	30 Sekunden	16.500,00	
RTL	4,40	56	44	30 Sekunden	17.500,00	täglich
SAT1	4,20	54	46	30 Sekunden	19.500,00	
Pro7	2,23	52	48	30 Sekunden	12.500,00	
Funk					(6 - 18 Uhr)	
Eins Live	0,12	50	50	30 Sekunden	450,00	
WDR 2	0,61	51	49	30 Sekunden	1.250,00	täglich
SWF 3	0,57	49	51	30 Sekunden	1.200,00	

Hinweis: Die aufgeführten Preisangaben sind natürlich lediglich als Richtwerte zu verstehen. So sind z. B. Spots im Werbefernsehen an Wochenenden teurer als in der Woche, und am teuersten können sie bei Top-Filmen um die Weihnachtszeit sein.

Mediaplan für die Vita-Cola

Medien	Kosten je Einheit*	Anzahl der Schaltungen	Gesamtkosten	11/20..	12/20..	01/20..	02/20..
Gesamtkosten der Medienschaltung							

*) *Hinweis:*   Die Produktionskosten für die Werbemittel usw. bleiben unberücksichtigt.

43. Preispolitik

Ausgangslage

Die Planung der Markteinführung der neuen „**Vita-Cola**" ist so gut wie abgeschlossen. Nachdem man sich in der **SaSo Getränke**, Sabine Schlau OHG auf ein Produktdesign geeinigt hat und erste Schritte für die Einführungswerbung festgelegt wurden, soll nun über die Höhe des Einführungspreises entschieden werden.

Da es sich bei dem Getränk um eine Marktneuheit handelt, schlägt der Verkaufsleiter vor, bei der Markteinführung einen im Vergleich zur Konkurrenz, die ähnliche Produkte anbietet, hohen Preis zu verlangen.

Diese Ansicht wird durch den Leiter der Marketingabteilung unterstützt: Seiner Ansicht nach könnte ein hoher Einführungspreis dazu führen, dass die angestrebte Zielgruppe das Produkt als besonders hochwertig einschätzt. Der Leiter der Kostenrechnung ist jedoch ganz anderer Meinung: Er schlägt vor, zunächst einen niedrigen Einführungspreis zu wählen, damit die Nachfrage nach dem Produkt schnell ansteigt.

Aufgaben

1. Um den Preis für das neue Produkt „**Vita-Cola**" festzulegen, müssen mehrere Bestimmungsgrößen in Betracht gezogen werden. Welche Bestimmungsgrößen können den Verkaufspreis eines Produktes beeinflussen?

2. Im Fall der „**Vita-Cola**" soll ein Preis für die Markteinführung festgelegt werden. Welchen Einfluss könnte die Höhe des Markteinführungspreises auf die Nachfrage haben?

3. Warum sind Unternehmen mit einer Marktneuheit (Innovation) in der Lage, Preise zu verlangen, die weit über den Produktionskosten liegen?

4. Was versteht man unter dem Begriff „Preisdifferenzierung"? Nennen Sie zutreffende Beispiele.

5. Normalerweise reagieren Kunden auf Preissteigerungen mit einer mengenmäßigen Zurücknahme ihrer Nachfrage. Dieser Normalfall trifft jedoch nicht immer zu. Welche Bestimmungsgründe kennen Sie, die dazu führen, dass Konsumenten ein „anormales" Nachfrageverhalten äußern?

Arbeitsaufträge

1. Im Anhang finden Sie die Abbildung des geplanten Werbeentwurfs sowie eine Übersicht mit Plandaten aus der Kostenrechnung.

1.1 Kosten kann man unterscheiden nach ihrer Abhängigkeit von der Ausbringungsmenge (Beschäftigung). Einige Kosten erhöhen bzw. verringern sich, wenn die Ausbringungsmenge verändert wird, andere bleiben unverändert. Teilen Sie die angegebenen Kosten nach diesem Kriterium auf.

1.2 Berechnen Sie für jede Produktgruppe die variablen Kosten pro Stück sowie die gesamten Fixkosten.

1.3 Wie wäre der Gesamtgewinn bzw. -verlust je Produktgruppe, wenn die geplanten Produktionsmengen zu den genannten Verkaufspreisen abgesetzt würden?

1.4 Offensichtlich existieren Produktgruppen, deren Produktion zu einem Verlust führt. Nennen Sie Gründe, warum es zu diesem negativen Erfolg kommt.

1.5 Erarbeiten Sie Vorschläge, die dazu führen, dass sich die geplante Erfolgssituation verbessert.

1.6 Im Rahmen einer eilig veranlassten Marktuntersuchung ergibt sich, dass bei einer Senkung des Verkaufspreises bei den 0,33l-Getränkedosen auf 0,80 € pro Stück der monatliche Absatz auf 80.000 Stück ansteigen würde. Wie hoch ist nun der Erfolg dieser Produktgruppe? Erklären Sie dieses Ergebnis.

1.7 Welchen Schluss ziehen Sie aus den bisherigen Ergebnissen für die kostenorientierte Preisfestsetzung?

2. Ein Getränkegroßhändler, an den das Unternehmen bereits seit Jahren große Mengen ausliefert, zeigt Interesse an der neuen „**Vita-Cola**". Um dem Kunden zur Abnahme großer Mengen zu bewegen, erhält er für die Abnahme der 1l-PET-Flasche folgendes Angebot: Bei monatlicher Abnahme bis 5.000 Flaschen: 2,00 €/Flasche; bei Abnahme ab 5.000 Flaschen: 1,65 €/Flasche, bei Abnahme ab 10.000 Flaschen: 1,50 €/Flasche, bei Abnahme ab 20.000 Flaschen: 1,45 €/Flasche.

Als anteilige Fixkosten werden 150,00 € veranschlagt, die variablen Stückkosten betragen 1,37 €.

2.1 Berechnen Sie den Gewinn, wenn der Kunde 1.000, 5.000, 10.000 bzw. 20.000 Flaschen monatlich ordert.

2.2 Erläutern Sie das Ergebnis.

3. Im vorliegenden Fall wendet die Firma SaSo eine besondere Preisstrategie an.

3.1 Erläutern Sie die gewählte Preisstrategie.

3.2 Wie beurteilen Sie diese Strategie unter Berücksichtigung der Gegebenheiten im Marktsegment?

Arbeitsmaterial

Auszug aus den Daten der Kostenrechnung:

Kostenübersicht pro Verpackungseinheit (in €)				
	0,75 l-PF	**1 l-PET**	**0,33 l-GD**	**0,33 l-GF**
Produktions-kosten:[*]				
Roh-, Hilfsstoffe	0,80	1,07	0,45	0,45
Löhne,	0,25	0,30	0,05	0,62
Mieten,	0,05	0,06	0,16	0,09
Abschreibungen,	0,03	0,08	0,12	0,08
Energie[**],	0,04	0,05	0,10	0,06
Betriebsstoffe	0,01	0,01	0,06	0,05
Gehälter (Verwaltung)	0,02	0,03	0,01	0,08
Gesamt	**1,20**	**1,60**	**0,95**	**1,43**

[*] teilweise anteilige Verrechnung
[**] für Beleuchtung und Beheizung der Produktionsstätten

Monatliche Kapazitätsbelastung in Verpackungseinheiten[*]				
	0,75 l-PF	1 l-PET	0,33 l-GD	0,33 l-GF
Einheiten / Monat	45.000	36.000	50.000	55.500
Liter / Monat	33.750	36.000	16.500	18.315

[*] Gesamtkapazität: 110.000 Liter / Monat

Ein Beispiel aus der D-Mark-Zeit

Warum das U.S.-Käsebrötchen nicht überall gleichviel kostet

Cheeseburgergefälle

Von FRIEDER BLUHM

BERGISCHES LAND. Wo McDonald's dransteht, ist auch McDonald's drin. Dennoch sind Überraschungen möglich, wenn es um die Preise geht. Weiß man um die Betriebsform des Unternehmens, ist an der Rechtmäßigkeit der Preisgestaltung nicht zu zweifeln: McDonald's lässt seine Produkte überwiegend durch selbstständige Unternehmer in Lizenz verkaufen, ohne dass eine Preisbindung besteht – „Franchise" nennt sich diese Betriebsform im Wirtschaftsdeutsch. Damit ist noch nichts darüber gesagt, ob regionale Preisdifferenzen auch berechtigt sind: In Remscheid kommt der gemeine Cheeseburger etwa teurer als in Opladen.

„Stell" dir mal vor: Da ist ein Platz, du weißt schon wo..." – und doch: Du scheinst nicht alles über McDonald's zu wissen. Während du arglos deinen erwartungsgemäß käsigen Cheeseburger verschwinden lässt, kommt es dir in den Sinn, du habest in naher Vergangenheit, sogar in näherer Umgebung, bei McDonald's anlässlich des Erwerbs eines Cheeseburgers schon mal weniger bezahlt. Angesichts des Verdachtes, soeben ein Schnäppchen-Häppchen vertilgt zu haben, will noch mehr Appetit aufkommen, doch lässt dich dieses Schlüsselerlebnis einige Male stutzen. Hat man sich neulich übers Ohr hauen lassen? Oder wirtschaftet da jemand an McDonald's vorbei in die eigene Tasche?

Preisbindung ist verboten

Mitnichten, ergibt eine Nachfrage bei der deutschen McDonald's-Zentrale in München. Angela Haeutle von der Presseabteilung weist darauf hin, dass Preisbindung in Deutschland verboten sei. Zwei Drittel der McDonald's-Filialen würden von Franchise-Unternehmern betrieben.

Diese könnten sich als Geschäftspartner an die von der McDonald's Deutschland Incorporation empfohlenen Preise halten, müssten es aber nicht. Das gelte auch für die Sonderangebote der bundesweiten Werbekampagnen.

Anders sehe es bei den übrigen McDonald's-Filialen aus. Diese seien als Zweigniederlassungen der Münchener Zentrale an die Preisvorgaben gebunden. Soweit leuchtet das ein, doch was bedeutet das für die Zahlungsfähigkeit eines nach Cheeseburgern Lechzenden, der aufgrund seiner in Opladen gewonnenen McDonald's-Erfahrung knapp kalkulierend bei einer Filiale der Fast-Food-Kette in Remscheid einkehrt?

Im konkreten Fall hat er Pech gehabt: In den Remscheider Filialen kostet der Cheeseburger 2,55 Mark, kaum weniger – nämlich 2,50 Mark – in Wuppertal-Elberfeld, in Opladen dagegen läppische 2 Mark und 15 Pfennige, in Solingen ebenfalls 2,15 Mark – so das Ergebnis willkürlicher Stichproben.

Peter Braun, der als selbstständiger Unternehmer die beiden Remscheider McDonald's-Filialen betreibt, räumt ein, bei den Preisen existiere nicht nur bundesweit ein Gefälle, es gebe auch Preisgefälle innerhalb einer überschaubaren Region. Und das aus guten, wenn nicht zwingenden Gründen. Beispiel: Unabhängig vom Lohnniveau schlügen Personalkosten unterschiedlich stark zu Buche - in den von ihm geführten Filialen dadurch, dass für die Kindergeburtstagsfeten eigens geeignete Kräfte engagiert würden, statt sie dem „normalen" Personal zu überlassen. Diese Mehrkosten müssten erwirtschaftet werden.

Sonderangebote prüfen

Dass ihm da nicht immer die von der Zentrale propagierten Sonderaktionen gelegen kommen, gibt er gerne zu; schließlich könne man es sich kaum erlauben, von der unverbindlichen Preisempfehlung (nach oben) abzuweichen. Andererseits lohne es sich für den Kunden stets, die Speisekarte auf aktuelle Sonderangebote hin zu prüfen.

Quelle: Die WELT

44. Distributionspolitik

Ausgangslage I

Auf einer Verbrauchermesse kommt die Auszubildende Karin Jensen mit der Vertriebsleiterin eines großen Kosmetikunternehmens ins Gespräch ...

Lange: ... die Philosophie unseres Unternehmens war es schon immer, so nah wie möglich an den Kunden oder besser an die Kundin heranzukommen. Wissen Sie, Kosmetik ist ja schließlich etwas ganz persönliches. Jede Frau hat andere Wünsche, andere Schwächen, ..., und daher verlangt auch jede eine individuelle Beratung.

Jensen: Ja, das kann ich mir gut vorstellen. Aber, ..., gibt es denn da nie Probleme, ich meine, ..., na ja, lassen Sie denn alle Kundinnen so einfach in ihre Wohnung.

Lange: Da sprechen Sie natürlich einen ganz besonderen Punkt an. Wie Sie sicher wissen, vertreiben wir unsere Produkte auch über den gewöhnlichen Handel. Aber eine Beratung in den eigenen vier Wänden ist natürlich etwas ganz anderes als die Produktvorstellung in einem sterilen Verkaufsraum. Unsere Beratungsgespräche finden natürlich immer erst nach Absprache mit der Kundin statt. Und im Grunde ist es vielen sogar lieber, schließlich ersparen Sie sich den weiten Weg ins Geschäft.

Jensen: Aber eine Auswahl hat die Kundin dann ja eigentlich nicht mehr, ich meine, sie kann nicht direkt ihre Produkte mit denen der Konkurrenz vergleichen.

Lange: Das ist aber kein Nachteil, schließlich kennen die Kundinnen die Produkte der Konkurrenz genau. Gerade daher schätzen sie ja unseren direkten Kontakt. Und, mal im Vertrauen, da wir uns auf diese Weise den Absatz über den Handel ersparen, können wir häufig viel günstiger als die Konkurrenz anbieten.

Jensen: Wird denn dieser Vorteil nicht durch den Einsatz vieler Vertriebsmitarbeiterinnen wieder zunichte gemacht?

Lange: Im Gegenteil, hier sprechen Sie einen weiteren Vorteil unseres Konzepts an. Unsere Mitarbeiterinnen sind allesamt bestens geschult und mit den Anforderungen des Marktes vertraut. Auf diese Weise können Sie individuell und kundenorientiert beraten, ein Service, auf den Sie bei der Konkurrenz lange warten können. Natürlich fallen die hohen Personalkosten schon ins Gewicht, aber solange auf diesem Weg ein hoher Umsatz realisiert werden kann ... Aber bitte denken Sie jetzt nicht, dass nur der Gewinn zählt. Langjährige zufriedene Kunden sind unser oberstes Ziel.

Jensen: Eigentlich ist ein derartiges Absatzkonzept doch nur von einem großen Unternehmen durchführbar. Ich meine, ein großer Kundenstamm ist doch sicher Voraussetzung.

Lange: Nein, das kann ich nun wirklich nicht bestätigen. Schon seit Begründung unseres Unternehmens wurde der direkte Verkauf an Kundinnen praktiziert. Im Gegenteil, sind erst einmal einige Kunden gewonnen und von den Produkten wirklich überzeugt, beginnt sozusagen eine Sogwirkung. Immer mehr Kundinnen kommen hinzu und der Kundenstamm wächst.

Jensen: Sind die Beraterinnen denn eigentlich alle selbstständig beschäftigt?

Lange: Nein, so etwas gibt es bei uns nicht. Alle Kundenberaterinnen sind Angestellte des Unternehmens. Sie verkaufen im Namen und auf Rechnung des Unternehmens. Obwohl der Einsatz selbstständiger Vertreter sicher auch Vorteile hat, wir haben uns für diese Variante entschieden. Schließlich stehen die Beraterinnen so voll hinter den Ideen des Unternehmens.

Jensen: Sehr interessant. Vielen Dank für das Gespräch.

Aufgaben

1. Denken Sie einmal an die Produkte, die Sie in den letzten Wochen gekauft haben. Haben Sie diese Waren immer beim Hersteller bzw. bei seinen Absatzorganen (z. B. Filialen) gekauft oder bei herstellerfremden Absatzorganen? Nennen Sie einige Produkte und den Ort, an dem der Kauf stattgefunden hat.

2. Im oben dargestellten Dialog umreißt die Vertriebsleiterin Frau Lange einige wichtige Vorteile des direkten Absatzes. Welche sind dies im Einzelnen? Gibt es Ihrer Meinung nach weitere Vorteile für den Hersteller?

3. Welche Nachteile ergeben sich für den Hersteller durch die Wahl des direkten Absatzweges?

4. Nennen Sie Faktoren, die die Wahl des Absatzweges beeinflussen.

⮩ *Arbeitsaufträge zur Ausgangslage I*

Zum Text „Franchising" aus der Wirtschaftswoche:

1. Stellen Sie mit eigenen Worten das Absatzkonzept des Franchising dar.

2. Nennen Sie Vor- und Nachteile des Absatzkonzeptes aus Sicht des Franchisegebers und des Franchisenehmers.

Zum Text „Factory Outlet" aus der Wirtschaftswoche:

3. Welche Vorteile versprechen sich die Hersteller von der Gründung von Factory-Outlet-Stores?

4. Warum steht der Handel dieser Entwicklung bislang noch gelassen gegenüber?

5. Wie ist Ihre Meinung? Birgt die Gründung von Factory-Outlet-Stores nur Vorteile für den Hersteller und vor allem für uns Konsumenten?

Zum Text „Kampf der Händler" aus Der Welt:

6. Welche Vorteile und welche Nachteile werden im Text für Niederlassungen bzw. für Vertragshändler genannt? Kennen Sie weitere? Stellen Sie die Vor- und Nachteile gegenüber.

7. Der Automobilhersteller DaimlerChryslerAG vertreibt seine Produkte sowohl über Niederlassungen als auch über Vertragshändler. Was könnte der Grund für diesen Distributionsmix sein?

Ausgangslage II

Auf einer Verbrauchermesse kommt der Auszubildende Kevin Lörer mit dem Vertriebsleiter einer großen Warenhauskette ins Gespräch ...

Andresen: Tja, in diesem Jahr haben wir es endlich geschafft: umsatzstärkste Warenhauskette in Deutschland. Kein Wunder, schließlich sind wir für unser hochwertiges Sortiment bekannt, ..., es reicht von Markenwaren, die im Shop-in-the-Shop-System angeboten werden bis hin zu No-Name-Produkten für den kleinen Geldbeutel. Das kommt eben bei den Kunden an.

Lörer: Ja, das ist mir auch schon aufgefallen, bei Ihnen bekommt man ja wirklich fast alles, was man braucht ...

Andresen: Kein Wunder, zählen doch über tausend Hersteller zu unseren Lieferanten. Und die sind es doch vor allem, die von unserem Erfolg profitieren. Wir sind es doch, die deren Produkte an den Mann bringen ...

Lörer: Aber, ..., durch die Inanspruchnahme ihrer Leistung werden doch sicher auch die Produkte etwas teuer, oder nicht ...?

Andresen: Das kann man so nicht generell sagen. Natürlich möchte der Handel durch seine Dienstleistungen auch einiges Verdienen. Da wir jedoch immer große Mengen ordern, erhalten wir natürlich auch entsprechende Rabatte und dadurch wird alles für den Kunden billiger, verstehen Sie? ... Und denken Sie vor allem daran, dass erst durch unsere Leistung viele Hersteller ihre Produkte absetzen können. Oder glauben Sie etwa, dass die ganzen Kleinen so schnell Kunden im Osten Deutschlands hätten finden können. Nein nein, das ist nur durch den Handel möglich. Und ich gebe Ihnen noch Folgendes zu bedenken: Wenn der Hersteller nicht wahnsinnige Vorteile hätte, dann würden sich wohl nicht alle um den knappen Regalplatz reißen, oder?

Lörer: Gut das Sie diesen Punkt ansprechen, hier genau steckt aber doch auch die Gefahr, ..., ich denke da an den Druck des „Auslistens".

Andresen: Oh ja, das ist aber ein schlimmes Wort. Sehen Sie es doch einfach so, wir halten es da wie alle im Markt, der Stärkere gewinnt und der Schwächere fliegt raus. So funktioniert nun mal die Marktwirtschaft.

Lörer: Auf diese Weise entsteht aber doch auch so etwas wie Abhängigkeit, nicht wahr ...? Schließlich verlieren die Hersteller nicht nur den Kontakt zum Kunden, sie verlieren auch den Einfluss auf einen großen Teil ihrer absatzpolitischen Instrumente...!

Andresen: Im Gegenteil, auch hier zeigt der Handel klar seine Vorteile. Schließlich vertrauen die Hersteller uns zu Recht ihre Artikel an. Die meisten Produzenten haben doch z. B. von Verkaufsförderung keine Ahnung. Und auch dass übernehmen wir, quasi unentgeltlich.

Lörer: Nun möchte ich eigentlich nur noch wissen, wie Sie zur Konzentration im Einzelhandel stehen. Karstadt geht mit Hertie, Kaufhof mit Horten usw. Kann das nicht auch einmal negative Folgen für den Kunden haben?

Andresen: So was hört man ja in den Medien allenthalben. Nun, stellen Sie sich mal vor, zwei Fussballmannschaften kämpfen gegeneinander und die Spieler foulen sich gegenseitig dermaßen, dass einer nach dem anderen herausfliegt. Das geht so lange, bis von jeder Mannschaft nur noch ein Spieler auf dem Platz ist. Was meinen Sie, kämpfen die dann weniger ernsthaft gegeneinander?

Lörer: Das kann man nachvollziehen, ..., vielen Dank für das Gespräch.

Aufgaben

1. Denken Sie einmal an die Produkte, die Sie in den letzten Wochen gekauft haben. Haben Sie diese Waren immer beim Hersteller bzw. bei seinen Absatzorganen (z. B. Filialen) gekauft oder bei herstellerfremden Absatzorganen? Nennen Sie einige Produkte und den Ort, an dem der Kauf stattgefunden hat.

2. Im oben dargestellten Dialog umreißt der Vertriebsleiter Herr Andresen einige wichtige Vorteile des indirekten Absatzes für Produzenten. Welche sind dies im Einzelnen? Gibt es Ihrer Meinung nach weitere Vorteile für den Hersteller?

3. Welche Nachteile ergeben sich für den Hersteller durch die Wahl des indirekten Absatzweges? Existieren darüber hinaus auch noch volkswirtschaftliche Nachteile?

4. Nennen Sie Faktoren, die die Wahl des Absatzweges beeinflussen.

⇨ *Arbeitsaufträge zur Ausgangslage II*

Zum Text „Franchising" aus der Wirtschaftswoche:

1. Stellen Sie mit eigenen Worten das Absatzkonzept des Franchising dar.

2. Nennen Sie Vor- und Nachteile des Absatzkonzeptes aus Sicht des Franchisegebers und des Franchisenehmers.

Zum Text „Factory Outlet" aus der Wirtschaftswoche:

3. Welche Vorteile versprechen sich die Hersteller von der Gründung von Factory-Outlet-Stores?

4. Warum steht der Handel dieser Entwicklung bislang noch gelassen gegenüber?

5. Wie ist Ihre Meinung? Birgt die Gründung von Factory-Outlet-Stores nur Vorteile für den Hersteller und vor allem für uns Konsumenten?

Zum Text „Kampf der Händler" aus Der Welt:

6. Welche Vorteile und welche Nachteile werden im Text für Niederlassungen bzw.- für Vertragshändler genannt? Kennen Sie weitere? Stellen Sie die Vor- und Nachteile gegenüber.

7. Der Automobilhersteller DaimlerChrysler AG vertreibt seine Produkte sowohl über Niederlassungen als auch über Vertragshändler. Was könnte der Grund für diesen Distributionsmix sein?

Franchising: Geschäftsidee wird immer beliebter

Endlich sein eigener Chef sein und trotzdem von einer erprobten Geschäftsidee profitieren – Franchising wird als Form der Existenzgründung immer beliebter. Die Zahl der Unternehmer, die einem Franchise-Konzept angeschlossen sind, wuchs nach Branchenangaben von 1998 auf 1999 um 10 Prozent.

Doch trotz des Aufschwungs ist für über 80 Prozent der Deutschen „Franchising" ein unbekanntes Fremdwort, sagte Bernhard Taubenberger, Sprecher des Deutschen Franchise-Verbands, am Freitag auf der Gründermesse NewCome in Stuttgart.

Was ist Franchising?

Die Idee des Franchising ist einfach: Der Franchise-Geber stellt dem selbstständigen Partner gegen eine Einstiegsgebühr den bekannten Markennamen, das Know-how und ein Werbekonzept zur Verfügung. Die Startinvestitionen für den neuen Betrieb muss der Existenzgründer aufbringen, kann aber teilweise von günstigen Einkaufskonditionen der Franchise-Zentrale profitieren. Hat der frisch gebackene Unternehmer sein Geschäft eröffnet, ist der Franchise-Geber meist mit zwei bis fünf Prozent am Umsatz beteiligt.

Bekannt ist das Franchise-Konzept vor allem von amerikanischen Schnellrestaurants. Inzwischen ist das Spektrum in Deutschland aber viel breiter. „Franchise gibt es in jedem Bereich", sagt Günter Schneider vom Beratungsunternehmen Franchise Consult. „Ein Konzept hat sich beispielsweise auf Grabstein-Instandhaltung spezialisiert." Im Schwerpunktbereich Franchising der NewCome präsentieren sich unter anderem ein

Netzwerk von Sprach- und Computerschulen für Kinder sowie eine Astrologie-Beratungsfirma als Franchise-Geber.

Franchise weniger riskant als „normale" Existenzgründungen

„Franchise ist die sicherste Form der Unternehmensgründung", meint Taubenberger und verweist auf Zahlen der Deutschen Ausgleichsbank, nach denen nur acht Prozent der Franchise-Nehmer in den ersten zwei Jahren scheitern. Damit liege die Zahl deutlich unter dem Prozentsatz an Existenzgründer-Pleiten von 18 Prozent. Ganz ohne Probleme läuft es aber meist dennoch nicht: Bei einer neuen Franchise-Idee, für die noch keine genaue Marktanalysen vorliegen, kann die Standortfrage zum Problem werden, weiß Carsten Gerlach vom Vorstand des Franchise- Verbandes. Die kniffligste Aufgabe sei aber die Auswahl eines geeigneten Partners. „Als Franchisegeber muss man einschätzen können, ob jemand die Power hat, am Anfang vielleicht auch sieben Tage in der Woche zu arbeiten."

Günter Schneider von Franchise Consult erstellt deshalb mit jedem Interessenten ein Fähigkeitsprofil, um die geeignete Branche für den Einstieg zu finden. „Man muss schon aufpassen, weil der Nehmer viel riskiert", sagt Schneider. „Er gibt meist seinen Beruf auf, nimmt Kredite auf - das kann man nicht so einfach rückgängig machen." Seriöse Franchise-Geber versuchen durch sorgfältige Auswahl der Partner solche Härtefälle zu vermeiden oder zumindest den Ausstieg so fair wie möglich zu gestalten.

Quelle: Wirtschaftswoche

Franchise-Nehmer als Scheinselbstständige

Das neue Gesetz gegen Scheinselbstständigkeit dämpft das Interesse an so genannten Franchising-Unternehmen. Mit 10.000 Messegästen registrierte die Internationale Franchise-Messe in Frankfurt eine verringerte Besucherzahl. „Die Reformpolitik in Richtung Scheinselbstständigkeit und Besteuerung der Kleinsteinkommen hat hier bereits ihre deutlichen Spuren hinterlassen", sagte der Geschäftsführer des Messeveranstalters Miller Freeman, Rainer Klein, zum Abschluss der Messe am Sonntag. Eigentlich hatten die Veranstalter rund 13.000 Besucher erwartet. Beim Franchising stellt ein Unternehmer Franchise-Nehmern seine Geschäftsidee gegen Entgelt zur Verfügung. Dieses System galt unter Befürwortern in den vergangenen Jahren zunehmend als Sprungbrett für Existenzgründer und Umsteiger, da sie vom Markenimage und der Erfahrung bekannter Unternehmen profitieren könnten. Seit dem 1. Januar gelten allerdings Selbstständige, die beispielsweise in ihrem Betrieb keine weiteren Beschäftigten haben oder nur für einen einzigen Auftraggeber arbeiten, als Scheinselbstständige und sind sozialversicherungspflichtig. Unter diese Regelung fallen auch viele Franchise-Nehmer.

Quelle: Wirtschaftswoche

Factory Outlet

Braves Lamm

Mit eigenen Supermärkten wehren sich Hersteller gegen die Marktmacht des Handels.

Die Zeiten haben sich geändert. Wo früher Webstühle produzierten, laufen heute die Fäden für den Fabrikverkauf zusammen. Neun schwäbische Bekleidungshersteller haben im baden-württembergischen Städtchen Aalen eine stillgelegte Werkhalle zu einem 700 Quadratmeter großen Einkaufszentrum für den Fabrikverkauf umgestrickt. Das so genannte Factory-Outlet-Zentrum steht für den Anfang einer neuen Entwicklung in Deutschland.

Die Zeiten des Fabrikverkaufs von Markenwaren in schmucklosen Hallen auf dem Firmengelände gehen ihrem Ende entgegen, die Hersteller wollen jetzt ihre Produkte in attraktiven Shopping-Zentren anbieten. Als Vorbild dienen ihnen die USA und Großbritannien.

In den Vereinigen Staaten locken bereits 275 Fabrikverkaufszentren die Kunden an und machen dem etablierten Einzelhandel Konkurrenz. In Großbritannien existieren sieben Einkaufszentren dieser Art. Allein in dem exklusiven Fabrik-Supermarkt Clark's Village in der westenglischen Grafschaft Somerset, der im August vergangenen Jahres seine Pforten öffnete, zog es bis heute rund zwei Millionen Besucher hin. Die 22 Markenartikler - unter ihnen so hochkarätige wie Benetton, Laura Ashley, Nike, Puma, Triumph, Donna Karan und Wrangler - hatten lediglich mit einer Million Kunden gerechnet. Die Waren stammen überwiegend aus laufenden Kollektionen und sind bis zu 50 % preiswerter als im Einzelhandelsgeschäft in der City. So soll es auch in Deutschland werden. „Es ist nur noch eine Frage der Zeit, dann schießen die Factory-Outlets wie Pilze aus dem Boden", prophezeit Bernd Raußmüller, Geschäftsführer der Aalener Factory Outlet GmbH & Co. KG. Rund 30 Fabrikverkaufszentren mit einen geschätzten Umsatz von 600 Millionen Euro sind in Deutschland geplant.

Factory-Outlet-Chef Raußmüller, Einkaufszentrum Clark's Village;
In einem Jahr rund zwei Millionen Besucher

Das Interesse der Industrie ist nach Einschätzung von Raußmüller riesengroß: „Unsere Warteliste ist lang, mindestens 40 Unternehmen haben bei uns nachgefragt, um mit ins Outlet-Geschäft einzusteigen." Für seine neu gegründete Factroy-Outlet-Gesellschaft peilt er bereits im ersten Geschäftsjahr einen Umsatz von 2,5 Millionen Euro an.

Der Wunsch, sich unabhängiger vom Handel zu machen, geht durch sämtliche Branchen. Nach Beobachtungen von Dieter Fischer, Geschäftsführer und Vertreiber des Markenartikels „Much More" basteln fast alle an eigenen Konzepten. Dabei kalkulieren sie auch Aufbau und Kosten einer eigenen Vertriebslogistik für die Versorgung der Ladenzentren ein. Noch reagiert der Handel auf die Herausforderungen gelassen. „Wir beobachten die Entwicklung", so Hubertus Tessar, Sprecher des Hauptverbandes des Deutschen Einzelhandels in Köln, „aber wir glauben nicht, das Factory Outlet jemals bei uns so eine Bedeutung gewinnen wird wie in Amerika". Verbandsprecher Tessar bezweifelt, dass das Konzept hierzulande Erfolg haben wird. „Die Preisvorteile dieser Fabrikverkaufszentren schmelzen sehr schnell dahin, wenn eigene Distributionskanäle aufgebaut werden müssen", glaubt er. „Gleichzeitig" so warnt er, „entstehen durch den Aufbau einer eigenen Verkaufsorganisation zusätzliche Personalkosten."

Markenkenner gehen allerdings davon aus, dass der Erfolg der Factory-Outlet-Zentren in Deutschland nicht aufzuhalten ist. So überlegt auch die Düsseldorfer Strauss Innovation, die über Dritte Markenware ordert und weit unter Handelspreis verkauft, ob sie ein Fabrikverkaufsnetz in Vorstädten und Gewerbegebieten aufziehen soll. „Das Konzept steht", sagt Strauss-Geschäftsführer Peter Geringhoff. Er wird es trotz Boykottdrohungen durch den Handel durchziehen: „Wir sind kein braves Lamm, das wartet."

Wolf Rüdiger Ussler

Quelle: Wirtschaftswoche

Kampf der Händler

Die Autohersteller in Deutschland versuchen zunehmend, die Händler enger an sich zu binden. Große Unternehmen wie Daimler oder BMW würden ihre Autos gerne über ihre eigenen Handelsorganisationen vertreiben. Was spricht für und was spricht gegen die engere Anbindung an das Autounternehmen? Ziehen größere Luxus- oder repräsentative Ausstellungsräume wie hier beim Bentley-Händler mehr Kunden an, als der private Händler? Die WELT DER AUTOINDUSTRIE versucht, die unterschiedlichen Standpunkte in einem Pro und Contra darzulegen.

Von Prof. WILLI DIEZ

Herstellereigene Niederlassungen haben in Branchenkreisen keinen guten Ruf: Sie gelten als bürokratisch, wenig kundenorientiert und chronisch defizitär. Was also lässt sich da pro Niederlassung vorbringen? Zunächst haben Niederlassungen für den Hersteller den unbestreitbaren Vorteil, dass sie leichter steuerbar sind als Vertragshändler. Dadurch dass sich Niederlassungen im Eigentum des Herstellers befinden, hat er ein volles Durchgriffsrecht auf die Gestaltung von deren Geschäftspolitik. Das erhöht die Vertriebs- und Absatzflexibilität. Niederlassungen sind zudem die einzige Möglichkeit des Herstellers, in einen direkten Kundenkontakt zu treten, und können als Testmärkte für innovative Sach- und Dienstleistungen eingesetzt werden. Wünsche, Anregungen und Probleme der Kunden können unmittelbar in die Produktpolitik einfließen. Durch anspruchsvolle architektonische Gestaltung, großzügige Verkaufsräume sowie Veranstaltungen mit Kunden und Meinungsbildnern haben die Niederlassungen eine ganz wichtige Funktion beim Aufbau eines Marken-Image. Dies erklärt, warum vor allem Premiumhersteller wie Mercedes Benz und BMW ihren Vertrieb stark auf Niederlassungen stützen. Heutzutage sind die Niederlassungen mitunter schiere Notwendigkeit: Welcher Vertragshändler wäre bereit, bei einer durch-

PRO

schnittlichen Umsatzrendite unter einem Prozent, in einer Großstadt fünfzehn bis zwanzig Millionen Euro in ein Verkaufshaus zu investieren. Mit anderen Worten: Die Präsenz in vielen Ballungszentren mit extrem hohen Grundstückskosten können viel Automobilhersteller heute nur noch über Niederlassungen sicherstellen. Vorsicht ist bei dem Argument der mangelnden Profitabilität von Niederlassungen geboten.

Zweifellos ist es, dass viele Niederlassungen rote Zahlen schreiben. Leider tun das aber inzwischen auch zweidrittel der Vertragshändler. Vor allem aber kann man den Vertragshändler auf dem flachen Lande vergleichen, wo sich die Kosten- und Wettbewerbssituation in der Regel einfacher darstellen als in Großstädten. Das Problem von Niederlassungen ist zweifellos die Tendenz zur Bürokratisierung. Daher ist es notwendig, in Niederlassungen erfolgsabhängige und flexible Entgeltsysteme einzuführen. Fazit: Auch in Zukunft wird der Vertragshandel die Säule des Automobilvertriebs bleiben. Niederlassungen werden jedoch für die Image-Politik einzelner Hersteller eine wichtige Bedeutung behalten. Diese gilt besonders in Ballungszentren. Zunehmende Bedeutung könnten Niederlassungen in Zukunft dann gewinnen, wenn die Möglichkeiten für einen „selektiven Vertrieb" durch die Aufweichung der Gruppenfreistellungsverordnung im Jahr 2002 weiter eingeschränkt würden. Noch mehr Hersteller würden dann zweifellos einen Exklusivvertrieb durch den verstärkten Aufbau von Niederlassungen sicherstellen.

Der Autor ist Leiter des Instituts für Automobil-Wirtschaft der Fachhochschule Nürtingen.

Von CLAUDIO HERMANI

„Hier kocht der Chef persönlich" ist ein Hinweis, der auch heute noch einen gewissen Qualitätsanspruch in sich birgt. Ähnlich ist es bei unabhängigen Automobilhändlern. Hier sitzt meist der Eigentümer am entscheidenden Schreibtisch und ist bereit, unbürokratisch auf die besonderen Wünsche des Kunden einzugehen. Er allein trägt Risiko und Verantwortung, im Hintergrund steht keine Aktiengesellschaft, die am Jahresende eine mögliche Deckungslücke ausgleichen muss. Oft sind Autohäuser seit mehr als einer Generation im Familienbesitz. Man stammt aus dem Ort, jahrzehntelange Verbindungen erleichtern Verhand-lungen. Bei Bedarf fährt man einen guten Kunden schnell ins Geschäft, wenn er den Wagen zum Kundendienst bringt oder man legt eine „Nachtschicht" ein, wenn er mit dem Auto, das gestern stehen blieb, in die Ferien fahren will.

Dem Wunsch des Kunden nach persönlichem Service werden unabhängige Händler meist schon durch die Dimension ihrer Häuser gerecht. Im Gegensatz zu Niederlassungen ist beim Autohändler alles etwas kleiner. Schon allein daraus ergibt sich der ganz persönliche Kontakt zwischen dem Autokäufer und „seinem" Verkäufer, zwischen dem Werkstattkunden und „seinem" Abnehmer, man kennt sich. Hier macht der Mitarbeiter auch um 18:30 Uhr noch einmal das Lager auf.

CONTRA

Diese kleinen Aufmerksamkeiten werden, wie auch eine Studie von General Motors belegt, von den Kunden mehr geschätzt, als die beeindruckende Eleganz mancher Niederlassungen.

Der Kunde wünscht sich diese persönliche Betreuung auch, weil der Kauf eines Autos - abgesehen von seinem finanziellen Gewicht - auch eine sehr emotionale Entscheidung ist. Es gibt Kunden, die sich zehn Mal mit dem Verkäufer treffen, um über Modell, Farbe, Motorisierung und Ausstattung zu sprechen, manchmal mit dem Partner, den Kindern oder Freunden. Es entsteht dabei eine intensive Bindung, die erfahrungsgemäß in eine Markentreue mündet. Entgegen der Meinung einiger Automobilkonzerne, die nach Management und Produktion nun auch die Vertriebsstrukturen schlanker machen wollen und denen deshalb eine Niederlassung in einer Stadt als die ideale Lösung erscheint, stellt sich bei einer objektiven Betrachtung von Kundenbindungsqualität heraus, dass Kunden wünschen, die Wahl zu haben, wo sie kaufen.

Ist das nicht so, droht Unzufriedenheit und damit Markenwechsel; nicht zuletzt, weil sich Technik, Qualität und sogar Design der verschiedenen Marken immer mehr gleicht. Um nochmals die General Motors-Studie zu zitieren: Einer Kundenzufriedenheit von 80 Prozent stand eine Markentreue von nur 40 Prozent gegenüber!

Fazit: Wahre Kundenbindung entsteht nicht durch Größe und Erscheinungsbild des Autohauses. Wahrlich verbunden fühlt sich der Kunde dort, wo er persönlich betreut und umsorgt wird, eben dort, wo der Chef selbst kocht!

Der Autor ist Inhaber einer Frankfurter Mercedes-Benz-Vertretung.

45. Absatzhelfer – Ein Entscheidungsproblem

Ausgangslage

Die Heinz Schlau OHG hat mit ihren hochwertigen Büromöbeln im Absatzgebiet Deutschland bereits beachtliche Umsatzerfolge verzeichnen können. Die Geschäftsleitung überlegt nun, ob das Absatzgebiet nicht auf andere europäische Staaten ausgedehnt werden könnte. Zunächst wird Österreich als neues Absatzgebiet ins Visier genommen.

Bisher wurde die Markterschließung und die Kundenbetreuung außerhalb von Ballungszentren mithilfe von Handlungsreisenden durchgeführt. Für eine Abteilungsleiterbesprechung sollen Sie sich nun über die Besonderheiten verschiedener Absatzhelfer informieren. Um in der Konferenz kompetent auftreten zu können, verschaffen Sie sich einen Überblick über das beiliegende Informationsmaterial. Bearbeiten Sie sodann folgende Aufgaben und Arbeitsaufträge.

✍ Aufgabe

1. Erstellen Sie eine Tabelle, in der folgende Besonderheiten bezüglich der Absatzhelfer gegenübergestellt werden: Ziel des Einsatzes, Art des Absatzkanals (direkter bzw. indirekter Absatz), Vertragsabschluss mit dem Kunden (in welchem Namen und auf welche Rechnung?), Kosten der Distribution, Dauer des Vertragsverhältnisses zwischen Auftraggeber und Absatzhelfer, Pflichten des Absatzhelfers, Vor- und Nachteile des Einsatzes des Absatzhelfers.
2. Stellen Sie die Kosten je Monat der drei Absatzhelfer mithilfe der Anlage 1 bis 3 in nachstehendem Koordinatensystem gegenüber. Welche Aussagen lassen sich aus der Grafik ableiten?

✌ Arbeitsaufträge

1. Für das Absatzgebiet Österreich wird zunächst mit einem monatlichen Umsatz in Höhe von 80.000,00 € gerechnet. Innerhalb eines Planungszeitraums von fünf Jahren wird sodann eine Umsatzsteigerung um 42 % angestrebt. Berechnen Sie die Kosten für die drei Absatzhelfer für das erste und das fünfte Jahr der Markterschließung.
2. Erstellen Sie bezogen auf die Ausgangssituation eine Nutzwertanalyse zur Bestimmung des einzusetzenden Absatzhelfers. Legen Sie hierzu vier nicht-preisliche Kriterien fest, die für Ihre Entscheidung wichtig sein könnten, tragen Sie diese in die Matrix ein und nehmen Sie dann die Bewertung der einzelnen Faktoren vor.

Entschei-dungs-kriterium	Gewich-tung des Entschei-dungskri-teriums[1]	Handlungsreisender		Handelsvertreter		Kommissionär	
		Punkte je Entschei-dungs-kriterium	Gewichtete Punkte	Punkte je Entschei-dungs-kriterium	Gewichtete Punkte	Punkte je Entschei-dungs-kriterium	Gewichtete Punkte
1.							
2.							
3.							
4.							
Summe							

Beispiel einer Matrix für die Nutzwertanalyse

---

[1] Die Summe der gewählten Bewertungsfaktoren muss dem Wert 1 entsprechen. Bei der Punktvergabe je Entscheidungskriterium sollte die Summe dem Wert 100 entsprechen.

3. Entscheiden Sie bei den folgenden Aussagen, ob sie
   [1]   nur auf den Handlungsreisenden,
   [2]   nur auf den Handelsvertreter,
   [3]   nur auf den Kommissionär,
   [4]   sowohl auf den Handlungsreisenden als auch auf den Handelsvertreter,
   [5]   sowohl auf den Handlungsreisenden als auch auf den Kommissionär,
   [6]   sowohl auf den Handelsvertreter als auch auf den Kommissionär,
   [7]   auf den Handlungsreisenden, den Handelsvertreter und auf den Kommissionär,
   [8]   weder auf den Handlungsreisenden, den Handelsvertreter noch auf den Kommissionär
         zutreffen.

a) Dieser Absatzhelfer kann neben den Tätigkeiten als Absatzhelfer auch mit anderen kaufmännischen Aufgaben im Unternehmen betraut werden.

b) Bei der Markterschließung ist der Einsatz dieses Absatzhelfers aus kostenrechnerischen Gründen wegen der zunächst geringen Umsatzzahlen am günstigsten, da kaum Fixkosten anfallen.

c) Da dieser Absatzhelfer immer für mehrere Auftraggeber tätig ist, hat er Kontakt zu unterschiedlichen Kundengruppen.

d) Die Höhe der Vergütung dieses Absatzhelfers richtet sich in erster Linie nach der Umsatzhöhe. Zulagen fallen, wenn überhaupt, nicht ins Gewicht.

e) Dieser Absatzhelfer trägt kein Absatzrisiko, da er den Verkauf auf Rechnung des Auftraggebers ausführt und bei geringen bis keinen Umsätzen eine konstant hohe Vergütung erhält.

f) Dieser Absatzhelfer trägt in keinem Fall das Risiko des Zahlungsausfalls eines Kunden.

g) Dieser Absatzhelfer kann für den Verkauf eines Sonderpostens eingesetzt werden, da er seine Dienste häufig auch einmalig anbietet.

h) Die Rechte und Pflichten dieses Absatzhelfers sind im Handelsgesetzbuch (HGB) geregelt.

i) Der Einsatz dieses Absatzhelfers kann relativ kurzfristig geschehen, da eine Einarbeitung bezüglich der Produkteigenschaften bestimmter Produkte sowie der gesamten Produktgruppe nicht mehr notwendig ist.

j) Dieser Absatzhelfer ist mit den Besonderheiten von Kunden einer Region besonders vertraut, da er im Zielgebiet niedergelassen ist. Dieses Wissen kann der Auftraggeber beim Einsatz nutzen.

k) Der Einsatz dieses Absatzhelfers ist besonders bei Produkten ratsam, deren funktionelle Eigenschaften dem Kunden erklärt werden müssen (so genannte „erklärungsbedürftige Produkte").

l) Dieser Absatzhelfer ist ausschließlich für einen Auftraggeber tätig und kennt sich daher mit den zu verkaufenden Produkten besonders gut aus. Eine Tätigkeit für verschiedene Auftraggeber ist aus Konkurrenzgründen verboten.

m) Dieser Absatzhelfer verkauft die Produkt in eigenem Namen und auf eigene Rechnung. Der Kunde kennt daher nur den Absatzhelfer und nicht den Hersteller der Produkte.

n) Der Einsatz dieses Absatzhelfers ist auch bei geringeren Kapitalmitteln möglich, da Investitionen unterbleiben können.

o) Dieser Absatzhelfer liefert dem Auftraggeber wichtige Informationen über den Kunden (z. B. Kritik an den funktionalen Eigenschaften bestimmter Produkte).

p) Dieser Absatzhelfer ist selbstständiger Kaufmann.

q) Das Risiko einer Unterbeschäftigung (beispielsweise aufgrund saisonaler Nachfrageschwankungen) spielt für den Auftraggeber bei der Auswahl dieses Absatzhelfers keine Rolle.

r) Zwischen dem Absatzhelfer und dem Kunden wird ein Vertrag abgeschlossen, sodass sich der Kunde beispielsweise bei Mängeln direkt an den Absatzhelfer werden muss.

s) Dieser Absatzhelfer ist immer inkassoberechtigt.

t) Kann der Absatzhelfer für verkaufte Ware einen höheren Verkaufspreis realisieren, als zuvor mit dem Auftraggeber vereinbart, so kann er die Differenz als zusätzlichen Gewinn behalten.

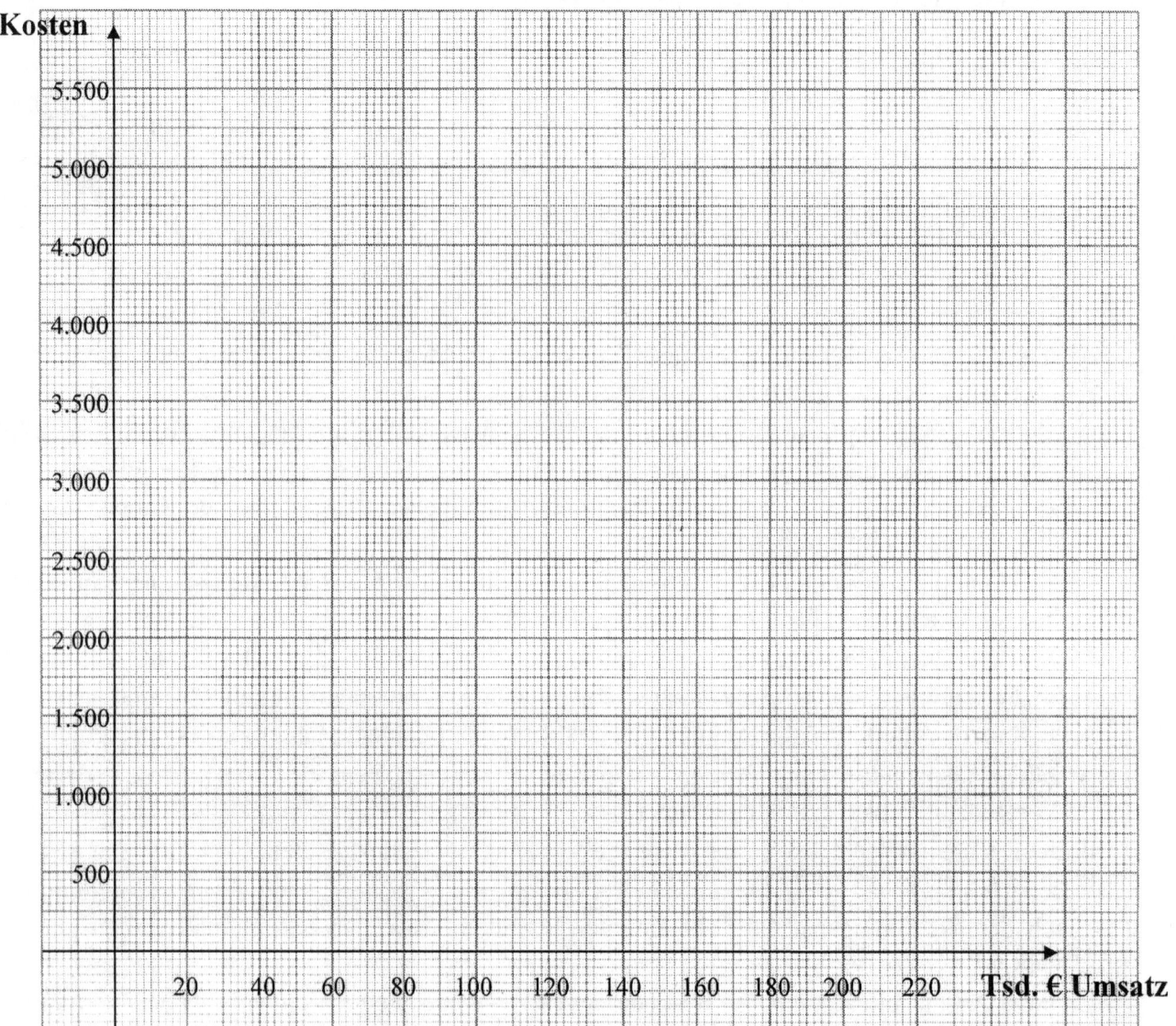

Auszug aus dem Handelsgesetzbuch (HGB):

§ 54 Handlungsvollmacht. (1) Ist jemand [...] zum Betrieb eines Handelsgewerbes oder zur Vornahme einer bestimmten zu einem Handelsgewerbe gehörenden Art von Geschäften oder zur Vornahme einzelner zu einem Handelsgewerbe gehörender Geschäfte ermächtigt, so erstreckt sich die Vollmacht (Handlungsvollmacht) auf alle Geschäfte und Rechtshandlungen, die der Betrieb eines derartigen Handelsgewerbes oder die Vornahme derartiger Geschäfte gewöhnlich mit sich bringt. [...] (3) Sonstige Beschränkungen der Handlungsvollmacht braucht ein Dritter nur dann gegen sich gelten zu lassen, wenn er sie kannte oder kennen musste.

§ 55 Handelsvertreter. (1) Die Vorschriften des § 54 finden auch Anwendung auf Handlungsbevollmächtigte, die Handelsvertreter sind oder die als Handlungsgehilfen damit betraut sind, außerhalb des Betriebes des Prinzipals Geschäfte in dessen Namen abzuschließen. (2) Die ihnen erteilte Vollmacht zum Abschluss von Geschäften bevollmächtigt sie nicht, abgeschlossene Verträge zu ändern, insbesondere Zahlungsfristen zu gewähren. (3) Zur Annahme von Zahlungen sind sie nur berechtigt, wenn sie dazu bevollmächtigt sind. (4) Sie gelten als ermächtigt, die Anzeige von Mängeln einer Ware, die Erklärung, dass eine Ware zur Verfügung gestellt werde, sowie ähnliche Erklärungen, durch die ein Dritter seine Rechte aus mangelhafter Leistung geltend macht oder sie vorbehält, entgegenzunehmen; sie können die dem Unternehmer (Prinzipal) zustehenden Rechte auf Sicherung des Beweises geltend machen.

§ 84 Begriff des Handelsvertreters. (1) Handelsvertreter ist, wer als selbstständiger Gewerbetreibender ständig damit betraut ist, für einen anderen Unternehmer Geschäfte zu vermitteln oder in dessen Namen abzuschließen. Selbstständig ist, wer im Wesentlichen frei seine Tätigkeit gestalten und seine Arbeitszeit bestimmen kann.

§ 86 Pflichten des Handelsvertreters. (1) Der Handelsvertreter hat sich um die Vermittlung oder den Abschluss von Geschäften zu bemühen; er hat hierbei das Interesse des Unternehmens wahrzunehmen. (2) Er hat dem Unternehmen die erforderliche Nachricht zu geben, namentlich ihm von jeder Geschäftsvermittlung und von jedem Geschäftsabschluss unverzüglich Mitteilung zu machen. (3) Er hat die Pflichten mit der Sorgfalt eines ordentlichen Kaufmanns wahrnehmen.

§ 86a Pflichten des Unternehmers. (1) Der Unternehmer hat dem Handelsvertreter die zur Ausübung seiner Tätigkeit erforderlichen Unterlagen, wie Muster, Zeichnungen, Preislisten [...], zur Verfügung zu stellen. (2) Der Unternehmer hat dem Handelsvertreter die erforderlichen Nachrichten zu geben. [...]

§ 90 Geschäfts- und Betriebsgeheimnisse. Der Handelsvertreter darf Geschäfts- und Betriebsgeheimnisse, die ihm anvertraut [...] worden sind, auch nach Beendigung des Vertragsverhältnisses nicht verwerten oder anderen mitteilen.

§ 383 Begriff des Kommissionärs. (1) Kommissionär ist, wer es gewerbsmäßig übernimmt, Waren oder Wertpapiere für Rechnung eines anderen (des Kommittenten) in eigenem Namen zu kaufen oder zu verkaufen.

§ 384 Pflichten des Kommissionärs. (1) Der Kommissionär ist verpflichtet, das übernommene Geschäft mit der Sorgfalt eines ordentlichen Kaufmanns auszuführen; er hat hierbei das Interesse des Kommittenten wahrzunehmen und dessen Weisungen zu befolgen. (2) Er hat dem Kommittenten die erforderlichen Nachrichten zu geben, insbesondere von der Ausführung der Kommission unverzüglich Anzeige zu machen; er ist verpflichtet, dem Kommittenten über das Geschäft Rechenschaft abzulegen und ihm dasjenige herauszugeben, was er aus der Geschäftsbesorgung erlangt hat. (3) Der Kommissionär haftet dem Kommittenten für die Erfüllung des Geschäfts, wenn er ihm nicht zugleich mit der Anzeige von der Ausführung der Kommission den Dritten namhaft macht, mit dem er das Geschäft abgeschlossen hat.

§ 385 Weisungen des Kommittenten. (1) Handelt der Kommissionär nicht gemäß den Weisungen des Kommittenten, so ist er diesem zum Ersatze des Schadens verpflichtet; der Kommittent braucht das Geschäft nicht für seine Rechnung gelten zu lassen.

§ 386 Preisgrenzen. (1) Hat der Kommissionär unter dem ihm gesetzten Preis verkauft oder hat er den ihm für den Einkauf gesetzten Preis überschritten, so muss der Kommittent, falls er das Geschäft als nicht für seine Rechnung abgeschlossen zurückweisen will, dies unverzüglich auf die Anzeige von der Ausführung des Geschäfts erklären; anderenfalls gilt die Abweichung von der Preisbestimmung als genehmigt [...]

§ 387 Vorteilhafter Abschluss. (1) Schließt der Kommissionär zu vorteilhafteren Bedingungen ab, als sie ihm von dem Kommittenten gesetzt worden sind, so kommt dies dem Kommittenten zustatten.

§ 390 Beschädigung beim Kommissionär. (1) Der Kommissionär ist für den Verlust und die Beschädigung des in seiner Verwahrung befindlichen Gutes verantwortlich, es sei denn, dass der Verlust oder die Beschädigung auf Umständen beruht, die durch die Sorgfalt eines ordentlichen Kaufmanns nicht abgewendet werden konnte. [...]

§ 394 Delkredere. (1) Der Kommissionär hat für die Erfüllung der Verbindlichkeit des Dritten, mit dem er das Geschäft für Rechnung des Kommittenten abschließt, einzustehen, wenn dies von ihm übernommen [...] ist. (2) Der Kommissionär, der für den Dritten einzustehen hat, ist dem Kommittenten für die Erfüllung im Zeitpunkte des Verfalls unmittelbar insoweit verhaftet als die Erfüllung aus dem Vertragsverhältnisse gefordert werden kann. Er kann eine besondere Vergütung (Delkredereprovision) beanspruchen.

Auszug aus der Informationsmappe der Heinz Schlau OHG (I):

Handlungsreisender

Reisende sind Angestellte eines Unternehmens und an Weisungen des Vorgesetzten gebunden. Sie sind damit Teil des direkten Absatzkanals. Da sie im Auftrag des Unternehmens Handlungen mit rechtlicher Wirkung ausführen, verfügen sie über eine entsprechende Handlungsvollmacht (geregelt im § 54 HGB). Inwieweit der Reisende ein Unternehmen rechtlich vertreten kann, ist im Einzelfall vertraglich zu regeln. Besitzt er Vermittlungsvollmacht, kann er Geschäfte für sein Unternehmen vermitteln und Bestellungen entgegennehmen. Bei einer Abschlussvollmacht kann der Reisende Geschäfte für sein Unternehmen selbstständig abschließen (in fremdem Namen und auf fremde Rechnung). Zusätzlich kann er Mängelrügen entgegennehmen. In besonderen Fällen hat er die Vollmacht, Kaufpreise entgegenzunehmen (Inkassovollmacht).

Ein Handlungsreisender gehört zu den so genannten Absatzhelfern. Als Angestellter des Unternehmens soll er zwar den Absatz der Produkte des Unternehmens steigern, das Absatzrisiko trägt er jedoch nicht.

In erster Linie wird der Handlungsreisende als Vermittlungsorgan zwischen Hersteller und Kunden eingesetzt. Er soll den Kunden die Produkte präsentieren und Kaufverträge vermitteln oder abschließen. Die Neugewinnung von Kunden („Akquisition") gehört dabei ebenso zu seinen Aufgaben wie die Kontaktpflege zu den bereits vorhandenen Kunden (Betreuung der Kunden z. B. mit Informationen über neue Produkte). Umgekehrt kann der Handlungsreisende seinen Arbeitgeber jedoch auch mit wichtigen Informationen versorgen (z. B. Wünsche der Kunden bezüglich bestimmter Produkteigenschaften, Hinweise über funktionale Mängel bei der Anwendung).

Als Mitarbeiter erhält der Handlungsreisende ein festes Gehalt (Fixum), der Ersatz der Kosten, die im Zusammenhang mit seiner Tätigkeit angefallen sind (Spesen) sowie häufig eine Umsatzprovision.

Im Zusammenhang mit seiner Angestelltentätigkeit muss der Handlungsreisende einige Pflichten erfüllen. Wie jeder Angestellte muss er die ihm übergebenen Aufgaben gewissenhaft erfüllen (Bemühungspflicht). Über abgeschlossene Verträge muss er seinen Arbeitgeber/Vorgesetzten unverzüglich informieren (Benachrichtigungspflicht). Unternehmensinterne Daten darf er nicht an außenstehende Dritte weitergeben (Treue-/Verschwiegenheitspflicht). Und natürlich darf der Handlungsreisende ohne Zustimmung des Arbeitgebers nicht nebenbei eine ähnliche Tätigkeit für einen anderen Arbeitgeber ausführen.

Auszug aus der Informationsmappe der Heinz Schlau OHG (II):

Handelsvertreter

Handelsvertreter sind selbstständige Kaufleute, die ständig damit betraut sind, im Namen und auf Rechnung eines Unternehmens (Auftraggebers) Geschäfte zu vermitteln oder abzuschließen (Vermittlungs- bzw. Abschlussvertreter). Sie sind als selbstständige Kaufleute Teil des indirekten Absatzkanals. Die Grundlage für ihre Tätigkeit ist der Agenturvertrag („Vertretervertrag"), der in der Regel unbefristet abgeschlossen wird. Beide Vertragsparteien haben jedoch die Möglichkeit den Vertrag zu kündigen (häufig unter Beachtung einer entsprechenden Kündigungsfrist).

Ein Handelsvertreter gehört zu den so genannten Absatzhelfern. Als selbstständiger Kaufmann ist er zwar selbst an einem hohen Absatz interessiert, da er jedoch im Namen und auf Rechnung des Auftraggebers seine Tätigkeit ausübt, trägt er nicht das Absatzrisiko.

Da für den Kunden nach außen hin nicht ersichtlich wird, dass es sich bei dem Handelsvertreter um einen selbstständigen Kaufmann handelt, müssen diesem vom Auftraggeber entsprechende Materialien zu Verfügung gestellt und er mit entsprechenden Rechten ausgestattet werden. Für die Ausübung seiner Tätigkeit muss der Handelsvertreter beispielsweise über Preislisten, Angebotskataloge und Werbematerialien verfügen.

Als selbstständiger Kaufmann erhält der Handelsvertreter für seine Tätigkeit eine Provision (Umsatzbeteiligung). Steht ihm diese Provision nur bei persönlichem Abschluss eines Kaufvertrages zu, so wird diese Provision Abschlussprovision genannt. Bei Bezirksvertretern wird die Provision sogar dann gezahlt, wenn innerhalb des zu bearbeitenden Bezirks auch ohne die Mitwirkung des Handelsvertreters ein Vertragsabschluss zu Stande kommt. Übernimmt der Handelsvertreter sogar die Haftung für den Zahlungseingang aufgrund eines Geschäftes, so erhält er in der Regel zusätzlich eine so genannte Delkredereprovision. Ebenso kann er einen Ersatz seiner Aufwendungen geltend machen (Spesenersatz).

Der Handelsvertreter muss sich um die Vertragsvermittlung bzw. den -abschluss bemühen (Bemühungspflicht). Ebenso muss er sich im Rahmen seiner Tätigkeit wie ein ordentlicher Kaufmann verhalten (Sorgfaltspflicht). Bei einer Geschäftsvermittlung bzw. einem -abschluss muss er den Auftraggeber unverzüglich informieren. Auf der Basis des Agenturvertrages muss er sämtliche Weisungen des Auftraggebers erfüllen (Befolgungspflicht). Letztendlich muss er über ihm anvertraute Geschäftsgeheimnisse auch nach Beendigung des Auftragsverhältnisses Schweigen bewahren. Insbesondere bei Vertretern, die Produkte verschiedener Unternehmen anbieten, ist dies zu beachten (Verschwiegenheitspflicht).

Auszug aus der Informationsmappe der Heinz Schlau OHG (III):

Kommissionär

Kommissionäre sind selbstständige Kaufleute, die Waren (oder Wertpapiere) in eigenem Namen auf Rechnung des Kommittenten (Auftraggebers) kaufen oder verkaufen. Grundlage ist der zwischen dem Kommittenten und dem Kommissionär abgeschlossene Kommissionsvertrag, der auf Dauer oder für einen Einzelfall angelegt werden kann. Sie sind als selbstständige Kaufleute Teil des indirekten Absatzkanals. Der Kommissionär verfügt häufig über einen geeigneten Kundenstamm sowie über gute Marktkenntnisse. Bei Warenkommission bietet er darüber hinaus eine geeignete Lagermöglichkeit an.

Für seine Tätigkeit erhält der Kommissionär eine Abschluss- und Delkredereprovision. Darüber hinaus kann vertraglich ein Aufwandsersatz geregelt sein (z. B. Ersatz der Lagerkosten, der Fracht und des Rollgelds, der Auslobungskosten). Der Vorteil des Kommissionsgeschäftes aus Sicht des Kommissionärs (der Kommissionär muss die übernommene Ware nicht sofort bezahlen) wird dadurch beeinträchtigt, dass die vereinbarte Provision in der Regel nicht so hoch ist wie der Gewinn, der bei einer eigenständigen Handelstätigkeit erzielt werden kann.

Der Kommissionär übernimmt die Ware (Wertpapiere) in seinen Besitz und versucht sodann, diese an entsprechende Kunden zu verkaufen. Dabei steht ihm das Recht zu, die Ware, die er einkaufen soll aus eigenen Beständen zu liefern bzw. Ware, die er verkaufen soll, selbst zu kaufen (Selbsteintrittsrecht). Zur Sicherung von Forderungen gegenüber einem Auftraggeber kann er sogar Kommissionsgüter zurückgeben (Pfandrecht). Unverkaufte Güter kann er jederzeit an den Kommittenten zurückgeben.

Als selbstständiger Kaufmann muss der Kommissionär die Leistungen eines ordentlichen Kaufmanns erbringen. Hierzu zählt insbesondere, dass er die ihm überlassenen Güter sorgfältig behandelt. Für etwaige Schäden muss er haften (Sorgfalts- und Haftungspflicht). Darüber hinaus muss er die Aufforderungen des Auftraggebers befolgen (z. B. muss er bei Aufforderung das Kommissionsgut zurückgeben). Über erfolgte Geschäfte muss der Kommissionär den Auftraggeber unverzüglich benachrichtigen (Benachrichtigungspflicht). Danach muss er den vereinbarten Kaufpreis abzüglich seiner Provision an den Kommittenten abführen. Beim Einkauf steht ihm der Einkaufspreis zuzüglich Provision zu (Abrechnungspflicht).

Insbesondere im Außenhandel ist die Tätigkeit eines Kommissionärs auch heute noch von hoher Bedeutung: Der Kommittent spart sich Lagerkosten und er tritt nach außen nicht in Erscheinung. Dies kann aus Wettbewerbsgründen besonders wichtig sein (Stichwort: räumliche Preisdifferenzierung).

LOHN- / GEHALTSABRECHNUNG

Diese Abrechnung gilt als Verdienstbescheinigung.
Bitte aufbewahren!

	Firma	190	Blatt	1
SV-Nummer	Monat	01/10	Freibetr.	1

Pers.-Nr.	Kost.-St.	Eintrittsdatum	St.	Kind	Kfs	SV-Schl.	Urlaubsanspr. in Tagen	gen.	Url.-Geld Vorj.	Url.anspr. lfd. Jahr
2614	1	01.01.91	1	2	1	0 0 0				

Lohnart	Bezeichnung	Anzahl	Satz	%-Zuschlag	Betrag
101	Grundgehalt/Fixum				2.100,00
152	Provision 1,2			1,2	1.800,00

> **HAFT IT**®
>
> Herr Sattmann ist seit neun Jahren als Reisender für sämtliche Produktgruppen tätig. Sein Umgang mit Kunden ist vorbildlich, seine Umsätze mittelmäßig. Ab kommendem Monat wird sein Verkaufsbezirk von einem Kollegen übernommen.

Summen des Monats

Steuerpfl. Brutto	Lohnsteuer	Kirchensteuer	Sol.Zul.	Sozialvers. Brutto	KV	PV	RV	AV
3.810,00	1.013,46	91,21	55,74	3.900,00	290,33	35,83	388,05	54,60

Tage LSt. KV RV AV	Std./Tage-1	Std./Tage-2		Std./Tage-3	Durchschnitt-1	Durchschnitt-2	Durchschnitt-3
30 30 30 30							

Summen des Jahres

Steuerpfl. Brutto	Lohnsteuer	Kirchensteuer	Sol.Zul.	Sozialvers. Brutto	KV	PV	RV	AV
3.810,00	1.013,46	91,21	55,74	3.900,00	290,33	35,83	388,05	54,60

Tage LSt. KV RV AV	Std./Tage-1	Std./Tage-2		Std./Tage-3	Durchschnitt-1	Durchschnitt-2	Durchschnitt-3
30 30 30 30							

Heinz Schlau OHG – 40213 Düsseldorf

Bernd Sattmann
Karl-Goisen-Allee 75
40210 Düsseldorf

Gesamt-Brutto	3.900,00
Gesetzliche Abzüge	1.929,22
Netto-verdienst	1.970,78
Persönliche Be-/Abzüge	39,00
Überweisung	1.931,78

Anlage 1

Dipl. Betriebswirt Phillip Reis   Tel.: 08238 / 6541111
Handelsvertreter   Fax: 08238 / 6541112
Fliederstraße 13   Internet: phillipreis@t-online.de
86459 Gessertshausen

Phillip Reis · Fliederstraße 13 · 86459 Gessertshausen

Heinz Schlau OHG
Frau Geiger
Suitbertusstr. 130
40213 Düsseldorf

Ihr Zeichen, Ihre Nachricht vom   Unser Zeichen, unsere Nachricht vom   Datum
la-ge, 10.10.2010   rei, 01.10.2010   15.10.2010

Angebot

Sehr geehrte Frau Geiger,

nach Durchsicht Ihrer Faxanfrage darf ich Ihnen mitteilen, dass ich am Vertrieb Ihrer
Büromöbel im Gebiet Österreich interessiert bin. Als Mehrfirmenvertreter für diverse
Büromöbelhersteller kenne ich mich in diesem Gebiet sehr gut aus und verfüge über
einen festen Kundenstamm. In die besonderen Produkteigenschaften Ihrer Erzeugnisse
werde ich mich innerhalb kurzer Zeit einarbeiten.

Sollten Sie sich für mich entscheiden, werde ich für Sie Neukunden im angestrebten
Umfang akquirieren und Verträge abschließen. Darüber hinaus sichere ich den Zahlungseingang. Bei Ausfall des Kunden entsteht für Sie kein Risiko.

Für meine Tätigkeit erhalte ich folgende Provisionen:

- Abschlussprovision in Höhe von 2 % des getätigten Umsatzes zuzgl.
- Delkredereprovision in Höhe von 0,3 % des getätigten Umsatzes.

Sämtliche Spesen sind durch die Provisionen gedeckt und werden Ihnen nicht mehr gesondert in Rechnung gestellt. Erfahrungsgemäß müssen Sie bei einer Markterschließung in dem von Ihnen angestrebten Ausmaß mit zusätzlichen Kosten (z. B. für Wer-
bematerial) in Höhe von 1.000,00 € monatlich rechnen.

Ich habe diesem Schreiben den Vordruck eines Agenturvertrages beigelegt. Sollten Sie
sich für mich entscheiden, schicken Sie mir den Vertrag bitte ausgefüllt und unterschrieben an mich zurück.

Über eine Auftragsvergabe würde ich mich sehr freuen.

Mit freundlichen Grüßen

Phillip Reis
Phillip Reis

Anlage 2

AUSTRIA TRADING GMBH
Lagerung - Kommission - Transport

Austria Trading GmbH · Postfach 9090 · A-5014 Salzburg

Heinz Schlau OHG
Frau Geiger
Suitbertusstr. 130
40213 Düsseldorf

Ihr Zeichen, Ihre Nachricht vom	Unser Zeichen, unsere Nachricht vom	Datum
la-ge, 10.10.2010	tr-lo	16.10.2010

Angebot

Sehr geehrte Frau Geiger,

wir sind einer der größten Kommissionärsunternehmen in der Region Nordösterreich und verfügen über Kunden im gesamten österreichischen Staatsgebiet sowie in den anliegenden osteuropäischen Staaten. Für die von Ihnen angestrebte Erweiterung Ihres Absatzgebietes sind wir also ein kompetenter Partner. Da wir bisher keine Büromöbel in Kommission genommen haben, würde Ihr Auftrag auch für uns eine neue Herausforderung darstellen. Passende Kundengruppen werden wir jedoch innerhalb kurzer Zeit akquirieren.

Entsprechend Ihren Vorstellungen übernehmen Sie den Transport und die Versicherung der Ware zu unserem Konsignationslager in Salzburg. Wir übernehmen sodann die Lagerung und den Verkauf. Für unsere Dienstleistung stellen wir Ihnen eine Abschlussprovision in Höhe von 2,6 % des Umsatzes in Rechnung. Mit diesem Betrag sind die Lagerkosten sowie das Lagerrisiko abgedeckt. Sonstige Kosten werden für Sie nicht anfallen.

Mit dem Abschluss eines Kommissionsvertrages erhalten wir als Kommissionär das Selbsteintritts- sowie das Pfandrecht an der von Ihnen übergebenen Ware. Unverkäufliche Ware kann von uns nach sechs Monaten ab Erhalt an Sie zurückgegeben werden.

Mit freundlichen Grüßen
Austria Trading GmbH

Magnus Trevers

Anlage 3

46. Von der Produktplanung bis zur Markteinführung

Ausgangslage

Die Krüger & Heppner KG stellt seit vielen Jahren Spielzeug her und verkauft diese an Einzelhandelsgeschäfte im Raum Nordrhein-Westfalen und den angrenzenden Bundesländern. Insgesamt bietet das Unternehmen drei Produktgruppen an: Gesellschaftsspiele, Puzzle und Kartenspiele. Die Produkte des Unternehmens zeichnen sich durch besonders hohe Qualität aus, was sich in der langen Nutzbarkeit der Produkte äußert. Da das Unternehmen sämtliche Produktelemente am Unternehmensstandort Duisburg selbst herstellt, müssen die daraus resultierenden hohen Kosten durch im Vergleich zur Konkurrenz höhere Preise gedeckt werden. Aus diesem Grund ist der Umsatz des Unternehmens in den letzten Jahren immer weiter zurückgegangen.

✎ Arbeitsaufträge (1)

Der Leiter der Entwicklungsabteilung der Krüger & Heppner KG stellt in einer Abteilungsleiterbesprechung die Idee für ein neues Gesellschaftsspiel vor. „Das Spiel der Bildung" (ein Frage-Antwort-Spiel, das an das berühmte Jeopardy angelehnt ist) soll im zweiten Quartal dieses Jahres in den Markt eingeführt werden und das seit gut sechs Jahren angebotene „Spiel der Berufe" (eine Art Beruferaten) ersetzen, weil es sich am Ende des Produktlebenszyklus befindet. Um die Marktchancen der neuen Spielidee zu prüfen, soll eine Marktforschung durchgeführt werden.

1.1 Nennen und erläutern Sie mit wenigen Worten die Phasen des Produktlebenszyklusmodells.

1.2 Nennen Sie drei Gründe, die Unternehmen allgemein dazu veranlassen, im Markt eingeführte durch neue Produkte zu ersetzen.

1.3 Erklären Sie die Begriffe „Produktvariation", „Produktmodifikation", „Produktdifferenzierung" und „Produktdiversifikation" und nennen Sie je ein zutreffendes Beispiel. Welche dieser produktpolitischen Maßnahmen wendet das Unternehmen mit der Einführung durch „Das Spiel der Bildung" an?

1.4 Worin besteht der Unterschied zwischen Marktanalyse und Marktbeobachtung? Welche dieser beiden Möglichkeiten der Informationsgewinnung bietet sich für das Unternehmen an? Begründen Sie Ihre Entscheidung.

1.5 Das Unternehmen hat sich entschlossen, eine Marktforschung in Form der Primärforschung durchzuführen. Erklären Sie, was man unter einer Primärforschung zu verstehen hat. Nennen Sie sodann drei mögliche Formen der Informationsgewinnung. Für welche dieser Möglichkeiten sollte sich das Unternehmen entscheiden? Wählen Sie eine Möglichkeit aus und begründen Sie Ihre Entscheidung, indem Sie drei Vor- und drei Nachteile gegenüberstellen.

1.6 Herr Berger, ein Mitarbeiter der Abteilung „Spieleentwicklung" spricht sich in einer Besprechung gegen die Einführung des neuen Spiels aus. Seiner Meinung nach sei die Spielidee nicht innovativ genug. Er schlägt vielmehr eine Strategie für das „Spiel der Berufe" vor, welche er mit nebenstehender Grafik untermauert.

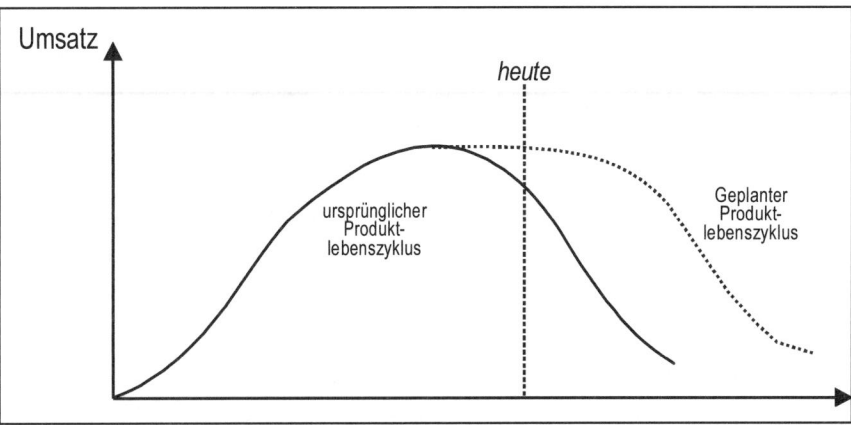

1.6.1 Beschreiben Sie, was in der Grafik dargestellt ist. Gehen Sie dabei insbesondere auf die von Herrn Berger vorgeschlagene produktpolitische Strategie (Fachbegriff!) ein.

1.6.2 Nennen Sie drei Maßnahmen, mit denen Herr Berger seine Strategie durchzusetzen versuchen könnte.

↳ *Arbeitsaufträge (2)*

Der Verkaufsleiter versucht bei einer Abteilungsleitersitzung die Geschäftsleitung davon zu überzeugen, dass die Einführung des „Spiel der Bildung" durch einen hohen Werbeeinsatz begleitet werden sollte.

2.1 Erklären Sie, was man unter den Begriffen „Werbeträger" und „Werbemittel" zu verstehen hat. Nennen Sie jeweils zwei Werbeträger und das dazu passende Werbemittel, die das Unternehmen für die Einführung des Spiels sinnvollerweise verwenden sollte. Erklären Sie Ihre Auswahl mit wenigen Worten. Beachten Sie dabei die in der Ausgangssituation beschriebenen Bedingungen.

2.2 Neben der Werbung stehen einem Unternehmen im Rahmen der Kommunikationspolitik noch andere Möglichkeiten zur Verfügung. Nennen Sie drei weitere Möglichkeiten und geben Sie jeweils bezogen auf die Markteinführung des neuen Produkts ein passendes Beispiel.

2.3 Was versteht man unter einer Sammelwerbung und was unter einer Gemeinschaftswerbung? Erläutern Sie diese beiden Varianten der Kollektivwerbung und geben Sie je ein praktisches Beispiel an, das in der Realität existiert.

2.4 Nennen Sie vier Inhalte, die in einem Werbeplan unbedingt enthalten sein müssen. Zeigen Sie die Bedeutung an der konkreten Ausgangssituation auf.

↳ *Arbeitsaufträge (3)*

In einer weiteren Abteilungsleitersitzung können sich der Produktionsleiter und der Leiter der Absatzabteilung nicht auf einen Preis für das neue Spiel einigen. Der Geschäftsführer Klaus Heppner schlägt abschließend die Möglichkeit einer Preisdifferenzierung vor.

3.1 Nennen Sie drei Möglichkeiten, auf welche Art und Weise eine Preisfindung für das neue Spiel durchgeführt werden könnte.

3.2 Erklären Sie für jede der zuvor genannten Möglichkeiten jeweils zwei Probleme, die sich in der Krüger & Heppner KG bei der Bestimmung eines „sinnvollen" Verkaufspreises konkret ergeben könnten.

3.3 Was versteht man ganz allgemein unter einer Preisdifferenzierung?

3.4 Nennen Sie drei mögliche Preisdifferenzierungsstrategien und erläutern Sie diese vor dem Hintergrund der Ausgangssituation.

Wenn Werbung nicht mehr ausreicht
Moderne Kommunikationsinstrumente in der Absatzwirtschaft

Ziel eines jeden Unternehmens ist es, seine Produkte an den Mann zu bringen. Nur in seltenen Fällen funktioniert dies ohne die Unterstützung von geeigneten Werbemaßnahmen. Unter Werbung versteht man dabei die absichtliche und gesteuerte Beeinflussung von Menschen durch den Einsatz von Werbemitteln und Werbeträgern. Doch häufig führt die Werbung nicht oder nur unzureichend zu den geplanten Zielen. Ein amerikanischer Manager hat dies einmal auf den Punkt gebracht: „Jeden zweiten Dollar, den ich für Werbung ausgebe, gebe ich umsonst aus. - Ich weiß nur nicht welchen Dollar..." Das trifft das Problem auf den Punkt. In vielen Fällen ist Werbung heute nur noch eine mögliche Kommunikationsform unter vielen. Moderne Kommunikationsinstrumente sind in ihrer Bedeutung an die Stelle der klassischen Absatzwerbung gerückt oder flankieren die Werbemaßnahmen. Im folgenden Text sollen diese modernen Kommunikationsinstrumente der Absatzwirtschaft betrachtet werden.

1. Public Relations

Public Relations (PR) bedeutet übersetzt Öffentlichkeitsarbeit. Gemeint sind damit alle Maßnahmen, die das Ansehen des Unternehmens in der Öffentlichkeit fördern. Im Gegensatz zur Werbung ist die Public Relations-Tätigkeit also nicht produkt- sondern unternehmensbezogen. Es soll nicht primär den Absatz steigern sondern das Ansehen (Image) des Unternehmens in der Öffentlichkeit positiv beeinflussen. Die Zielgruppe der Information ist also viel weiter gefasst und nicht nur auf potenzielle Kunden ausgerichtet (z. B. sollen auch potenzielle Kapitalanleger oder Umweltorganisationen angesprochen werden).

Zu den Zielen des PR zählen:

○ **Informationsfunktion**
Teile der Öffentlichkeit (z. B. Verbraucher, Medien, Parteien) sollen über das Unternehmen allgemein (z. B. Art und Ablauf der Produktion, Art der hergestellten Produkte), deren geplante Entwicklung (z. B. Expansion des Produktionsstandorts, Neueinstellungen) sowie deren Ziele (z. B. Umweltschutz, finanzielle Förderung der Region) informiert werden. Teilweise geschieht die Information auf der Basis gesetzlicher Vorschriften (z. B. Veröffentlichung von Jahresabschlüssen), teilweise aber auch auf freiwilliger Basis (z. B. Veröffentlichung von Öko-Bilanzen, Veranstaltungen wie „Tag der offenen Tür").

Public Relations: Das Unternehmen öffnet sich

○ **Kommunikationsfunktion**
Das Unternehmen möchte Kontakte zur Öffentlichkeit aufbauen. Über diese Kommunikation soll die Öffentlichkeit einen Eindruck vom Unternehmen bekommen. Das Unternehmen öffnet sich somit nach außen.

○ **Imagefunktion**
Ein bestimmtes Ansehen des Unternehmens in der Öffentlichkeit soll aufgebaut oder verbessert werden. Einem Unternehmen wird hierdurch ein besonderes Image zugeordnet, dass sich auf die Produkte des Unternehmens überträgt (z. B. durch Slogans wie „Ford - Die tun 'was" oder „Shell - Wir haben verstanden" soll das Unternehmen ein innovatives oder umweltbewusstes Image erhalten). Die Public Relations-Maßnahmen müssen dabei die übrigen Marketingmaßnahmen sinnvoll unterstützen, damit bei der Öffentlichkeit ein hohes Maß an Glaubwürdigkeit erreicht wird (intention = Vertrauen schaffen).

Um diese Ziele zu erreichen werden im Rahmen des PR folgende Maßnahmen ergriffen:
⇨ Veröffentlichung von Anzeigen und Berichten in Medien (Zeitungen, Radio, Fernsehen etc.)
  Z. B. wird in der Regionalzeitung über den Einbau von Luftschutzfiltern zur Verringerung der Emissionen berichtet.
⇨ Betriebsbesichtigungen („Tag der offenen Tür", „Die gläserne Fabrik"), das Unternehmen öffnet sich nach außen und erlaubt Einblicke in die Produktion. *Z. B. kann bei der Volkswagen AG in Wolfsburg im Rahmen des Projekts „Die Autostadt" die gesamte PKW-Produktion ständig besichtigt werden.*

⇨ Herausgabe von Firmenzeitschriften, in denen Teile der Öffentlichkeit informiert werden. *Z. B. gibt das Unternehmen Bayer AG an seine Mitarbeiter eine eigens zur Mitarbeiterinformation erstellte Zeitung heraus.*

⇨ Herausgabe von sonstigem Informationsmaterial (z. B. Aktionärsbriefe, Informationsvideos für Schulen). *Z. B. kann man bei der Daimler AG Videofilme über den Produktionsablauf erhalten.*

⇨ Einrichtung von „Hot-Lines", Kunden können bei Fragen, Anregungen und Kritik das Unternehmen über eine speziell eingerichtete Telefonverbindung (häufig unter Anwendung einer gebührenfreien 0130- bzw. 0800-Nummer) erreichen. *Z. B. bietet die Coca Cola Company eine derartige Hot-Line interessierten Kunden an.*

Zu guter Letzt ist noch zu beachten, dass bei einigen Maßnahmen des PR Überschneidungen zu anderen modernen Kommunikationsinstrumenten möglich sind, wie beispielsweise zum Sponsoring.

2. Sales Promotion

Auch dieser Fachbegriff kann leicht ins Deutsche übersetzt werden; er bedeutet Verkaufsförderung und ist ein weiteres alternatives Kommunikationsinstrument, das zur Steigerung des Umsatzes führen soll. Ansatzpunkte sind neben den potenziellen Konsumenten die Personen, die im Rahmen des indirekten oder direkten Absatzwegs am Verkauf beteiligt sind (z. B. Verkäufer der Verkaufsabteilung, Absatzmittler, Händler).

Generell soll Sales Promotion (SP) zur Steigerung des Umsatzes eines Produkts bzw. einer oder mehrerer Produktgruppen eines Unternehmens durch den Einsatz verkaufsfördernder Maßnahmen führen. Im Einzelnen gehören dazu folgende Maßnahmen, wobei Überschneidungen möglich sind:

○ **Absatzsteigerung am Point of Sale (Ort des Verkaufs)**
Hierzu gehören beispielsweise folgende Maßnahmen: Aufstellen von Displays, Ladenbau- und Dekorationshilfen, Aktionsangebote, Werbegeschenke, Verkaufswettbewerbe, Verkostungen, rack jobbing[1].

○ **Absatzsteigerung durch Verkaufsschulungen**
Personen, die am Verkauf des Produktes oder der Produktgruppe beteiligt sind, werden besonders geschult. Besonders bei erklärungsbedürftigen Produkten oder bei Produktinnovationen erhalten diese Personen bessere Kenntnis über das Produkt und dessen Funktionalität. Durch allgemein ausgerichtete Verkaufsschulungen wird der Umgang der Verkaufspersonen mit den potenziellen Kunden verbessert (z. B. höflicher Umgang).

○ **Absatzsteigerung flankierende Werbemaßnahmen**
Klassische Werbemaßnahmen werden durch zusätzliche Maßnahmen unterstützt, z. B. durch Rabattmarken, Rückerstattungsangebote, Verlosungen, Lotterien, Informationsbriefe, Preisausschreiben, Teilnahme an Messen und Verkaufsausstellungen.

Sales Promotion: Werbung am POS

SONDERANGEBOT
Nur heute besonders günstig !!!

Greifen Sie zu !

NUR HEUTE !!!

Die Maßnahmen des SP können unterteilt werden in:

⇨ **Verbrauchermaßnahmen (Consumer Promotion)**
Hierunter fallen alle Maßnahmen, die die Nachfrage der potenziellen Kunden direkt steigert. Im Einzelnen gehört dazu:

➠ Am POS[2]: Displays, Sonderpreisaktionen, Vorführungen, Verkostungen etc.

➠ Außerhalb des POS: Preisausschreiben, Werbegeschenke, Merchandising etc.

⇨ **Handels-/verkaufspersonalorientierte Maßnahmen (Dealer Promotion)**
Die Personen, die im Rahmen des direkten oder indirekten Absatzweges am Verkauf des Produkts beteiligt sind, erhalten Unterstützungsmaßnahmen.
Im Einzelnen gehören dazu: Schulungen, Bonus- und Prämiensysteme, Verkaufstreffen, regelmäßige Übergabe von Informationsmaterial, Vergabe von kostenlosen Proben etc.

Obwohl SP und Werbung häufig die gleichen Ziele haben, existieren doch zwischen diesen beiden Kommunikationsinstrumenten deutliche Unterschiede: Sales Promotion

➠ löst nur kurzfristig einen Kaufreiz aus (im Gegensatz zur Werbung mit mittelfristiger Wirkung),

➠ ist relativ schnell durchführbar (keine langen Vorbestellungen bei Fernsehanstalten etc.),

➠ ist häufig von den Bedingungen des Handels abhängig (Handel stellt Raum zur Verfügung, Ausnahme: rack jobbing),

---

[1] Unter rack jobbing versteht man, dass der Inhaber eines Einzelhandelsgeschäftes Teile seiner Regale an Markenartikelhersteller vermietet. Der Hersteller ist sodann für die Pflege des Regals zuständig (also für Säuberung, Wiederauffüllung, Gestaltung usw.).

[2] POS ist die Abkürzung für Point-Of-Sale und meint den Ort des Verkaufs (z. B. das Regal, in dem die Ware angeboten wird).

➡ ist häufig nur regional einsetzbar und hat daher nur eine geringe Breitenwirkung,

➡ führt schneller zu einem Absatzzuwachs als Werbung, der Kaufanreiz hat jedoch i. d. R. eine kürzere Wirkung,

➡ kann bei häufigem Einsatz von Sonder- und Tiefpreisaktionen der Marke schaden („Markenerosion"), da die Marke in den Augen des Konsumenten an Wert verliert.

Auch beim SP ist eine eindeutige Abgrenzung zu anderen modernen Kommunikationsinstrumenten (z. B. zum Direct Mailing) nicht immer möglich.

3. Product Placement

Product Placement (PP) bedeutet frei übersetzt Produktplatzierung. Hierunter versteht man die Einbindung eines Produkts (i. d. R. Markenartikel) in die Handlung eines Films im Kino oder im Fernsehen. Es spielt dabei keine Rolle, ob das Produkt entgeltlich (Kauf, Mietung) oder unentgeltlich eingesetzt wird. Gemäß § 1 des GWB sowie zahlreicher Medienvorschriften (z. B. Rundfunkstaatsvertrag) ist Werbung vom üblichen Programm zu trennen. Im Gegensatz zum Product Placement ist die so genannte Schleichwerbung verboten[3]. Gemäß gängiger Rechtsprechung liegt Schleichwerbung immer dann vor, wenn eine Produkteinblendung dramaturgisch nicht notwendig ist. Natürlich ist dies nicht immer nachzuweisen. Der Einsatz des Produkts soll somit nicht in erster Linie eine Werbewirkung haben, sondern Bestandteil einer realitätsbetonenden Handlung sein.

Zu den Sonderformen des PP gehören Generic Placement (Einsatz von Warengruppen) sowie Image Placement (Gesamtthema des Films ist auf ein Unternehmen/eine Produktgruppe zugeschnitten).

Product Placement: Der Held fährt das beste Auto

Da der Zuschauer häufig „werbemüde" ist, ja der Werbung sogar mit negativen Gefühlen gegenübersteht (Folgeerscheinung: „zapping"), stellt das Product Placement eine Möglichkeit der „Werbung durch die Hintertür" dar. Darüber hinaus ermöglicht es vielen Unternehmen, gängige Verbote zu überwinden (z. B. Werbeverbot im öffentlich-rechtlichen Fernsehen nach 20:00 Uhr, Werbeverbot für Zigaretten). Im Einzelnen werden folgende Ziele/Wirkungen angestrebt:

○ **Identifikationswirkung**
 Ein Schauspieler nutzt (direkt oder indirekt) das eingesetzte Produkt. Das Image des Schauspielers überträgt sich auf diese Weise auf das Produkt (*z. B. fährt James Bond im Film „Golden Eye" das neue Z3-Modell von BMW[4]; die Charaktereigenschaften des Hauptdarstellers wie Abenteuerlust, Freiheitsdrang und der Einsatz moderner Technik wirken sich auf das Produkt aus*). Auf der anderen Seite hat der Hersteller des Produkts i. d. R. keinen Einfluss auf die Handlung oder den Einsatz des Produktes, sodass das Risiko negativer Effekte besteht (*z. B. kann ein Zigarettenhersteller es häufig nicht verhindern, dass sein Produkt von einem Gangster geraucht wird, dem die Zuschauer nur Antipathie entgegenbringen*).

○ **Gebrauchssimmulation**
 Dadurch, dass ein Produkt in einem bestimmten Handlungszusammenhang verwendet wird, wird der Zuschauer von der Gebrauchstauglichkeit überzeugt und der Gebrauch als allgemein akzeptiert präsentiert (*z. B. überzeugt erst die tatsächliche Nutzung einen Konsumenten von der Tauglichkeit eines Produkts, auch wenn ein Stunt zwar realistisch dargestellt ist, mit dem dargestellten Motorrad jedoch gar nicht durchführbar gewesen wäre. Der häufige Gebrauch von Zigaretten suggeriert dem Konsumenten, dass Rauchen gar nicht gefährlich sein kann*).

---

[3] In der 90er-Jahren beispielsweise kam es zu einem Medienskandal, als Horst Schimanski in einem Tatort mehrmals Rachengold-Bonbons benutzte. Zwar sollte der Schauspieler in seiner Rolle einen grippekranken Kommissaren spielen, insbesondere die Konkurrenten störten sich jedoch an der allzu häufigen Platzierung des Bonbons. Die ARD wurde in folge dessen vom Werberat gerügt.

[4] Die Konkurrenz schläft im Übrigen nicht: Nach dem erfolgreichen Einsatz des BMW wurde das Product-Placement-Konzept von vielen PKW-Herstellern kopiert. So fährt die Gegenspielerin von Tom Cruise im Film „Mission Impossible II" das neue TT-Modell von Audi und in „Jurassic Park" werden die Forscher in dem Off-Road-Fahrzeug der M-Klasse von DaimlerCrysler von Dinosauriern verfolgt.

○ **Imagesteigerung**

Viele Produkte heben sich in ihren Eigenschaften gar nicht mehr von denen der Konkurrenz ab (homogene Güter wie z. B. Waschmittel, Autos). Im Rahmen der Werbung fällt es den Unternehmen daher schwer, für den Konsumenten erkennbare Leistungsvorteile herauszustellen. Durch das Product Placement kann jedoch durch eine Imagebildung eine Abgrenzung zu Konkurrenzprodukten erreicht werden *(z: B. wenn Mutter Beimer als „Sauberfrau der Nation" ein bestimmtes Waschmittel einsetzt).*

○ **Kostengünstiger Einsatz**

In vielen Fällen zahlen die Produzenten von Filmen für den Einsatz von bestimmten Produkten. Doch selbst in dem Fall, in dem der Hersteller sein Produkt unentgeltlich zur Verfügung stellt, sind die Kosten (gemessen im TKP – 1.000-Kontakte-Preis) im Vergleich zur klassischen Werbung sehr gering.

4. Sponsoring

Diese kommunikationspolitische Maßnahme kann man frei übersetzen mit „finanzieller Unterstützung". Hierbei fördert ein Unternehmen (der Sponsor) Personen, Organisationen oder Ereignisse im sportlichen, kulturellen, sozialen oder ökologischen Bereich gegen Nennung der Firma oder des Produktnames. Die Förderung kann dabei in der Übergabe von Geld, in der Zurverfügungstellung von Sachmitteln oder durch eine Dienstleistung geschehen. Der Gesponsorte muss im Gegenzug eine Leistung erbringen, welche das Image des Sponsors fördert. Sponsoring zielt daher ebenso wie die Public Relations nicht direkt auf eine Absatzsteigerung, da es nicht produkt- sondern unternehmensbezogen ist. Häufig stehen vorrangig keine wirtschaftlichen Interessen im Vordergrund.

Zu den Zielen des Sponsoring zählen

○ **Imagesteigerung**

Dadurch, dass der Gesponsorte auf den Sponsor aufmerksam macht (z. B. durch das Anbringen des Markenlogos auf dem Trikot oder an der Bühne) und sowohl vom Konsument als auch vom Gesponsorten keine (direkte) Gegenleistung gefordert wird, entsteht in den Augen des Konsumenten das Bild des „selbstlosen Geldgebers". Darüber hinaus erhält der Sponsor abhängig von der gesponsorten Sache weitere positive Eigenschaften zugeordnet (z. B. beim Öko-Sponsoring das Attribut der Umweltverantwortung, beim Sportsponsoring die Eigenschaft der Jugendförderung und beim Engagement im kulturellen Bereich das Image der Regionalförderung).

Sponsoring: Spiele sonst kaum zu finanzieren

○ **Steigerung des Bekanntheitsgrades**

Da Sponsoring auf eine werbewirksame Gegenleistung abzielt (Herausstellung des Sponsors) treffen die Ziele der Absatzwerbung auch auf diese Sonderform zu.

○ **Demonstration unternehmerischer Leistungsstärke**

Da sich i. d. R. nur große Unternehmen Sponsoringmaßnahmen leisten können, dokumentiert dieses Kommunikationsinstrument herausragendes Leistungsvermögen.

○ **Kommunikation mit potenziellen Kunden**

Im Rahmen des Sponsorings werden potenzielle Kunden in werbefremder Umgebung und oftmals in Freizeitlaune angesprochen. Die angesprochenen Personengruppen sind häufig aufmerksamer und nehmen daher mehr Informationen auf. Die Werbewirkung hat daher oft eine überzeugendere Wirkung.

Um diese Ziele zu erreichen stehen einem Unternehmen im Rahmen des Sponsoring folgende Maßnahmen zur Verfügung:

⇨ **Finanz- und Sachleistungssponsoring**
  Personen, Institutionen und Veranstaltungen werden finanziell unterstützt oder erhalten Sachleistungen (z. B. Produkte des Unternehmens). *Z. B.: Sportsponsoring der „Bayer AG" beim Fußballverein „Bayer Leverkusen", Veranstaltungs-sponsoring der „Volkswagen AG" im Rahmen der „Volkswagen Foundation", Sachleistungssponsoring durch die „Siemens Nixdorf AG", die spezielle Hard- und Software für Behinderte entwickelt.*

⇨ **Stiftungs- und Vereinssponsoring**
  Der Sponsor gründet einen Verein bzw. eine Stiftung und unterstützt auf diese Weise bestimmte Personengruppen. *Z. B.: unterstützt McDonalds im Rahmen der „Ronald-McDonald-Kinderhilfe e. V." Krankenhäuser für krebskranke Kinder.*

Natürlich bergen auch Sponsoringmaßnahmen einige Nachteile in sich. Hierzu gehören beispielsweise:

➥ Wegen der fehlenden Produktbezogenheit ergibt sich häufig nur eine geringe Wirkung auf den Absatz.

➥ Der Erfolg des Sponsoring hängt vom Erfolg der gesponsorten Personen bzw. Organisationen ab (steigt beispielsweise der gesponsorte Fußballverein ab, so kann dies eine negative Werbewirkung haben).

5. Direktmarketing / Direct Mailing

Im Gegensatz zur Werbung, deren Einsatz einer Streuwirkung mit der Gefahr von Streuverlusten unterliegt, wird beim Direktmarketing (DM) versucht, einen direkten Kontakt zum Kunden aufzubauen. Eine wichtige Basis für das Direktmarketing bilden die Adressen der anzusprechenden Zielgruppen. Adressen, die nur aus dem Telefonbuch entnommen werden, sind nutzlos. So genannte Adressenmakler bieten zu jeder Anschrift daher persönliche Daten wie Kaufverhalten, Hobbys, Alter, Geschlecht etc. Diese Daten ermöglichen eine sinnvolle Selektion.

Zu den Einsatzarten des DM gehören

○ **Direct Mailing**
  Hierunter versteht man das Versenden von Werbebriefen, Katalogen, Prospekten und anderen Werbemitteln an einen bestimmten potenziellen Kunden. Nach der direkten Ansprache soll der zu einer Reaktion aufgefordert werden. Derartige Responseelemente können Antwortpostkarten, Kontaktformulare, Gutscheine oder Rückrufnummern sein. Besonderer Wert muss auf die individuelle Aufmachung der Mails gelegt werden, denn der Kunde muss sich direkt angesprochen fühlen.
  Eine inflationäre Flut von Mails bewirkt einen Abstumpfungseffekt.

Direct Marketing: Das Ziel ist der Kunde

○ **Telefonverkauf / Internetverkauf**
  Die Kontaktaufnahme mit dem potenziellen Kunden wird hier via Telefon bzw. Telefax und über das Internet aufgenommen.

○ **Kundenclubs**
  Um mit potenziellen Kunden ständigen Kontakt aufzubauen bieten viele Unternehmen seinen Kunden die Möglichkeit zum Beitritt in einen speziellen Kundenclub. Nach der Aufnahme werden die Clubmitglieder regelmäßig über neue Produkte und Unternehmensaktionen (z. B. jährliche „Party"-Wochenenden) informiert.

Nicht immer bringt DM nur Vorteile für das werbende Unternehmen und für den umworbenen Konsumenten. Daher sind folgende Punkte zu beachten:

➥ Haushalte, die keine Directmailing erhalten möchten, können sich in die so genannte „Robinsonliste" des Deutschen Direktmarketing Verbandes (DDV) eintragen lassen. Bei unadressierten Werbeschreiben kann der Einwurf in den Briefkasten durch das Anbringen einer entsprechenden Bemerkung (z. B. „Bitte keine Werbung einwerfen") unterbunden werden. In einem solchen Fall dürfen die Verteiler keine Werbung einwerfen; bei Verstoß droht eine Abmahnung.

➥ Die Flut von Directmailings führt dazu, dass der Umworbene keinerlei Informationen mehr aufnimmt; er schmeißt die empfangene Werbepost ungelesen in den Papierkorb.

➥ Das Internet mit den angeschlossenen PC's sowie internetfähigen Handy eröffnen einen neuen Markt des Directmailings.

Gutes Geld

Mit dem Sektglas in der Hand schlendern Konzertbesucher durch die verschachtelte Architektur der Berliner Philharmonie. Im Foyer steht ein Mann im Smoking und jammert: „Dann sind wir Knall auf Fall arbeitslos - das ganze Orchester." Der Herr ist Musiker und sammelt Unterschriften gegen die geplante Streichung der Berliner Symphoniker. 58.348 Unterschriften hat er bereits, doch „der Senat ignoriert den Bürgerwillen".

Besser als die Symphoniker stehen die Berliner Philharmoniker da. Seit Anfang der 90er Jahre fördert die Deutsche Bank das hauptstädtische Spitzenorchester. Mit Beginn der vergangenen Spielsaison, als Sir Simon Rattle den Taktstock übernahm, ist daraus eine exklusive Partnerschaft geworden. „A vision for music" steht seitdem im Programmheft, daneben dezent das Logo des Sponsoring-Partners. Die Höhe der Fördersumme bleibt ungenannt, es soll ein Batzen sein. Gemessen am Milliardenumsatz der Bank zwar ein Klacks, irgendwo im Promillebereich angesiedelt. Aber die medienwirksam verkündete Kooperation prägt sich dem Publikum ein.

Sponsoring ist nicht mehr wegzudenken aus dem Baukasten verfeinerten Marketings. Trotz Konjunkturflaute hat es in den vergangenen Jahren einen kontinuierlichen Aufschwung genommen. Konventionelle Werbung schwächelt, seit dem Jahr 2000 bröckelten die Ausgaben für klassische Reklame in Fernsehen, Radio und Printmedien um fast zehn Prozent ab. Dagegen ist das Sponsoring gestärkt aus der Krise hervor gegangen (siehe Grafik): Auch in den wirtschaftlich harten Zeiten hat es solide Zuwächse verzeichnet, fast zehn Prozent jährlich.

Das Sponsoren-Füllhorn der deutschen Wirtschaft ist üppig gefüllt. Rund drei Mrd. Euro, so die aktuelle Schätzung des Marktforschungsinstituts Pilot Group, sprudeln dieses Jahr. Das ist fast doppelt so viel wie vor fünf Jahren.

Der Löwenanteil, mehr als 1,6 Mrd. Euro, fließt in den Bereich Sport, gefolgt vom Mediensponsoring mit 600 Mio. Euro. Das Budget für die Künste fällt deutlich magerer aus. Nur geschätzte 300 Mio. Euro ließen deutsche Unternehmen dafür springen. Und an erster Stelle wurden hier Pop- und Rockkonzerte gefördert, breitenwirksame Massenauftritte. Die so genannte Hochkultur - Konzerte, Opern, Museen und Theater - rangiert ganz hinten.

„Gerade bei der Kulturförderung gibt es noch ein beträchtliches Potenzial", meint Dieter Mussler. Der Vizechef des Fachverbands für Sponsoring ist optimistisch: „Trotz der gegenwärtigen Konjunkturflaute sehe ich die Kulturförderung durch Unternehmen nicht sehr in Mitleidenschaft gezogen." Mittlerweile habe die Wirtschaft verstanden, „dass Kultursponsoring kein Schönwetterinstrument ist". Einzelne Firmen hätten zwar Projekte gestrichen, doch neue Sponsoren springen in die Lücke. Und garantieren eine gewisse Stabilität der Unterstützung, denn die Projekte sollen langfristig wirken. Auf- und Abspringen je nach Kassenlage käme beim anvisierten gehobenen Zielpublikum nicht gut an. Mussler schwärmt von den „faszinierenden Möglichkeiten gerade des Kultursponsorings, die Kommunikation mit Kunden und Öffentlichkeit zu bereichern."

Finanzdienstleister und Automobilbauer waren unter den Pionieren, heute sind fast alle Dax-Unternehmen und ungezählte Mittelständler in der Kulturförderung aktiv.

Audi-Flaggen wehen bei den Salzburger Festspielen, etwa wenn dort Wagners „Ring" neu inszeniert wird. Die renommierte Kunsthall der Hypo-Kulturstiftung lockt seit 1985 Kunstfreunde nach München. Gut fünfzehn Jahre existiert das Siemens Arts Programm und unterstützt vor allem junge, innovative Künstler. Der Schmierstoffhersteller Rhenus Lub vergibt jährlich den mit 50 000 Euro dotierten Rhenus Kunstpreis.

Beim Sponsoring wäscht eine Hand die andere: Firmen tun Gutes und steigern damit ihr Renommee in den Augen einer kritischen Öffentlichkeit. Die Reputation, so predigen PR-Experten, ist das kostbarste Gut einer Firma. Mit ihren Förderaktivitäten gelingt den Unternehmen Zweierlei: Nicht nur können sie das Vertrauen finanzkräftiger Kunden gewinnen und diese ans Unternehmen binden. Auch die eigenen Mitarbeiter sind deutlich motivierter, wenn sie vom gesellschaftlichen Engagement ihrer Firma überzeugt sind.

Der Fantasie sind beim Sponsoring kaum Grenzen gesetzt. Zur Jahrhundertflut im vergangenen Herbst hieß es auch für Unternehmen „Ärmel hochkrempeln". Deutsche Großkonzerne sprangen den Hochwasseropfern mit Millionenbeträgen bei. Tausende kleinerer Firmen räumten ihre Lager für Sachspenden. Doch solche Hilfsaktionen können nicht darüber hinwegtäuschen, dass Sponsoring für soziale Zwecke bislang unterentwickelt ist. Auch die Ökologie kommt trotz vereinzelter Umwelt-Engagements zu kurz, obwohl gerade diese Felder Anfang der 90er Jahre als besonders viel versprechend galten.

Stärkeres Augenmerk richten die Unternehmen indessen auf das Sponsoring von Universitäten, Schulen und Ausbildungsstätten. Nach dem Pisa-Debakel ist der nationale Bildungsnotstand ins Blickfeld gerückt. Die Universität Mannheim etwa erhielt Anfang des Jahres aus der Hand von SAP-Mitgründer Hasso Plattner einen Scheck über zehn Mio. Euro. Das Geld, eine der bislang größten privaten Spenden der deutschen Hochschulgeschichte, ermöglicht nun den Ausbau der Mannheimer Uni-Bibliothek.

Auch für die Renovierung von Hörsälen wirbt Mannheims Uni-Rektor Hans-Wolfgang Arndt mittlerweile um Sponsoren. Ein gutes Dutzend Räume konnte mit Hilfe von Unternehmens-Spenden neu möbliert und gestrichen werden. Zum Dank werden sie nach den fördernden Firmen etwa „KMPG-Hörsaal" benannt. „Es läge doch im ureigenen Interesse der Wirtschaft und des Standortes, für die Bildung mehr zu spenden, anstatt massiv Geld in irgendwelche Fußball-Vereine zu pumpen", findet Arndt. Selbst für den Umbau der Toiletten hat der umtriebige Uni-Rektor nun private Mittel mobilisiert.

Je stärker überschuldet und überfordert die öffentliche Hand ist, umso stärker sind Unternehmen gefragt, in die Lücke zu springen. Übereinstimmung herrscht jedoch, dass der Staat nicht vollständig aus seiner Verantwortung für Kultur und Bildung entlassen werden dürfe. Das Angstwort „amerikanische Verhältnisse" lässt die Kulturszene erschauern. „Ein Kulturstaat muss die kulturelle Vielfalt für die Allgemeinheit hegen und pflegen", sagt etwa Kulturstaatsministerin Christina Weiss (parteilos). Doch so schlecht, wie manche meinen, steht es um die Kultureinrichtungen in den USA gar nicht.

Sponsoring hat in Amerika eine lange Tradition, wofür Stifternamen wie Carnegie, Rockefeller oder Guggenheim stehen. „Es herrscht dort einfach eine ganz andere Mentalität", vermutet Susanne Litzel, Geschäftsführerin bei Kulturkreis der Deutschen Wirtschaft im BDI. „Oft sind das vermögende Mäzene, die keine wirtschaftlichen Interessen mit Ihrem Engagement verbinden", erklärt Litzel. Rund 90 Prozent des Etats für Kultur wird über private Mittel aufgebracht, so Schätzungen.

In Deutschland deckt privates Sponsoring nur einen geringen Teil, etwa zehn Prozent der Finanzierung des kulturellen Lebens. Die Tendenz ist aber klar steigend. „Das ist wichtiges Geld für die Museen, Galerien und Orchester", erkennt Litzel an. „Man kann sagen, dass heute keine Kultureinrichtung ohne private Zuschüsse auskommen kann." Die Kunsthalle Hamburg etwa deckt 55 Prozent ihres Etats mit Geldern von Sponsoren und Stiftern.

Im exklusiven Kulturkreis der deutschen Wirtschaft, 1951 unter dem Dach des BDI gegründet, haben sich 400 prominente Sponsoren, Unternehmen und Einzelpersonen, zusammengeschlossen. „Immer neue bekannte Namen stoßen dazu, etwa Rolex, die Deka-Bank oder MAN", sagt Geschäftsführerin mit leuchtenden Augen. Die promovierte Musikwissenschaftlerin gibt aber auch zu bedenken: „Es ist etwas ungerecht, dass immer nur von den Großkonzernen gesprochen wird, denn der Mittelstand gibt prozentual zum Umsatz sogar mehr Geld für kulturelle und gemeinnützige Projekte."

Kleinere Unternehmen sind im Schnitt freigebiger, bestätigt auch eine Studie des Bonner Instituts für Mittelstandsforschung von 2002. Firmen mit bis zu hundert Beschäftigen öffnen ihre Kasse für ein örtliches wohltätiges Projekt und spenden durchschnittlich 0,25 Prozent ihres Umsatzes. Die Schwergewichte der deutschen Wirtschaft dagegen sind mit Spenden in Höhe von 0,05 Prozent vom Umsatz fünf Mal knauseriger. Trotzdem tragen sie den Ruhm davon - Großunternehmen verstehen sich besser darauf, ihr kulturelles und soziales Engagement bekannt zu machen. Die alte Taktik: „Tue Gutes und rede darüber."

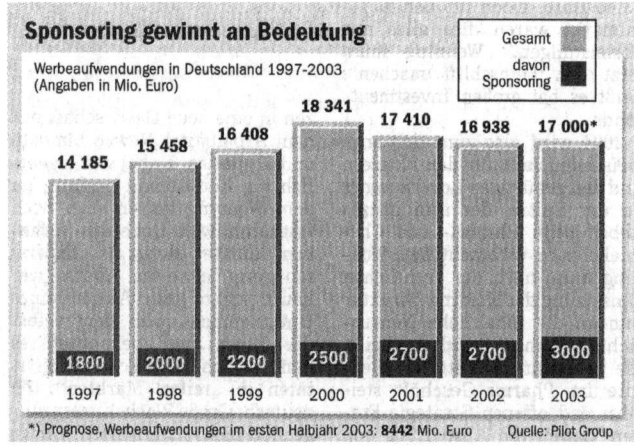

Sponsoring gewinnt an Bedeutung

Werbeaufwendungen in Deutschland 1997-2003 (Angaben in Mio. Euro)

Gesamt / davon Sponsoring

Jahr	Gesamt	davon Sponsoring
1997	14 185	1800
1998	15 458	2000
1999	16 408	2200
2000	18 341	2500
2001	17 410	2700
2002	16 938	2700
2003	17 000*	3000

*) Prognose, Werbeaufwendungen im ersten Halbjahr 2003: **8442** Mio. Euro   Quelle: Pilot Group

Der diskrete Charme des Kultursponsorings

Werbung allein genügt nicht, und dass kann der Münchener Management-Professor Manfred Schwaiger belegen. In Untersuchungen hat er gezeigt, dass Konsumenten innerlich abschalten: Zwar werden sie massiv mit Reklame bombardiert, doch wird nur ein Bruchteil der Werbespots, die der Durchschnitts-Fernsehzuschauer täglich zu Gesicht

bekommt, überhaupt registriert. Werbemillionen versickern nutzlos.

Das Marketing der Zukunft muss subtilere Strategien entwickeln. Ein ausgefallenes Kulturengagement, verspricht Schwaiger, erregt Aufmerksamkeit, besonders beim gebildeten, finanzkräftigen Publikum. Die Namen der fördernden Firmen setzen sich in den Köpfen fest und werden mit positiven Erlebnissen verbunden. „Nachhaltigkeit" und „Verantwortung" heißen die neuen Zauberwörter; um „glaubwürdig" zu wirken, müssen sich Unternehmen als „guter Bürger" präsentieren, lautet der Rat an Firmenchefs. So entspringt kulturelles und soziales Engagement vieler Unternehmen weniger philanthropischen (menschenfreundliche) Neigungen, sondern wird klar als Investment kalkuliert. „Letztlich geht es darum, die eigene Reputation zu erhöhen, die bekanntlich den wichtigsten immateriellen Unternehmenswert darstellt", sagt Schwaiger. Ein guter Ruf ist Gold wert - und will gepflegt sein. Reputation wirkt nicht nur nach außen, indem sie das Vertrauen der Kunden in die Produkte stärkt, sie ans Unternehmen bindet und auch den Zugang zum Kapitalmarkt verbessert. Auch innerhalb des Unternehmens kann ein durch geschicktes Sponsoring aufgemöbelter Firmenruf geradezu Wunder wirken, wie Studien belegen: Auf einen bestimmten Teil der Mitarbeiter, gerade die leitenden Angestellten, wirkt Kultursponsoring motivationsfördernd. Ihre Produktivität steigt.

Schwaiger untersucht seit Jahren die Werbewirkung von Kultursponsoring. Man könne aber, betont er, die klassische Werbung nicht gegen das neuere Sponsoring ausspielen. „Das ist ein Vergleich von Äpfeln und Birnen." Beide hätten ihre spezifischen Vor- und Nachteile: „Werbung ist eher ein Flutlicht, Kultursponsoring dagegen ein Punktstrahler." Wichtig sei, so Schwaiger, dass die Botschaft auf das Firmenprofil abgestimmt ist. So fördert etwa BMW seit Jahren Jazz-Veranstaltungen. Die gedankliche Verbindung „Jazz stehe für Dynamik und Innovation, also Werte, die zur Marke BMW passen. Wichtig sei, dass ein Unternehmen ein präzises und abgestimmtes Gesamtkonzept entwickelt. Hier sieht Schwaiger einen positiven Trend. Früher sprach man oft vom „Sponsoring nach Gutsherrenart". Dabei ging es oft nach den persönlichen Vorlieben des Chefs, sei es Musik, Kunst oder Theater. Heute planen immer öfter professionelle Marketing-Fachleute das kulturelle und soziale Engagement. „In Großunternehmen schätze ich den Anteil des gezielten Sponsorings schon auf etwa 70 Prozent, bei kleineren Unternehmen ist es deutlich weniger", sagt Schwaiger. Sein Lob ist jedoch durchwachsen: Noch zu wenige Unternehmen betreiben bislang ein wirklich perfekt verzahntes und abgestimmtes Kommunikationsmanagement, moniert Schwaiger. „Oft sind die Versprechen zur 'Integrierten Kommunikation' bloße Lippenbekenntnisse." In der Praxis weise die strategische Untemehmenskommunikation noch Mängel auf. Nicht zuletzt die organisatorische Trennung, das Nebeneinander verschiedener Abteilungen für Marketing, Sponsoring und PR, hält Schwaiger für kontraproduktiv. Denn als Krönung modernen Marketings gilt es, die verschiedensten Aktivitäten aufeinander abzustimmen. Maßgeschneidert soll das Kultursponsoring dem Profil und den Zielgruppen der Firma angepasst werden.

47. Die Portfolio-Analyse

Ausgangssituation

Die Heinz Schlau OHG hat sich auf die Serienfertigung von Büromöbeln spezialisiert. Hohe Produktqualität und verhältnismäßig günstige Verkaufspreise haben dazu geführt, dass das Unternehmen in den letzten Jahren stark expandierte. Heute verfügt das Unternehmen über ausreichende Produktionskapazitäten, um Groß- und Einzelhändler in ganz Nordrhein-Westfalen zu beliefern. Der Erfolg des Unternehmens, gemessen am Gewinn, hat sich fast kontinuierlich steigern lassen.

Trotz der großen Konkurrenz hat es die Unternehmensleitung verstanden, durch eine flexible und innovative Produktpolitik Marktanteile zu erringen und diese zu verteidigen. Im Gegensatz zu den Großanbietern der Branche, die Massenware zu äußerst günstigen Preisen anbietet, sind die Produkte der Heinz Schlau OHG qualitativ besser und erfüllen die individuellen Kundenwünsche flexibler.

In der heutigen Besprechung der Unternehmensleitung soll über die langfristige (strategische) Entwicklung des Unternehmens entschieden werden. Hierzu informieren die Verkaufsleiter mithilfe von zahlreichen Daten der Unternehmensrechnung über ihren Produktbereich.

Variante 1

Herr Maier ist Verkaufsleiter für das Geschäftsfeld **„Bürotische"**. Die Situation in diesem Bereich stellt er wie folgt dar:

Allgemeine Situation:

Der Umsatz des Produktbereichs „Bürotische" hat sich in der zurückliegenden Abrechnungsperiode nur mäßig steigern können. Die angebotenen Produktvarianten sind relativ konventionell und unterscheiden sich lediglich in der Qualität von den Konkurrenzprodukten. Wegen der schlechten konjunkturellen Lage waren viele Nachfrager nicht mehr bereit, die im Vergleich zur Konkurrenz höheren Preise zu zahlen.

Spezielle Situation:

Das Produkt: Im letzten Geschäftsjahr wurde durch die Abteilung Produktentwicklung der Schreibtisch **„*Futur 2010*"** entwickelt. Bei diesem Produkt handelt es sich um einen Schreibtisch, der sowohl im Design als auch in seiner Funktionalität neuartig ist. Um dem ständig zunehmenden Einsatz von Multimedia im Bürobereich gerecht zu werden, wurde beispielsweise die Tischplatte unkonventionell dimensioniert. Die Tischplatte ist ovalförmig, sodass es einem Sachbear

beiter möglich wird, mehrere Informations- und Kommunikationsgeräte bequem zu bedienen. Durch speziell entworfene Leitungskanäle können die Peripheriegeräte ohne lästigen „Kabelsalat" elektrisch angeschlossen werden. Die Beachtung ergonomischer Gesichtspunkte erlaubt ein entspanntes Arbeiten auch über längere Zeit hinweg. Durch die Verwendung spezieller Materialien konnte sowohl eine robuste als auch lang haltbare Konstruktion erreicht werden, die ebenfalls ökologischen Ansprüchen gerecht wird.

Die Fakten: Der Schreibtisch **„Futur 2010"** wurde unter der Rubrik „Innovation des Jahres" in den Verkaufskatalog des Unternehmens aufgenommen. In der Fachpresse wurde er ausnahmslos gewürdigt und seine Vorteile für die moderne Bürokultur herausgestellt. Die Zeitschrift „ÖKO-TEST" verlieh dem Schreibtisch im Rahmen einer Untersuchung von Büromöbeln auf Schadstoffgehalt und Umweltimmissionen die Bestnote „sehr gut". Auf der Büromesse „ORGATEC" in Hannover, auf der die Heinz Schlau OHG mit einem eigenen Stand vertreten war, interessierten sich zahlreiche Kunden für dieses neue Produkt.

Die Strategie: Durch den Einsatz zahlreicher absatzpolitischer Mittel (günstige Platzierung im Hauptkatalog, Versendung von Werbebriefen mit exklusiver Aufmachung an Großkunden, Herstellung von Verkaufsdisplays für die anbietenden Einzelhändler etc.) weist das Produkt seit der Einführung ein hohes Marktwachstum auf. Einen Überblick über die relevanten Daten geben folgende Schaubilder:

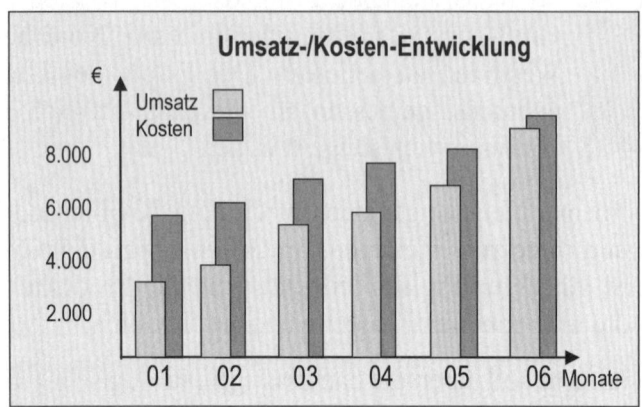

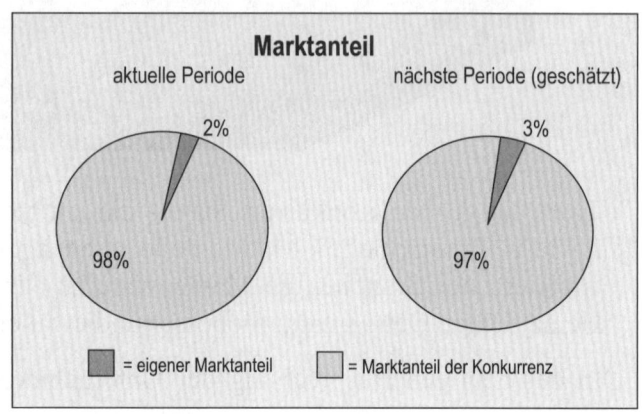

Variante 2

Frau Kleinert ist Verkaufsleiterin für das Geschäftsfeld **„Bürostühle"**. Die Situation in diesem Bereich stellt sie wie folgt dar:

Allgemeine Situation:

Der Umsatz des Produktbereichs „Bürostühle" konnte in der zurückliegenden Abrechnungsperiode nur mäßig gesteigert werden. Die angebotenen Produktvarianten sind relativ konventionell und unterscheiden sich lediglich in ihrer Qualität von den Konkurrenzprodukten. Wegen der schlechten konjunkturellen Lage waren viele Nachfrager nicht mehr bereit, die im Vergleich zur Konkurrenz höheren Preise zu zahlen.

Spezielle Situation:

Das Produkt: Bereits vor drei Jahren wurde vom Unternehmen der Schreibtischstuhl **„Ecolight"** eingeführt. Bei der Konstruktion dieses Stuhles wurde auf besondere Haltbarkeit, ergonomische Gestaltung und ein unkonventionelles Design Wert gelegt. Der Stuhl ist universell höhenverstellbar und damit auch für besonders große und kleine Personen anpassbar. Die verwendeten Materialien sind robust und alle wiederverwertbar. Da der Stuhl in verschiedenen Metall- und Farbvarianten angeboten wird, ist er mit jedem Bürosystem des Unternehmens kombinierbar.

Die Fakten: Der Schreibtischstuhl **„Ecolight"** ist seit der Markteinführung das Spitzenprodukt der Heinz Schlau OHG. In Testberichten erhielt der Stuhl aufgrund seiner ergonomischen Vorteile und seiner funktionellen Qualitäten Bestnoten. Im Sommer des letzten Jahres wurde das Produkt mit dem Designer-Preis der „Deutschen Design Assoziation (DDA)" gewürdigt. Es gelang dem Unternehmen durch zahlreiche Marketingaktivitäten den Absatz des Artikels enorm zu steigern. Wegen seiner individuellen Einsetzbarkeit und den guten Testergebnissen ist die Heinz Schlau OHG zurzeit Marktführer im Segment „Hochwertige Schreibtischstühle".

Die Strategie: Durch ein günstiges Preis-Leistungs-Verhältnis gelang es der Heinz Schlau OHG, die Marktführerschaft im Segment zu erreichen. Da im Absatzmarkt erste Sättigungserscheinungen auftreten, beabsichtigt das Unternehmen keine weiteren Reinvestitionen in den Produktionsapparat des Produktes. Da der Artikel im Markt etabliert ist, sollen auch die Aufwendungen für Werbung weiter gesenkt werden. Einen Überblick über die relevanten Daten geben folgende Schaubilder:

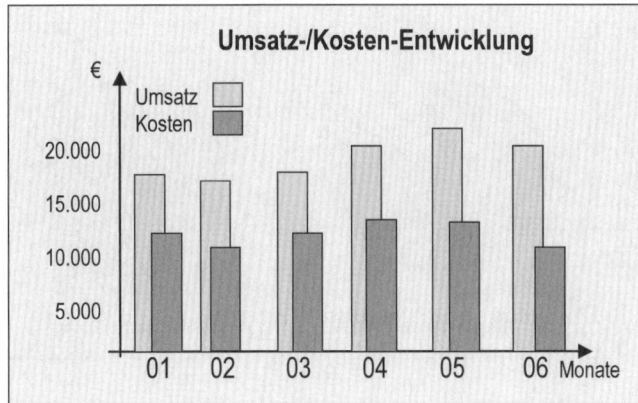

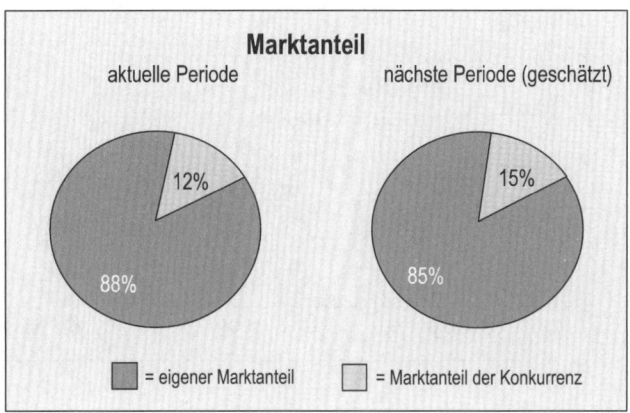

Variante 3

Herr Bender ist Verkaufsleiter für das Geschäftsfeld **„Media-Möbel"**. Die Situation in diesem Bereich stellt er wie folgt dar:

Allgemeine Situation:

Der Umsatz des Produktbereichs „Media-Möbel" konnte in der zurückliegenden Abrechnungsperiode stark gesteigert werden. Mit dem zunehmenden Einsatz von Computern und Präsentationsmedien im Bürobereich wurde dieser Geschäftsbereich frühzeitig von der Heinz Schlau OHG als Wachstumsmarkt erkannt und entsprechende Produkte in das Produktionsprogramm aufgenommen.

Spezielle Situation:

Das Produkt: Im Rahmen der Produktdifferenzierung wurde bereits vor 5 Jahren der Over-Head-Präsentationstisch *„Prätalux"* entworfen und in das Programm der Heinz Schlau OHG aufgenommen. Das Produkt kombiniert die Funktionsweise eines Arbeitspultes mit einem Overhead-Projektor: Da die Ablagefläche für Arbeitsunterlagen und die Präsentationsfläche des Overhead-Projektors auf einer Ebene liegen, ist ein ergonomisches Arbeiten möglich. Um das Produkt als sinnvolle Einheit anbieten zu können, hat das Unternehmen mit einem namhaften Tageslichtprojektorhersteller einen Rahmenliefrungsvertrag angeschlossen. Der *„Prätalux"* kann somit mit oder ohne Overhead-Projektor angeboten werden.

Die Fakten: Wegen seines breiten Einsatzfeldes nahm der Absatz des **„Prätalux"** seit seiner Einführung ständig zu. Neben einer eigenen Präsentationsseite im Hauptkatalog der Heinz Schlau OHG, in dem die einzelnen Vorteile des Produktes dargestellt werden, wurden zahlreiche Werbemaßnahmen eingeleitet (z. B. Versendung von Werbebriefen mit exklusiver Aufmachung an Großkunden, Herstellung von Verkaufsdisplays für die anbietenden Einzelhändler etc.) durchgeführt. Neben der Präsentation auf dem Messestand auf der Büromesse „ORGATEC" in Hannover plant das Unternehmen die Messeplatzierung auch auf artverwandten Messen wie z. B. der INTERSCHUL, um den Käuferkreis für den *„Prätalux"* auszuweiten.

Die Strategie: Durch ein günstiges Preis-Leistungs-Verhältnis und die innovative Funktionalität des Produktes gelang es der Heinz Schlau OHG sehr schnell, die Marktführerschaft im Segment zu erreichen. Dieser Marktanteil soll durch die Erschließung neuer Nachfrager auch in der Zukunft erweitert werden und eine Zunahme des Absatzes wird prognostiziert. Um diese Ziele zu erreichen sind jedoch hohe Investitionsaufwendungen in Produktion und Absatz notwendig. So soll z. B. auch in der Fachpresse das Produkt platziert werden. Einen Überblick über die relevanten Daten geben folgende Schaubilder:

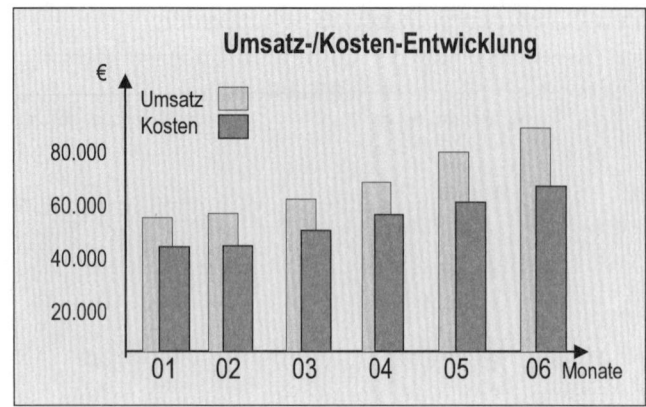

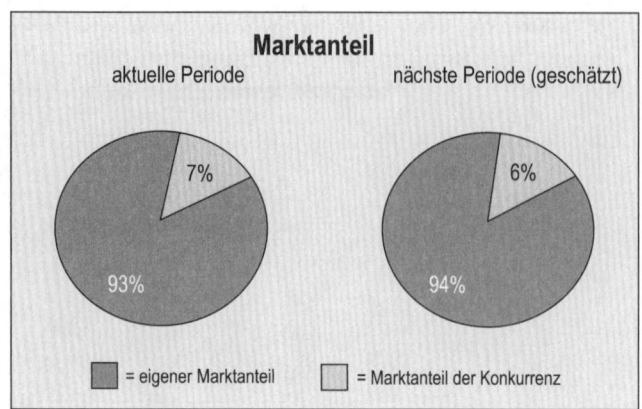

Variante 4

Frau Schulte ist Verkaufsleiterin für das Geschäftsfeld **„Organisations-Möbel"**. Die Situation in diesem Bereich stellt sie wie folgt dar:

Allgemeine Situation:

Im Produktbereich „Organisations-Möbel" werden durch die Heinz Schlau OHG Ablage- und Registratursysteme sowie spezielle Regale angeboten. Der Absatz ist nach einigen Jahres des guten Wachstums in eine Stagnationsphase übergegangen. Für die Zukunft plant das Unternehmen den Schwerpunkt des Programms auf innovative, modern gestaltete Möbelkonzepte zu legen.

Spezielle Situation:

Das Produkt: Vor sieben Jahren hatte die Heinz Schlau OHG das Ordnersystem **„Orgafix Z11"** in ihr Programm aufgenommen. Das Registratursystem zeichnet sich durch eine hohe Verarbeitungsqualität und eine robuste Bauweise aus. Durch ein einheitliches Design vervollständigte das Produkt die Bürosysteme des Unternehmens und wurde daher von vielen Kunden bestellt. Durch die Entwicklung eines speziellen Ablagesystems in Verbindung mit einer benutzungsfreundlichen Funktionsweise der einzelnen Schubfächer, hebt sich das Ordnersystem **„Orgafix Z11"** von den Konkurrenzprodukten deutlich ab.

Die Fakten: Da zum Zeitpunkt der Markteinführung des **„Orgafix Z11"** noch viele Betriebe auf die manuelle Ablage von Akten angewiesen waren, erwies sich dieses Produkt als relativ gut verkaufbar. Mit dem zunehmenden Einsatz von computergestützten Dateisystemen wird der Markt in diesem Segment immer geringer. Die noch vorhandene Nachfrage wird vor allem durch Billiganbieter mit Massenware bedient, sodass der Absatz des **„Orgafix Z11"** ständig zurückgeht. Auch die hohe qualitative Ausstattung und ein verstärkter Einsatz absatzpolitischer Mittel konnte eine Verringerung der Umsatzzahlen nicht verhindern.

Die Strategie: Im letzten Geschäftsjahr hatte das Unternehmen durch besonders günstige Angebotspreise den Absatz des Produktes gefördert. Trotz dieser Maßnahmen konnte die Nachfrage nicht spürbar erhöht werden. Durch die ständig sinkenden Verkaufsmengen erhöht sich die Fixkostenbelastung pro Stück ständig, sodass der Artikel zurzeit an der Preisuntergrenze (Kostendeckung) angeboten wird. Einen Überblick über die relevanten Daten geben folgende Schaubilder:

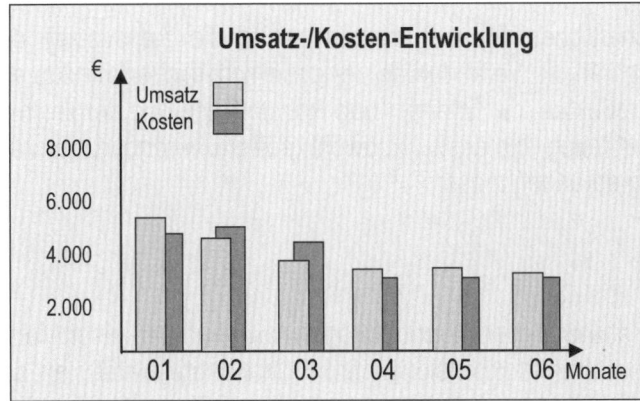 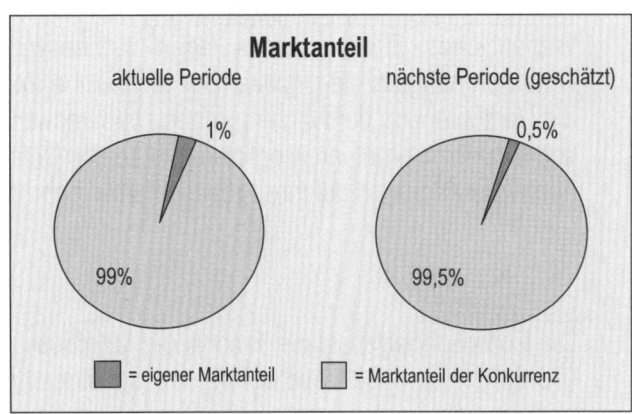

✍ *Aufgaben*

Beantworten Sie für jede der vier genannten Situationen folgende Aufgaben:

1. Charakterisieren Sie das Produkt Ihres Vertriebsbereichs mit wenigen Worten.

2. Welches Marktwachstum prognostizieren Sie für das Produkt und welchen Marktanteil hält es zurzeit?

3. In welcher Phase des Lebenszykluses befindet sich das Produkt?

4. Erbringt das Produkt Gewinne oder Verluste? Durch welche Gründe entsteht diese Erfolgssituation?

5. Bezogen auf den aktuellen Erfolg des Produktes müssen kurzfristige (operative) bzw. langfristige (strategische) Entscheidungen getroffen werden. Welche Produktprogrammentscheidungen würden Sie operativ bzw. strategisch für angebracht halten?

6. Warum besteht zwischen operativer und strategischer Entscheidung ein Unterschied? Welchen Sinn hat eine strategische Planung für das Unternehmen?

INFORMATIONSTEXT

Marktanteils- und Marktwachstums-Portfolio

Umwelt- und Unternehmensanalyse

Wesentliches Element eines jeden betriebswirtschaftlichen Planungsprozesses ist die Anpassung der Unternehmung an die Umwelt. Der technische Fortschritt, die Veränderung der gesellschaftlichen Strukturen, die Verschiebung der Nachfrage nach bestimmten Produkten, die Energie- und Rohstoffkrise und dergleichen schaffen Probleme und Möglichkeiten für die Unternehmung, die deshalb sowohl größere Veränderungen als auch Auswirkungen auf ihre Arbeitsgebiete rechtzeitig erkennen muss.

Das Portfolio

Die Portfolioanalyse ist die Technik der langfristigen (strategischen) Produktprogrammplanung. In einer Matrix (Portfolio (it.) = Geldtasche) werden an einer Achse Umweltdimensionen (z. B. Marktattraktivität), an der anderen Unternehmensdimensionen (z.B. relative Wettbewerbsvorteile) dargestellt. Auf diese Weise erhält das Unternehmen einen Überblick über die beeinflussbaren Marktgegebenheiten (z. B. Marktanteil) und die nicht beeinflussbaren Marktgegebenheiten (z.B. Marktwachstum). Durch die Portfolioanalyse wird unter anderem auch die Theorie der Lebenszyklen der Produkte ergänzt und der Geschäftsleitung eine Entscheidungshilfe dafür gegeben, welches Produkt bzw. welche Produkte besonders zu fördern sind, welche ohne besondere Förderung weiter „laufen" und welche aus dem Markt zu nehmen sind. Besonders hervorzuheben ist, dass das Portfolio produktprogrammpolitische Maßnahmen langfristig planbar macht. Im Gegensatz zur kurzfristigen Planung, die davon ausgeht, dass Produkte sich selbst „tragen" müssen (Aufwendungen und Erträge stehen in einem positiven Verhältnis zueinander), wird beim Portfolio ein Ausgleich zwischen Investierung und Finanzierung angestrebt. Das heißt, dass alte, etablierte Geschäftsfelder die neuen finanzieren müssen, bis diese kräftig genug sind.

Unterscheidung von Produkten im Portfolio

Entsprechend ihrem Marktanteil und ihrem Marktwachstum kann man folgende Produkte unterscheiden:

1. **Cash Cows:** Mit diesem Produkt verteidigt das Unternehmen seine Marktführerschaft, wobei sich das Produkt selbst in der Reife- bzw. Sättigungsphase befindet. Auf der einen Seite nehmen die Reinvestitionen und die Verwundbarkeit des Geschäftes in dem langsam wachsenden Markt ab. Auf der anderen Seite erbringt dieses Produkt einen hohen Deckungsbeitrag. Die Cash Cows bilden in aller Regel die Hauptquelle der Unternehmung für ausgewiesene Gewinne und Liquidität. Man lässt sie noch so lange „laufen", wie sie noch Gewinne bringen („Abschöpfungsstrategie").

	Marktwachstum hoch	Marktwachstum niedrig
STARS	**Question Marks**	
○ buchmäßige Gewinne ○ Reifephase ○ Wachstum von heute	○ erfordern mehr finanzielle Mittel als sie erzeugen ○ Einführungs- / Wachstumsphase ○ Wachstum von morgen	
Cash Cows	**Poor Dogs**	
○ abnehmende Reinvestitionen ○ Reife- / Sättigungsphase ○ Hauptquelle für Gewinne und Liquidität	○ erbringen keine befriedigenden Gewinne mehr ○ Degenerationsphase ○ Produktelimination	

Relativer Marktanteil: hoch — niedrig

2. **Stars:** Dies sind Produkte mit hohem Marktanteil und weiterhin hohem Marktwachstum. Stars finanzieren ihr weiteres Wachstum in aller Regel selbst. Sie weisen zwar buchmäßige Gewinne aus, diese Mittel müssen jedoch meist zur Erhaltung der Marktanteilspositionen in einen stark wachsenden Markt reinvestiert werden. Stars bringen das Wachstum von heute. Mit nachlassendem Marktwachstum werden sie zu Cash Cows. Diese Produkte müssen zum aktuellen Zeitpunkt weiter gefördert werden (= Investitionsstrategie).

INFORMATIONSTEXT

3. **Question Marks:** Hierunter versteht man Nachwuchsprodukte, die neu auf dem Markt sind. Sie weisen hohe Marktwachstumsraten bei einem niedrigen Marktanteil auf (Einführungs- bzw. Wachstumsphase). Sie erfordern mehr finanzielle Mittel, als sie erzeugen. Sie bleiben chronische Liquiditätsverbraucher, so lange es nicht gelingt, einen hohen relativen Marktanteil zu erreichen. Nur dann bringen sie das Wachstum von morgen. Produkte in dieser Kategorie weisen dementsprechend außergewöhnlich hohe Chancen und Risiken auf (man nennt sie daher auch „Problem Children"). Diese Produkte sollen besonders stark gefördert werden (= Offensivstrategie).

4. **Poor Dogs:** Mit dem Eintritt eines Produktes in die Degenerationsphase weisen diese Produkte nur noch ein niedriges Marktwachstum verbunden mit einem niedrigen relativen Marktanteil auf. Gegenüber dem Marktführer weitere Marktanteile hinzuzugewinnen, ist mit relativ hohen Aufwendungen verbunden. Wachstumschancen bestehen nicht mehr. Diese Produkte sollten eingestellt werden (= Desinvestitions-strategie).

Fazit: Ein ausbalanciertes Portfolio ist also durch eine ausreichende Zahl von Cash Cows und einige zukunftsträchtige Stars und Question Marks gekennzeichnet.

48. Die marktbezogene Abwicklung eines Kundenauftrages

Die Auszubildende Hatice Kaymac hat nun bereits einige Tage in der Verkaufsabteilung der Heinz Schlau OHG verbracht. Ihr Ausbilder, Herr Gerling, überreicht ihr heute die Bestellung der Constructor GmbH mit der Bitte, diesen Auftrag zu bearbeiten. Sie soll dabei beachten, dass die bestellte Menge an Schreibtischen zurzeit nicht vorrätig ist und dass wegen der Individualfertigung und der anstehenden Betriebsferien längere Lieferzeiten zu beachten sind. Darüber hinaus ist uns der potenzielle Kunde unbekannt. Von Frau Kamann, einer Sachbearbeiterin in der Debitorenbuchhaltung, weiß Hatice, dass die Heinz Schlau OHG zurzeit über einen hohen Forderungsbestand verfügt und dass in letzter Zeit einige Forderungen wegen Uneinbringlichkeit abgeschrieben werden mussten.

Zur Lösung der folgenden Aufgaben verschaffen Sie sich einen Überblick über die Anlagen.

✍ Aufgaben

1. Beschreiben Sie allgemein die Bearbeitungsschritte, die zur Abwicklung eines Kundenauftrages vom Eingang der Anfrage/Bestellung bis zum Versand der Ware notwendig sind.

2. Schlagen Sie geeignete organisatorische Maßnahmen zur Terminüberwachung (Fertigungs-, Liefer-, Zahlungstermin) vor.

3. Vor einer Auftragserteilung ist es häufig wichtig, die Bonität (Kreditwürdigkeit) eines Kunden zu bestimmen. Bei welchen Stellen können Auskünfte über neue Kunden eingeholt werden? Unterbreiten Sie Vorschläge, wie man die Bestellung möglichst ohne Gefahr eines Forderungsausfalls ausführen könnte.

4. Überlegen Sie, welche Probleme der zu hohe Forderungsbestand bereiten könnte und suchen Sie nach geeigneten Maßnahmen zur Verringerung des Forderungsbestandes.

5. Welche Unterlagen benötigen wir für eine ordnungsgemäße Auftragsbearbeitung?

🖐 Arbeitsaufträge

Sie sind Mitarbeiter/in in der Verkaufsabteilung der Heinz Schlau OHG und erhalten von der Büromöbelgroßhandlung Magistratus das in der Anlage abgebildete Schreiben.

1. Umreisen Sie mit wenigen Worten das zentrale Entscheidungsproblem der geschilderten Situation.

2. Welche Möglichkeiten der Bonitätsprüfung sehen Sie?

3. Wie können Sie sich trotz positiver Einschätzung des neuen Kunden gegen mögliche Forderungsausfälle absichern?

4. Angenommen, Sie würden sich für die Annahme des Auftrages entscheiden. Wie könnte die Auftragsbearbeitung von der Angebotserstellung bis zum Rechnungsausgleich erfolgen?

5. Welche Transportmittel würden Sie angesichts der vom Einkäufer geforderten Lieferbedingungen in die engere Wahl ziehen? Welche Transportmittel scheiden aus? Begründen Sie Ihre Auswahl.

6. Welche Gründe sprechen für die Auftragsannahme, welche dagegen? Treffen Sie eine begründete Entscheidung.

Ort:	Neuss	**Datum:**	15.09.2010
Z. u. H. Nr.:	15/955	**Nr.: BO/:**	322
Kontroll-Nr.:		**Dch. VC:**	02210
Ihr Zeichen:	be/wa	**Mitgl. VC:**	M-7880/C

CREDITREFORM

An: Heinz Schlau OHG	**Betr.:** Manfred Hellberg KG
Frau Wegener	Wiescheider Str. 45
Suitbertusstr. 130	42698 Solingen
40213 Düsseldorf	

Rechtsform:	Kommanditgesellschaft
Gründung:	1996 als Einzelunternehmen, 01.07.2002 Umwandlung in KG
Handelsregister:	01.08.1996 beim AG Solingen, HRA 2322-14
Komplementär:	Manfred Hellberg, geb. 23.09.1966, verheiratet, Alte Landstraße 12, Solingen
Kommanditisten:	Ute Gutmann, Düsseldorf 300.000,00 € Bernd Skibniewsky, Düsseldorf 250.000,00 €
Allgemeines:	Zweck des Betriebes ist die Fabrikation und der Einbau von Alumiminiumfensterrahmen. Auftragslage gut, stabile Unternehmenspolitik, Verkaufsfiliale in Solingen, Auf der Höhe.
Mitarbeiter:	12 gewerbliche, 16 kaufmännische Angestellte
Jahresumsatz:	2009 wurde ein Gewinn in Höhe von 1,2 Mio. € ausgewiesen, für 2010 wird eine Steigerung auf 1,25 Mio. € geschätzt.
Immobilien:	Manfred Hellberg ist Eigentümer des Unternehmensgebäudes sowie des selbst bewohnten Einfamilienhauses, Alte Landstraße 12, Gesamtwert 8,3 Mio. €. Das Einfamilienhaus ist mit circa 290.000,00 € belastet.
Aktiva:	Maschinen und Anlagen, ca. 2,5 Mio. €, Betriebs- und Geschäftsausstattung, ca. 1,3 Mio. €, Fuhrpark, ca. 120.000,00 €, Lagerbestände, ca. 850.000,00 €, Außenstände, ca. 150.000,00 €
Passiva:	Lieferantenschulden, ca. 320.000,00 €, Bankkredite, konkrete Angaben nicht möglich.
Banken:	Stadtsparkasse, Solingen Dresdner Bank, Solingen
Zahlungsweise:	regelmäßig
Kreditfrage:	Die Zahlungen erfolgen im Rahmen der in der Branche üblichen Zielüberschreitungen von circa 65 Tagen. Das Unternehmen beabsichtigt im kommenden Jahr die Umwandlung in eine GmbH.

Das STICHWORT

Die „Hermes-Versicherung" wird getragen durch ein Konsortium der Hermes Kreditsicherungs AG, Hamburg und der Treuhand AG, Düsseldorf. Ihre Aufgaben wurden der Gesellschaft durch den Bundesminister für Finanzen übertragen. Der Bund übernimmt über diese Versicherung Bürgschaften und Garantien zu Gunsten deutscher Exporteure. Kreditinstitute machen die Finanzierung eines Exportgeschäftes zu ihrer eigenen Sicherheit oft von einer Hermesdeckung abhängig. Die Versicherung deckt politische Risiken, Zahlungsunfähigkeit ausländischer Schuldner, Wechselkursrisiken und Fabrikationsrisiken ab. Die Risikoübernahme hängt jedoch von bestimmten Bedingungen ab. Das Risiko muss vertretbar sein, es müssen handelsübliche Zahlungsbedingungen vorliegen und es darf sich nur auf Waren beziehen, die in Deutschland hergestellt wurden. Wie jede andere Versicherung, berechnet auch Hermes eine entsprechende Prämie. Diese wird jedoch nicht nach den Risiken einzelner Länder, sondern nach einheitlichen Faktoren berechnet. Auftragswert und Laufzeit der Versicherung spielen eine wichtige Rolle.

Quelle: Internet

Was ist Factoring?

Factoring ist der Kauf von Forderungen; gekauft werden laufend entstehende, mit Zahlungszielen ausgestattete Forderungen aus Lieferungen und Leistungen gegen gewerbliche Abnehmer.

Was bringt Factoring?

Factoring bringt unmittelbaren Liquiditätsgewinn durch sofortige Verflüssigung der Außenstände aus In- und Auslandsgeschäften. Hierdurch können Einkaufsvorteile, etwa Skonti bzw. Barzahler-Sonderpreise, voll genutzt werden. Längerfristig sichert Factoring die Finanzierung auch eines starken Umsatzwachstums, wovon besonders junge Unternehmen, denen oft die notwendigen Sicher-heiten für ausreichende Bankkredite fehlen, profitieren. Factoring bietet nicht zuletzt den vollständigen Schutz vor Forderungsausfällen. Es ermöglicht die Einsparung von Verwaltungskosten sowie die Verbesserung der Bilanzrelationen: Verkaufte Forderungen scheiden aus dem Vermögen des Factoringkunden aus, Lieferantenkredite werden abgebaut; so verkürzt sich die Bilanzsumme. Wer Factoringdienste beansprucht, kann seinem Abnehmer längere Zahlungsziele gewähren.

Was bietet Factoring?

Factoring bietet dem Lieferanten eine sofortige Finanzierung bei 100%-iger Deckung des Ausfallrisikos. Überdies übernehmen Factoringinstitute die Führung der Debitorenbuchhaltung, das Mahnwesen, das Inkasso sowie ggf. die Rechtsverfolgung.

Was kostet Factoring?

Die Kosten für die Beanspruchung von Factoringdiensten orientiert sich entscheidend an der Bonität der Abnehmer (Ausfallrisiko) und am durchschnittlichen Rechnungsbetrag (Arbeitsaufwand). Der Preis liegt im Inlandsgeschäft zwischen 0,5 und 1,54, im Exportgeschäft zwischen 1,0 und 2,0 Prozent vom Bruttoumsatz.

Wer ist die Zielgruppe für Factoring?

Zielgruppe beim Angebot von Factoringdiensten sind in erster Linie mittelbetriebliche Produktions-, Handels- und Dienstleistungsunternehmen, deren Jahresumsatz mindestens zwei Mill. Euro betragen sollte.

Auszug aus einer Informationsbroschüre einer Factoringbank

MAGISTRATUS BÜROMÖBEL

Magistratus KG ✦ Postfach 10 25 60 ✦ 40250 Düsseldorf

MAGISTRATUS BÜROMÖBELHAUS KG
Burgplatz 17 - 20
40250 Düsseldorf

Heinz Schlau OHG Möbelfabrik
- Verkaufsabteilung -
Suitbertusstr. 130
40223 Düsseldorf

Lieferanschrift:
Karlstraße 55
40250 Düsseldorf

Telefon (0211) 5540-0
Telefax (0221) 554412

Öffnungszeiten: Mo.-Fr. 9 - 20 Uhr
                 Sa. 9 - 16 Uhr

Ihr Zeichen, Ihre Nachricht	Unser Zeichen, unsere Nachricht vom	☎ (0211) 5540-	Düsseldorf
	ma-ze	520	13.01.2010

Auftrag

Sehr geehrte Damen und Herren,

entsprechend den Angaben in Ihrem aktuellen Verkaufskatalog bestellen wir zur sofortigen Auslieferung folgende Artikel:

100	Bürotische „Superior", Art.-Nr. 254410, Einzelpreis netto	550,00 €
100	Bürotische „Elegance", Art.-Nr. 874110, Einzelpreis netto	670,00 €
150	Schreibtischstühle „Master", Art.-Nr. 221001, Einzelpreis netto	210,00 €
200	Regale „Tempore", Art.-Nr. 124010, Einzelpreis	788,00 €

Bitte bestätigen Sie uns diese Bestellung mit einer Auftragsbestätigung. Die Lieferung soll an oben aufgeführte Lieferadresse sofort erfolgen.

Da wir bisher noch keine Geschäftsbeziehung zu Ihnen unterhielten, gehen wir bei einem derart umfangreichen Auftragsvolumen davon aus, dass Sie uns für die bestellten Artikel einen Einführungsrabatt in Höhe von 5 % gewähren. Wir hoffen, dass Sie die in Ihrem Prospekt angepriesene hohe Qualität bei Ihren Produkten einhalten. In diesem Fall werden wir sicher eine langfristige Geschäftsbeziehung aufbauen können.

Mit freundlichen Grüßen

Magistratus Büromöbelhaus KG

i. A. Bernd Mader

Bernd Mader

MAGISTRATUS BÜROMÖBEL

BfG Bank Düsseldorf ✦ BLZ 320 780 30 ✦ Konto-Nr. 700522456
Postbank Essen ✦ BLZ 380 780 41 ✦ Konto-Nr. 32001198

SCHUFA

SCHUTZGEMEINSCHAFT FÜR ALLGEMEINE KREDITSICHERUNG GMGH
DÜSSELDORF   MÖNCHENGLADBACH   WUPPERTAL
MITGLIED DER BUNDES-SCHUFA E. V.

EIGENBEAUSKUNFTUNG

Herrn
StR J. Bensch
Nachtigallenweg 9
40668 Meerbusch

Geschäftsstelle
Düsseldorf / Mönchengladbach / Wuppertal

Angaben zur Person (Antragsteller und ggf. Ehegatte)

Antragsteller
Name u, Anschrift (wie im Adressteil angegeben, ggf. berichtigen)
Geburtsdatum

Ehegatte
Vorname
Geburtsdatum

Voranschrift (2. Wohnsitz)

PLZ   Ort   Straße u. Hausnummer
PLZ   Ort   Straße u. Hausnummer

Unterschrift des Antragstellers und ggf. Ehegatten

KOPIE FÜR SCHUFA

Ich/Wir erklären durch meine/unsere Unterschrift(en), zur Auskunfteinholung berechtigt zu sein und die Auskunft nur über meine/unsere Person/en und zur eigenen Information anzufordern:

Sehr geehrte Dame, sehr geehrter Herr!

Aufgrund der von Ihnen vorstehend gemachten Angaben zur Person erteilen wir die folgende Auskunft:

[X] Keine SCHUFA-Daten vorhanden

[ ] Keine Kredite, Bürgschaften und Abwicklungsmerkmale vorhanden

[ ] SCHUFA-Daten vorhanden:

Die vorstehende SCHUFA-Auskunft ist nur gültig mit Perforierstempel bzw. EDV-Ausdruck, Datumsangabe und Unterschrift.
Der Datenbestand bei der SCHUFA bezieht sich überwiegend auf Angaben der der SCHUFA angeschlossenen Kreditinstitute und Firmen des kreditgebenden Handels. Falls die der SCHUFA bekannt gegebenen Daten dem tatsächlichen Sachverhalt nicht entsprechen oder der Rechtsgrundlage entbehren, empfehlen wir, mit den Kreditinstituten und Firmen des kreditgebenden Handels Verbindung aufzunehmen, die dieses Merkmal gemeldet haben. Sollten Sie jedoch trotzdem der Ansicht sein, dass die SCHUFA-Auskunft unvollständig oder unrichtig ist, bitten wir um Rücksendung mit der Angabe der Beanstandung auf der Rückseite dieses Formulares. Eine Überprüfung nehmen wir sodann im Einvernehmen mit den Kreditinstituten und Firmen vor, die Ihre Daten gemeldet haben.

Hochachtungsvoll
SCHUFA
Schutzgemeinschaft für allgemeine Kreditsicherung GmbH

SCHUFA

SCHUTZGEMEINSCHAFT FÜR ALLGEMEINE KREDITSICHERUNG GMGH
DÜSSELDORF   MÖNCHENGLADBACH   WUPPERTAL
MITGLIED DER BUNDES-SCHUFA E. V.

EIGENBEAUSKUNFTUNG

Herrn
StR J. Bensch
Nachtigallenweg 9
40668 Meerbusch

Geschäftsstellen in

Graf-Adolf-Straße 37 - 37 a
40000 Düsseldorf
Telefon 0211/381061

Eickener Straße 141
40500 Mönchengladbach
Telefon 02161/21046

Neumarkt 5 - 13
56000 Wuppertal
Telefon 0202/44811

Kreissparkasse Düsseldorf
Postbank Essen

1078194 (BLZ 301 502 00)
60036-439 (BLZ 360 100 43)

Sehr geehrte Dame, sehr geehrter Herr!

Sie haben uns um Bekanntgabe der bei der SCHUFA vorhandenen Informationen und ggf. um Überprüfung bzw. Löschung der SCHUFA-Daten gebeten. Zur Absicherung Ihrer Interessen bitten wir Sie, das Formschreiben der Anlage auszufüllen und mit Ihrer Unterschrift versehen zurückzusenden. Sie werden Verständnis dafür haben, dass wir Ihnen eine Auskunft aus dem SCHUFA-Datenbestand nur geben können, wenn Sie sich als berechtigte Person ausweisen.

Durch Ihre Unterschriftsleistung bestätigen Sie, dass die Auskunft über Ihre Person und ausschließlich zur eigenen Information angefordert wird. Falls eine Auskunftserteilung auch für Ihren Ehegatten gewünscht wird, ist auch dessen Unterschriftsleistung erforderlich.

Für die Auskunftserteilung berechnen wir Ihnen und ggf. für Ihren Ehegatten eine Gebühr in Höhe von je EUR 6,00 inkl. MwSt., die durch Beifügung eines Schecks oder durch Überweisung auf eines unserer Konten im Voraus zu entrichten ist. Die Auskunft kann auch persönlich gegen Vorlage eines Personalausweises in der Zeit von 10:00 - 12:30 Uhr und von 15:00 - 16:30 Uhr am Schalter unserer Geschäftsstellen gegen eine Beauskunftungsgebühr in Höhe von EUR 5,00 erteilt werden.

Auf die umstehenden Erläuterungen verweisen wir.

Hochachtungsvoll
SCHUFA
Schutzgemeinschaft für allgemeine Kreditsicherung GmbH

Anlage

49. Die Bargeldzahlung

Lesen Sie sich die nachstehend dargestellten Alltagssituationen gründlich durch und entscheiden Sie sodann, welche Zahlungsart Sie zur Begleichung der Schuld anwenden würden. Bitte begründen Sie Ihre Antwort.

 **Aufgabe 1**

Situation 1:

Sabine Rüttgers hat gestern ihren Wagen zur Werkstatt gebracht. Er benötigte dringend neue Reifen. Heute um 15:00 Uhr kann sie den Wagen abholen. Die Rechnung soll nach Auskunft des Werkstattmitarbeiters circa 350,00 € betragen.

Situation 2:

Im Internet hat Klaus Färber ein interessantes Angebot entdeckt. Über den Fan-Club seiner Lieblingsband wird eine spezielle CD mit bisher unveröffentlichten Aufnahmen angeboten. Bedauerlicherweise hat der Fan-Club seinen Sitz in Italien. Auf der Homepage wird angegeben, dass eine Bestellung schriftlich - ggf. per E-Mail - erfolgen kann. Der Preis der CD wird mit 15 US-$ angegeben. Klaus möchte die CD unbedingt haben.

Situation 3:

Ralf Busch ärgert sich sehr, als er heute seine Post öffnet. Offensichtlich hat er im Halteverbot geparkt und die Gemeinde übersendet ihm für diese Ordnungswidrigkeit einen Bußgeldbescheid in Höhe von 20,00 €. Obwohl Ralf sauer ist, entschließt er sich, das „Knöllchen" so schnell wie möglich zu bezahlen, damit die Sache aus der Welt kommt.

Situation 4:

Jens Zimmermann hat seine Freundin Gundula heute zum Essen eingeladen. Da es der 20. Geburtstag seiner Freundin ist, möchte er sich nicht lumpen lassen und die beiden besuchen ein nobles Restaurant in der Innenstadt. Als der Kellner die Rechnung bringt trifft Jens jedoch der „Schlag". In seiner Geldbörse befindet sich nicht genug Bargeld.

Situation 5:

Ute Tiquard und einige ihrer Freundinnen hatten für die Abiturfeier eine Abschlusszeitung entworfen und drucken lassen. Mit großem Erfolg wurde die Zeitung auf der Abi-Feier verkauft, jedoch fanden nicht alle Exemplare einen Käufer. Da im Impressum die Adresse von Ute angegeben war, wenden sich nun einige Interessierte schriftlich an Ute und bestellen noch ein paar Restexemplare. Ute will den Versand per Post durchführen.

Situation 6:

Yilmaz Dilekci hat bei einem großen Mode-Versandhaus einige Kleidungsstücke bestellt. Heute werden sie per Post geliefert.

Situation 7:

Jeanine Höfer beabsichtigt, in einem Kaufhaus eine hochwertige Stereo-Anlage (Preis: 2.499,00 EUR) zu kaufen. Als sie das optimale Modell entdeckt hat, lässt sie sich kurz von einem Verkäufer die Funktionen des Gerätes erklären und trägt es sodann zu Kasse. Das hochpreisige Prestigemodell hat einen Gesamtwert von 2.500,00 €.

Situation 8:

Dominik Ruf ist stolz. Ab heute ist er Mieter einer eigenen Wohnung. Nur eins ist noch zu erledigen. Zum einen muss er seine Monatsmiete an den Vermieter zahlen. Zum anderen wird am Ende des Monats die Rechnung der Telekom fällig.

 **Aufgabe 2**
Füllen Sie das folgende Schaubild über die unterschiedlichen Zahlungsmöglichkeiten vollständig aus.

 **Aufgabe 3**
Erläutern Sie die Möglichkeiten der Bargeldzahlung und gehen Sie jeweils auf die Vor- und Nachteile aus Sicht der Zahlungspflichtigen und des Zahlungsempfängers ein.

BARGELDZAHLUNG

**Schuldner/
Schuldnerin**

Zahlungsmöglichkeiten:

_____

_____

_____

_____

_____

_____

**Gläubiger/
Gläubigerin**

HALBBARE ZAHLUNG

Möglichkeit A: Nur der Gläubiger/die Gläubigerin verfügt über ein Konto

**Schuldner/
Schuldnerin**

Zahlungsmöglichkeiten:

_____

_____

_____

_____

_____

**Gläubiger/
Gläubigerin**

Möglichkeit B: Nur der Schuldner/die Schuldnerin verfügt über ein Konto

**Schuldner/
Schuldnerin**

Zahlungsmöglichkeiten:

_____

_____

_____

_____

**Gläubiger/
Gläubigerin**

BARGELDLOSE ZAHLUNG

**Schuldner/
Schuldnerin**

Zahlungsmöglichkeiten:

_____

_____

_____

_____

_____

**Gläubiger/
Gläubigerin**

50. Die halbbare Zahlung

Einleitung

Auch in unserer technisierten Welt hat Bargeld immer noch eine besondere Bedeutung. Wir sind zwar in der Lage, eine fast unbeschränkt große Menge an Buchgeld innerhalb weniger Sekunden von einem Land der Erde auf das Konto in einem weit entfernten Land umzubuchen. Trotzdem - oder gerade deshalb - vertrauen die meisten Menschen auch heute noch dem Geld, das man „anfassen" kann. Und dies, obwohl mit Bargeld auch viele Nachteile verbunden sind.

✍ Aufgaben

1. Die Zahlung mit Bargeld hat einige Vor- aber auch einige Nachteile. Nennen Sie einige Vor- und Nachteile. Lesen Sie sich hierzu auch den nachfolgenden Zeitungsartikel durch:

   > **Cash oder nicht?**
   >
   > Die Deutschen zahlen am liebsten bar. Mit 87 % halten Scheine und Münzen bei allen Zahlungsvorgängen in Deutschland die absolute Spitzenposition. Dies hat die Deutsche Bundesbank mitgeteilt. Allerdings gibt es vielmehr Buchgeld als Bargeld. Über Girokonten werden über 80 % des Wertes aller Zahlungen in der BRD bargeldlos mit Hilfe von Überweisungen, Daueraufträgen und Schecks durch „Umschreiben" von einem Konto auf ein anderes Konto erledigt.

2. Angenommen, Sie arbeiten als Auszubildende/r in der Schreibwarenhandlung Reinhardt GmbH, Friedenstraße 8, 40217 Düsseldorf. An eine Kundin (Frau Luise Franke, Hauptstraße 12, 42668 Meerbusch) haben Sie gerade einen Tintenstrahldrucker Epson Stylus Color 500 zum Verkaufspreis von 199,00 EUR inklusive Umsatzsteuer verkauft. Da die Kundin den Kaufpreis in ihrer Einkommenssteuererklärung absetzen möchte, bitte sie Sie, ihr eine ordentliche Quittung auszustellen. Füllen Sie das Quittungsfomular (siehe Anlage) entsprechend aus.

3. Wenn nur einer der beiden am Zahlungsvorgang beteiligten Personen über ein Girokonto verfügt, ist eine halbbare Zahlung möglich. Erläutern Sie die verschiedenen Varianten der halbbaren Zahlung.

4. Angenommen, Sie würden nicht über ein Girokonto verfügen. Dennoch wollen Sie 55,90 EUR (Rechnungs-Nummer 20521) an den Internethändler Hansa Sound GmbH, Konto-Nr. 45785884, BLZ 360 100 43 (Postbank Essen) transferieren. Verwenden Sie hierzu den Zahlschein in der Anlage.

5. Lesen Sie sich die vier folgenden Situationsbeschreibungen gut durch und entscheiden Sie sodann, wie die betroffenen Personen Bargeld erhalten könnten.

Situation 1
Der 18-jährige Gerd Fuhrmann hat seinen Pkw nur kurz im Halteverbot geparkt. Als er zu seinem Auto zurückkommt fällt ihm sofort die Hinweiskarte auf, die hinter seinem Scheibenwischer klemmt. Natürlich ist sein Fehlverhalten sofort einer Politesse aufgefallen. Auf der Karte erhält er den Hinweis, dass er in den nächsten Tagen eine schriftliche Bestätigung seiner Ordnungswidrigkeit erhält. Und tatsächlich: Schon acht Tage später findet er den Strafzettel mit Anhörungsbogen im Briefkasten seiner Eltern. Er muss 30,00 EUR an die Stadt überweisen. Bedauerlicherweise verfügt er noch gar nicht über ein Girokonto.

Situation 2
Der 37-jährige Manfred Wenders hat schon seit ein paar Jahren keinen festen Wohnsitz mehr. Obwohl er es schon bei verschiedenen Banken versucht hat, erhält er als „Nicht-Sesshafter" nirgendwo ein Girokonto. Dennoch darf das Sozialamt ihm die Sozialhilfe nicht bar auszahlen. Doch wie soll er nun an das lebensnotwendige Geld kommen?

Situation 3
Maria Hartwig wohnt in München. Zum 10. Geburtstag ihres Enkels Sebastian möchte sie diesem gerne 100,00 EUR schenken. Da sich Sebastian an seinem Geburtstag jedoch mit seiner Pfadfindergruppe auf einem Ausflug in Berlin befindet, weiß die Oma nun jedoch nicht, wie sie ihrem Enkel das Geld übermitteln soll. Es in einem Brief zu verschicken erscheint ihr viel zu gefährlich. Zurzeit befindet sich das Geld noch auf ihrem Girokonto.

Situation 4
Jürgen Zöller befindet sich gerade im Urlaub in Holland, als ihm von einem Taschendieb die gesamte Geldbörse gestohlen wird. Bedauerlicherweise befanden sich darin sämtliche wichtigen persönlichen Dokumente wie der Führerschein und der Personalausweis. Sogar seine EC-Karte ist weg. Jürgen ist der Vorgang sehr peinlich. Natürlich hat er den Diebstahl sofort bei der Polizei gemeldet und hier ein bisschen Bargeld geliehen bekommen. Doch das Geld wird nicht ausreichen, um beispielsweise die Miete für sein Hotelzimmer zu zahlen. Seine Eltern wollen ihm natürlich aus der Patsche helfen.

Netto   € ░░░░░░░░ ct ░░░░   **Quittung**

+   % Ust.   € ░░░░░░░░ ct ░░░░

Gesamt   € ░░░░░░░░ ct ░░░░   Nr.:

Gesamtbetrag € in Worten

░░ Ct
░░ wie oben

(Im Gesamtbetrag sind   % Umsatzsteuer enthalten)

von _____

_____

für _____

richtig erhalten zu haben, bestätigt

Ort _____   Datum _____

                            Stempel/Unterschrift des Empfängers

---

Zahlschein   ⫸ **Postbank**
                             Essen
                             360 100 43

Empfänger: Name, Vorname/Firma (max. 27 Stellen)

Konto-Nr. des Empfängers   Bankleitzahl

bei (Kreditinstitut)

                              Betrag (EUR, Ct.)

Verwendungszweck z. B. Kunden-Referenznummer (nur für Empfänger) max. 2 Zeilen á 27 Stellen

noch Verwendungszweck

Einzahler: Name, Vorname/Firma

                                                        12

Datum _____   Unterschrift _____

Vergessen Sie bitte nicht das
Datum und Ihre Unterschrift.

51. Die bargeldlose Zahlung durch Überweisung

Einleitung

In den vorherigen Lernabschnitten haben Sie sich nun mit den Vor- und Nachteilen der Bargeldzahlung sowie der halbbaren Zahlung auseinandergesetzt. Die meisten Zahlungen werden heute jedoch bargeldlos durchgeführt. Im Folgenden sollen Sie sich mit den Möglichkeiten der bargeldlosen Zahlung auseinander setzen und die Vor- und Nachteile kennen lernen.

☞ *Aufgaben*

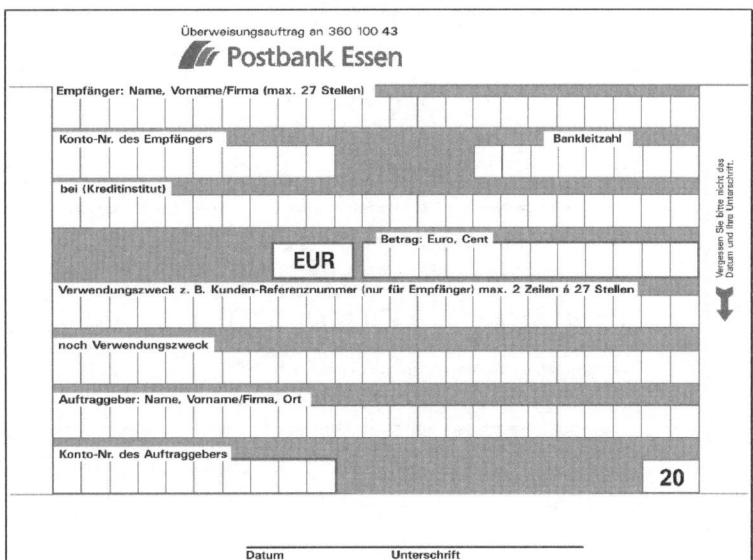

1. Welche Voraussetzungen müssen für einen bargeldlosen Zahlungsverkehr vorliegen?

2. Welche Möglichkeiten der bargeldlosen Zahlung kennen Sie? Zählen Sie diese auf.

3. Welche Vor- und welche Nachteile der bargeldlosen Zahlung gegenüber der Barzahlung fallen Ihnen ein? Unterscheiden Sie zwischen Vor- und Nachteilen aus der Sicht des Zahlungspflichtigen bzw. des Zahlungsempfängers und aus der Sicht der Kreditinstitute.

4. Was sagt die Bankleitzahl aus?

5. Was versteht man unter einer Überweisung, und wie kann im Einzelnen der Überweisungsauftrag an ein Kreditinstitut erteilt werden?

6. Betrachten Sie das obige Überweisungsformular. Welche Eintragungen nimmt der Auftraggeber (Kontoinhaber) auf diesem Formular vor, um eine Überweisung zu veranlassen?

7. Gemäß den „Richtlinien für einheitliche Zahlungsverkehrvordrucke" stellen alle Kreditinstitute und die Postbank ihren Kunden einheitlich gestaltete, automationsfähige Vordrucke zur Verfügung. Lesen Sie hierzu auch die Hinweise in der Anlage. Betrachten Sie dann das von Frau Sommer ausgefüllte Überweisungsformular (siehe folgende Seite). Welche Fehler beim Ausfüllen fallen Ihnen auf?

8. Für die schriftliche Erteilung eines Überweisungsauftrages werden von den einzelnen Kreditinstituten Überweisungsformulare bereitgestellt, die zwar von Institut zu Institut etwas anders aussehen, inhaltlich jedoch nicht wesentlich voneinander abweichen. Füllen Sie das Überweisungsformular (siehe Anlage) mit folgenden Angaben aus: Der Computereinzelhändler Berner & Sohn OHG, Luisenstraße 17, 40213 Düsseldorf, überweist die Eingangsrechnung des Computergroßhändlers Data Source AG, Soester Str. 34, 40968 Köln. Die Eingangsrechnung vom 23. September 2007 mit der Nummer 07/6700 über einen Warenwert von 3.680,00 EUR zuzüglich 19 % Umsatzsteuer wird unter Abzug von 3 % Skonto und der Gutschrift Nr. 3450 über 550,00 EUR am heutigen Tag vom Konto Nr. 34414723 bei der Postbank Essen auf das Konto Nr. 230966 bei der Dresdner Bank Köln, Bankleitzahl 370 800 40 überwiesen.

9. Der erste Schritt zur Teilnahme am bargeldlosen Zahlungsverkehr ist die Eröffnung eines Kontos bei einer Bank oder Sparkasse. Finden Sie heraus, welche drei wichtigen Prüfungen bei der Eröffnung eines Kontokorrentkontos vorgenommen werden. Welche Bedeutung hat die so genannte SCHUFA-Klausel?

10. Wenn Sie einen Überweisungsvordruck ausfüllen und an Ihr Kreditinstitut weiterleiten haben Sie für gewöhnlich keine Kopie (z. B. in Form einer Durchschrift). Welches Formular dient Ihnen für die durchgeführte Überweisung als Buchungsbeleg?

11. Welche Angaben sind aus dem nebenstehenden Kontoauszug zu entnehmen?

12. Zusatzaufgabe: Wie hoch war der Listeneinkaufspreis (netto) für die Ware, die zur Auszahlung von 798,78 EUR führte? Ein Rabatt wurde nicht gewährt. Der Umsatz unterlag dem Umsatzsteuersatz von 19 %. (Ergebnis ggf. auf zwei Stellen nach dem Komma runden.)

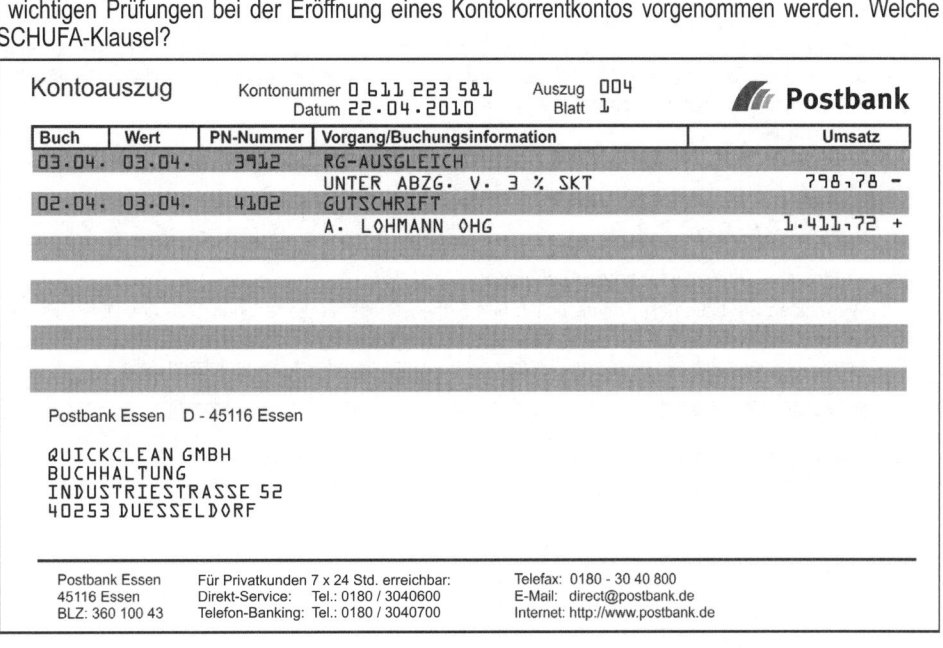

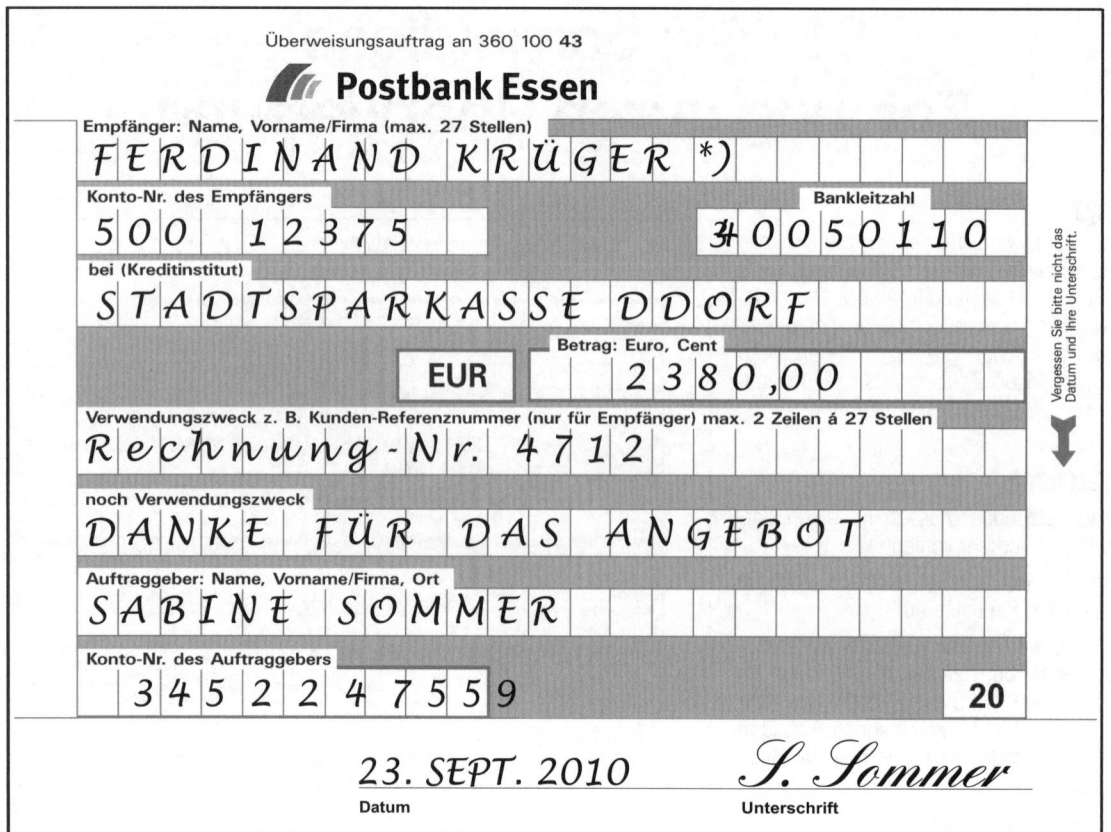

Überweisungsauftrag an 360 100 **43**

Postbank Essen

Empfänger: Name, Vorname/Firma (max. 27 Stellen)

FERDINAND KRÜGER *)

Konto-Nr. des Empfängers		Bankleitzahl
500 12375		3̶ 0 0 5 0 1 1 0

bei (Kreditinstitut)

STADTSPARKASSE DDORF

	Betrag: Euro, Cent
EUR	2 3 8 0 , 0 0

Verwendungszweck z. B. Kunden-Referenznummer (nur für Empfänger) max. 2 Zeilen á 27 Stellen

Rechnung-Nr. 4712

noch Verwendungszweck

DANKE FÜR DAS ANGEBOT

Auftraggeber: Name, Vorname/Firma, Ort

SABINE SOMMER

Konto-Nr. des Auftraggebers

3 4 5 2 2 4 7 5 5 9   **20**

Vergessen Sie bitte nicht das Datum und Ihre Unterschrift.

23. SEPT. 2010   *S. Sommer*

Datum   Unterschrift

*) Im Original mit rotem Kugelschreiber geschrieben, der Rest mit schwarzem Kugelschreiber.

Überweisungsformular für Aufgabe 7

Hinweise der Kreditinstitute zum Ausfüllen eines maschinell lesbaren Durchschreibevordrucks

Ausfüllen mit Schreibmaschine

Sie können jede Schreibmaschine benutzen. Achten Sie bitte darauf, dass die Zeilen des Beleges eingehalten werden. <u>Die Rasterkästchen sind für das Ausfüllen mit der Schreibmaschine ohne Bedeutung.</u> Sie können sowohl große als auch kleine Buchstaben miteinander gemischt verwenden.

Ausfüllen mit Handschrift

Benutzen Sie nach Möglichkeit einen schwarzen Kugelschreiber und drücken Sie damit kräftig auf. Beachten Sie bitte dabei folgende Punkte:
- Nur jeweils ein Zeichen (z. B. ein Buchstabe, eine Ziffer, ein Sonderzeichen) pro Rasterkästchen einsetzen.
- Verwenden Sie nur GROßBUCHSTABEN und schreiben Sie in Druckschrift. Orientieren Sie Ihre Schreibweise bitte an nachstehendem Schriftmuster:

Buchstaben

A B C D E F G H I J K L M N O P Q R S T U V W X Y Z Ä Ö Ü ß

Ziffern   Sonderzeichen

1 2 3 4 5 6 7 8 9 0   , . : + - = < / % [ ]

Allgemeine Hinweise für beide Ausfüllarten

Vermeiden Sie bitte, dass Unterschriften und Firmenstempel in die farbigen Teile des Überweisungsvordrucks (Lesezone) hineinreichen. Im Betragsfeld bitte unbedingt den Euro-Betrag getrennt vom Cent-Betrag in die dafür vorgesehenen Kästchen einsetzen. Wiederholen Sie bitte den Betrag in der letzten Zeile.

Informationen für Aufgabe 7

52. Zahlung mit Scheck

Einleitung

Falls Sie bereits über ein Girokonto und eine EC-Karte verfügen, haben Sie sicher schon häufiger am bargeldlosen Zahlungsverkehr teilgenommen. Sie haben bei Einkäufen vielleicht bargeldlos unter Einsatz Ihrer EC-Karte gezahlt. Doch was ist eigentlich, wenn der Zahlungsempfänger nicht über ein EC-Kartenlesegerät verfügt? In einem solchen Fall könnten Sie einen Scheck einsetzen...

✍ Aufgaben

1. Was versteht man unter einem Scheck? Lesen Sie sich zu Ihrer Information den Auszug aus dem Scheckgesetz (siehe Anlage) durch.

2. Es existieren verschiedene Scheckarten. Welche kennen Sie? Erläutern Sie die Unterschiede.

3. Wie lange ist ein ausgefüllter Scheck gültig?

4. Angenommen, Sie entdecken, dass Ihnen vor wenigen Minuten einige Scheckvordrucke, ggf. sogar ein ausgefüllter Verrechnungsscheck gestohlen wurde. Wie verhalten Sie sich?

5. Was versteht man unter einem „vordatierten" Scheck und welchen Grund kann eine Vordatierung durch den Scheckaussteller haben?

Übungsaufgaben

1. Ihr Unternehmen erhält am 11. Dezember 2010 folgende Schecks:
   a) Scheck über 1.800,00 EUR. Ausstellungsdatum 20. Dezember 2010. Bis zu welchem Datum muss die Bank den Scheck einlösen?
   b) Barscheck über 3.000,00 EUR. Der Betrag in Worten fehlt. Es ist nur der Betrag in Ziffern angegeben. Welchen Betrag schreibt die Bank gut?
   c) Scheck über 370,00 EUR in Ziffern, der Betrag in Worten lautet „Siebenhundertdreißig". Welchen Betrag schreibt die Bank gut?
   d) Barscheck über 4.000,00 EUR, ausgestellt am 9. Dezember 2010. Der Vermerk „oder Überbringer" ist gestrichen. Welche Konsequenzen hat die Streichung der „Überbringer-Klausel"?
   e) Scheck über 2.000,00 EUR, ausgestellt am 7. Dezember 2010. Der Vermerk „nur zur Verrechnung" ist gestrichen. Welche Konsequenzen hat die Streichung des Vermerks?

2. Die Friedrich Schmitt Papierfabrik hat bei der Heinz Schlau OHG Regale im Wert von 14.280,00 EUR zuzüglich 19 % Umsatzsteuer bezogen (Eingangsrechnung Nr. 4812 vom 28. April 2010). Zum Ausgleich der bestehenden Verbindlichkeit stellt Frau Sommer unter Ausnutzung der Skontofrist (10 Tage, 2 % Skonto) am 6. Mai 2010 einen Verrechnungsscheck über den geschuldeten Betrag aus. Füllen Sie im Namen von Herrn Schmitt ein Scheckformular (siehe unten) aus.

3. Der Verrechnungsscheck aus der vorherigen Aufgabe geht am 9. Mai 2010 bei der Heinz Schlau OHG ein, die ihn am 11. Mai 2010 bei der Postbank einreicht. Füllen Sie den Vordruck zur Einreichung von Schecks (siehe nächste Seite) aus.

4. Sie wollen einige Schecks bei der Bank einreichen.
   a) Welche Prüfungen durch den Bankangestellten sind bei der Einlösung eines Schecks im Einzelnen nötig? Beachten Sie dabei alle Besonderheiten der verschiedenen Scheckarten.
   b) In welchen Fällen kann ein Kreditinstitut die Einlösung eines Schecks verweigern, und wann muss sie die Einlösung verweigern?

🚀 Postbank
Essen
360 100 43

Zahlen Sie gegen diesen Scheck

Betrag (EUR, Ct)

Betrag in Buchstaben

noch Betrag in Buchstaben

an _____ oder Überbringer

Ausstellungsort, Datum   Unterschrift des Ausstellers

Verwendungszweck
(Mitteilung für den Zahlungsempfänger)
Der vorgedruckte Schecktext darf weder geändert oder gestrichen werden. Die Angabe einer Zahlungsfrist auf dem Scheck gilt als nicht geschrieben.

Scheck-Nr.	X	Konto-Nr.	X	Betrag	X	Bankleitzahl	X	Text
68859541		355401890				36010043		01

Bitte dieses Feld nicht beschriften und nicht bestempeln.

Auszug aus dem Scheckgesetz

Art. 1 Bestandteile. Der Scheck enthält:

1. die Bezeichnung als Scheck im Text der Urkunde und zwar in der Sprache, in der sie ausgestellt ist;
2. die unbedingte Anweisung, eine bestimmte Geldsumme zu zahlen;
3. den Namen dessen, der zahlen soll (Bezogener);
4. die Angabe des Zahlungsortes;
5. die Angabe des Tages und des Ortes der Ausstellung;
6. die Unterschrift des Ausstellers.

Art. 2 Fehlen von Bestandteilen. (1) Eine Urkunde, in der einer der im vorstehenden Artikel bezeichneten Bestandteile fehlt, gilt nicht als Scheck, vorbehaltlich der in den folgenden Absätzen bezeichneten Fälle. (2) Mangels einer besonderen Angabe gilt der bei dem Namen des Bezogenen angegebene Ort als Zahlungsort. Sind mehrere Orte bei dem Namen des Bezogenen angegeben, so ist der Scheck an dem an erster Stelle angegebenen Ort zahlbar. (3) Fehlt eine solche oder jede andere Angabe, so ist der Scheck an dem Orte zahlbar, an dem der Bezogene seine Niederlassung hat.

Art. 5 Zahlungsempfänger. (1) Der Scheck kann zahlbar gestellt werden:

an eine bestimmte Person, mit oder ohne den ausdrücklichen Vermerk „an Order";

an eine bestimmte Person, mit dem Vermerk „nicht an Order" oder mit einem gleichbedeutenden Vermerk;

an den Inhaber.

(2) Ist im Scheck eine bestimmte Person mit dem Zusatz „oder Überbringer" oder mit einem gleichbedeutenden Vermerk als Zahlungsempfänger bezeichnet, so gilt der Scheck als auf den Inhaber gestellt.

(3) Ein Scheck ohne Angabe des Nehmers gilt als zahlbar an den Inhaber.

Art. 9 Schecksumme. (1) Ist die Schecksumme in Buchstaben und Ziffern angegeben, so gilt bei Abweichungen die in Buchstaben angegebene Summe. (2) Ist die Schecksumme mehrmals in Buchstaben oder mehrmals in Ziffern angegeben, so gilt bei Abweichungen die geringste Summe.

Art. 28 Fälligkeit. (1) Der Scheck ist bei Sicht zahlbar. Jede gegenteilige Angabe gilt als nicht geschrieben. (2) Ein Scheck, der vor dem Eintritt des auf ihm angegebenen Ausstellungstages zur Zahlung vorgelegt wird, ist am Tage der Vorlegung zahlbar.

Art. 29 Vorlegungsfristen. (1) Ein Scheck, der in dem Lande der Ausstellung zahlbar ist, muss binnen acht Tagen zur Auszahlung vorgelegt werden. [...] (4) Die vorstehend erwähnten Fristen beginnen mit dem Tage zu laufen, der in dem Scheck als Ausstellungstag angegeben ist.

Art. 39 Verrechnungsscheck. (1) Der Aussteller sowie jeder Inhaber eines Schecks kann durch den quer über die Vorderseite gesetzten Vermerk „nur zur Verrechnung" oder durch einen gleichbedeutenden Vermerk untersagen, dass der Scheck bar bezahlt wird. (2) Der Bezogene darf in diesem Falle den Scheck nur im Wege der Gutschrift [...] einlösen. Die Gutschrift gilt als Zahlung. (3) Die Streichung des Vermerks „nur zur Verrechnung" gilt als nicht erfolgt.

Art. 56 Fristberechnung. Bei der Berechnung der in diesem Gesetz vorgesehenen Fristen wird der Tag, an dem sie zu laufen beginnen, nicht mitgezählt.

Scheckeinreichungsformular für Übungsaufgabe 3

53. Sonderformen der Überweisung

Einleitung

Um von Ihrem Konto Geld auf das Konto einer anderen Person zu überweisen, müssen Sie zunächst einen Überweisungsträger ausfüllen. Dieses Formular müssen Sie dann an Ihre Bank persönlich übergeben oder es ihr zusenden. Das kostet viel Zeit. Und vor allem müssen Sie immer an alle Zahlungsverpflichtungen denken, damit Sie nicht in Zahlungsverzug geraten. Bei einer Vielzahl von Zahlungsverpflichtungen kann man da schon die eine oder andere Überweisung vergessen. Damit Sie nicht in eine solche prekäre Situation geraten, stellen Ihnen die Banken verschiedene Möglichkeiten zur Auswahl. Welche dies sind, wird in nachfolgendem Text erarbeitet....

Situationsbeschreibungen

Situation 1: Sabine Zimmermann hat sich bei einem Bekleidungshändler eine schicke Hose ausgesucht. Sie geht damit zur Kasse und die Kassiererin tippt den Kaufpreis ein.

Sabine legt daraufhin ihre EC-Karte auf die Ladentheke. Die Kassiererin zieht die Karte durch ein Lesegerät, worauf sofort die Kasse beginnt, einen Beleg zu drucken. Diesen muss Sabine nur noch unterschreiben. Die Kassiererin vergleicht die Unterschrift mit der auf der Rückseite der EC-Karte. Offensichtlich stimmen sie überein. Die Kassiererin übergibt Sabine die Karte sowie den Kassenzettel und packt die Hose in eine Tüte ein.

Situation 2: Frank Heydrich hat seine erste eigene Wohnung bezogen. Mit dem Vermieter hat er vereinbart, dass er die Miete zum jeweiligen Monatsersten auf dessen Konto überweist. Das findet Frank schon ein bisschen lästig: immer muss er einen Überweisungsträger ausfüllen und zu seiner Bank bringen. Ein Mitarbeiter der Bank macht ihn eines Tages darauf aufmerksam, dass er den Zahlungsvorgang auch vereinfachen kann. Er soll ein Formular ausfüllen und bei der Bank abgeben. Die Bank wird dann regelmäßig zum Monatsersten die Überweisungen vornehmen. Frank muss nun nicht mehr an die rechtzeitige Überweisung der Miete denken.

Situation 3: Tanja Meyer hat gerade ihr Auto betankt, als sie bemerkt, dass sie nicht genügend Bargeld bei sich hat. Im Verkaufsraum der Tankstelle gibt sie deshalb dem Verkäufer ihre EC-Karte. Dieser zieht die Karte durch ein Lesegerät und hält Tanja ein kleines Eingabegerät hin. Hiermit muss sie zunächst den angezeigten Kaufpreis bestätigen. Dann wird sie im Display aufgefordert, ihre Geheimnummer einzugeben. Nachdem sie die richtige Nummer eingetippt hat, druckt die Kasse einen Beleg aus. Auf diesem kann Tanja sehen, dass ihr der bestätigte Betrag vom Girokonto abgezogen wurde.

Aufgaben

1. Erläutern Sie, was man unter einem Dauerauftrag zu verstehen hat.

2. Wodurch unterscheiden sich der Dauerauftrag und das so genannte Lastschriftverfahren? Zeigen Sie die jeweiligen Vor- und Nachteile der beiden Verfahren für den Zahlungspflichtigen und den Zahlungsempfänger auf (siehe Arbeitsblatt Seite 250).

3. Im heute üblichen bargeldlosen Zahlungsverkehr werden häufig Bankkarten eingesetzt. Was sind Bankkarten und mit welchen Funktionen sind sie ausgestattet?

4. Im Rahmen des bargeldlosen Zahlungsverkehrs erhält das so genannte Elektronische Lastschriftverfahren (ELV) immer größere Bedeutung. Wie läuft die Zahlung bei diesem Verfahren ab?

5. Neben dem Elektronischen Lastschriftverfahren werden auch noch ec-Cash offline und electronic cash im Zusammenhang mit der Zahlung durch ec-Karte eingesetzt. Beschreiben Sie diese Verfahren.

Postbank Essen • 45116 Essen

Herrn
Jörg Bensch
Beispielstraße 24
42698 Solingen

Ihr Zeichen   - - -
Unser Zeichen   5340-4b, Petra Riddert, (02 01) 8 12-34 55
Datum   29.06.2010
Betrifft   Ihr Postbank Girokonto 6044 49-433

Sehr geehrter Herr Bensch,

bei Lastschriften mit Einzugsermächtigung ist die Postbank nur ausführendes Institut. Bitte widerrufen Sie die von Ihnen erteilte Einzugsermächtigung direkt beim Zahlungsempfänger.

Wir haben Ihr Konto bis zum 29.02.2011 für alle Lastschriften der „Hans Bettrop AG" gesperrt. Nach Ablauf dieser Frist wird die Sperre aufgehoben.

Sollte trotz Ihres Widerrufs eine „Lastschrift mit Einzugsermächtigung" stattfinden, können Sie dieser ohne Angabe von Gründen widersprechen. Der Betrag wird dann Ihrem Konto wieder gutgeschrieben.

Die Rückbuchung der Lastschrift über 49,00 EUR vom 24.06.2010 wird veranlasst.

Mit freundlichen Grüßen
Ihre Postbank

Andersen
Petra Andersen
Nachsteuerung

Riddert
Petra Riddert
Nachsteuerung

Postbank Essen   T-Online: *Postbank#   Postbank Essen   Vorstand: Aufsichtsrat:
Kruppstraße 2   Internet: BLZ 360 100 43   Prof. Dr. Wulf   Dr. Klaus Zumwinkel,
45128 Essen   http://www.postbank.de   Konto-Nr. 1-433   von Schimmelmann,   Vorsitzender
Telefon: (02 01) 8 19 - 0 eMail: direkt@postbank.de   SWIFT-Code:
Telefax: (02 01) 22 87 69   PBNKDEFF   Vorsitzende: Sitz Bonn
                          Postbank Direkt - Service: Volker Mai   Amtsgericht Bonn
Deutsche Postbank AG   Telefon: 01 80 - 30 40 600   Loukas Rizos   HRB 6793
Ein Unternehmen der   Erreichbarkeit: 7 x 24 Stunden   Achim Scholz
Deutschen Post AG   Telefax: 01 80 - 30 40 800

| Arbeitsblatt | **Zahlungsverkehr (V): Sonderformen der Überweisung** | BWL-Unterricht |

URTEILE

Pflicht zur Lastschrift

Unternehmen können eine Einzugsermächtigung verlangen, etwa in Miet- oder Ratenkreditverträgen. Bedingung: Zeitpunkt und Höhe der Zahlungen stehen fest, urteilt der Bundesgerichtshof (Aktenz. XII ZR 271/94). Widerspricht der Kunde Abbuchungen nachträglich, hat er das Recht auf Gutschrift.

Das Haus

Zahlungsverkehr

Regelmäßig wiederkehrende Zahlungsverpflichtungen wie Telefon, Strom oder Versicherungsbeiträge werden häufig nicht per Überweisung oder Dauerauftrag, sondern durch eine Einzugsermächtigung beglichen. Nach einem Urteil des Bundesgerichtshofs (XII ZR 271/24) kann jetzt ein Händler durch eine Klausel in seinen Allgemeinen Geschäftsbedingungen einen Kunden sogar zu dieser Zahlungsweise verpflichten. Die Richter begründeten ihre Entscheidung damit, dass den Kostenvorteilen des Lastschrifteinzugsverfahrens für den Zahlungsempfänger gerade bei geringen Beträgen – im vorliegenden Fall ging es um eine monatliche Zahlung von 5,70 EUR – keine beachtlichen Nachteile für den Schuldner gegenüberstehen. Da der Kunde beim Einzugsermächtigungsverfahren jederzeit von seiner Bank verlangen kann, dass die Buchung rückgängig gemacht wird, sind Befürchtungen, dass falsch oder unberechtigt abgebucht wird, unbegründet. Anders beim so genannten Abbuchungsverfahren: Hier erteilt der Zahlungspflichtige dem Zahlungsempfänger die Erlaubnis, Lastschriften einzuziehen und er beauftragt gleichzeitig seine Bank, diese einzulösen. Einer ordnungsgemäßen Belastung kann dann - anders als beim Einzugsermächtigungsverfahren – nicht widersprochen werden und zwar selbst dann nicht, wenn der Zahlungsempfänger nachweislich keine berechtigte Forderung hatte. Grundsätzlich gilt: Einen Kontrollblick auf seinen Kontoauszug sollte der Kontoinhaber bei allen Buchungen werfen.

Schul/Bank

Tipps für den Geldverkehr

Bei der Überweisung und dem Dauerauftrag können Sie steuern, welche Beträge Ihr Konto verlassen. Anders als beim Einzugsermächtigungsverfahren, das sich für Beträge eignet, die in ihrer Höhe häufig unterschiedlich sind, aber regelmäßig wiederkehren. Hier geben Sie der Telekom, dem Energieversorger oder einem anderen Unternehmen die Möglichkeit, fällige Gebühren, Beiträge oder Rechnungen von Ihrem Konto abzubuchen. Sie räumen ihnen also das Recht ein, sich von Ihrem Konto zu bedienen. Dass es hierbei auch manchmal zu Pannen kommt und Beträge in falscher Höhe oder von einem falschen Konto abgebucht werden, ist ein offenes Geheimnis. Das Alles klingt jedoch heikler als es ist.

Es dürfen nämlich nur Unternehmen das Einzugsermächtigungsverfahren anbieten, die mit ihrem Kreditinstitut eine Vereinbarung über die Teilnahme an diesem Verfahren getroffen haben.

Dabei bekommen nur zuverlässige Unternehmen die Genehmigung. Sie als Kunde geben dem Unternehmen dann eine Einzugsermächtigung. Die Initiative beim Einzug einer fälligen Zahlung geht dann vom Zahlungsempfänger aus, der einen Lastschriftbeleg ausfüllt und ihn zusammen mit anderen Lastschriften bei der Bank einreicht. Seine Bank zieht die Beträge dann bei den Banken der Zahlungspflichtigen (also Ihrer Bank) ein und schreibt den Betrag auf dem Konto des Zahlungsempfängers gut. Ihre Bank belastet ihr Konto.

Ungerechtfertigte Abbuchungen müssen Sie nicht hinnehmen. Das Kreditinstitut muss die Abbuchung auf Ihren Antrag hin innerhalb von sechs Wochen nach der erfolgten Abbuchung rückgängig machen, und zwar ohne Prüfung, ob Sie das Geld tatsächlich schulden.

Also: Behalten Sie ihr Konto im Auge und kontrollieren Sie Ihre Abbuchungen. Haben Sie etwas zu beanstanden, so sprechen Sie unverzüglich den Widerspruch aus. Wenn Sie diesen Grundsatz befolgen, hat das Einzugsermächtigungsverfahren auch für Sie nur Vorteile.

Markt und Wirtschaft

BGH verbietet Bankgebühr für Rücklastschriften

KARLSRUHE (afp) Banken und Sparkassen dürfen ihren Kunden keine Gebühren für gescheiterte Abbuchungen im Lastschriftverfahren in Rechnung stellen. Dies entschied der Bundesgerichtshof (BGH). Die Verbraucherzentrale (VZ) NRW hatte gegen die Dresdner Bank geklagt, weil sie wie viele andere auch ein entsprechendes BGH-Urteil ignoriert hatte. Die Bank hatte bei Rücklastschriften weiterhin Gebühren von sechs Euro kassiert (AZ: XI ZR 154/04).

Der BGH begründete, angefallene Bearbeitungsgebühren können nur von der einziehenden Bank ge-fordert werden und nicht vom Kunden, der ungefragt belastet werde. Solche Kunden seien nicht zur Deckung ihrer Girokonten verpflichtet. Denn die Bank greife hier aufgrund einer fremden Lastschrift auf das Konto ihres Kunden zu, ohne zu wissen ob er zu der geforderten Leistung verpflichtet ist oder ob er überhaupt eine Einziehungsermächtigung erteilt hat. Die VZ forderte Bankkunden auf, ihre Kontoauszüge zu prüfen und entsprechende Gebühren - auch für zurückliegende Jahre - zurück zu verlangen. Wer dabei Hilfe braucht, kann sich an die Verbraucherzentralen wenden.

Quelle: Rheinische Post

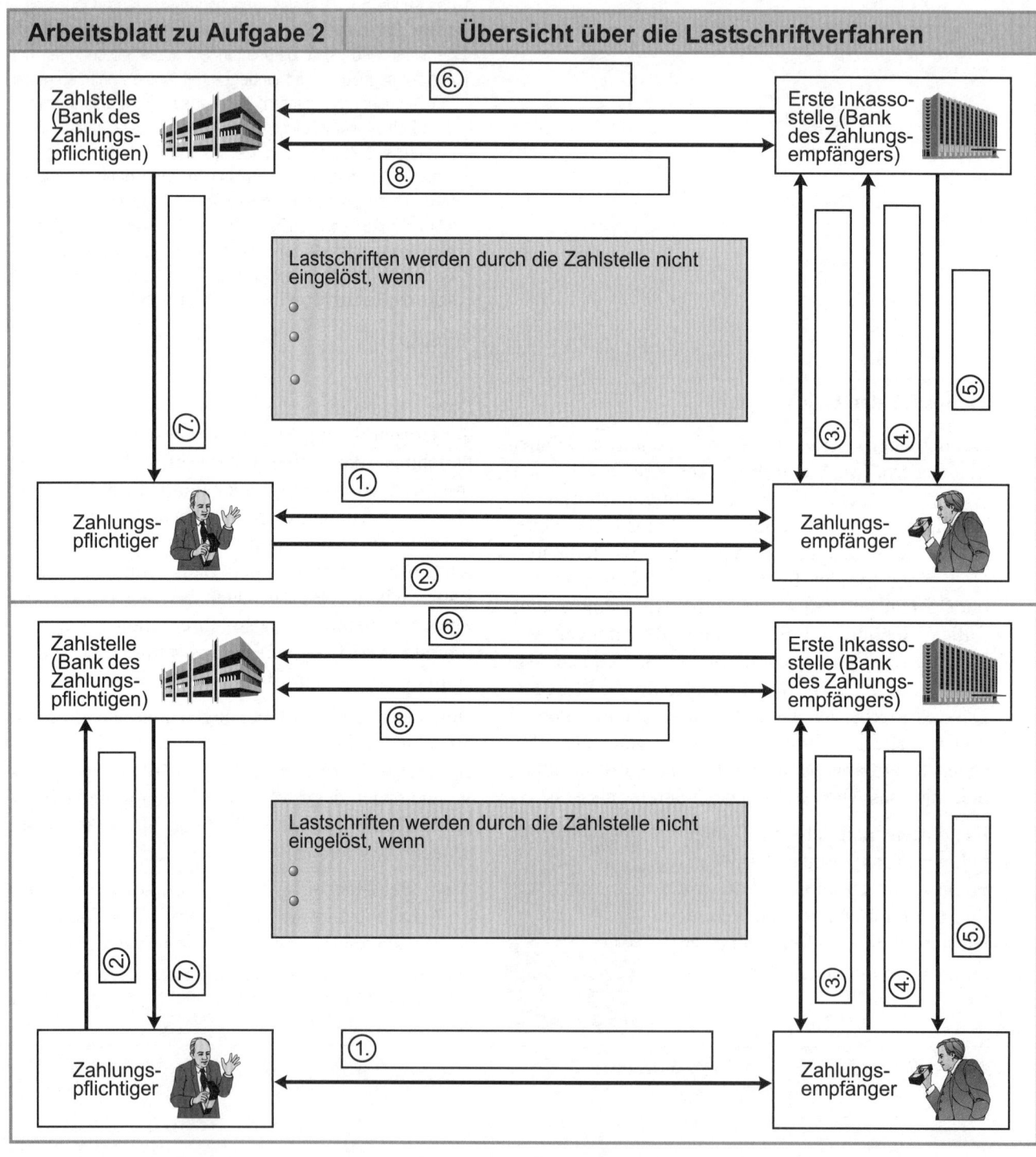

Arbeitsblatt zu Aufgabe 4 | **Übersicht über das Elektronische Lastschriftverfahren**

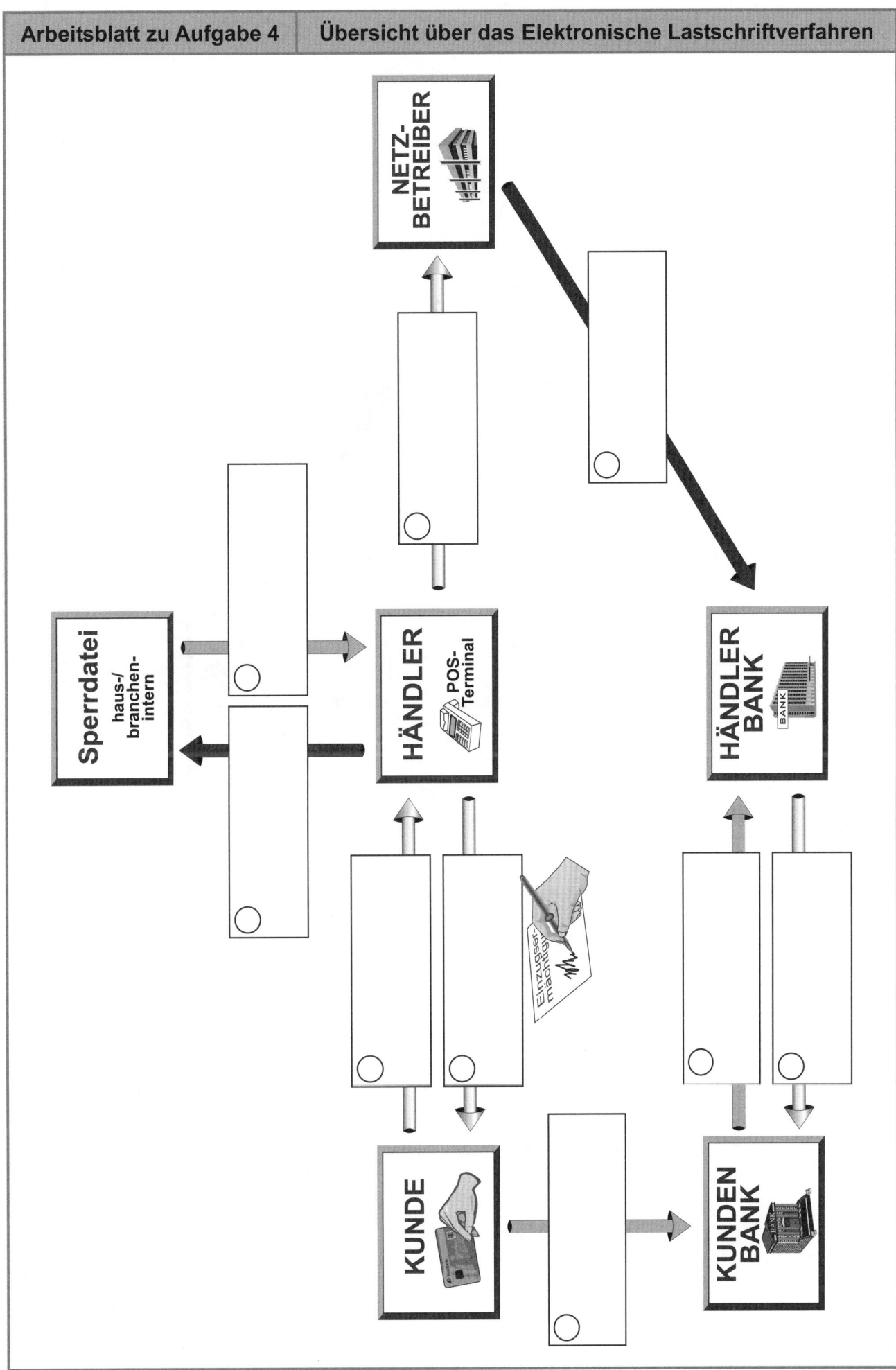

Arbeitsblatt zu Aufgabe 4	Übersicht über die ec-Karten-Zahlung

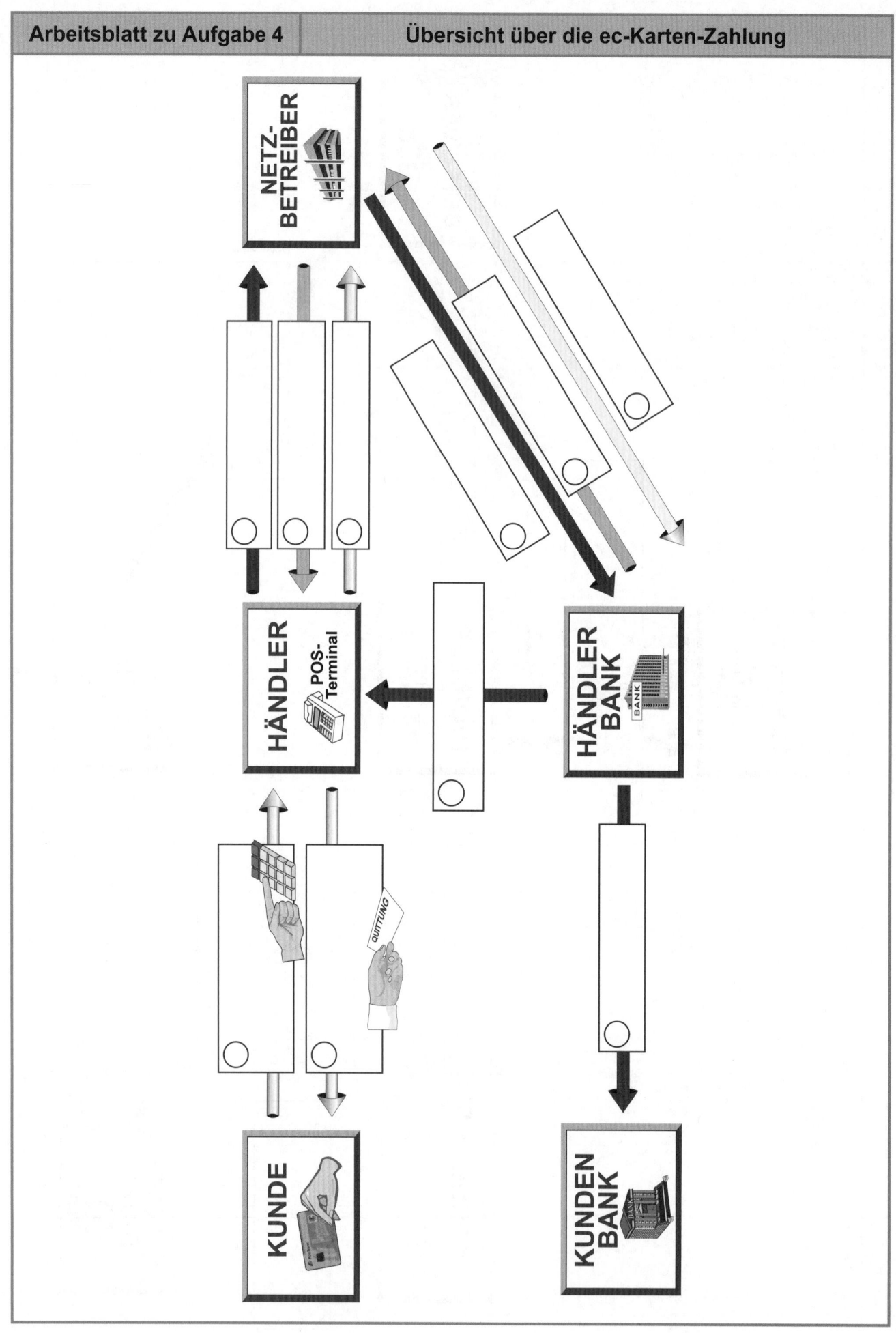

54. Plastikgeld und Electronic Banking

Einleitung

„Je älter man wird, desto weniger Bargeld braucht man...!" Diesen Ausspruch eines Ausbilders sollte man genauer hinterfragen. Will er sagen, dass man mit zunehmendem Alter generell weniger Geld ausgibt, weil die Bedürfnisse zurückgehen? Oder dass man häufiger andere Zahlungsmittel als Bargeld verwendet? Sie werden selbst erkennen, dass letzteres zutreffen wird. Je älter Sie werden, desto mehr ändern sich Ihre Zahlungsgewohnheiten. Die Bargeldzahlung, die heute für Sie noch so wichtig ist, wird zu Gunsten des bargeldlosen Zahlungsverkehrs immer mehr zurückgehen. Und eines Tages werden Sie wahrscheinlich fast nur noch sagen: „Hier ist meine Karte...!"

Situationsbeschreibungen

Situation 1:

Sabine: „Mensch, ich müsste mal dringend meine Mutter anrufen. Aber leider habe ich kein Kleingeld mehr dabei."

Klaus: „Aber das macht doch nichts. Ich hab doch eine Telefonkarte. Hier, ..., da müsste noch genug drauf sein. Du kannst Sie gerne benutzen."

Situation 2:

Sabine: „Das Kleid gefällt mir wirklich sehr gut. Hm, ..., ob ich mir das wirklich noch leisten kann? Ich weiß gar nicht mehr genau, wie viel Geld ich auf meinem Konto hab'."

Beate: „Aber Sabine, ..., du hast doch deine Bankkarte dabei. Komm, wir gehen gleich mal bei deiner Bank vorbei und schauen nach, wie hoch der Kontostand ist."

Situation 3:

Herr Hansen: „So, das macht dann 399,00 € für den Drucker. Da haben Sie sich aber wirklich ein gutes Stück ausgesucht. Das Gerät war in diesem Monat Testsieger."

Sabine: „Oh, ich sehe gerade, dass ich nur knapp 300,00 € dabei habe. Ich glaub' ich muss erst mal zu meiner Bank, um dort Bargeld zu besorgen. *Herr Hansen:* Aber junge Frau, Sie haben doch sicher schon ein eigenes Girokonto. Haben Sie denn keine ec-Karte bekommen? Mit einer solchen Karte könnten Sie bargeldlos zahlen."

Sabine: „Wirklich? Ja, ich habe eine ec-Karte, aber ich habe leider keine ec-Schecks dabei. Dann kann ich ja doch nicht zahlen, oder?"

Situation 4:

Herr Berger: „Das war ja wirklich Pech mit Ihrem Wagen. Wie gut, dass die Versicherung in einem solchen Fall aufkommt und Ihnen einen Leihwagen zubilligt."

Sabine: „Ja, das nennt man wohl Glück im Unglück. Und es ist ja wirklich ein schöner Wagen. Ich glaub', den möchte ich nach Ablauf der Mietzeit gar nicht mehr zurückgeben."

Herr Berger: „So, ..., nun bekomme ich aber erst einmal 250,00 € von Ihnen. Diese Mietgebühr erstattet Ihnen dann später die Versicherung."

Sabine: „Einen Moment, dafür habe ich die Kundenkarte meines Vaters dabei. Ich zahle bargeldlos."

Situation 5:

Herr Gutmann: „Sie hatten die Zapfsäule 2, nicht wahr? *(Herr Gutmann tippt den Betrag in die Kasse ein.)* Das macht 27,30 €."

Sabine: „Sie akzeptieren doch auch eine Kreditkarte, oder? Hier haben Sie die Karte. Mit Bargeld zu zahlen ist mir viel zu umständlich!"

✑ Aufgaben

1. In den geschilderten Situationen wurde Bargeld durch das so genannte „Plastikgeld" ersetzt. Betrachten Sie die beiliegenden Karten des bargeldlosen Zahlungsverkehrs und ordnen Sie diese den Situationen zu. Welche Plastikkarte erfüllt welche Aufgaben im Zusammenhang mit der bargeldlosen Zahlung?

2. Sie sind nun „Spezialist/in", wenn es um den bargeldlosen Zahlungsverkehr geht. Trotzdem sind Ihnen noch nicht alle Fachbegriffe bekannt. Klären Sie die Begriffe Phone bzw. Home Banking und sowie die Bedeutung der Abkürzungen DTA und DFÜ.

3. Stellen Sie Vor- und Nachteile des Electronic Cash aus Sicht des Kunden und des Unternehmens (Zahlungsempfängers) gegenüber.

Zu Ihrer Information:

Musterprozess um EC-Karten

DÜSSELDORF (rtr). Auf deutsche Banken rollt eine Welle von Musterprozessen zu. Verbraucherschützer wollen vor Gericht prüfen lassen, ob das Geldabheben am Automaten mit Kredit- oder EC-Karte so sicher ist, wie die Institute behaupten. Die Verbraucherzentrale NRW hat die Deutsche Bank, die Postbank, die Citibank, die Stadtsparkasse Düsseldorf und das Kreditkarten-Unternehmen Eurocard auf 85.000 Euro Schadenersatz verklagt. Um diesen Betrag sollen Kunden gebracht worden seien, mit deren gestohlenen oder verloren gegangenen Karten unbefugt Geld abgehoben wurde. Nach Ansicht der Verbraucherschützer soll es möglich sein, auch ohne PIN-Code mit einer Chip-Karte an Geld zu kommen.

Quelle: Die Welt

Bezahlen im Einzelhandel

An der Ladenkasse greifen die Kunden zwar zunehmend zur Karte, noch werden jedoch zwei Drittel des Einzelhandelsumsatzes (66 %) bar bezahlt. Rund 30 % des Umsatzes fließen über Karten in die Kassen der Händler. Mit einem Anteil von gut 17 % wird hierbei die EC- bzw. Bankkarte im POZ-System (Point-of-sale System ohne Zahlungsgarantie) am meisten genutzt. Dabei legitimiert sich der Karteninhaber durch seine Unterschrift und erteilt dem Unternehmen die Erlaubnis, den Betrag per Lastschrift von seinem Konto einzuziehen. Der Anteil der Kartenzahlung im electronic-cash-System unter Eingabe der persönlichen Geheimzahl (PIN) liegt bei 7 %.

Quelle: Schul/Bank

Totgesagte leben länger

Mit Jahresende sollte sie verschwinden – doch die EC-Karte lebt fort. Vor zwei Jahren hatte die europäische Kreditwirtschaft beschlossen, das Zwei-Buchstaben-Logo von der Geldkarte zu verbannen, doch die Marke hat sich durchgesetzt. Zwar drucken die Sparkassen das Logo nur noch auf die Rückseite ihrer Kar-

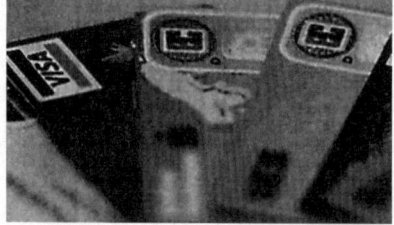

Das EC-Logo sollte eigentlich zum Jahresende verschwinden.

FOTO: DDP

ten, die großen Privatbanken aber räumen dem „EC" weiter die Vorderseite ein. Nachfolgerin der EC-Karte sollte die Maestrokarte werden. Sie allerdings ist bis dato kaum bekannt, obwohl das rot-blaue Logo auf allen rund 90 Millionen deutschen Debitkarten zu sehen ist. Als Retter der EC-Karte gilt das Zahlungssystem „electronic cash" – es kürzelt mit „ec".

Quelle: Rheinische Post

Abb. 1:

Abb. 2:

Abb. 3:

Abb. 4:

Abb. 5:

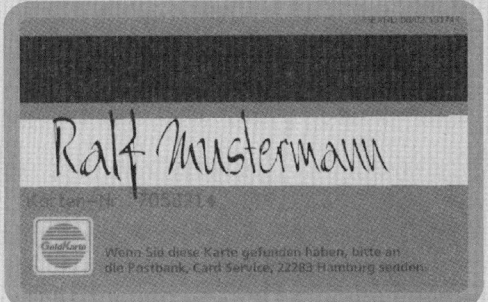

Abb. 6:

Abb. 7:

Abb. 8:

Abb. 9:

Abb. 10:

55. Anwendungsaufgaben zum Zahlungsverkehr

Einleitung

Sie haben nun in sechs Kapiteln die wichtigsten Dinge zum Zahlungsverkehr kennen gelernt. Nun sollen Sie Ihr Wissen im Rahmen von praktischen Fällen anwenden.

Situationsbeschreibungen

Bearbeiten Sie folgende Aufgaben indem Sie zu jeder Situation den passenden Zahlungsbeleg in der Anlage heraussuchen und vollständig ausfüllen. Achten Sie darauf, dass Sie jeden Beleg nur einmal zur Verfügung haben.

✍ Aufgaben

1. Am 2. September verkaufen Sie als Mitarbeiter/in der Verkaufsabteilung der Heinz Schlau OHG an den Kunden Gerd Littges aus dem Sortiment das Büroregal „Superior 100" für 999,00 € netto. Der Kunde zahlt bar und Sie quittieren den Erhalt des Geldes.

2. Ihr Vater möchte Ihrem Bruder, der zurzeit in München studiert, zu dessen Geburtstag 1.000,00 € zukommen lassen. Die Adresse lautet: Kaiser-Wilhelm-Ring 12, 80562 München. Da Ihr Bruder gerade erst nach Bayern umgezogen ist, verfügt er noch nicht über ein Bankkonto. Sie haben bisher ebenfalls kein Girokonto eröffnet.

3. Sie haben sich am 3. September beim Computerhändler Datasystems Düsseldorf, Luisenstraße 14, 40688 Düsseldorf einen neuen Personalcomputer, Listenpreis 1.099,00 € netto sowie einen neuen Laserdrucker, Listenpreis 399,00 € netto gekauft. Da der Computerhändler zurzeit eine Sonderangebotsaktion durchführt, erhalten Sie einen Rabatt von 5 % auf den Warenwert (Rechnungsnummer: R-22560). Sie haben zwar Ihre EC-Karte dabei, der Händler verfügt jedoch nicht über ein entsprechendes Kartenlesegerät. Darüber hinaus möchte der Händler bereits am späten Nachmittag über Bargeld verfügen.

4. Sie erhalten vom Versandhaus „MüllerModen", Kempener Str. 6 - 18, 42699 Solingen eine Rechnung über 269,00 €. In der Rechnung (Rechnungsnummer: 788223) wird als Zahlungsbedingung genannt: „Zahlbar innerhalb von 4 Wochen ab Rechnungsdatum, innerhalb von 14 Tagen unter Abzug von 3 % Skonto". Da Ihr Girokonto über eine entsprechende Deckung verfügt, entscheiden Sie sich dazu, die Rechnung sofort auszugleichen.

5. Für eine Zahnbehandlung müssen Sie einen Teil der Arztkosten selbst tragen. Der Zahnarzt Dr. Weber hat Ihnen eine Rechnung (Rechnungsnummer: 10023304) zugeschickt und Sie um sofortigen Rechnungsausgleich gebeten. Die Kosten belaufen sich auf 2.630,00 €. Angaben auf der Rechnung des Zahnarztes: Commerzbank Düsseldorf, Konto-Nr. 305410223, BLZ 300 400 50.

6. Sie haben bei einem Internethändler eine hochwertige Fotokamera ersteigert. Der Internethändler hat Ihnen per E-Mail den Namen und die Adresse des Verkäufers mitgeteilt: Manfred Wimmershoff, Frankenstraße 9, 53175 Bonn. Der Kaufpreis beträgt 199,00 €. Sie werden aufgefordert, den Rechnungsbetrag innerhalb von sieben Tagen zu begleichen. Die Bankverbindung des Verkäufers kennen Sie nicht. Die Daten Ihrer Bankverbindung können Sie individuell wählen.

Postbank
Essen
360 100 43

Zahlen Sie gegen diesen Scheck

Betrag (EUR, Ct)

Betrag in Buchstaben

noch Betrag in Buchstaben

an _____ **oder Order**

Ausstellungsort, Datum   Unterschrift des Ausstellers

Verwendungszweck _____
(Mitteilung für den Zahlungsempfänger)
Der vorgedruckte Schecktext darf nicht geändert oder gestrichen werden. Die Angabe einer Zahlungsfrist auf dem Scheck gilt als nicht geschrieben.

Scheck-Nr.	X	Konto-Nr.	X	Betrag	X	Bankleitzahl	X	Text
68859541		355401890				36010043		01

Bitte dieses Feld nicht beschriften und nicht bestempeln.

ORDERSCHECK

Bitte füllen Sie den Auftrag in Druckbuchstaben aus
Please complete the form in block letters

WESTERN‖MONEY
UNION‖TRANSFER
To send money

Postbank
Minuten-
Service
Einzahlung

 **Postbank**

Geldversand mit Fa. Western Union Financial Services GmbH

Betrag Amount

Betrag: Euro , Cent	**Hinweis**
	Ab 12.500 Euro besteht Meldepflicht gemäß Außenwirtschaftsverordnung Infos unter 08 00 - 12 34 111.

Betrag in Buchstaben Amount in words

Bitte die nachfolgenden Felder nicht ausfüllen.
Do not write in this area

Kann der Empfänger sich ausweisen?
Will the receiver have valid identification?

☐ **ja** yes   ☐ **nein** no

Falls nein, bitte erkundigen Sie sich, ob im Zielland eine Auszahlung ohne Ausweis möglich ist.
If not, please make sure whether payment in the country of destination is possible without identification.

Empfänger Reciever

Name Last name

Vorname First name

Straße, Hausnummer Street, number

Postleitzahl Postal code

Ort City, town

Land Country

Codewort Codeword (max. 15 Zeichen)

Geldtransferkontrollnummer*
Money transfer control number

Agent   Deutsche Postbank AG, Niederlassung Saarbrücken
Faxnummer: 06 81 / 39 92 63

Kassenkennzahl

Einlieferungsnummer

Ländercode

Absender Sender

Name Last name

Vorname First name

Straße, Hausnummer Street, number

Postleitzahl Postal code

Ort City, town

Land Country

| **Telefon privat** Phone home | **Vorwahl** Area code   **Rufnummer** Number |
| **geschäftlich** Phone office | **Vorwahl** Area code   **Rufnummer** Number |

Betrag: Euro, Cent

Entgelt: Euro, Cent

Erhaltener Gesamtbetrag: Euro, Cent

Annahmedatum und -uhrzeit

Einlieferungsort

Angenommen: Unterschrift

Hinweis **Note**
Der Betrag wird in einer Western Union Agentur in der Regel in bar ausgezahlt. Nähere Informationen erhalten Sie unter 0180-30 40 500 (0,09 €/Minute).
Es gelten die Bedingungen auf der Rückseite des Auftrags und das Preisverzeichnis der Deutschen Post AG, das bei den Einzahlungsstellen eingesehen werden kann.
Postbank Minuten Service ist ein Produkt der Fa. Western Union Financial Services GmbH. Der Vertrag über den Geldversand wird mit der Firma Western Union Financial Services GmbH geschlossen.

The sum will be paid off in cash by a Western Union agency For information, please call 0180-30 40 500 (0,09 €/Minute).

The terms and conditions on which the service is provided are set out on the reverse side of this form. The terms on the reverse of this form an the price list of Deutsche Postbank AG apply. The latter my be inspected at pay-in locations. Postbank Minuten Service is a product of the company Western Union Financial Services GmbH. This contract for money transfer ist entered into with Western Union Financial Services GmbH.

* Die Auszahlung kann auch ohne Kenntnis der Geldtransfer-Kontrollnummer (MTCN) erfolgen.

Operatornummer

Geldtransferkontrollnummer*

Erfassungsdatum und -uhrzeit

Erfasst: Unterschrift

Datum Date

Kundin/Kunde: Unterschrift

Nur zur Verrechnung

Postbank
Essen
360 100 43

Zahlen Sie gegen diesen Scheck

Betrag (EUR, Ct)

_____

Betrag in Buchstaben

_____

noch Betrag in Buchstaben

an _____ **oder Überbringer**

_____

Ausstellungsort, Datum   Unterschrift des Ausstellers

Verwendungszweck _____
(Mitteilung für den Zahlungsempfänger)
Der vorgedruckte Schecktext darf nicht geändert oder gestrichen werden. Die Angabe einer Zahlungsfrist auf dem Scheck gilt als nicht geschrieben.

Scheck-Nr.	X	Konto-Nr.	X	Betrag	X	Bankleitzahl	X	Text
68859541		355401890				36010043		01

Bitte dieses Feld nicht beschriften und nicht bestempeln.

Postbank
Essen
360 100 43

Zahlen Sie gegen diesen Scheck

Betrag (EUR, Ct.)

_____

Betrag in Buchstaben

_____

noch Betrag in Buchstaben

an _____ **oder Überbringer**

_____

Ausstellungsort, Datum   Unterschrift des Ausstellers

Verwendungszweck _____
(Mitteilung für den Zahlungsempfänger)
Der vorgedruckte Schecktext darf nicht geändert oder gestrichen werden. Die Angabe einer Zahlungsfrist auf dem Scheck gilt als nicht geschrieben.

Scheck-Nr.	X	Konto-Nr.	X	Betrag	X	Bankleitzahl	X	Text
68859541		355401890				36010043		01

Bitte dieses Feld nicht beschriften und nicht bestempeln.

Überweisungsauftrag an 360 100 **43**

Postbank
Essen

Empfänger: Name, Vorname/Firma (max. 27 Stellen)

Konto-Nr. des Empfängers   Bankleitzahl

bei (Kreditinstitut)

Betrag (EUR, Ct.)

Verwendungszweck z. B. Kunden-Referenznummer (nur für Empfänger) max. 2 Zeilen á 27 Stellen

noch Verwendungszweck

Auftraggeber: Name, Vorname/Firma, Ort

M U S T E R S C H Ü L E R   B E R N D

Konto-Nr. des Auftraggebers

3 3 4 8 7 6 4 0 2   **20**

Vergessen Sie bitte nicht das Datum und Ihre Unterschrift.

Datum   Unterschrift

Netto   €   ct   **Quittung**

+   % Ust.   €   ct

Gesamt   €   ct   Nr.:

Gesamtbetrag € in Worten

                                                           Ct
                                                           wie oben

(Im Gesamtbetrag sind   % Umsatzsteuer enthalten)

von _____

_____

für _____

richtig erhalten zu haben, bestätigt

Ort _____   Datum _____

                         Stempel/Unterschrift des Empfängers

56. Finanzierungsmöglichkeiten kennen lernen

Ausgangssituation

Die Heller Natur GmbH produziert am Standort Düsseldorf hochwertige Damen- und Herrenbekleidung. Wichtige Daten über das Unternehmen können Sie den Anlagen entnehmen.

Das Unternehmen plant, das vorhandene Lager für Verkaufsartikel durch ein moderneres zu ersetzen. In einer Abteilungsleitersitzung stellte die Geschäftsleitung die Rahmendaten der geplanten Investition vor:

Investition	geplantes Investitionsvolumen
Kauf eines Grundstücks, Auf'm Hennekamp 40 - 42	2.900.000,00 €
Kauf eines vollautomatischen Hochlagers	2.200.000,00 €
Kauf eines Lkw	500.000,00 €
Investitionsvolumen	5.600.000,00 €

In der Abteilungsleitersitzung wird nun darüber diskutiert, wie diese umfangreiche Investition finanziert werden soll.

✍ Leitfragen

1. Was versteht man unter einer Investition? Beschreiben Sie den Begriff so präzise wie möglich.

2. Im vorliegenden Fall ist eine Ersatzinvestition geplant, da das vorhandene, alte Lager durch ein neues, moderneres ersetzt werden soll. Nennen Sie weitere Investitionsgründe.

3. Die Begriffe Investition und Finanzierung hängen eng miteinander zusammen. Zeigen Sie auf, inwieweit die Begriffe zusammenhängen. Machen Sie an Beispielen deutlich, inwieweit bei Investitionen Finanzierungsentscheidungen notwendig sind.

4. Welche Möglichkeiten der Kapitalbeschaffung stehen einem Unternehmen grundsätzlich zur Verfügung? Finden Sie Beispiele und bilden Sie daraus sinnvolle Gruppen. Nutzen Sie hierzu auch die Daten der in der Anlage abgebildeten Bilanz.

5. Ein Blick in die Bilanz zeigt, dass ein Teil der geplanten Investitionen durchaus mit den vorhandenen Geldmitteln finanziert werden kann. Der Zahlungsmittelbestand betrug am Bilanzstichtag 1.167.000,00 €. Die Bilanz bildet jedoch lediglich die Bestände zu einem bestimmten Zeitpunkt ab. Um die freien Finanzmittel abschätzen zu können, muss jedoch die zukünftige Entwicklung geplant werden. Als Steuerungsinstrument dient eine Einnahme-Ausgabe-Vorschaurechnung (Finanzplan - siehe Anlage 1).

   Für die kommenden acht Kalenderwochen (ab dem Bilanzzeitpunkt) werden folgende Entwicklungen prognostiziert:

   a) Die Schätzung der Entwicklung des wöchentlichen Umsatzes lässt sich aus dem Finanzplan ersehen. Durchschnittlich begleichen die Kunden Rechnungen nach einem Monat.

   b) In der 3. Kalenderwoche muss ein Gesellschafter eine noch ausstehende Einlage in Höhe von 200.000,00 € leisten.

   c) Die Schätzung der Entwicklung der Werkstoff- und Handelswareneinkäufe lässt sich aus der Tabelle (Seite 266) entnehmen. Das durchschnittliche Zahlungsziel beträgt 2 Wochen.

d) Für die Mitarbeiterentgelte werden am Ende der 4. und der 8. Woche folgende Zahlungen fällig: 600.000,00 €.

e) Die sonstigen ausgabewirksamen Aufwenden werden in der 1. KW auf 200.000,00 € geschätzt. Für die Folgewoche werden folgende Veränderungsraten (im Vergleich zur Vorwoche) unterstellt:

2. KW: + 10 %, 3. KW: - 20 %, 4. KW: - 17,929292 %

5. KW: + 3,076923 %, 6. KW: + 4,477612 %,

7. KW: + 3 %, 8. KW: + 2,635229

f) Zur Tilgung eines Darlehens werden in der 3. Woche 40.000,00 € eingeplant.

g) Miet- und Pachtzahlungen sowie die Zahlungen an die Stadtwerke werden in der 4. und 8. Woche in Höhe von jeweils 650.000,00 € fällig.

Sämtliche Ein- und Auszahlungen sollen über das Kontokorrentkonto des Unternehmens erfolgen, dessen Anfangsbestand zu Beginn der 1. KW 1.150.000,00 € beträgt.

Komplettieren Sie mithilfe dieser Angaben den nachstehend abgebildeten Finanzplan.

6. Sammeln Sie Gründe, warum die geplante Investition für die Heller Natur GmbH riskant ist.

Finanzplan (Einnahme-Ausgabe-Vorschaurechnung) - Angaben in Tausend €								
	1. KW	2. KW	3. KW	4. KW	5. KW	6. KW	7. KW	8. KW
Prognosen Aufw./Erträge: Umsatzerlöse Werkstoff-/Wareneinkäufe	1.200 240	990 200	1.000 190	1.200 240	1.100 200	1.300 260	1.400 270	1.200 300
1. Einnahmen: Erlöse Sonstige Einnahmen	1.300	1.100	890	1.100				
Summe der Einnahmen								
2. Ausgaben: Werkstoff-/Wareneinkäufe Mitarbeiterentgelte Darlehenstilgung Mieten/Pachten, Energie Sonstige Ausgaben	190 900	180						
Summe der Ausgaben								
Liquiditätsüberschuss/-defizit								
Kontokorrentverlauf								

Anlage 1

Beschreibung des Unternehmens	
1. **Name** Geschäftssitz Kommunikationskanäle Handelsregister Finanzamt	Heller Natur GmbH Auf'm Hennekamp 39, 40225 Düsseldorf Telefon (0211) 458 0, Telefax (0211) 457780, Net: www.heller-natur.de, service@heller-natur.de Düsseldorf, HRB 4579 Düsseldorf-Nord, USt.-Id.-Nr. DE853574128, St.-Nr. 371/482/452287
2. **Bankverbindungen**	Deutsche Bank AG Düsseldorf, Konto-Nr. 745 211 233, 340 400 00 Postbank Essen, Konto-Nr. 604 644 433, BLZ 360 100 43

3.	**Produkte**	Damen und Herrenbekleidung aus Naturmaterialen (Hosen, Pullover, Hemden/Blusen)
4.	**Handelsware**	Damen- und Herrenschuhe, Gürtel, Handtaschen
5.	**Werkstoffe und Teile** Rohstoffe Hilfsstoffe Vorprodukte	Baumwolle, Leinen, Schurwolle, Seide, Kaschmir Garne, Knöpfe, Reißverschlüsse Labelaufnäher
6.	**Mitarbeiter**	Mitarbeiter 91 (kaufm.) 62 (gewerbl.) Auszubildende 4
7.	**Fertigungsart**	Serienfertigung
8.	**Maschinen**	Universalmaschinen, Spezialmaschinen, Montagestationen, Transport- und Montagebänder

Bilanz der Heller Natur GmbH zum 31.12.2009

Aktiva — Werte in € — Passiva

	Berichtsjahr 2006	Vorjahr 2005		Berichtsjahr 2006	Vorjahr 2005
A. Anlagevermögen			**A. Eigenkapital**		
I. Immaterielle Anlagen			I. Gezeichnetes Kapital	50.000.000	50.000.000
1. Lizenzen	21.000	21.000	II. Kapitalrücklagen	2.900.000	2.900.000
II. Sachanlagen			III. Gewinnrücklagen	38.652.540	38.304.000
1. Grundstücke, Gebäude	45.623.000	42.890.000	V. Gewinnvortrag	2.137.560	96.000
2. Maschinen	37.852.000	39.493.000	**Summe Eigenkapital**	**93.690.100**	**91.300.000**
3. Geschäftsausstattung	12.455.000	11.052.000	**B. Rückstellungen**		
4. Anzahlungen	369.000	52.000	1. Pensionsrückstellungen	41.730.000	41.243.000
III. Finanzanlagen			2. Steuerrückstellungen	14.780.000	15.920.000
1. Beteiligungen	4.810.000	3.210.000	3. Sonstige Rückstellungen	33.256.800	52.730.000
2. Wertpapiere des AV	8.540.000	6.892.000	**C. Verbindlichkeiten**		
Summe Anlagevermögen	**109.670.000**	**103.610.000**	1. Langfristige Bankverbindlich.	21.440.000	40.490.000
B. Umlaufvermögen			2. Kurzfristige Bankverbindlich.	7.127.500	11.290.000
I. Vorräte			3. Verbindlichkeiten a. L. u. L.	7.880.000	15.570.000
1. Roh-, Hilfs- und Betriebsstoffe	35.780.000	42.897.000	4. Sonstige Verbindlichkeiten	3.577.500	3.350.000
2. Unfertige Erzeugnisse	2.944.000	5.541.000	**Summe Fremdkapital**	**129.791.800**	**180.593.000**
3. Fertige Erzeugnisse	19.823.000	34.890.000	**D. Rechnungsabgrenzungsposten**	3.730.100	5.202.000
4. Geleistete Anzahlungen	366.000	147.000			
II. Forderungen					
1. Forderungen a. L. u. L.	52.847.000	83.445.000			
2. Sonstige Forderungen	1.820.000	2.001.000			
III. Wertpapiere	2.544.000	1.047.000			
IV. Kassenbest., Bankguthaben	1.167.000	3.390.000			
Summe Umlaufvermögen	**117.291.000**	**173.358.000**			
C. Rechnungsabgrenzungsposten	251.000	127.000			
	227.212.000	277.095.000		227.212.000	277.095.000

Anlage 2: Auszug aus dem Jahresabschluss

57. Finanzierungsentscheidungen treffen

Ausgangssituation

Sie sind in der Abteilung „Anlagenbeschaffung" der Heller Natur GmbH beschäftigt. Teil der Großinvestition in eine neue Lagerhalle ist eine vollautomatische Verpackungsmaschine. Sie wurden beauftragt, das Projekt der Anlagenbeschaffung zu leiten. Aus diesem Grund haben Sie sich Angebote von zwei möglichen Lieferanten beschafft. Neben den unterschiedlichen Konditionen, die von den beiden Lieferanten festgelegt wurden, spielen bei der Entscheidung betriebsinterne Faktoren eine Bedeutung. Bis auf die Maximalkapazität sind die beiden Maschinen qualitativ vergleichbar. Die Frage ist: Für welche Maschine entscheiden Sie sich nun...?

✍ Leitfragen

1. Welche Faktoren bieten sich für den Vergleich der Maschinen an? Sammeln Sie mögliche Faktoren und erläutern Sie die Vorgehensweise beim Investitionsvergleich.

2. Berechnen Sie die Anschaffungskosten der beiden Maschinen mithilfe der folgenden Belege. Ermitteln Sie sodann die Höhe der jährlichen Abschreibungsbeträge. Komplettieren Sie die nachstehende Tabelle mithilfe der berechneten Werte.

3. Führen Sie eine Kostenvergleichsrechnung für beide Maschinen durch.

4. Stellen Sie eine Gewinnvergleichsrechnung für beide Maschinen an.

5. Berechnen Sie die Rentabilität der beiden Maschinen.

6. Legen Sie rechnerisch den Amortisationszeitpunkt der Investitionen fest.

Betriebsinterne Faktoren bei der Lieferantenauswahl:

	Maschine A	Maschine B
Kosten der Anschaffung und Abschreibung		
Anschaffungskosten	....	....
Nutzungsdauer (geschätzt in Jahren)	10 Jahre	10 Jahre
Leistungsvermögen/Maximalkapazität (in Leistungseinheiten pro Jahr der Nutzungsdauer)	....	....
Restwert am Ende der Nutzungsdauer (geschätzt in €)	0,00 €	0,00 €
Fixe Kosten		
Abschreibungen (in € pro Jahr) *)	....	....
Kalkulatorische Zinsen (in € pro Jahr bei einem unterstellten Zinssatz von 5 % pro Jahr) **)	....	....
Gehälter und Gemeinkostenlöhne	100.000,00 €	100.000,00 €
Sonstige fixe Kosten des Anlagegutes wie Wartung, Reparaturen etc. (in € pro Jahr)	25.000,00 €	32.000,00 €
Variable Kosten		
Löhne und Lohnnebenkosten (in € pro Jahr bei Maximalauslastung)	900.000,00 €	1.100.000,00 €
Kosten des Materialeinsatzes bei Maximalauslastung (in € pro Jahr)	1.800.000,00 €	2.200.000,00 €
Energiekosten (in € pro Jahr bei Maximalauslastung)	140.000,00 €	180.000,00 €
Realisierbare Verkaufserlöse		
Verkaufserlös (in € bei Absatz der bei Maximalkapazität produzierbaren Erzeugnisse pro Jahr)	0,21 € / 100 VE***)	0,47 € / 100 VE***)

*)   Aus Vereinfachungsgründen wird an dieser Stelle auf eine kalkulatorische Abschreibung vom Wiederbeschaffungswert abgesehen.

**) Bei diesem Zins handelt es sich um so genannte Opportunitätskosten. Dies bedeutet, dass bei der Berechnung der Zinsverlust, der durch die Kapitalinvestition in das Anlagevermögen anfällt, als Kosten einkalkuliert werden. Um die Höhe der Zinsen pro Jahr festlegen zu können, wird folgende Formel angewandt:

$$\text{Kalkulatorische Zinsen} = \frac{\text{Anschaffungskosten} + \text{Restwert}}{2} \bullet \text{Kapitalmarktzinssatz für Guthaben}$$

***) Verkaufseinheiten

⊕ PATTERSONGROUP

Patterson Group GmbH & Co. KG · Further Str. 34 · 41462 Neuss

Heller Natur GmbH
Frau Lutz
Auf'm Hennekamp 39
40225 Düsseldorf

Verpackungsmaschinen
Verschweißungsanlagen
Verpackungstechnik
Individualfertigung
Technischer Support

Ihr Zeichen	Ihr Schreiben vom	Unser Zeichen	Datum
ka-km	18.01.2010	me-tu	26.01.2010

Angebot, Projekt 2334006-DE

Sehr geehrte Frau Lutz,

nachdem wir unsere Kalkulation abgeschlossen haben, können wir Ihnen folgendes Angebot unterbreiten:

vollautomatische Verpackungsmaschine KV-8760076, technische Daten siehe Anlagen und Dokumentation, zzgl. Heiz-/Kühleinheit, Schaltschränke, Vollverkabelung, RAL 2003/2335, jährliche Maximalkapazität: 177.500.000 Schweißvorgänge bei unterstellter Vollauslastung und einer Leistung von 10 Kleidungsstücken je Schweißvorgang.

Projektwert netto:

Verpackungsmaschine KV-8760076	1.522.314,12 €
Werkzeuge	314.778,81 €
Schaltschränke, Verkabelung, Dokumentation	162.458,92 €
Transport und Montage	148.675,86 €
	2.148.227,71 €

Da es sich bei der Maschine um einen Erstauftrag handelt, erhalten Sie einen Sonderrabatt in Höhe von 5 %. Die Lieferung erfolgt frei Haus. Als Zahlungsziel gewähren wir Ihnen 60 Tage nach Fertigstellung, Montage und erfolgreichem Probelauf, bei Zahlung innerhalb von 30 Tagen erhalten Sie 2 % Skonto. Das Eigentum an der Maschine geht erst nach vollständiger Zahlung an den Käufer über. Erfüllungsort und Gerichtsstand ist für beide Teile Neuss.

Sämtliche Bestandteile dieses Angebots gelten bis zum Beginn der 20. Kalenderwoche dieses Jahres. Über eine Auftragsvergabe freuen wir uns sehr. Bei Rückfragen stehen wir Ihnen jederzeit gerne zur Verfügung.

Mit freundlichen Grüßen

Patterson Group GmbH & Co. KG

Ulf Meinert

Ulf Meinert

Patterson Group	Kontakt unter:		Handelsregistereintragung:
GmbH & Co. KG	www.patterson-group.com	Tel.: 02131-21551	Handelsregister Neuss, HRA 75002
Further Str. 34	info@patterson-group.de	Fax: 02131-215741	Patterson Group GmbH & Co. KG
41462 Neuss			

Angebot A

Lohmann & Mayer OHG ✦ Postfach 1010 ✦ D-51519 Odenthal

Telefon (02022) 9512-0
Telefax (02022) 95 09-40
Net: www.lohmann-meyer.de
E-Mail: lohmann-meyer@info.de

Heller Natur GmbH
Frau Lutz
Auf'm Hennekamp 39
40225 Düsseldorf

Odenthal, 27.01.2010

Angebot einer Verpackungsanlage, Angebots-Nr. 25809521/233

Sehr geehrte Frau Lutz,

Bezug nehmend auf unser Meeting am 17. Januar dieses Jahres können wir Ihnen folgendes abschließende Angebot unterbreiten:

Verpackungsanlage Modell L&M KV-5211474 mit pneumatischer Druckverstärkung, variabler Werkzeugwechsel, Detailübersicht siehe Konstruktionszeichnung in der Anlage.
Die Maschine umfasst: Verpackungsanlage mit Werkzeugmagazin, Schaltschränke, komplette Verkabelung, Farbe: RAL 2003/2335,
jährliche Maximalkapazität: 87.000.000 Schweißvorgänge bei einem Output von 10 Kleidungsstücken je Schweißvorgang (Maximalleistung).

Umfang des Gesamtprojekts (exklusive Umsatzsteuer):
716.469,57 € Maschinenwert zuzüglich 352.240,00 € Montage
Bei Auftragsvergabe bis 30. April dieses Jahres gewähren wir Ihnen einen Preisnachlass in Höhe von 7 % auf den Maschinenwert.

Die Lieferung erfolgt per LKW. Die hierbei anfallenden Transportkosten belaufen sich auf 12.000,00 €. Nach Montage und Probelauf erfolgt die Rechnungsstellung mit einem Zahlungsziel von 60 Tagen. Bei einem Rechnungsausgleich innerhalb von 30 Tagen erhalten Sie 3 % Skonto. Die Lieferung erfolgt unter einfachem Eigentumsvorbehalt. Der Erfüllungsort und der Gerichtsstand ist für beide Teile Odenthal.

Falls Sie noch Rückfragen haben sollte, können Sie mich jederzeit kontaktieren. Über eine Auftragsvergabe freuen wir uns.

Mit freundlichem Gruß

Lohmann & Meyer OHG

Ayse Özhan

i. V. A. Özhan

Lohmann & Meyer OHG   Handelsregistereintragung: Bankverbindungen:
Werk Odenthal   Handelsregister Odenthal, HR B 5223   Stadtsparkasse Odenthal   Kto. 520200122 (BLZ 760 501 01)
Geschäftsräume: Commerzbank Königstein   Kto. 98002011 (BLZ 760 200 70)
Hansenweg 89, 51521 Odenthal   Sitz Konzernzentrale: Königstein

Angebot B

58. Finanzierung durch Kapitalbeteiligung

Ausgangssituation

Die Heller Natur GmbH plant eine Investition in eine neue Lagerhalle. Das Investitionsvolumen wurde auf 4,1 Mio. € geschätzt.

In einer Sitzung der Geschäftsleitung mit den Leitern der Finanz- und Anlagenbuchhaltung wird über Finanzierungsmöglichkeiten diskutiert. Herr Franzen, Leiter der Anlagenbuchhaltung, schlägt vor, die Eigenkapitalbasis des Unternehmens zu verbreitern. Auf diese Weise stünde dem Unternehmen das für die Investition notwendige Kapital zur Verfügung.

Leitfragen

1. Welche Möglichkeiten stehen der Heller Natur GmbH zur Aufbringung des Eigenkapitals zur Verfügung? Zeigen Sie beispielhaft Möglichkeiten auf. Erweitern Sie sodann Ihre Antwort auf andere Unternehmensformen wie die Einzelunternehmung und die Kommanditgesellschaft.

2. Welche Vor- und Nachteile ergeben sich durch die von Ihnen in der ersten Aufgabe erarbeiteten Möglichkeiten der Einlagen-/Beteiligungsfinanzierung?

3. In den folgenden Fällen erhalten Sie einen praktischen Einblick in die Abläufe bei der Einlagen- bzw. Beteiligungsfinanzierung. Führen Sie für jeden Fall die folgenden Arbeitsschritte durch:

   a) Erstellen Sie mit den vorliegenden Daten eine Bilanz vor der Eigenkapitalerhöhung.
   b) Buchen Sie die Eigenkapitalerhöhung unter Beachtung der jeweiligen Sondervorgaben.
   c) Erstellen Sie eine Bilanz mit den Daten nach der Eigenkapitalerhöhung.
   d) Führen Sie die Gewinnverteilung durch bzw. bearbeiten Sie die Gewinnverwendung.
   e) Stellen Sie die Bilanz nach erfolgter Gewinnverteilung/abgeschlossener Gewinnverwendung auf. Das Fremdkapital soll dabei gegenüber der Eröffnungsbilanz nicht verändert werden. Eigenkapitalerhöhungen sollen zu einer entsprechenden wertmäßigen Erhöhung des Anlagevermögens führen.
   f) Ermitteln Sie die Eigenrentabilität der Eigenkapitaleigentümer.

Fall 1:

Frank Müller und Beate Klein sind Gesellschafter der Müller & Klein OHG. Zum Ende des aktuellen Geschäftsjahres lagen folgende Daten vor:

Anlagevermögen	2.100.000,00 €
Umlaufvermögen	1.400.000,00 €
Eigenkapital Müller	800.000,00 €
Eigenkapital Klein	650.000,00 €

Um die Eigenkapitalbasis zu vergrößern haben sich die beiden Gesellschafter dazu entschlossen, mit Beginn des neuen Geschäftsjahres Renate Franken als Gesellschafterin aufzunehmen. Frau Franken leistet ihre Einlage in Höhe von 320.000,00 € am ersten Tag des neuen Geschäftsjahres in bar.

Das Geschäftsjahr wird mit einem Gewinn in Höhe von 159.300,00 € abgeschlossen. Die Gewinnverteilung erfolgt nach den gesetzlichen Bestimmungen. Während des Geschäftsjahres haben die Gesellschafter jeweils zum Monatsende folgende Privatentnahmen getätigt:

Gesellschafter Müller	4.500,00 €
Gesellschafterin Klein	3.800,00 €
Gesellschafterin Franken	2.200,00 €

Bei der Gewinnermittlung soll die Höhe des Eigenkapitals zu Beginn des Geschäftsjahres angesetzt werden.

Außer durch die Eigenkapitalveränderung soll es nicht zu Änderungen des Vermögens oder des Fremdkapitals gekommen sein.

Fall 2:

An der Hansen KG sind Sabine Hansen als Komplementärin und Jens Marten als Kommanditist beteiligt. Zum Ende des aktuellen Geschäftsjahres lagen folgende Daten vor:

Anlagevermögen	1.900.000,00 €
Umlaufvermögen	2.300.000,00 €
Eigenkapital Hansen	950.000,00 €
Eigenkapital Marten	720.000,00 €

Um eine Investition finanzieren zu können planen die beiden Gesellschafter, die Schwester von Frau Hansen, Claudia Zimmer, als weitere Kommanditistin aufzunehmen. Im neuen Gesellschaftsvertrag wird die Einlagenhöhe von Frau Zimmer auf 120.000,00 € festgelegt.

Mit Beginn des neuen Geschäftsjahres hat Frau Zimmer die Hälfte Ihrer Einlage auf das Bankkonto der Hansen KG eingezahlt. Den Rest zahlt Sie am 31.03.2010.

Das Geschäftsjahr wird mit einem Gewinn in Höhe von 208.898,00 € abgeschlossen. Die Gewinnverteilung erfolgt gemäß Gesellschaftsvertrag folgendermaßen:

Frau Hansen erhält vom Gewinn für ihre Geschäftsführungstätigkeit 12.000,00 € vorab;
ein über diesen Vorwegabzug hinausgehender Gewinn wird zunächst als maximal 4 %-ige Verzinsung des jahresdurchschnittlich angelegten Eigenkapitals verteilt;
sollte auch darüber hinaus noch ein Restgewinn vorliegen, so soll dieser im Verhältnis 3 : 2 : 1 (Hansen, Marten, Zimmer) verteilt werden.

Während des Geschäftsjahres hat Frau Hansen jeweils zum Monatsende Privatentnahmen in Höhe von 8.800,00 € getätigt.

Außer durch die Eigenkapitalveränderung soll es nicht zu Änderungen des Vermögens oder des Fremdkapitals gekommen sein.

Zusatzaufgabe: Wie haftet Frau Zimmer gegenüber den Gläubigern der Hansen KG in der Zeit vom 01.01. bis 31.03.2010?

Fall 3:

Ralf Marbert hat im letzten Jahr die Marbert AG gegründet. Laut Satzung beträgt das Grundkapital 2.000.000,00 €. An Kaufinteressenten hat Herr Marbert 200.000 nennwertlose Aktien zum Stückpreis von 10,50 € verkauft. Als Vorstand der Aktiengesellschaft hält Herr Marbert selbst 60 % der Aktien.

Das Vermögen wies folgende Struktur auf:

Anlagevermögen	2.200.000,00 €
Umlaufvermögen	1.700.000,00 €

Nachdem das erste Geschäftsjahr mit einem Verlust in Höhe von 120.000,00 € abgeschlossen wurde, konnte im aktuellen Geschäftsjahr ein Gewinn in Höhe von 472.000,00 € erwirtschaftet werden. Dies war unter anderem darauf zurückzuführen, dass gemäß Beschluss der Hauptversammlung zum 02.01.2010 das Grundkapital um 1.000.000,00 € aufgestockt wurde. Der Verkauf von 100.000 jungen Aktien erbrachte einen Erlös von 1.150.000,00 €.

Außer durch die Eigenkapitalveränderung soll es nicht zu Änderungen des Vermögens oder des Fremdkapitals gekommen sein.

Auf der Hauptversammlung einigte man sich, dass je Aktie eine Dividende in Höhe von 0,50 € ausgeschüttet werden soll *(die Körperschaftsteuer sowie der Solidaritätszuschlag bleiben in der Aufgabe unberücksichtigt)*. Eine Zuführung zu freien Rücklagen ist nicht vorgesehen worden.

59. Finanzierung durch Fremdkapitalbeschaffung

Ausgangssituation

Wie schon aus den vorherigen Beiträgen bekannt ist, plant die Heller Natur GmbH eine umfangreiche Investition in eine neue Lagerhalle. Die Investition erstreckt sich auf:

Investition	geplantes Investitionsvolumen
Kauf eines Grundstücks, Auf'm Hennekamp 40 - 42	2.900.000,00 €
Kauf eines vollautoma- tischen Lochlagers	2.200.000,00 €
Kauf eines Lkw	500.000,00 €
Investitionsvolumen	5.600.000,00 €

Nachdem sich die Geschäftsleitung und die Abteilungsleiter der Finanz- und Anlagenbuchhaltung Gedanken über eine Beteiligungsfinanzierung gemacht hatten und diese wegen der daraus folgenden Nachteile ablehnten, soll heute die Aufnahme von Fremdkapital kritisch diskutiert werden. Zunächst sind grundlegende Begriffe zu klären.

Zwischen den Begriffen Kredit und Darlehen besteht grundsätzlich inhaltlich kein Unterschied. In der Praxis verbindet man mit einem Kredit jedoch die kurzfristige und mit einem Darlehen die langfristige Überlassung von Fremdkapital.

✎ *Leitfragen*

1. Definieren Sie, was man unter einem Kredit bzw. eine Darlehen versteht.

2. Welche Inhalte sind in einen Darlehenvertrag aufzunehmen? Sammeln Sie alle Vertragsbedingungen, die in Ihren Augen wichtig sein könnten. Ziehen Sie zur Lösung den auf Seite 271 abgebildeten Darlehensvertrag zu Rate.

3. Häufig wird dem Darlehensnehmer bei der Kreditvergabe ein Disagio (Abgeld) angeboten. Was ist hierunter zu verstehen? Welche Vor- und Nachteile hat die Nutzung eines Disagios?

4. Welche Kosten fallen bei der Inanspruchnahme eines Darlehens an? Zählen Sie die infrage kommenden Kosten auf und erläutern Sie deren Auswirkung auf die Darlehenshöhe.

5. Bezogen auf die Rückzahlung (Tilgung) werden unterschiedliche Kreditarten unterschieden. Welche sind dies und worin unterscheiden sie sich?

6. Sie haben nun die wesentlichen Bestandteile eines Kreditvertrages erarbeitet. Überlegen Sie nun noch einmal: Welche Vor- und Nachteile ergeben sich durch die Darlehensaufnahme für den Kreditnehmer?

7. Der Kontokorrentkredit stellt eine alternative Kreditform zum Darlehen dar. Wodurch zeichnet sich ein Kontokorrentkredit aus und worin bestehen die Vor- und Nachteile im Vergleich zum Darlehen?

8. Darlehen und Kontokorrentkredit zählen zu den Möglichkeiten der Geldmittelfinanzierung. Daneben kann ein Unternehmen jedoch auch Realkredite von Lieferanten erhalten. Stellen Sie die Besonderheiten dieser Kreditform gegenüber den zuvor erarbeiteten Finanzierungsmöglichkeiten heraus.

COMMERZBANK ✿

Kredit mit anfänglichem Festzins
für private Zwecke

Filiale   Commerzbank Düsseldorf
Geschäftsstelle Schadowstraße
Schadowstraße 43
40217 Düsseldorf

Konto-Nr.   840 225 639
Datum   30.06.2010

Heller Natur GmbH, Auf'm Hennekamp 39, 40225 Düsseldorf

- nachstehend der Kreditnehmer genannt - erhält/erhalten von der Commerzbank zu folgenden Bedingungen einen

Fest   Kredit im Nennbetrag von   200.000,00 €

Gutschriftskonto: 457012243   Belastungskonto: 87054112

1. Kreditkosten, Rückzahlung

1.1 Verzinsung: Der Kredit ist mit jährlich   8,5   v. H.   zu verzinsen. Dieser Zinssatz ist bis zum   01.07.2013

unveränderlich. Frühestens sechs Wochen, spätestens bis zwei Wochen vor Ablauf der Zinsbindungsfrist kann jede Partei verlangen, dass über die Bedingungen für die Kreditgewährung (Zinssatz, Disagio o. Ä.) neu verhandelt wird.
Werden bis zum Ablauf der Zinsbindungsfrist keine neuen Kreditbedingungen vereinbart, so läuft der Kredit zu veränderlichen Konditionen weiter. Es gilt der von der Commerzbank für Kredite dieser Art festgesetzte Zinssatz. Die Commerzbank ist in der Folgezeit berechtigt, den Zinssatz unter Berücksichtigung der Veränderungen am Geld- und Kapitalmarkt (Marktlage) jeweils in angemessener Weise durch Erklärung gegenüber dem Kreditnehmer zu erhöhen, und verpflichtet, den Zinssatz entsprechend zu senken.

1.2 Die Commerzbank erhebt ein Disagio von   10.000,00 €   und einmalige Bearbeitungsprovision von   200,00 €

Beide Beträge werden bei der ersten Auszahlung von der Commerzbank verrechnet. Die Bearbeitungsprovision wird bei vorzeitiger Rückzahlung des Kredits nicht - auch nicht teilweise - erstattet. Der Nettokredit beträgt   189.800,00 €

1.3 Effektivzinsangaben: Der anfängliche effektive Jahreszins beträgt   10,03   v. H.   Dabei wurden verrechnet

Das Disagio: auf die sich aus Nr. 1.1 ergebende Zinsbindungsfrist.

Die Bearbeitungsprovision: [x]   auf die oben genannte Bindungsfrist   [ ]   auf die voraussichtliche Laufzeit von

1.4 Sonstige Kosten: Alle durch den Abschluss und Vollzug dieses Vertrages einschließlich der Sicherheitsleistungen entstehenden Kosten trägt der Kreditnehmer. Dies sind:

1.5 Gesamtbetrag gem. Verbraucherkreditgesetz auf der Grundlage der bei Abschluss des Vertrages maßgeblichen Kreditbedingungen ohne

die oben genannten nicht bezifferten Kosten   95.200,00

Hinweis: Dieser Betrag kann sich bei Änderung der Kreditbedingungen ermäßigen oder erhöhen.

1.6 Bereithaltung, Nichtabnahme: Der Kreditnehmer ist verpflichtet, den Kredit anzunehmen.

Die Commerzbank ist ab   01.07.2010   berechtigt, Bereitstellungszinsen von   3,0   v. H.   jährlich des nicht in Anspruch genommenen Kreditbetrages zu berechnen. Unterbleibt die Auszahlung endgültig aus einem Grund, den die Commerzbank nicht zu vertreten hat, bleiben ihr alle vertraglichen und gesetzlichen Rechte vorbehalten. Auch in diesem Fall wird die Bearbeitungsprovision erhoben.

1.7 Rückzahlung und Zahlungstermine: Alle fälligen Beträge werden jeweils dem oben bezeichneten Belastungskonto belastet. Zinsen sind erstmals an dem auf die erste Auszahlung folgenden Zahlungstermin, Tilgungsbeträge erstmals am   23.12.2010   zu zahlen.

Abzahlungskredit   Tilgung jährlich   40.000,00 €   in Teilbeträgen von   10.000,00 €   jeweils am
1.1., 1.4., 1.7., 1.10.   Die Zinsen sind in Teilbeträgen jeweils am   1.1., 1.4., 1.7., 1.10.   zu zahlen.

Fälligkeitskredit   Der Kredit ist am   zurückzuzahlen. Die Zinsen sind in Teilbeträgen jeweils am   zu zahlen.

Annunitätenkredit   Tilgung und Zinszahlung   v. H.   gemäß Annuitätenfaktor   jährlich.

Durch die sinkenden Zinsen steigt entsprechend der Tilgungsbetrag. Die Annuitäten sind in Teilbeträgen von   jeweils am   zu zahlen.

Die Gesamtzahl der Leistungsraten auf der Grundlage der bei Abschluss dieses Vertrages maßgeblichen Kreditbeträgen beträgt (Anzahl, Zahlungsperiode)   420, vierteljährlich

1.8 Folgen bei Nichtzahlung: Zahlt der Kreditnehmer bei Fälligkeit nicht, so kann die Commerzbank dem Kreditnehmer Verzugszinsen in Rechnung stellen.

2 Besondere Vereinbarungen:

3 Sicherheiten:
Der Kredit kann erst in Anspruch genommen werden, wenn alle Voraussetzungen dafür erfüllt sind, dass die vereinbarten Sicherheiten der Commerzbank zur Verfügung stehen und der Commerzbank hierfür ggf. eine Bestätigung vorliegt. Der Commerzbank werden - unbeschadet der Haftung etwa bereits bestehender oder künftiger Sicherheiten im Rahmen ihres Sicherungszwecks - in besonderen Urkunden folgende Sicherheiten bestellt:

3a Nachsicherung

Bei einer Verschlechterung oder erheblichen Gefährdung der Vermögenslage des Kreditnehmers, eines Mithaftenden oder eines Bürgen oder bei einer Veränderung des Sicherungswertes der im Vertrag vorgesehenen, zu bestellenden Sicherheiten, durch die das Risiko der ordnungsgemäßen Rückführung des Kredites gegenüber dem Zustand bei Vertragsabschluss nicht unwesentlich erhöht wird, kann die Commerzbank vom Kreditnehmer die Bestellung weiterer, geeigneter Sicherheiten verlangen. Das Gleiche gilt, wenn die gemachten Angaben über die Vermögensverhältnisse des Kreditnehmers, eines Mithaftenden oder eines Bürgen sich nachträglich als unrichtig herausstellen.

4 Abtretungsbeschränkung

Der Anspruch auf Auszahlung des Kredits kann nur mit Zustimmung der Commerzbank abgetreten oder verpfändet werden.

5 Kündigung

Der Kredit kann beiderseits nach Ablauf von sechs Monaten nach dem vollständigen Empfang mit einer Frist von drei Monaten sowie mit einer Frist von einem Monat zum Ablauf der Festzinsvereinbarung gem. Nr. 1.1 gegenüber dem Vertragspartner gekündigt werden. Wird der Kredit nach Ablauf der ersten oder einer folgenden Festzinsvereinbarung mit veränderlichem Zinssatz fortgeführt, kann er jederzeit mit einer Frist von drei Monaten gekündigt werden. Die Kündigung soll schriftlich erfolgen. Eine Kündigung des Kreditnehmers gilt als nicht erfolgt, wenn er den geschuldeten Betrag nicht binnen zweier Wochen nach Wirksamwerden der Kündigung zurückzahlt.

6 Sofortige Fälligkeit

Unbeschadet ihres Rechts zur fristlosen Kündigung aus sonstigen wichtigen Gründen (Nr. 26 AGB) kann die Commerzbank das Kapital für sofort fällig und zahlbar erklären,

- wenn der Sicherungsgeber gegen die ihm in den gesonderten Sicherungsverträgen auferlegten besonderen Pflichten verstößt;
- wenn der Kreditnehmer gegen die ihm in Nr. 9 auferlegten Pflichten verstößt;
- wenn der Kreditnehmer mit fälligen Leistungen länger als 14 Tage in Verzug gerät und auch nach einer weiteren Nachfristsetzung durch die Commerzbank von mindestens weiteren 14 Tagen nicht zahlt, soweit sich die vorzeitige Fälligstellung nicht nach § 12 Verbraucherkreditgesetz richtet.

Sind mehrere Kreditnehmer oder Sicherungsgeber vorhanden, so finden die vorstehenden Bestimmungen auch dann Anwendung, wenn die Voraussetzungen für Kündigung und Rückforderung des Kredits in der Person nur eines Kreditnehmers oder Sicherungsgebers vorliegen.

7 Mehrere Kreditnehmer/Rückübertragung von Sicherheiten

Bei mehreren Kreditnehmern ist jeder für sich zur Empfangnahme des Kredits berechtigt. Mehrere Kreditnehmer haften als Gesamtschuldner, und zwar auch für eine durch die Ratenbelastung auf dem Girokonto eines Kreditnehmers entstandene Kontoüberziehung. Wird die Commerzbank von einem Kreditnehmer befriedigt, so prüft sie nicht, ob

diesem Ansprüche auf von ihr nicht mehr benötigte Sicherheiten zustehen. Sie wird solche Sicherheiten grundsätzlich an den Sicherungsgeber zurückgeben, soweit der leistende Kreditnehmer nicht nachweist, dass die Zustimmung des Sicherungsgebers zur Herausgabe an ihn vorliegt.

8 Erfüllung

Alle Zahlungen sind - für die Commerzbank kostenfrei - in den Geschäftsräumen der Commerzbank oder bei einer von ihr zu bezeichnenden Stelle zu leisten oder ihr zu überweisen.

9 Offenlegungs- und Auskunftspflicht

Der Kreditnehmer hat der Commerzbank oder einer von ihr beauftragten Stelle während der gesamten Laufzeit dieses Kredites jederzeit, mindestens einmal jährlich, Einblick in die aktuellen wirtschaftlichen Verhältnisse zu gewähren, hierzu aussagefähige Unterlagen (z. B. Bilanzen/Jahresabschlüsse. Einkommensteuerbescheide und -erklärungen, Vermögensübersichten usw.) zu übergeben, jede gewünschte Auskunft zu erteilen und die Besichtigung seines Betriebes zu ermöglichen. Die Commerzbank ist auch aufgrund gesetzlicher Vorgaben (§ 18 KWG) verpflichtet, sich die wirtschaftlichen Verhältnisse des Kreditnehmers offen legen zu lassen. Für den Fall, dass der Kreditnehmer diese Verpflichtungen nicht erfüllt, ist die Commerzbank berechtigt, das Kreditverhältnis zur sofortigen Rückzahlung zu kündigen.

Die Commerzbank kann die dafür erforderlichen Unterlagen direkt bei den Beratern des Kreditnehmers in Buchführungs- und Steuerangelegenheiten nach Rücksprache mit dem Kreditnehmer anfordern. Soweit die genannten Unterlagen auf Datenträger gespeichert sind, ist der Kreditnehmer verpflichtet, diese in angemessener Frist lesbar zu machen.

Die Commerzbank ist berechtigt, jederzeit die öffentlichen Register sowie das Grundbuch und die Grundakten einzusehen und auf Rechnung des Kreditnehmers einfache oder beglaubigte Abschriften und Auszüge zu beantragen, ebenso Auskünfte bei Versicherungen. Behörden und sonstigen Stellen, insbesondere Kreditinstituten, einzuholen, die sie zur Beurteilung des Kreditverhältnisses für erforderlich halten darf.

10 Gerichtsstand

Soweit sich die Zuständigkeit des allgemeinen Gerichtsstandes der Commerzbank nicht bereits aus § 29 ZPO ergibt, kann die Commerzbank ihre Ansprüche an ihrem allgemeinen Gerichtsstand verfolgen, wenn der im Klageweg in Anspruch zu nehmende Vertragspartner Kaufmann oder eine juristische Person im Sinne der Nr. 6 AGB ist oder bei Vertragsabschluss keinen allgemeinen Gerichtsstand im Inland hat oder später seinen Wohnsitz oder gewöhnlichen Aufenthaltsort aus der Bundesrepublik Deutschland verlegt oder sein Wohnsitz oder gewöhnlicher Aufenthaltsort im Zeitpunkt der Klageerhebung nicht bekannt ist.

11 Allgemeine Geschäftsbedingungen

Ergänzend gelten die beigehefteten Allgemeinen Geschäftsbedingungen der Commerzbank.

Hinweis: Jeder Kreditnehmer erhält ein Exemplar der Krediturkunde. Der Vertrag und die Durchschrift(en) sind von allen auf der Vorderseite genannten Kreditnehmer zu unterschreiben.

Ort, Datum

Düsseldorf, 30.06.2010

Legitimation

☐ 1. Pers. bek. und bereits legitimiert bei Konto _____

Ausgewiesen durch ☐ Personalausweis / ☐ Reisepass

Nr. _____ ausgestellt von

_____

☐ 2. Pers. bek. und bereits legitimiert bei Konto _____

Ausgewiesen durch ☐ Personalausweis / ☐ Reisepass

Nr. _____ ausgestellt von

Unterschriften

Der/Die Kreditnehmer handelt/handeln für eigene Rechnung:

☒ Ja / ☐ Nein

Klaus Heller: *Klaus Heller*

Für die Commerzbank

Susanne Keusch

60. Vergleich von Kreditkonditionen und buchhalterische Erfassung der Kreditfinanzierung

Ausgangssituation

Die Geschäftsleitung der Heller Natur GmbH hat immer noch nicht endgültig über die Finanzierung der neuen Lagerhalle entschieden. Um sich bereits jetzt auf die zukünftigen Entscheidungen vorzubereiten, arbeiten Sie sich heute in die grundlegenden Tätigkeiten bei der Durchführung einer fremdfinanzierten Investition ein.

✍ Aufgaben

Aufgabe 1:

Von einem Lieferanten erhalten Sie folgende Rechnung (Auszug):

100 Laserdrucker HP 1230	
Listenpreis 299,00 €	29.900,00 €
– Sonderrabatt 5 %	1.495,00 €
Zwischensumme	28.405,00 €
+ Umsatzsteuer	5.396,95 €
Rechnungsbetrag	33.801,95 €

Rechnung zahlbar unter Abzug von 3 % Skonto innerhalb von 14 Tagen oder netto innerhalb von 30 Tagen ab Rechnungszugang.

Sie haben die Rechnung heute (02.05.2010) erhalten. Natürlich möchten Sie gerne den Vorteil des Skontoabzugs nutzen. Aus dem Finanzplan entnehmen Sie jedoch, dass auf dem Kontokorrentkonto nicht immer genügend Liquidität vorhanden ist (Verlauf der prognostizierten Einnahmen und Ausgaben siehe Finanzplan). Das Unternehmen verfügt nur über dieses eine Kontokorrentkonto und eine anderweitige Liquiditätsquelle ist nicht vorhanden. Das Konto kann bis zu einem Limit von 50.000,00 € überzogen werden. In diesem Fall setzt die Bank einen Zinssatz von 8,5 % p. a. an. Sollte auch das Kreditlimit überschritten werden, rechnet die Bank mit 12,5 % p. a. Guthaben verzinst die Bank mit 1 % p. a.

a) Legen Sie den Zeitpunkt fest, zu dem Sie den Rechnungsausgleich vornehmen. Der gewählte Zeitpunkt soll mit dem Zeitpunkt der Valutierung (Wertstellung) übereinstimmen. Begründen Sie Ihre Entscheidung.

b) Ermitteln Sie die Höhe des Preisnachlass, der durch den Skontoabzug realisiert werden kann.

c) Berechnen Sie, wie hoch die Fremdkapitalzinsen sind, wenn bei Ihrer Entscheidung das Kontokorrentkonto überzogen wird.

d) Buchen Sie den Rechnungsausgleich. Beachten Sie dabei die Bedingungen, die zu dem von Ihnen gewählten Zeitpunkt vorlagen.

e) Berechnen Sie die Höhe der Zinsen, die die Bank am Ende des Monats Mai erheben wird. Beachten Sie dabei erneut den von Ihnen gewählten Zeitpunkt für den Ausgleich der Rechnung.

f) Buchen Sie die Zinslastschrift der Bank.

Auszug aus dem Finanzplan (Einnahmen-Ausgaben-Prognose) bezogen auf das Kontokorrentkonto											
Datum	01.05.	02.05.	03.05.	04.05.	05.05.	06.05.	07.05.	08.05.	09.05.	10.05.	11.05.	12.05.
Einnahmen	1.200	25.500	7.800	11.500			21.100	10.700	800	1.400	15.400	
Ausgaben	7.900	16.700	27.400	24.800			5.900	2.400	17.700	4.800	28.200	
Bestand	24.400	33.200	13.600	300			15.500	23.800	6.900	3.500	- 9.300	
Datum	13.05.	14.05.	15.05.	16.05.	17.05	18.05.	19.05.	20.05.	21.05.	22.05.	23.05.	24.05.
Einnahmen		9.000	2.100	14.500	12.200	14.800			2.100	111.400	14.700	11.300
Ausgaben		10.500	4.800	5.900	14.700	2.500			13.600	2.300	11.300	2.000
Bestand		- 10.800	- 13.500	- 4.900	- 7.400	4.900			- 6.600	102.500	105.900	115.200
Datum	25.05.	26.05.	27.05.	28.05.	29.05.	30.05.	31.05.	01.06.	02.06.	03.06.	04.06.	05.06.
Einnahmen	14.800			11.200	8.400	11.800	2.200	3.900			11.800	22.400
Ausgaben	5.100			14.800	131.400	32.500	14.500	5.500			8.300	1.400
Bestand	124.900			121.300	- 1.700	-22.400	- 34.700	- 36.300			- 32.800	-11.800

Aufgabe 2:

Die Bank unterbreitet folgende Finanzierungsangebote:

Angebot A: Annuitätendarlehen mit 100 %iger Auszahlung	
Darlehenshöhe	151.515,15 €
Nominalzinssatz	5,2 %
Laufzeit	10 Jahre
Zinsfestschreibung	10 Jahre
Tilgung im ersten Jahr *)	7,65 %
Annuitätenzahlung	monatlich nachschüssig
Bearbeitungsgebühr	
(wird vom Auszahlungsbetrag abgezogen)	1 %
Auszahlung	150.000,00 €
Bereitstellungsdatum	01.08.2010

Angebot B: Annuitätendarlehen mit 5%igem Disagio	
Darlehenshöhe	159.574,47 €
Nominalzinssatz	4,8 %
Laufzeit	10 Jahre
Zinsfestschreibung	10 Jahre
Tilgung im ersten Jahr **)	7,81 %
Annuitätenzahlung	monatlich nachschüssig
Bearbeitungsgebühr	
(wird vom Auszahlungsbetrag abgezogen)	1 %
Auszahlung	150.000,00 €
Bereitstellungsdatum	01.08.2010

a) Erstellen Sie für das Annuitätendarlehen (Angebot A) einen Tilgungsplan für die ersten sechs Monate. Verwenden Sie dabei die auf Seite 275 abgebildete Tabelle.

b) Buchen Sie die Darlehensbereitstellung durch die Hausbank der Heller Natur GmbH für das Angebot A. Beachten Sie dabei den Informationstext auf Seite 275. Die Bearbeitungsgebühr soll über die Darlehenslaufzeit gleichmäßig verteilt werden.

c) Stellen Sie für das Annuitätendarlehen (Angebot B) einen Tilgungsplan für die ersten sechs Monate auf. Erstellen Sie hierzu eine Tabelle wie in der Teilaufgabe 2 a.

d) Zusatzaufgabe für Verwender eines Tabellenkalkulationsprogramms: Übernehmen Sie die Daten für die beiden Darlehensangebote in ein Tabellenkalkulationsprogramm. Ermitteln Sie sodann die Höhe der anfallenden Zinsen sowie die Effektivverzinsung.

e) Buchen Sie die Darlehensbereitstellung durch die Hausbank der Heller Natur GmbH für das Angebot B.

---

*) Genau genommen müsste der Prozentsatz 7,645495 % betragen.

**) Genau genommen müsste der Prozentsatz 7,810875 % betragen.

InfOrmationstext

Verbindlichkeiten müssen gemäß § 253 HGB in Höhe des Rückzahlungsbetrages passiviert werden. Zu den passivierungspflichtigen Kreditkosten gehören sämtliche Aufwendungen, die dem Kreditnehmer im Zusammenhang mit der Kreditaufnahme entstehen. Dazu gehören die anfallenden Zinsen, Provisionen und Gebühren der Bank sowie das Disagio (als Zinsvorauszahlung). Letztendlich stellt das Disagio vorweggenommene Zinsen dar. Wegen seiner einmaligen Ausgabewirksamkeit kann es daher handelsrechtlich in voller Höhe als Zinsaufwand erfasst werden. Steuerrechtlich ist dies nicht zulässig; hier muss das Disagio gleichmäßig über die Zinsbindungsdauer verteilt werden.

Steuer- und handelsrechtliche Behandlung des Disagios	
Steuerrecht (EStG)	Handelsrecht (HGB)
Aktivierungspflicht: Das Disagio wird aktiviert und über die Zinsbindungsdauer als Aufwand verteilt.	Aktivierungswahlrecht: Entweder, das Disagio wird im Jahr der Darlehensaufnahme in voller Höhe als Zinsaufwand erfasst oder es wird wie im Steuerrecht behandelt.
Folge: Nur bei der Erfassung als Aufwand in voller Höhe im Jahr der Darlehensaufnahme lässt sich ein (hoher) Steuervorteil realisieren. Hierdurch kommt es jedoch zu Unterschieden in der Handels- und Steuerbilanz.	

Aufgabe 3:

Die Hausbank der Heller natur GmbH unterbreitet zur Finanzierung einer Ladeneinrichtung folgendes Angebot:

Darlehenshöhe	100.000,00 €
Nominalzinssatz	5,15 %
Laufzeit und Zinsfestschreibung	8 Jahre
Tilgung im ersten Jahr ***)	10,13 %
Annuitätenzahlung	monatlich nachschüssig
Die Bearbeitungsgebühr in Höhe von 1 % der Darlehenssumme wird getrennt berechnet.	
Bereitstellungsdatum	01.03.2010

Monat	Darlehenshöhe	Zinsen	Tilgung	Annuität

***) Genau genommen müsste der Prozentsatz 10,127747 % betragen.

a) Erstellen Sie für das Darlehen einen Tilgungsplan für die ersten sechs Monate.
b) Buchen Sie die Darlehensbereitstellung durch die Hausbank. Beachten Sie die Buchung der Bearbeitungsgebühr.

Aufgabe 4:

Die Hausbank bietet der Heller Natur GmbH für die Anschaffung einer Maschine ein Darlehen in Höhe von 3,5 Mio. € an. Die Konditionen lauten:

- Einmalige Bereitstellungsgebühr von 0,5 % der Darlehenssumme
- Zinssatz 9 % p. a. berechnet von der jeweiligen Restschuld
- Anfangstilgung (1. Tilgungsrate) 5,5 %

- Die gleich bleibenden Zahlungsraten (Annuitäten) für Zinsen und Tilgung sind halbjährlich nachträglich fällig.

Ermitteln Sie in €

a) die regelmäßige halbjährliche Annuitätenzahlung.
b) die Bankbelastung im ersten Halbjahr.
c) die Restschuld zu Beginn des zweiten Halbjahres.
d) die Tilgung am Ende des zweiten Halbjahres.

Aufgabe 5:

Die Heller Natur GmbH erhält zur Finanzierung eines Lkw folgendes Darlehensangebot:

Darlehenshöhe	140.000,00 €
Auszahlung	95 %
Nachschüssige Verzinsung	6 % p. a.
Jährliche Tilgung (erstmals nach dem ersten Darlehensjahr)	10 %

a) Erstellen Sie eine tabellarische Übersicht über den Darlehensverlauf.
b) Berechnen Sie den effektiven Jahreszinssatz für das erste Darlehensjahr.

Aufgabe 6:

Für eine Erweiterungsinvestition erhält die Heller Natur GmbH folgende Darlehensangebote:

Angebot A:		Angebot B:	
Darlehenshöhe	200.000,00 €	Darlehenshöhe	202.020,20 €
Auszahlung	100 %	Disagio	1 %
Jahreszinssatz	9 %	Jahreszinssatz	8 %
Bearbeitungsgebühr 4 % der Darlehenshöhe		Bearbeitungsgebühr 0,5 % der Darlehenshöhe	
Laufzeit	3 Jahre	Laufzeit	3 Jahre
Tilgung	am Ende der Laufzeit	Tilgung	am Ende der Laufzeit

a) Berechnen Sie die Kosten der beiden Darlehen für die gesamte Laufzeit.

b) Ermitteln Sie die Effektivverzinsung beider Darlehen.

Aufgabe 7:

Die Heller Natur GmbH erhält von einem Lieferanten eine Rechnung in Höhe von 69.000,00 € inklusive Umsatzsteuer. Das Rechnungsdatum lautet auf den 30.04.2010. Die Zahlungsbedingung lautet: „Zahlbar innerhalb von 10 Tagen nach Rechnungsdatum mit 2 % Skonto, in 30 Tagen netto." Über den gesamten Zeitraum des Zahlungszieles weist das Kontokorrentkonto der Heller Natur GmbH einen Sollsaldo aus. Die Zinsen für den Überziehungskredit belaufen sich auf 11 % p. a.

a) Ermitteln Sie den kostenverursachenden Kreditzeitraum.
b) Welchem Effektivzinssatz entspricht der Skonto?
c) Wann werden Sie die Rechnung bezahlen?
d) Errechnen Sie den Überweisungsbetrag, wenn die Rechnung innerhalb der Skontofrist ausgeglichen wird.
e) Ermitteln Sie die Zinsen für den Überziehungskredit.
f) Wie hoch ist der Finanzierungsgewinn bzw. -verlust?

Aufgabe 8:

Sie haben sich über die Kreditkosten für ein Darlehen in Höhe von 60.000,00 € informiert. Von einer Bank erhalten Sie folgendes Angebot:

> *Wir unterbreiten Ihnen folgendes Kreditangebot:*
>
> *Darlehen über 60.000,00 €, Laufzeit 10 Jahre*
> *Nominalzinssatz 8 %, Disagio 5 %,*
> *Bearbeitungsgebühr 2 % vom Darlehensbetrag*
> *(wird vom Darlehensbetrag abgezogen)*
> *zuzüglich 30,00 € Spesen. [...]*

Berechnen Sie

a) den Auszahlungsbetrag

b) die tatsächlichen Kreditkosten

c) den effektiven Zinssatz für das Darlehen.

Aufgabe 9:

Im Verkaufskatalog eines Maschinenherstellers finden Sie folgenden Passus:

> *Wenn Sie große Anschaffungen planen, bieten wir Ihnen eine attraktive Finanzierung über unsere Hausbank. Füllen Sie einfach den Antrag aus. Sie können bis zu 90.000,00 € finanzieren und haben beim Zurückzahlen bis zu 72 Monate Zeit. Geben Sie bei Ihrer Bestellung einfach an, in wie vielen Monatsbeiträgen Sie gegen einen geringen Aufschlag zahlen möchten.*

Aus der im Verkaufskatalog abgedruckten Tabelle entnehmen Sie folgendes: Bei einem Kaufpreis von 50.000,00 € und 24 Monaten Laufzeit fällt ein monatlicher Aufschlag von 0,61 % an. Im Kleingedruckten auf der Rückseite des Antragsformulars werden zudem eine monatliche Kontoführungsgebühr von 3,00 € und eine Bearbeitungsgebühr (in Höhe von einmalig 30,00 €) erwähnt.

a) Wie hoch ist die Gesamtrückzahlung?

b) Wie hoch ist der effektive Zinssatz?

c) Wie hoch sind die Monatsraten einschließlich Zinsen und Gebühren?

61. Leasing – eine Alternative zum Kauf?

Ausgangssituation

Die Heller Natur GmbH benötigt für Ihre Außendienstmitarbeiter neue Geschäftswagen. Die bisher genutzten PKW sind bereits seit einigen Jahren abgeschrieben und entsprechen nicht mehr dem aktuellen technischen Stand. Frau Rommers, die Leiterin der Verkaufsabteilung hat sich bereits vor einigen Wochen mit Herrn Klinger, dem Leiter der Finanzabteilung getroffen und man hat sich darauf geeinigt, dass fünf neue Audi A6 beschafft werden sollen. Frau Rommers steht nun vor dem Problem, welche Finanzierung am sinnvollsten ist. Helfen Sie Ihr bei der Entscheidungsfindung mit, indem Sie folgende Aufgaben bearbeiten.

✍ Aufgaben

Lesen Sie sich zunächst den Informationstext in der Anlage durch und bearbeiten Sie sodann die folgenden Aufgaben.

1. Erstellen Sie eine Übersicht, aus der die Besonderheiten des Leasings als eine Sonderform der Fremdkapitalfinanzierung deutlich werden.
2. Stellen Sie die Vor- und Nachteile des Leasings aus Sicht des Leasingnehmers dar.

Fall-Erarbeitung:

Verschaffen Sie sich jedoch zunächst einen Überblick über die Belege in der Anlage.[1]

1. Wie hoch ist der gesamte Anschaffungswert der zu beschaffenden Geschäftswagen (Anschaffungskosten zuzüglich Finanzierungskosten)? Beachten Sie bei der Berechnung die Umsatzsteuer.

2. Welche Finanzierungsmöglichkeiten stehen der Heinz Schlau OHG generell zur Verfügung? Nennen Sie diese und stellen Sie die Vor- und Nachteile einander gegenüber.

3. Berechnen Sie die Annuitäten, die bei einer Ratenzahlung entsprechend dem Angebot der Volkswagenbank über die Laufzeit hinweg anfallen.

4. Wie hoch sind die Zinsen, wenn die Heinz Schlau OHG für die Beschaffung der PKW einen Kredit bei der Commerzbank aufnimmt? Beachten Sie, dass sich die Vermittlungskosten bei Abschluss eines Ratenkaufs über die Volkswagenbank entsprechend der Darlehensumme variabel erhöhen.

5. Mit welchen Kosten muss das Unternehmen rechnen, wenn es sich für das Leasingangebot des Autohauses entschließt?

6. Berechnen Sie, ob die Ratenzahlung, der Kreditkauf bzw. das Leasing auch dann in Frage kommen, wenn das Unternehmen zum Zeitpunkt des Kaufs über die notwendigen liquiden Mittel verfügt. Welche Argumente würden in diesem Fall für bzw. gegen einen Barkauf sprechen?

7. Stellen Sie sämtlich Kosten, die bei der Beschaffung der PKW bei den unterschiedlichen Finanzierungsalternativen anfallen gegenüber. Beachten Sie ggf. Abschreibungsmöglichkeiten (lineare Abschreibung, betriebsgewöhnliche Nutzungsdauer 5 Jahre).

8. Entscheiden Sie sich für eine Finanzierungsalternative. Begründen Sie Ihre Entscheidung, in dem Sie alle monetären und nicht-monetären Argumente aufzählen und diese ggf. den Vor- und Nachteilen der anderen Finanzierungsalternativen gegenüberstellen.

---

[1] Die Daten in den Belegen sind an die Realität angepasst, entsprechen jedoch nicht den realen Finanzierungsbedingungen der jeweiligen Institutionen.

Informationstext zum Leasing

1. Grundsätzliches

Unter Leasing (to lease: engl. für mieten, pachten) versteht man eine mietähnliche Gebrauchsüberlassung von Wirtschaftsgütern gegen Entgelt („Mietkauf") zwischen einem Leasinggeber und einem Leasingnehmer.

Finanztechnisch handelt es sich beim Leasing um eine Sonderform der Fremdfinanzierung, da durch die Gebrauchsüberlassung dem Leasingnehmer ein Sachkredit gewährt wird.

Der Leasinggeber ...

- gewährt dem Leasingnehmer während der Mietzeit ein Nutzungsrecht am Leasinggegenstand; er bleibt weiterhin Eigentümer (Ausnahmen siehe unten),
- erhält im Gegenzug dafür ein entsprechendes Entgelt (Leasingraten). Die Höhe der Leasingraten hängt in der Regel vom Wert des Leasinggutes und von der Nutzungsdauer ab.

Nach Ablauf der Nutzungsdauer kann der Leasingnehmer...

- das Leasinggut zurückgeben,
- den Leasingvertrag verlängern oder
- das Leasinggut kaufen.

Die Leasingraten sollen in der Regel beinhalten ...

- die Anschaffungskosten,
- die Finanzierungskosten,
- die Verwaltungskosten,
- eine Risikoprämie,
- einen Gewinnaufschlag.

Achtung: Die Summe der Leasingraten übersteigt die Anschaffungskosten des Leasingobjekts. Die Kosten betragen in der Regel etwa 130 % des Kaufpreises.

Die Höhe der Leasingrate hängt neben dem Wert des Leasinggutes sowie der Überlassungsdauer entscheidend von der Verwertungsalternative (siehe unten) am Ende der Laufzeit ab.

2. Unterscheidung von Leasingverträge

2.1 Unter dem Gesichtspunkt des Leasinggebers

- direktes Leasing
  Der Leasinggeber ist der Hersteller des Leasinggutes.
- indirektes Leasing
  Der Leasinggeber ist ein selbstständiges Unternehmen, welches sich auf das Leasing bestimmter oder verschiedener Leasinggüter spezialisiert hat.

2.2 Unter dem Gesichtspunkt des Leasingnehmers

- Konsumgüterleasing
  Die Leasingnehmer sind private Haushalte. Typische Leasinggüter sind: Pkw, Haushaltsgeräte, Elektronikgeräte.

- Investitionsgüterleasing (Industrieleasing)
  Leasingnehmer sind hierbei Unternehmen, die die Leasinggüter kommerziell nutzen (z. B. Lagerhallen, Maschinen, Datenverarbeitungsanlagen).

2.3 Unter dem Gesichtspunkt der Leasingdauer

- Operating-Leasing („Operate-Leasing")
  Zwischen Leasinggeber und -nehmer wird keine feste Vertragsdauer oder eine sehr kurze Grundmietzeit vereinbart. Der Leasingvertrag entspricht somit einem Mietvertrag. Beide Vertragspartner haben ein Kündigungsrecht. Neben der Überlassung des Leasinggegenstandes werden häufig ergänzende Dienstleistungen vereinbart (z. B. Wartungen, Instandsetzungen).
  Problem: Der Leasinggeber trägt das Leasingrisiko (auch, wenn sich der Leasinggegenstand anderweitig vermieten lässt, muss der Leasinggeber ständig die Kündigung durch den Leasingnehmer befürchten). Die Leasingverträge haben in der Regel eine kurze Laufzeit.

- Finanzierungsleasing („Finance-Leasing")
  Der Leasingvertrag wird von vornherein für eine feste Zeit abgeschlossen (Grundmietzeit), während der der Vertrag für beide Seiten unkündbar ist.
  Problem: In diesem Fall trägt der Leasingnehmer wegen der langfristigen Vertragsbindung das Investitionsrisiko. Die Leasingverträge haben in der Regel eine lange Laufzeit.

2.4 Unter dem Gesichtspunkt der Verwertungsmöglichkeit des Leasinggegenstandes am Ende der Laufzeit

- Vollamortisations-Leasing („full-pay-out"-Verträge)
  Die Leasingraten müssen über die Laufzeit hinweg sämtliche Kosten des Leasinggebers abdecken, da der Leasinggegenstand einem enormen Wertverlust unterliegt und am Ende der Laufzeit kaum noch einen Wert hat. Man unterscheidet:

  - Vollamortisationsvertrag mit Kaufoption
    Hierbei wird bereits bei Vertragsabschluss festgelegt, dass der Leasingnehmer das Leasinggut am Ende der Grundmietzeit kaufen kann. Der Kaufpreis (Optionspreis) wird durch Schätzung festgelegt. Hierdurch fallen die Leasingraten in der Regel niedriger aus.

  - Vollamortisationsvertrag ohne Kaufoption
    Anstelle des Kaufrechts kann auch eine Option auf Weiterführung des Leasingvertrages zu niedrigeren Raten vereinbart werden.

- Teilamortisations-Leasing („non-full-pay-out"-Verträge)
  Hierbei decken die Leasingraten über die Grundmietzeit die Kosten des Leasinggebers nicht voll ab. Man unterscheidet:

  - Teilamortisationsvertrag mit Andienungsrecht
    Zwischen den Vertragspartnern wird vereinbart,

dass die Bedingungen des Leasingvertrages nach Ablauf der Laufzeit verändert werden können oder der Leasingnehmer bei Nichtzustimmung der veränderten Vertragsbedingungen den Leasinggegenstand erwerben muss (Festlegung des Optionspreises).

- Teilamortisationsvertrag mit Erlösbeteiligung
  Im Leasingvertrag wird vereinbart, dass der Leasinggeber den Leasinggegenstand nach Ablauf der Grundmietzeit an eine dritte Person veräußert. Liegt der Veräußerungserlös über dem Restwert, wird der Leasingnehmer am Gewinn beteiligt.

3. Zurechnung des Leasinggutes

Nachfolgende Regelungen gelten im Fall des Leasings ohne Kauf- oder Verlängerungsoption.

Das Leasinggut ist dem Leasinggeber zuzurechnen, wenn die Grundmietzeit mindestens 40 % und höchstens 90 % der betrieblichen Nutzungsdauer des Leasinggegenstandes beträgt (Leasingerlasse der Finanzverwaltung).

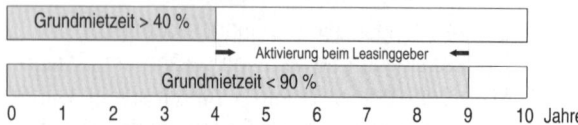

In diesem Fall ist beim Leasinggeber

- das Leasinggut zu seinen Anschaffungs-/Herstellungskosten zu aktivieren,
- die Abschreibung nach der betriebsgewöhnlichen Nutzungsdauer vorzunehmen (Aufwand).

Die Leasingraten sind sodann Betriebseinnahmen (Erlöse).

Beim Leasingnehmer sind die Leasingraten hingegen als Betriebsausgaben (Aufwand) zu behandeln. Zu beachten: Die Leasingraten unterliegen der Umsatzsteuer.

In dem Fall, in dem die Grundmietzeit weniger als 40 % oder mehr als 90 % der betriebsgewöhnlichen Nutzungsdauer beträgt, ist das Leasinggut dem Leasingnehmer zuzuschreiben.

In diesem Fall ist beim Leasingnehmer

- das Leasinggut zu seinen Anschaffungs-/Herstellungskosten zu aktivieren,
- die Abschreibung nach der betriebsgewöhnlichen Nutzungsdauer vorzunehmen (Aufwand),
- die Leasingrate in den Zins-, den Kosten- und den Tilgungsteil aufzuteilen. Der Zins- und der Kostenteil stellen Betriebsausgaben (Aufwand) dar; der Tilgungsteil ist erfolgsneutral zu behandeln.

4. Beurteilungsaspekte des Leasing

Zu den Besonderheiten des Leasings gehören:

- Der Leasingnehmer erhält ein Investitionsgut durch den Leasinggeber für eine bestimmte Zeit zur Nutzung überlassen (kein Eigentumserwerb).
- Der Leasingnehmer zahlt für die Überlassung über die Nutzungsdauer hinweg Leasingraten an den Lea-

singgeber, die dessen Kosten, sein Risiko und seinen Gewinnaufschlag decken.

- Am Ende der Leasingdauer (Grundmietzeit) kann der Leasinggeber (abhängig von der Vertragsgestaltung) den Leasinggegenstand zurückgeben, zum Kauf erwerben (Eigentumsübertragung) oder den Vertrag verlängern.
- Da der Leasingnehmer (in der Regel) über die Laufzeit hinweg nicht Eigentümer am Leasinggegenstand wird, entfällt die Möglichkeit der (erfolgsverringernden) Abschreibung; demgegenüber erhält er die Möglichkeit, die Leasingraten als Betriebsausgaben steuerlich geltend zu machen (Aufwand).
- Das Leasing gibt dem Leasingnehmer somit die Möglichkeit, ohne hohe Liquiditätsbelastung ein Investitionsgut einzusetzen. Anstelle der Zins- und Tilgungsraten bei einem kreditfinanzierten Kauf treten beim Leasing die Leasingraten. Abhängig von der Vertragsgestaltung trägt der Leasinggeber das Investitionsrisiko und den Leasingnehmer erhält somit die Möglichkeit, das Leasinggut auf seine Einsetzbarkeit zu testen.

5. Beurteilung des Leasings aus der Finanzierungssicht

- Leasing oder eigener Kauf?
  Das Leasing kann trotz höherer Kosten für den Leasingnehmer vorteilhafter sein. Durch die ratenweise Zahlung der Leasingraten erfolgt eine relative Zinsersparnis im Vergleich zur sofortigen Zahlung. Ist das Leasinggut beim Leasinggeber zu bilanzieren, so hat der Leasingnehmer im Vergleich zu einer eigenen Aktivierung einen liquiditäts- und rentabilitätsmäßigen Vorteil durch eine Steuerverschiebung: Da die Leasingraten als Betriebsausgabe steuerlich voll absetzbar sind, erhält er, je kürzer die Grundmietzeit im Verhältnis zur betriebsgewöhnlichen Nutzungsdauer und somit je höher die Leasingraten im Verhältnis zu den Abschreibungen sind, einen zinslosen Steuerkredit. Diese rentabilitätsmäßigen Vorteile können die höheren Kosten des Leasing überkompensieren.

- Leasing oder Fremdfinanzierung?
  Durch die Leasingfinanzierung wird die Bezugsbasis der Gewerbesteuer nicht berührt. Dagegen müssen bei Kreditfinanzierung die Zinsen auf diese Dauerschulden zum Gewerbeertrag zu jeweils 50% hinzugerechnet und versteuert werden. Dem Argument, die Finanzierung über das Leasing sei geeignet, den Verschuldungsspielraum eines Unternehmens auszudehnen, da er aus der Bilanz nicht ohne weiteres ersichtlich ist und relevante Kennzahlen nicht beeinträchtigt sind, steht die Literatur kritisch gegenüber. Bei Beantragung eines Kredits müssen auch Zahlungsverpflichtungen aus Leasingverträgen offen gelegt werden.

Volkswagen Bank GmbH

38093 Braunschweig
Zweigniederlassungen: Audi Bank, Seat Bank, Skoda Bank

Volkswagen Bank GmbH, 38093 Braunschweig

Heller Natur GmbH
Frau Rommers
Auf'm Hennekamp 39
40225 Düsseldorf

Das ist unschlagbar !

Ab dem 01.10.2009 gelten neue Guthabenzinsen.

Unser Angebot lautet:

0 €	bis	5.000 €	3,50 %
5.001 €	bis	10.000 €	3,75 %
10.001 €	bis	50.000 €	4,50 %
51.001 €	bis	100.000 €	4,75 %
100.001 €	bis	200.000 €	5,50 %
200.001 €	bis	500.000 €	5,75 %

Nutzen Sie diese Gelegenheit und nehmen Sie mit uns Kontakt auf!

Telefon	Sachbearbeiter	Datum
0531/323-03		22.10.2010

Darlehensantrag Nr. 78055123/822

Volkswagen Bank Partner Autohaus Dammers

Fahrzeug	Baujahr	Kaufpreis	Restschuld.-Vers.	Zinssatz
Audi A6 1.8 T		35.725,68 € brutto		3,9 %

Vers.-Prämie	Anzahlung	Restkaufgeld	Vermittlungskosten	Darlehenssumme
0,0	0,0	35.725,68 €	3.654,00 € brutto	39.379,68 €

Sehr geehrte Frau Rommers,

wir übermitteln Ihnen die aktuellen Informationen für den von Ihnen angefragten Kredit zum Kauf des Audi A6.

Die Rückzahlung der Darlehenssumme wird nach dem unten aufgeführten Finanzplan erfolgen. Bei allen Rückfragen geben Sie bitte immer Ihre oben ausgedruckte Antragsnummer an.

Mit freundlichen Grüßen
Volkswagenbank

Zahlungsplan: 01. bis 24. Rate per 01.11.2010 bis 01.10.2012 über je 1.640,82 €

Briefadresse:	Telefon: (0531) 21202	Sitz der Gesellschaft: Braunschweig	Geschäftsführung:	Bankverbindung:
38093 Braunschweig	Telefax: (0531) 2122275	Amtsgericht Braunschweig, HRB 1819	Rainer Blank	Volkswagenbank, Braunschweig
Hausadresse:		Zweigniederlassung:	Roland Gleisner	(BLZ 270 200 00)
Gifhorner Straße 57	St.-Nr. 363/481/214887	Audi Bank, Seat Bank, Skoda Bank	Uwe R. Hoffmann	Konto-Nr.: 25547812
38112 Braunschweig	USt.-Id.-Nr. DE163540122	Vorsitzender des Aufsichtsrates:		Auftrag: Ihre 8-stellige Vertragsnummer
		Norbert M. Massfeller		

Beleg 1

COMMERZBANK

Düsseldorf-Schadowstraße
Bankleitzahl: 300 400 00

COMMERZBANK, Schadowstraße, 40212 Düsseldorf

Heller Natur GmbH
Frau Rommers
Auf'm Hennekamp 39
40225 Düsseldorf

Ihr Zeichen, Ihre Nachricht	Unser Zeichen, unsere Nachricht vom	☎ 0211 / 1689-	Datum
ro-kl	le-zu	129	22.10.2010

Sehr geehrte Frau Rommers,

nach unserem Telefonat vom heutigen Tag biete ich Ihnen für die Beschaffung der Pkw einen Kredit zu folgenden Bedingungen an:

Kredithöhe:	178.628,40 €
Zinssatz:	9,5 % p. a.
Laufzeit:	24 Monate
Provision, Vermittlung:	1.582,00 €

Die anfallenden Zinsen sind mit monatlicher Fälligkeit bis spätestens zum letzten Tag im Monat – Gutschrift auf unserem Konto – zu leisten. Der Kredit ist am Ende der Laufzeit in voller Höhe zurückzuzahlen. Bei Abschluss des Kreditvertrages wird eine Sicherungsübereignung der zu beschaffenden Pkw vereinbart.

Ich hoffe, dass die Angebotsbedingungen Ihren Vorstellungen entsprechen. Ich stehe Ihnen bei Rückfragen jederzeit zur Verfügung.

Mit freundlichen Grüßen

Commerzbank Düsseldorf

Angela Lentzen

Lentzen

Wir verweisen auf unsere Allgemeinen Geschäftsbedingungen.

Beleg 2

Autohaus DAMMERS Leverkusen

... darauf fahr' ich ab!

Nutzfahrzeuge

Autohaus DAMMERS GmbH & Co. KG
Postfach 10 10 20 ♦ 51302 Leverkusen

Heller Natur GmbH
Frau Rommers
Auf'm Hennekamp 39
40225 Düsseldorf

Ihr Zeichen, Ihre Nachricht	Unser Zeichen, unsere Nachricht vom	☎ 0214/470012-	Datum
be-kl	ad-ip	233	22.10.2010

Leasingangebot

Sehr geehrte Frau Rommers,

bezugnehmend auf Ihre Anfrage unterbreiten wir Ihnen folgendes Leasing-Angebot:

Audi A6 1,8 T, 110 kW, 150 PS,
tiptronic 5stufig, chagallblau,   Listenpreis netto:
off black schwarz/schwarz, Radio concert   € 30.798,00 zzgl. USt.

Überführungs- und Zulassungskosten werden gesondert in Rechnung gestellt, Vertragsdauer: 24 Monate, jährliche Fahrleistung begrenzt auf 30.000,00 km, monatliche Leasing-Rate   € 1.350,00

Es wurden die derzeit gültigen Leasing-Bedingungen zu Grunde gelegt. Die Angebotsbedingungen werden vorbehaltlich der Annahme durch die Volkswagen Leasing GmbH, Braunschweig, abgegeben und sind daher unverbindlich. Das Leasing-Fahrzeug muss vom Tag der Übergabe an vom Leasing-Nehmer vollkaskoversichert werden. Inspektionen sind während der Vertragslaufzeit in einer VAG-Niederlassung durchführen zu lassen. Nach Ablauf des Vertrags wird das Fahrzeug vom Leasing-Geber zurückgenommen oder es kann zum Restwert von 8.100,00 € netto vom Leasing-Nehmer übernommen werden.

Für weitere Finanzierungsangebote stehen wir Ihnen gerne zur Verfügung.

Mit freundlichen Grüßen

Autohaus Dammers GmbH & Co KG

Adams

Adams

Autohaus Dammers   Tel.: 0214 / 1360-0   Bankverbindungen:
GmbH & Co. KG   Fax: 0214 / 136455   Stadtsparkasse Leverkusen (BLZ 375 517 80) Kto.-Nr. 25478812
Opladenerstraße 12   Net: www.autodammers.de   Deutsche Bank Leverkusen (BLZ 375 700 64) Kto.-Nr. 451-78841
51302 Leverkusen   Gesellschafter: Dipl.Kfm. Martin Dammers

Rechtsform des Gesellschaft: Sitz der Gesellschaft: Leverkusen   Registergericht:
Kommanditgesellschaft   USt.-Id.-Nr. DE851002547   HRB 3581, Amtsgericht Leverkusen
mit beschränkter Haftung   St.-Nr. 342/352/385411   Finanzamt Leverkusen

Beleg 3

62. Sonderformen der Fremdfinanzierung

Fallsituation 1: Leasing

Die Heller Natur GmbH, Düsseldorf, muss in ihren Maschinenpark investieren. Bisher wurden Stoffbahnen halbautomatisch zugeschnitten. Bei den hierzu notwendigen Betriebsmitteln handelt es sich um relativ preisgünstige Spezialmaschinen. Mit zunehmender Auftragsbelastung wurde dieser Produktionsbereich in den vergangenen Monaten jedoch häufig zum Engpassbereich. Man überlegt nun, ob man sich zum Kauf einer computergesteuerten Universalmaschine entscheiden sollte. Durch die Anschaffung der Maschine verspricht man sich eine Erhöhung der Produktivität in diesem Produktionsbereich.

Der Investitionsbedarf wird nach groben Schätzungen auf circa 340.000,00 bis 360.000,00 € geschätzt. Erschwerend kommt hinzu, dass das Unternehmen zurzeit kaum über freie liquide Mittel verfügt. Offensichtlich ist die Aufnahme eines Kredits unumgänglich.

Von der Hausbank erhält das Unternehmen folgendes Angebot:

> Kreditvolumen: 360.000,00 €, 5 % Disagio, 12,5 % Zinsen p. a., Laufzeit über 3 Jahre mit jährlich konstanten Tilgungsraten. Der Auszahlungsbetrag deckt die Anschaffungskosten zu 100 %.

Über eine Werbeannonce in einem Wirtschaftsmagazin wird Herr Schlau auf die „Finance Profil AG" aufmerksam, eine Leasinggesellschaft, die sich auf die Vermietung maschineller Großanlagen spezialisiert hat. Auf Anfrage teilt das Unternehmen mit:

> Wir bieten Ihnen gerne unser umfangreiches Leistungspaket an. Nach einer Betriebsbesichtigung durch einen unserer Außendienstmitarbeiter unterbreiten wir Ihnen verschiedene maschinelle Problemlösungen zu unterschiedlichen Konditionen. Abhängig von Ihren produktionswirtschaftlichen Zielen und Ihren finanziellen Möglichkeiten schneiden wir speziell für Sie das passende Leasingangebot auf Ihre Anforderungen zu. Beispielsweise bei dem von Ihnen geplanten Investitionsvorhaben in Höhe von 342.000,00 € sorgen wir für die Installation und Montage der optimalen Maschine. Zum Leistungspaket gehört die regelmäßige Wartung und Instandsetzung bei Betriebsstörungen. Hierfür zahlen Sie keinen Pfennig extra. Sogar für die sich aus einer Betriebsstörung ergebenden Folgeschäden (z. B. Regressforderungen durch Kunden) können Sie sich bei uns versichern. Die Laufzeit des Grundkredits beläuft sich in der Regel auf 4 Jahre. Über diesen Zeitraum hinweg beträgt der Mietzins 38 % p. a. des Anschaffungswertes der Maschine bei vierteljährlicher Zahlweise. Wenn Sie die monatliche Zahlung wünschen, so verringert sich der Mietzins auf 35 % p. a. Das Investitionsrisiko tragen quasi wir, denn nach Ablauf der Grundmietzeit können Sie die Maschine jederzeit an uns zurück geben. Auch hierfür entstehen keine Kosten für Sie. Sollten Sie an einer Verlängerung der Überlassung interessiert sein, so fällt der Mietzins auf sensationelle 7 % p. a. Ein Angebot, dass Sie sich nicht entgehen lassen sollten.

Sie sind sich zunächst nicht sicher, ob das Angebot der Leasinggesellschaft wirklich eine sinnvolle Alternative für die Investition darstellt. Bearbeiten Sie daher die folgenden Leitfragen.

✍ *Leitfragen*

Zur Lösung der folgenden Aufgaben 1 bis 3 verwenden Sie bitte die Tabelle auf Seite 286.

1. Berechnen Sie für das Bankdarlehen die Tilgungsraten, die Zinsen, den Liquiditätsabfluss sowie den buchhalterisch zu erfassenden Aufwand pro Jahr (lineare Abschreibung, betriebsgewöhnliche Nutzungsdauer 6 Jahre).

2. Berechnen Sie für das Leasingangebot die jährliche Liquiditätsbelastung innerhalb der geplanten Nutzungsdauer. Es wird die monatliche nachschüssige Zahlweise gewählt.

3. Stellen Sie die Liquiditätsbelastung und den buchhalterisch zu erfassenden Aufwand für die beiden Finanzierungsalternativen über die Laufzeit hinweg gegenüber.

4. Stellen Sie die nicht-monetären Vorteile der beiden Finanzierungsmöglichkeiten aus Sicht der Heinz Schlau OHG gegenüber. Für welches Finanzierungsmodell entscheiden Sie sich? Begründen Sie Ihre Entscheidung vor dem Hintergrund der oben dargestellten Situation.

Fallsituation 2: Factoring

Die Heller Natur GmbH hat vor einiger Zeit von der Compuware KG einige Büros mit neuer Hardware ausstatten lassen. Die Rechnung über 132.000,00 € wird in 10 Tagen fällig. Nun fällt in der Kreditorenbuchhaltung auf, dass man zurzeit nicht über eine ausreichende Liquidität verfügt. Ebenso ist der Kreditspielraum bei der Hausbank schon so gut wie ausgeschöpft. Als einziger Ausweg erscheint nun nur noch die Aufnahme eines weiteren Kredits, der jedoch nur zu sehr ungünstigen Konditionen bewilligt werden wird. Nach Rücksprache mit der Debitorenbuchhaltung fällt auf, dass zurzeit eine Forderung gegenüber einem Kunden in Höhe von 130.000,00 € besteht. Bedauerlicherweise wurde dem Kunden ein Zahlungsziel von 30 Tagen eingeräumt. Ob man diese Forderung irgendwie zur Finanzierung der Hardware nutzen kann?

Lesen Sie sich zunächst den folgenden Informationstext durch und bearbeiten Sie sodann die nachfolgenden Leitfragen.

InfOrmationstext ᶻᵘᵐ*Factoring*

1. Grundsätzliches

Das Factoring ist eine Form der kurzfristigen Fremdfinanzierung, da eine besondere Art der Forderungsabtretung (Zession - siehe Kapitel zur Kreditsicherung) vorliegt. Der so genannte Factor (Bank oder spezielle Factorgesellschaft) kauft dabei die Forderungen eines Unternehmens (Factoringnehmer), die dieses gegenüber seinen Kunden (in der Regel aus Warenlieferungen oder Leistungen) geltend machen kann.

Die Möglichkeit des Factoring stellt eine Finanzierungshilfe für das Umlaufvermögen dar.

2. Ablauf des Factoring

Zwischen dem Factor und dem Factoringnehmer wird ein Factoringvertrag abgeschlossen. Danach kauft der Factor alle oder einen Teil der Forderungen. Der Factoringnehmer erhält im Gegenzug 80 bis 90% des Rechnungswertes (abhängig von den vertraglich vereinbarten Leistungen des Factors) abzüglich der Zinsen und einer Factoringprovision (in der Regel 0,8 bis 1,5 % der Forderungssumme) sofort gutgeschrieben. Die Differenz zwischen Forderungssumme und Auszahlungsbetrag dient dem Factor zur Deckung seiner Kosten und als Gewinn.

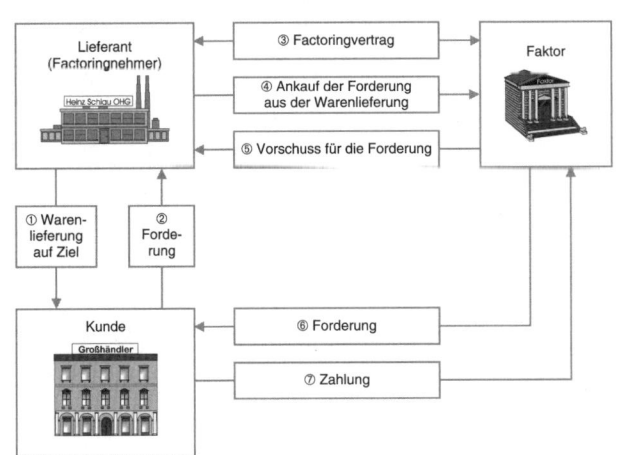

3. Leistungen des Factors

Der Factor übernimmt folgende Funktionen:

- Dienstleistungsfunktion
  Sämtliche mit der Forderungsverwaltung zusammenhängende Arbeiten werden aus der Debitorenbuchhaltung des Factoringnehmers auf den Factor übertragen (Terminüberwachung, Mahnwesen, Rechnungsinkasso etc.).

- Delkrederefunktion
  Der Factor übernimmt das Risiko eines Zahlungsausfalls der Kunden, gegenüber denen die Forderungen bestehen.

- Finanzierungsfunktion
  Der Factor ermöglicht dem Factoringnehmer einen vorzeitigen Liquiditätszugang.

4. Offenes und stilles Factoring

Beim offenen Factoring wird der Kunde des Factoringnehmers über den Verkauf der Forderung informiert. Er muss dann seine Zahlungen zum ursprünglich vereinbarten Zeitpunkt an den Factor leisten. In der Praxis kann es für den Factoringnehmer nachteilhaft sein, wenn die Kunden erfahren, dass er die bestehenden Forderungen an einen Factor abgetreten hat bzw. abtreten musste (Imageschaden, Vertrauensverlust etc.). Aus diesem Grund kann der Factoringnehmer mit dem Factor ein stilles Factoring vereinbaren. In diesem Fall überweist der Kunden zunächst an den Factoringnehmer und dieser leitet die Zahlungen an den Factor weiter.

✒ Leitfragen

1. Beschreiben Sie die Finanzierungsmethode des Factoring mit eigenen Worten.
2. Welche Vor- und Nachteile hat das Factoring aus Sicht des Factoringnehmers? Stellen Sie die Vor- und Nachteile gegenüber.

Tabelle zur Fallsituation 1, Aufgabe 1-3:

	Kreditkauf (Darlehen)					Leasing	Unterschied	
	①	②	③	④	⑤	⑥	⑦	⑧
Jahr	Tilgung	Zinsen	Geldabfluss (Auszahlung)	Abschreibung	Aufwand	Raten-zahlung	Aus-zahlung	Aufwand
Summe								

63. Formen der Innenfinanzierung

Ausgangslage

Der Heller Natur GmbH sucht immer noch geeignete Finanzierungsformen für die geplante umfangreiche Investition. Um sich geeignete Informationen zu beschaffen sollen Sie sich heute in die Formen der Innenfinanzierung einarbeiten.

✍ Leitfragen

1. Grenzen Sie die Innen- von der Außenfinanzierung ab. Erstellen Sie eine Übersicht über die unterschiedlichen Finanzierungsmöglichkeiten, die einem Unternehmen zur Verfügung stehen. Beachten Sie bei der Konstruktion des Schaubildes, dass alle möglichen Einflussgrößen auf die Eigen- und die Fremdkapitalhöhe ersichtlich werden.

2. Führen Sie - abhängig von der Unternehmensform - Gründe an, die zu einer Gewinnentnahme bzw. -ausschüttung führen.

3. Die Einbehaltung von Gewinnen führt zu einer Erhöhung des Eigenkapitals. Dies ist durch den Vergleich zweier zeitlich aufeinander folgender Bilanzen deutlich zu erkennen. Man spricht daher von einer „offenen" Selbstfinanzierung. Daneben ist jedoch auch eine „verdeckte" Selbstfinanzierung möglich. Was ist hierunter zu verstehen?

4. In der Finanzbuchhaltung haben Sie den Sinn der planmäßigen Abschreibung von Anlagevermögenswerten kennen gelernt. Vielleicht haben Sie auch schon von der kalkulatorischen Abschreibung gehört, die in der Kosten- und Leistungsrechnung thematisiert wird. Aus finanzwirtschaftlicher Sicht kann man die Abschreibung als Möglichkeit der Kapitalfreisetzung nutzen. Beschreiben Sie, inwieweit die Abschreibung zur Kapitalerhaltung dienen kann.

5. Ebenso wie Gewinnrücklagen können Rückstellungen zur Finanzierung genutzt werden. Worin besteht der Unterschied zwischen Rücklagen und Rückstellungen?

***Info**rmationstext* Selbst-finanzierung

Im Gegensatz zur Außenfinanzierung wird bei der Innenfinanzierung dem Unternehmen kein Kapital von außen zugeführt. Die Kapitalerhöhung wird vielmehr „von innen", also durch das Unternehmen selbst erzeugt. Doch wie ist das möglich?

Ziel eines jeden Unternehmens ist es, Gewinne zu erzielen. Gewinne werden dann realisiert, wenn die Aufwendungen, die für den Einsatz der Produktionsfaktoren anfallen (Rohstoffkosten, Löhne und Gehälter, Mieten und Gehälter, Fremdkapitalzinsen usw.) geringer sind als die durch die Faktorkombination erzielten Erträge (Umsatzerlöse für Fertigerzeugnisse bzw. für Waren, Zins- und Mieterträge etc.).

Die Aufwendungen verringern das eingesetzte Eigenkapital, die Erträge erhöhen es. Liegt also per Saldo ein Gewinn vor, so erzielt das Unternehmen eine Eigenkapitalerhöhung. Wird der Gewinn nicht oder nur zum Teil entnommen bzw. ausgeschüttet, so verbleibt ein Teil des Gewinn im Unternehmen und es kommt zu einer Erhöhung des Eigenkapitals. Der Fachmann spricht in diesem Fall von einer Gewinnthesaurierung (Einbehaltung des Gewinns).

Zu beachten ist, dass zwar die (zur Erzielung eines Gewinns notwendigen) Umsatzerlöse zwar von „außen" in das Unternehmen eingebracht werden, dennoch wird die Eigenkapitalerhöhung „von innen" durch die Unternehmensleistung selbst erwirtschaftet. Man spricht daher auch von einer Selbstfinanzierung.

Fallsituation 1:   Beispiele für die Selbstfinanzierung abhängig von der Unternehmensform

In einem Unternehmen liegen zu Beginn des Geschäftsjahres folgende Daten (verkürzte Form) vor:

Aktiva	Bilanz vom 01.01.(01)		Passiva
1. Anlage-vermögen	6.580.450,00	1. Eigen-kapital	4.986.125,00
2. Umlauf-vermögen	9.785.620,00	2. Fremd-kapital	11.379.945,00
	16.366.070,00		16.366.070,00

Soll	GuV vom 01.01.(01)		Haben
Aufwendungen	1.598.562,00	Erträge	2.028.122,00
Gewinn	429.560,00		
	2.028.122,00		2.028.122,00

Abhängig von der gewählten Unternehmensform ergeben sich bei der offenen Selbstfinanzierung unterschiedliche Berechnungsverfahren. Berechnen Sie ausgehend von den Zahlen zu Beginn des Geschäftsjahres für den 31.12.(01) ...

a) das Eigenkapital zum Ende des Geschäftsjahres, wenn es sich um eine Einzelunternehmung handelt. Der Unternehmer entnahm während des Geschäftsjahres 60.000,00 € für private Zwecke.

b) den Gewinnanteil und das neue Kapital der Gesellschafter A und B, wenn es sich um eine Offene Handelsgesellschaft handelt. Gesellschafter A hatte zu Beginn des Jahres einen Kapitalanteil in Höhe von 2.855.200,00 €, Gesellschafter B von 2.130.925,00 €.
   A hatte innerhalb des Geschäftsjahres 60.000,00 €, B 45.000,00 € Privatentnahmen getätigt. Die Gewinnverteilung soll nach den gesetzlichen Vorschriften vorgenommen werden.

c) den Gewinnanteil und das neue Kapital der Gesellschafter A und B, wenn es sich um eine Kommanditgesellschaft handelt. Gesellschafter A (Komplementär) hatte zu Beginn des Geschäftsjahres einen Kapitalanteil in Höhe von 3.025.600,00 €, B (Kommanditist) 1.960.525,00 €. A hatte innerhalb des Geschäftsjahres 62.000,00 € Privatentnahmen getätigt. Gesellschafter A erhält für seine Geschäftsführungstätigkeit vorab 25.000,00 €. Die Gewinnverteilung ist folgendermaßen geregelt: 4 % Kapitalverzinsung, der Rest im Verhältnis 3 : 1.

d) den Aufbau der Eigenkapitalstruktur, wenn es sich um eine Aktiengesellschaft handelt.
   Zu beachten ist, dass für die Gewinnverwendung folgende Bedingungen gelten sollen:

   120.000,00 € Gewinnvortrag des Vorjahres,
     2,5 Mio. € gezeichnetes Kapital,
     1,2 Mio. Kapitalrücklage am 31.12.20(01).
    42.000,00 € sollen als Vorstandstantieme ausgezahlt werden. In die freiwillige Rücklage sollen gemäß Satzung 10 % des Jahresüberschusses eingestellt werden. Als Dividende sollen 14,5 % des Grundkapitals ausgeschüttet werden.

Fallsituation 2: Beispiele für die Finanzierung aus Abschreibungsrück-flüssen

In der Finanzbuchhaltung der Heller Natur GmbH hat man sich entschlossen: Es sollen im nächsten Monat fünf Pkw im Gesamtwert von 200.000,00 € beschafft werden.

Für die Pkw lässt das Finanzamt eine Abschreibungsdauer von vier Jahren[*] zu. Durch den Kapital-rückfluss bewirkt die Abschreibung einen Kapitalfreisetzungseffekt. Häufig werden diese Abschreibungsrückflüsse jedoch zu einem Zeitpunkt freigesetzt, zu welchem diese noch nicht benötigt werden bzw. für Neuinvestitionen nicht ausreichen.

a) Füllen Sie die unten stehende Abschreibungtabelle unter Beachtung der zuvor genannten Daten aus. Dabei sei angenommen, dass das freigesetzte Kapital für Neuinvestitionen (Kauf neuer Pkw) genutzt wird, sobald es eine entsprechende Höhe erreicht hat. Die eingesetzten Pkw sollen linear abgeschrieben werden.

b) Interpretieren Sie die Ergebnisse der Tabelle. Welche Voraussetzungen für das zu Stande kommen des Kapazitätserweiterungseffektes wurden im Beispiel unterstellt, die in der Praxis so ggf. nicht zutreffen?

Abschreibungstabelle							
Jahr	Investitions-summe	Anzahl Pkw	Abschreibungsbeträge am Jahresende				
			1.	2.	3.	4.	5.
1							
2							
3							
4							
5							
Jährliche Abschreibungsbeträge							
freie Finanzie-rungs-mittel	laufendes Jahr						
	+	Vorjahr					
	=	Summe					
Kauf neuer Maschinen (in Stück)							
	Restwert						
abgeschriebene Maschinen (in Stück)							

[*] Die Abschreibungsdauer wurde nur zur Veranschaulichung angesetzt. Die tatsächliche betriebsgewöhnliche Nutzungsdauer gemäß AfA-Tabelle ist länger.

64. Risikosicherung von Krediten

Ausgangslage

Bei der Heller Natur GmbH hat man sich darauf geeinigt, ein Darlehen für die geplante Großinvestition aufzunehmen. Der Geschäftsführer, Herr Heller, hat daraufhin den Geschäftskundenbetreuer bei der Hausbank um einen Gesprächstermin gebeten. Um bei diesem Gespräch kompetent auftreten zu können, hat man Sie beauftragt, alle wichtigen Informationen im Zusammenhang mit der Kreditaufnahme zusammenzutragen.

✎ *Leitfragen*

1. Die Kreditvergabe hat für den Kreditgeber Vor- und Nachteile. Ein bedeutender Nachteil ist das Risiko der Kreditvergabe. Zeigen Sie auf, welche Bedingungen Einfluss auf dieses Risiko nehmen.

2. Im Rahmen der Kreditwürdigkeitsprüfung von Geschäftskunden führen Kreditinstitute in der Regel so genannte Ratings zur Beurteilung der Bonität durch. Was versteht man unter der Bonität und was unter einem Rating?

3. Zur Absicherung eines Kredites können persönliche oder dingliche Sicherheiten vom Kreditnehmer gestellt werden. Erstellen Sie eine Übersicht, aus der praktische Beispiele für diese Sicherungsmöglichkeiten zu ersehen sind.

4. Zur Sicherung eines Kredits kann eine so genannte Bürgschaft genutzt werden? Was versteht man hierunter? Welche Arten von Bürgschaften werden unterschieden?

5. Neben der Bürgschaft besteht im Rahmen der Personalkredite noch die Möglichkeit einer Zession. Beschreiben Sie, wie diese Forderungsabtretung funktioniert.

6. Neben der Möglichkeit, Kredite mithilfe von durch Personen gestellten Sicherheiten abzusichern, existieren noch so genannte dingliche Sicherheiten. Erläutern Sie, was hierunter zu verstehen ist.

7. Zeigen Sie auf, wie die Kreditsicherung mithilfe eines Lombardkredits abläuft. Welche Vor- und Nachteile ergeben sich hierdurch die Form der Kreditabsicherung für den Kreditgeber und den Kreditnehmer?

8. Neben dem Lombardkredit existiert noch die Möglichkeit, einen Kredit durch eine Sicherungsübereignung abzusichern. Zeigen Sie die Unterschiede zum Lombardkredit auf.

9. Die Heller Natur GmbH ist bereit, zur Sicherung eines Kredits folgende Gegenstände an den Kreditgeber zu übereignen:

    • eine Näh- und Schneideanlage,

    • einen Lkw,

    • einen Bestand an Fertigerzeugnissen (die Kommission wurde für einen Kunden hergestellt und wird erst in drei Monaten ausgeliefert).

    Zeigen Sie auf, welche Probleme sich bei der Sicherungsübereignung dieser Gegenstände ergeben können und erarbeiten Sie Lösungsvorschläge zur Verringerung dieser Probleme.

10. Eine besondere Art der dinglichen Sicherung stellt die Kreditabsicherung durch Immobilien dar. Begründen Sie, warum insbesondere Immobilen für die Kreditsicherung geeignet sind.

11. Bei den Grundpfandrechten wird zwischen der Grundschuld und der Hypothek unterschieden. Beide dinglichen Sicherungen sind sich im Grunde sehr ähnlich. Stellen Sie die beiden Grundpfandrechte gegenüber, indem sie auf die Unterschiede und deren Bedeutung für die Kreditsicherung eingehen.

Auszug aus dem BGB

§ 398 Abtretungsvertrag. Eine Forderung kann von dem Gläubiger durch Vertrag mit einem anderen auf diesen übertragen werden (Abtretung). Mit dem Abschlusse des Vertrags tritt der Gläubiger an die Stelle des bisherigen Gläubigers.

§ 407 Leistung an den bisherigen Gläubiger. (1) Der neue Gläubiger muss eine Leistung, die der Schuldner nach der Abtretung an den bisherigen Gläubiger bewirkt, sowie jedes Rechtsgeschäft, das nach der Abtretung zwischen dem Schuldner und dem bisherigen Gläubiger in Ansehung der Forderung vorgenommen wird, gegen sich gelten lassen, es sei denn, dass der Schuldner die Abtretung der Leistung oder der Vornahme des Rechtsgeschäfts kennt.

§ 765 Wesen der Bürgschaft. (1) Durch den Bürgschaftsvertrag verpflichtet sich der Bürge gegenüber dem Gläubiger eines Dritten, für die Erfüllung der Verbindlichkeit des Dritten einzustehen. [...]

§ 766 Form der Bürgschaftserklärung. Zur Gültigkeit des Bürgschaftsvertrages ist eine schriftliche Erteilung der Bürgschaftserklärung erforderlich. Soweit der Bürge die Hauptverbindlichkeit erfüllt, wird der Mangel der Form geheilt.

§ 767 Umfang der Bürgschaft. (1) Für die Verpflichtung des Bürgen ist der jeweilige Bestand der Hauptverbindlichkeit maßgebend. Dies gilt insbesondere auch, wenn die Hauptverbindlichkeit durch Verschulden oder Verzug des Hauptschuldners geändert wird. Durch ein Rechtsgeschäft, das der Hauptschuldner nach der Übernahme der Bürgschaft vornimmt, wird die Verpflichtung des Bürgen nicht erweitert.

§ 768 Einrede des Bürgen. Der Bürge kann die dem Hauptschuldner zustehende Einrede geltend machen. Stirbt der Hauptschuldner, so kann sich der Bürge nicht darauf berufen, dass der Erbe für die Verbindlichkeit nur beschränkt haftet. (2) Der Bürge verliert seine Einrede nicht dadurch, dass der Hauptschuldner auf sie verzichtet.

§ 769 Mitbürgschaft. Verbürgen sich mehrere für dieselbe Verbindlichkeit, so haften sie als Gesamtschuldner, auch wenn sie die Bürgschaft nicht gemeinschaftlich übernehmen.

§ 771 Einrede der Vorausklage. Der Bürge kann die Befriedigung des Gläubigers verweigern, solange nicht der Gläubiger eine Zwangsvollstreckung gegen den Hauptschuldner ohne Erfolg versucht hat (Der Autor: Gemäß §§ 349, 351 HGB existiert das Recht der Einrede der Vorausklage bei kaufmännischen Bürgschaften nicht). [...]

§ 773 Ausschluss der Einrede der Vorausklage. (1) Die Einrede der Vorausklage ist ausgeschlossen:
1. wenn der Bürge auf die Einrede verzichtet, insbesondere wenn er sich als Selbstschuldner verbürgt hat;
2. wenn die Rechtsverfolgung gegen den Hauptschuldner infolge einer nach der Übernahme der Bürgschaft eingetretenen Änderungen des Wohnsitzes, der gewerblichen Niederlassung oder des Aufenthaltsortes des Hauptschuldners wesentlich erschwert ist;
3. wenn über das Vermögen des Hauptschuldners das Insolvenzverfahren eröffnet ist;
4. wenn anzunehmen ist, dass die Zwangsvollstreckung in das Vermögen des Hauptschuldners nicht zur Befriedigung des Gläubigers führen wird.

§ 774 Gesetzlicher Forderungsübergang. (1) Soweit der Bürge den Gläubiger befriedet, geht die Forderung des Gläubigers gegen den Hauptschuldner an ihn über. [...]

*Info*rmationstext *Das Grundbuch*

Das Grundbuch ist ein Verzeichnis (Register) aller Grundstücke in einem Amtsgerichtsbezirk. Es wird vom Amtsgericht/ der Gemeindeverwaltung geführt. Es dient dazu, den Rechtszustand von Grundstücken erkennbar zu machen. Es wird wie folgt gegliedert:

Aufschrift (Deckblatt)	Bestands-verzeichnis	Abteilung 1	Abteilung 2	Abteilung 3

Inhalt:
● Zuständiges Amtsgericht
● Grundbuch-bezirk
● Blattnummer
● im Fall von Wohnungseigentum das Wort „Wohnungs-Grundbuch"
● Evtl. Umschreibungsvermerk bzw. Schließungsvermerk
	Inhalt:
	● Grundstückkennzeichnung (Gemarkung, Flur, Flurstück, Wirtschaftsart, Lage, Größe)
	● mit dem Grundstück verbundene Rechte (z. B. Wegerechte, Kanalleitungsrechte)
		Inhalt:
		● Eintragung des oder der Eigentümer
		● Eintragungsgrundlage (z. B. Auflassung, Erbfolge)
			Inhalt:
			● Lasten und Beschränkungen (außer Grundpfandrechten), z. B.:
			  • Dauerwohnrechte
			  • Vorkaufsrechte
			  • Nießbrauch
			  • Erbbaurechte
			  • Reallasten
				Inhalt:
				● Grundpfandrechte, z. B.:
				  • Hypotheken
				  • Grundschulden
				  • Rentenschulden
				(Betrag, Zinssatz, Gläubiger, sonstige Bedingungen etc.)

Jeder, der ein berechtigtes Interesse nachweisen kann, darf Einblick in das Grundbuch nehmen. Die Eintragungen und Löschungen genießen öffentlichen Glauben, d. h., dass jedermann grundsätzlich auf die Richtigkeit vertrauen kann (auch wenn die Angaben nicht mit den tatsächlichen Rechtsverhältnissen übereinstimmen müssen).

Die Eintragung der Grundpfandrechte in das Grundbuch erfolgt nach Rängen (Grundpfandrecht ersten, zweiten, dritten Ranges usw.). Im Fall der Verwertung eines Grundstücks erfolgt die Befriedigung in der Reihenfolge des Rangs. Zunächst wird der im Rang vorhergehende voll befriedigt. Es erfolgt so lange, wie der Erlös ausreicht. Bei gleichrangigen Eintragungen erfolgt die Befriedigung der Forderungen zu gleichen Teilen.

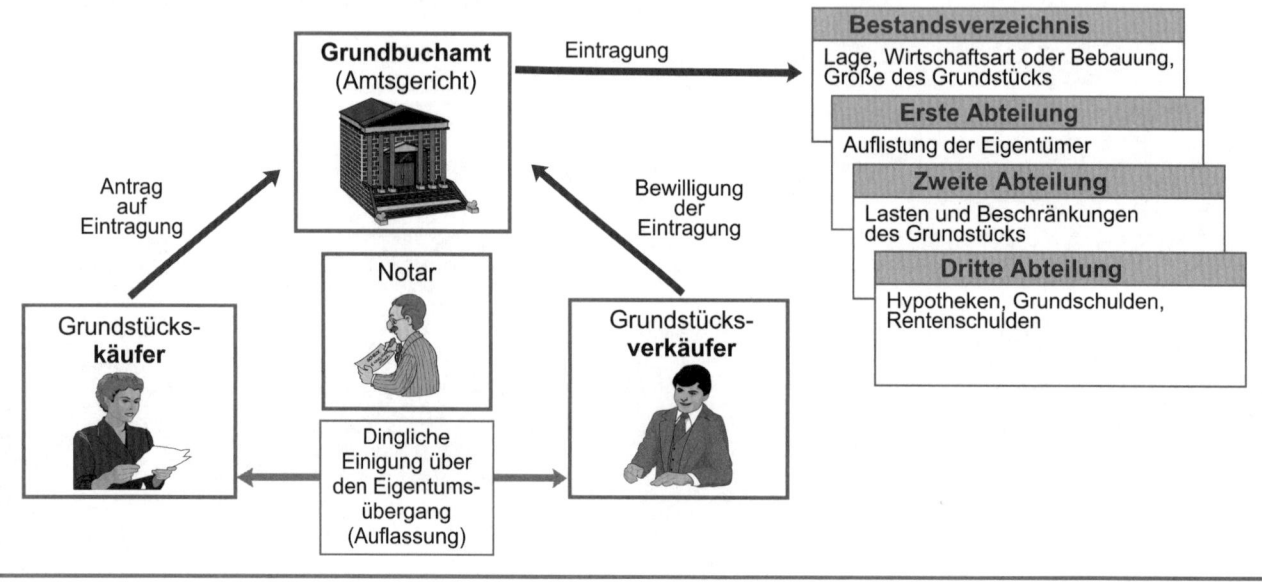

65. Konkrete Finanzierungsentscheidungen

Einleitung

Bereits seit dem ersten Teil kennen Sie das Finanzierungsproblem des Modellunternehmens „Heller Natur GmbH". Zur Erinnerung sei es hier noch einmal aufgeführt:

Situation

Die Heller Natur GmbH produziert am Standort Düsseldorf hochwertige Damen- und Herrenbekleidung. Wichtige Daten über das Unternehmen können Sie den Anlagen entnehmen.

Das Unternehmen plant, das vorhandene Lager für Verkaufsartikel durch ein moderneres zu ersetzen. In einer Abteilungsleitersitzung stellte die Geschäftsleitung die Rahmendaten der geplanten Investition vor:

Investition	geplantes Investitionsvolumen
Kauf eines Grundstücks, Auf'm Hennekamp 40 - 42	2.900.000,00 €
Kauf eines vollautomatischen Hochlagers	2.200.000,00 €
Kauf eines Lkw	500.000,00 €
Investitionsvolumen	5.600.000,00 €

Einen Einblick in die Finanzsituation des Unternehmens gibt die in der Anlage abgebildete Bilanz. Ebenfalls als Entscheidungsgrundlage dient Ihnen der Auszug aus dem Grundbuch.

✍ *Leitfragen zum Grundbuch*

1. Wer ist zurzeit Eigentümer des Grundstücks Auf'm Hennekamp 32 - 39 (Flur IV, Flurstück 11/2)?

2. Welche Bedeutung hat die Eintragung in Abteilung 2 für den Eigentümer des Grundstücks?

3. Erklären Sie, was mit der Eintragung in Abteilung 3 gemeint ist.

4. Die Eheleute Wölk sind vergangene Woche gestorben, die eingetragene Hypothek gegenüber der Sparkasse Düsseldorf eG wurde im letzten Monat getilgt. Über welche Belege muss die Heller Natur GmbH verfügen, um die Eintragungen löschen lassen zu können?

5. Die Heller Natur GmbH plante den Kauf des Grundstücks Auf'm Hennekamp 40 - 42 (Nachbargrundstück). Wie kann sich das Unternehmen Informationen über die bestehenden Rechtsverhältnisse dieses Grundstücks verschaffen?

✍ *Aufgabe*

Erarbeiten Sie differenzierte Lösungsvorschläge für die Finanzierung der einzelnen Vermögenswerte. Begründen Sie Ihre Entscheidung und stellen Sie die Vor- und Nachteile gegenüber konkurrierenden Finanzentscheidungen dar.

Im Gleichschritt in die Schuldenfalle

Bei Bürgschaften ist höchste Vorsicht geboten - Verbraucherschützer werfen Banken mangelhafte Aufklärung vor

VON ANSGAR SIERMENS

War Karin S. zu blauäugig? Als ihr Ehemann eine Firma gründete, gewährte ihm die Bank einen Kredit. Die Sicherheit steuerte Karin S. bei: sie sprang als Bürge in die Bresche. Reine Formsache, dachte sie. Weit gefehlt. Fünf Jahre später war die Firma bankrott. Vor einem Scherbenhaufen aber stand Karin S., die Bank bat zur Kasse: Als Bürge sollte die gebeutelte Gattin 386.000 Euro hinblättern die Schulden der kaputten Firma.

Kein Einzelfall. „Wir haben in den vergangenen Jahren Hunderte von Ehegattenbürgschaften angefochten", sagt etwa Josef Mühlenbein, Rechtsanwalt aus Brilon. Ein juristisches Nachspiel aber ist unschön und lässt sich vermeiden. Wer bürgen will, sollte sich über alle Risiken im Klaren sein und im Zweifel die Finger davon lassen. Schließlich existiert eine Vielzahl von Bürgschaftsvarianten, die teils immense Risiken bergen.

Generell abzuraten ist etwa von der Globalbürgschaft. Denn dabei springt der Bürge nicht nur für ein konkretes Projekt ein, etwa eine Firmengründung oder den Bau eines Hauses, sondern für alle Verbindlichkeiten, die der Hauptschuldner auftürmt. Kaum weniger riskant ist die in der Praxis gängige Form der selbstschuldnerischen Bürgschaft. Das bedeutet: Die Bank als Gläubiger muss nicht erst gegen den Kreditnehmer vorgehen, wenn dem das Geld ausgeht, sondern kann sofort beim Bürgen die Hand aufhalten. Gleichgültig ist dabei, aus welchen Gründen der Hauptschuldner nicht zahlt. Das Kreditinstitut kann also darauf pochen, dass eine hohe Kreditsumme auf

einen Schlag zurückgezahlt wird. Für den Bürgen oft der finanzielle Ruin.

„Bürgschaften sind keine Formsache", warnt daher Ulrike Weingand, Rechtsreferentin bei der Verbraucherzentrale Baden-Württemberg. „Man muss immer mit dem schlimmsten Fall rechnen." Das heißt: Der Bürge muss zahlen. Wer finanziell nicht vor die Wand fahren will, sollte deshalb unbedingt Sicherheitsnetze knüpfen. „Grundvoraussetzung ist, dass der Bürge die Person kennt, der er unter die Arme greifen will", sagt Thomas Steinhauer, Geschäftsführer der Notarkammer Koblenz.

Andererseits sei „das Risiko besonders groß, wenn man aus emotionaler Verbundenheit bürgt." Auf jeden Fall sollte der Bürge sich aber darüber Klarheit verschaffen, mit welcher Maximalsumme er einzuspringen bereit ist. Auch eine zeitliche Begrenzung drückt das finanzielle Risiko.

Experte Mühlenbein rät: „Verbraucher sollten jeden Vertrag vom Anwalt oder der Schuldnerberatung checken lassen, bevor sie ihre Unterschrift daruntersetzen."

Das Risiko einer Bürgschaft werde in Gesprächen bei der Bank häufig zu wenig thematisiert, klagt Verbraucherschützerin Weingand: „Ich habe viele Formulare gesehen, in denen die Ausdehnung der Haftung nur im Kleingedruckten stand."

Läßt sich ein Konflikt mit der Bank nicht vermeiden, kann jedoch der Gang vor Gericht durchaus aussichtsreich sein. „Die Rechtsprechung in den

vergangenen Jahren ist für den Verbraucher freundlicher geworden", sagt Anwalt Mühlenbein. Besonders dann, wenn der Vertrag von den Richtern als sittenwidrig eingestuft wird. Dies kann etwa der Fall sein, wenn der Bürge über kein eigenes Einkommen verfügt oder unter Druck unterschrieben hat. Auch wer „finanziell krass überfordert" ist, kann darauf hoffen, dass eine Bürgschaft für nichtig erklärt wird. Beispiel: Der Bürge bricht mit seinem Monatseinkommen bereits unter der Zinslast des Darlehens zusammen.

Auch Karin S. klagte vor Gericht gegen die Bank und bekam Recht. Unterschreiben wird sie in Zukunft wohl nur noch die Aussage von Anwalt Mühlenbein: „Wer bürgt, wird gewürgt."

Quelle: Die WELT

Anlage 1: Auszug aus dem Jahresabschluss

Bilanz der Heller Natur GmbH zum 31.12.2009

Aktiva · Werte in € · Passiva

Aktiva	Berichtsjahr 2006	Vorjahr 2005	Passiva	Berichtsjahr 2006	Vorjahr 2005
A. Anlagevermögen			**A. Eigenkapital**		
I. Immaterielle Anlagen			I. Gezeichnetes Kapital	50.000.000	50.000.000
1. Lizenzen	21.000	21.000	II. Kapitalrücklagen	2.900.000	2.900.000
II. Sachanlagen			III. Gewinnrücklagen	38.652.540	38.304.000
1. Grundstücke, Gebäude	45.623.000	42.890.000	V. Gewinnvortrag	2.137.560	96.000
2. Maschinen	37.852.000	39.493.000	*Summe Eigenkapital*	*93.690.100*	*91.300.000*
3. Geschäftsausstattung	12.455.000	11.052.000	**B. Rückstellungen**		
4. Anzahlungen	369.000	52.000	1. Pensionsrückstellungen	41.730.000	41.243.000
III. Finanzanlagen			2. Steuerrückstellungen	14.780.000	15.920.000
1. Beteiligungen	4.810.000	3.210.000	3. Sonstige Rückstellungen	33.256.800	52.730.000
2. Wertpapiere des AV	8.540.000	6.892.000	**C. Verbindlichkeiten**		
Summe Anlagevermögen	*109.670.000*	*103.610.000*	1. Langfristige Bankverbindlich.	21.440.000	40.490.000
B. Umlaufvermögen			2. Kurzfristige Bankverbindlich.	7.127.500	11.290.000
I. Vorräte			3. Verbindlichkeiten a. L. u. L.	7.880.000	15.570.000
1. Roh-, Hilfs- und Betriebsstoffe	35.780.000	42.897.000	4. Sonstige Verbindlichkeiten	3.577.500	3.350.000
2. Unfertige Erzeugnisse	2.944.000	5.541.000	*Summe Fremdkapital*	*129.791.800*	*180.593.000*
3. Fertige Erzeugnisse	19.823.000	34.890.000	**D. Rechnungsabgrenzungsposten**	3.730.100	5.202.000
4. Geleistete Anzahlungen	366.000	147.000			
II. Forderungen					
1. Forderungen a. L. u. L.	52.847.000	83.445.000			
2. Sonstige Forderungen	1.820.000	2.001.000			
III. Wertpapiere	2.544.000	1.047.000			
IV. Kassenbest., Bankguthaben	1.167.000	3.390.000			
Summe Umlaufvermögen	*117.291.000*	*173.358.000*			
C. Rechnungsabgrenzungsposten	251.000	127.000			
	227.212.000	277.095.000		227.212.000	277.095.000

Anlage 2: Auszug aus dem Grundbuch (Einblick in die Rechtsverhältnisse des Standortes der Hauptniederlassung des Unternehmens)

Amtsgericht Düsseldorf		**Grundbuch von** Düsseldorf		**Band** 16	**Blatt** 4521			**Bestandsverzeichnis**		
Laufende Nummer der Grund- stücke	Bisherige laufende Nummer d. Grund- stücks	Bezeichnung der Grundstücke und der mit dem Eigentum verbundenen Rechte								
		Gemarkung (Vermessungsbezirk)	Karte		Liegen- schafts- buch	Wirtschaftsart und Lage				
			Flur	Flurstück						
		a	b		c/d	e		ha	a	qm
1	2	3						4		
1	1	Düsseldorf	IV	11/2	471	Gewerblich genutztes Grundstück Auf'm Hennekamp		16	35	45

Amtsgericht Düsseldorf	**Grundbuch von** Düsseldorf	**Band** 16	**Blatt** 4521	**Erste Abteilung**
Laufende Nummer der Eintra- gung	Eigentümer		Laufende Nummer der Grundstücke im Bestands- verzeichnis	Grundlage der Eintragung
1	2		3	4
1	Wölk Schraubenfabrik KG		1	Auflassung vom 18. März 1955 eingetragen am 5. April 1955 *Jansen*
2	Heller Natur GmbH		1	Auflassung aufgrund des Kaufvertrages vom 24. November 2004 eingetragen am 14. Dezember 2004 *Köhler Dettmer*

Amtsgericht Düsseldorf	**Grundbuch von** Düsseldorf	**Band** 16	**Blatt** 4521	**Zweite Abteilung**
Laufende Nummer der Eintra- gung	Lfd. Nummer der betroffenen Grund- stücke im Bestands- verzeichnis	Lasten und Beschränkungen		
1	2	3		
1	1	Lebenslanges, unentgeltliches Nießbrauchsrecht für die Eheleute Klaus Wölk und Karin, geb. Franke in Düsseldorf als Gesamtberechtigte. Zur Löschung genügt Todesnachweis der Berechtigten. Mit Bezug auf die Bewilligung vom 04. Jan. 2005 im Rang nach der Hypothek Nr. 1 eingetragen am 15. Febr. 2005. *Lehmkuhl Friedrichs*		

Amtsgericht Düsseldorf	**Grundbuch von** Düsseldorf	**Band** 16	**Blatt** 4521	**Erste Abteilung**
Laufende Nummer der Eintra- gung	Laufende Nummer der belasteten Grundstücke im Bestands- verzeichnis	Betrag	Hypotheken, Grundschulden, Rentenschulden	
1	2	3	4	
1	1	1.500.000,00 EUR	Einhunderttausend Euro gegen den jeweiligen Eigentümer sofort vollstreckbare Tilgungsdarlehenshypothek mit mindestens acht höchstens vierzehn vom Hundert Jahreszinsen für die Stadtsparkasse Düsseldorf eG. Unter Bezug auf die Bewilligung vom 04. Jan. 2005 eingetragen im Range vor dem Recht II/1 am 15. Febr. 2005. *Köhler Dettmer*	

Stichwortverzeichnis